国家社科基金后期资助项目

古埃及《亡灵书》

Ancient Egyptian *Book of the Dead*

金寿福　译注

商务印书馆
创于1897 The Commercial Press
2019年·北京

图书在版编目（CIP）数据

古埃及《亡灵书》/ 金寿福译注. — 北京：商务印书馆, 2016（2019.12重印）

ISBN 978 - 7 - 100 - 11633 - 6

Ⅰ. ①古… Ⅱ. ①金… Ⅲ. ①心灵学 — 研究 — 埃及 — 古代 Ⅳ. ①B846

中国版本图书馆 CIP 数据核字（2015）第239335号

古埃及《亡灵书》

金寿福　译注

商 务 印 书 馆 出 版

（北京王府井大街36号　邮政编码 100710）

商 务 印 书 馆 发 行

北京艺辉伊航图文有限公司印刷

ISBN 978 - 7 - 100 - 11633 - 6

2016年4月第1版　　开本 787×1092 1/16

2019年12月北京第4次印刷　　印张 33¼

定价：98.00元

国家社科基金后期资助项目
出版说明

后期资助项目是国家社科基金设立的一类重要项目，旨在鼓励广大社科研究者潜心治学，支持基础研究多出优秀成果。它是经过严格评审，从接近完成的科研成果中遴选立项的。为扩大后期资助项目的影响，更好地推动学术发展，促进成果转化，全国哲学社会科学规划办公室按照“统一设计、统一标识、统一版式、形成系列”的总体要求，组织出版国家社科基金后期资助项目成果。

全国哲学社会科学规划办公室

谨以此书纪念我的母亲
（1922—2012 年）

前 言

《亡灵书》是古代埃及最为重要的宗教文献集，反映了古代埃及人借助这些经文企望帮助死者获得再生的强烈的愿望和持久的努力。它不仅收录了古王国《金字塔铭文》、第一中间期及中王国《棺材铭文》中的很多内容，还包括了许多反映新王国时期埃及人宗教观念和来世信仰的经文。《亡灵书》中的许多篇章都经历了漫长的流传、修改和编纂的过程，它们记述了生者如何为使死者得以复活而倾心尽力、尽职尽责，同时也为人们勾勒出一幅想象中的来世图画，描述了死去的人如何复活、如何到达来世，以及他们在途中可能面临的危险、应当采取的措施和抵达后的生存状况。经文蕴含了人类对生命的热爱、对永生的追求、对死亡的憎恶，以及借助所有能够想象得到的方式征服死神的期盼。

可以说，在人类探索生命奥秘和生活价值的漫漫旅程中，古代埃及人堪称无畏和执着的开路先锋。他们试图在生者和死者之间建立一种联盟，共同征服死亡。《亡灵书》应运而生，成为连接今生与来世的重要媒介。

这部汉译《亡灵书》主要根据瑞士埃及学家爱德华·纳威尔编辑的《第十八至第二十王朝的埃及〈亡灵书〉》，同时参考了德语、英语、法语等现代语言的译本。本书绝非单纯的译著，为了便于读者理解，本人在导论部分对《亡灵书》的形成和发展、古代埃及人的来世观念和西方学界对《亡灵书》的解读和研究都做了系统的介绍，每篇经文后面都附有详细的阐释，对经文中出现的神名、地名和概念都做了必要的解释。

本人早在德国学习期间就萌生了把《亡灵书》译成中文的想法，并已经开始对一些篇章做试译；在此期间，本人还为此目的收集了很多相关的文献。回国以后，因为教学和其他研究工作的牵扯，翻译的速度时快时慢。承蒙商务印书馆王明毅先生的鼓励和关照，十载春秋，始终如一。更为幸运的是，本书的出版计划在商务印书馆立项之后获得了国家社科基金后期资助（项目批准号为 11FSS007）。这里，本人还要感谢这部汉译《亡灵书》的责任编辑李红燕博士，在审阅书稿过程中纠正了许多错误并提出了极为必要的修改意见。最后，本人希望借此机会表达对妻子栾奇的谢意，感谢她与我就翻译中的一些细节问题进行交流。

金寿福

2012年3月于北京丹青府

目　录

导　论

《亡灵书》概述

古代埃及人把我们今天称之为《亡灵书》的宗教文献叫作“有关重见天日的经文”（*rꜣ nw prt m hrw*）。这里所说的“重见天日”可以做两方面的解释，从广义上说，它指一个人生前在道德和物质方面所做的努力和准备，以及亲人、朋友、乡亲的帮助和国王、神等的恩赐，以达到死后能够转世、再生的目的；从狭义上讲，它表达了死去的人或者说属于他的巴在完成上述征服死亡的壮举之后不再被阴暗的墓室、狭窄的棺材和无数层裹尸布所限制，而是能够自由地离开棺材和墓室来到日光下，随心所愿地呼吸新鲜空气、畅饮清凉的水、跟随太阳神飞越天空。阳光、空气和水是人的生命得以维系的最基本要素。古代埃及时期降雨量极小，植物生长完全依靠来自尼罗河的灌溉水。在这种特殊的地理环境和水文特质的影响下，古代埃及居民对死后见不到太阳、喝不到清凉的饮用水的担忧可谓达到了无与伦比的程度。

《亡灵书》收录了涉及死亡和来世题材的经文，题材广泛，包括死者的亲属和祭司为死者守夜时哼唱的经文，木乃伊制作师处理死者尸体时使用的咒文，葬礼时由祭司念诵的祷文，旨在促使死者复活的各种供品的名单，为死者应对冥界鬼神而提供的密码和暗号，呼吁众神引导和接纳死者进入来世的祈祷，赞扬诸神大恩大德的颂歌，死者申辩自己无任何过错的自我陈述，等等。在这些经文中，其绝大部分的撰写初衷只是为了祭司在殡葬仪式的各个环节进行诵读，以显示生者对于死者的尊重和纪念，甚至是畏惧。一篇成文于王朝后期的经文表现了古代埃及木乃伊制作师在缠裹尸体时如何做到言行一致：“啊，奥西里斯（作者按：指代死者），我把来自庞特的松脂涂抹在你身上，目的是让你散发出如同神的体味一样令人舒心的味道；我用来自拉神的液体擦拭你的躯体，目的是让你在审判庭里散发出令人惬意的气味。”

随着时间的推移，原来由祭司念诵的经文和那些刻写在棺材内外壁或者墓室墙壁上的铭文被抄录在纸草上，许多篇章转化为用于死者在通往来世路上需要自我陈述的内容。写有此类经文的纸草抄本被卷起来，作为陪葬品放在墓室中死者能够接触到或者看到的地方。这样做的目的一方面是为了让那些在死者入葬之前被念诵过的经文或铭文在死者去往来世的路途上继续发挥作用，另一方面是为了给只身赶赴来世的死者提供必要的信息。按照古代埃及人对来世的想象，在到达由奥西里斯主宰的来世之前，死者要走过漫长的冥界路，更要通过由许多神灵和魔鬼把守的关卡。死者只有选择正确的路线，向把守关卡的鬼神道出与关卡相关的信息，说出他们索要的暗号或密码，他才有可能到达奥西里斯所在的审判庭。而到达审判庭只是进入来世的第一步，更为重要的是他必须通过由奥西里斯主持，由42个神陪审的来世审判。许多经文的内容就是死者独立完成以上艰巨任务所必备的知识和秘密，另外一些经文则是为了确保那些顺利通过审判的死者在来世享受安逸的生活。

《亡灵书》的雏形出现在古代埃及第二中间期的底比斯一带，在新王国时期逐渐成形和发展并一直延续到托勒密王朝。它的基础是古王国期间被王室垄断的《金字塔铭文》和第一中间期、中王国时期的官吏们通过采纳《金字塔铭文》并附加新的内容编纂的《棺材铭文》。《金字塔铭文》，顾名思义，是指刻写在金字塔内部放置石棺的墓室墙壁上的经文。《金字塔铭文》中的许多篇章被稍做改动后纳入到《亡灵书》里，如《亡灵书》的第174、177和178篇。所谓《棺材铭文》，指的是刻写在棺材上的宗教铭文。它从第一中间期开始出现在中埃及一带上层人士的棺木上，系古王国被王室垄断的《金字塔铭文》的变体。这些经文之所以被刻写在棺材上，一方面是考虑到许多死者不再像古王国君主们那样拥有可供刻写这些经文的光滑的石头墙壁，另一方面也是为了这些被认为具有魔力的文字更加靠近死者，以便他需要时念诵相关经文，这一点从中王国时期在许多官吏的棺材外壁上画着一只硕大的眼睛可见端倪，死者睁大眼睛念诵经文，从而受到这些经文的保护，同时在它们的作用下获得新生。《棺材铭文》后来构成了新王国王陵里专用的“来世铭文”和非王室人员使用的《亡灵书》的基石。

从新王国时期开始，原来刻写在金字塔内墓室和棺材上的铭文经改编以后被抄写在纸草上。写有《亡灵书》不同篇章的纸草卷同尸体一起被放入棺材里，有时被夹在缠裹尸体的亚麻布层之间。到了古代埃及历史的晚期，甚至出现了把《亡灵书》篇章直接书写在用来裹尸的亚麻布上的习俗。之所以把纸草作为书写材料，重要原因是它便于携带和存放。古代埃及人希望《亡灵书》永远陪伴死者，希望这个内涵丰富、无所不包的经文集成为保护死者的最有效护身符，希望死者在需要时大声念出相关的经文。

从《亡灵书》可以看出古代埃及人来世观念中两个最为根本的特征：一是非王室成员设法采用与国王的殡葬相关的经文，甚至盗用被王室成员专用的经文来达到死后复活的目的；二是一种来世观念一经问世，即便它产生时的具体环境已经改变，而该经文则可能被长久地沿用下去。以《金字塔铭文》第670篇为例，这篇铭文讲述了作为长子和王位继承人的荷鲁斯与其四个儿子为死去的父亲奥西里斯清洗尸体，而在《亡灵书》中出现了许多与此相关联的内容，如第17篇里，死者以国王自居，在描写自身如何洁净的同时强调自己与众神的密切关系；再如《亡灵书》第8篇与《棺材铭文》的第97篇和第564篇内容基本一致。《亡灵书》的许多篇章把其生成年代的久远或者其撰写者的高贵身份作为其灵验性的保障。登是第一王朝第四任国王，《亡灵书》个别篇章声称是由这位君主撰写的。该国王位于阿比多斯的陵墓有一个不同寻常之处，即陵墓的棺材室地板用花岗岩铺砌，这是被古代埃及人赋予永恒特性的石头首次用在坟墓建造中。另外有一些经文称其作者是古王国时期一个名叫哲德霍尔的王子，而该王子是第四王朝国王胡夫的儿子，那就是说，这些篇章的成文时间比流传下来的《金字塔铭文》还要早。此外，现存最早的古代埃及说教文也是托此王子之名而写成的。在一块叙述胡夫王宫里所发生的奇闻异事的纸草上，哲德霍尔被描写成知识渊博和为人和蔼的王子，在尼罗河以东一个叫哈马玛特的干河谷发现的碑文甚至把这位未曾行使过王权的王子的名字用王名圈圈起来。

与之前的《金字塔铭文》和《棺材铭文》一样，《亡灵书》的根本目的也是促使死去的人再生，但是它与前两者有两个极其重要的差别。其一，《金字塔铭文》所描写的来世基本处在属于太阳神势力范围的天空；在《棺材铭文》里，奥西里斯所代表的来世复活理念占据主导地位，来世基本局限在黑暗和阴湿的冥界。《亡灵书》则把太阳神夜间的返老还童过程与奥西里斯死而复活过程融合在一起，把死者崇拜太阳神和乘坐太阳船穿梭天地之间作为其再生的基本前提和来世生活的重要组成部分，充分表达了古代埃及人企图借助阳界的主宰神拉和冥界的主神奥西里斯来保证转生的千秋大业万无一失的强烈愿望。其二，《亡灵书》把来世审判视为死者能否转世的关键所在。著名的《亡灵书》第125篇即是一篇有关来世审判和称量死者心脏的经文，生成于第十八王朝女王哈瑟普特统治时期。根据学者们的研究，该女王统治时期也是古代埃及人有关神的理念和对神的崇拜形式发生深刻变化的节点。这场影响深远的宗教运动不仅诱发了阿肯纳顿的宗教改革，而且一直延续到拉美西斯时期（第十九和第二十王朝），并且导致了被美国埃及学家布莱斯特德（James Henry Breasted）称之为“宗教虔诚”的又一次宗教变革。这是以德国埃及学家阿斯曼（Jan Assmann）为首的众多学者发掘和整理位于今卢克索的大量官吏墓而后得出的结论。这些新的研究成果对于正确理解《亡灵书》的相关篇章具有重要意义。正是源于上述原因，从哈瑟普特登基开始，越来越多的经文被书写在纸草上，从而成为《亡灵书》不断增多的动因和结果，而且文字上方配加附图的情况也开始出现。《亡灵书》的附图在其数量和种类上在第十九王朝达到顶峰，有时甚至不惜以影响文字为代价。

在新王国时期，来自不同社会背景和处在不同经济地位的人选择自己喜欢的且能够支付得起的经文，经文的数量、长短以及附图的精美程度不仅与每个人的来世想象相关，而且受制于各自的经济和社会地位。这一时期的《亡灵书》无论在篇幅上还是在经文的顺序上都没有形成一致性，每个人拥有一个符合自己需要的《亡灵书》抄本，不会出现书写在两个纸草卷的经文在内容和排列顺序方面完全相同的情况。不过，多数《亡灵书》以本书的第1篇或第17篇起始。

新王国以后，随着社会的动荡、有能力置办《亡灵书》的人数的减少和社会阶层的单一化，出现了一种把已有的经文进行整理、通过固定其结构和内容来增加权威性的趋向。到了第二十六王朝，祭司们开始编辑当时流传的《亡灵书》篇章。从此以后，每一卷纸草上抄写的《亡灵书》在篇章数目和顺序上开始出现统一的趋势，而且内容相关的经文被安排在一起。本书翻译的经文就是根据这个时期确立下来的顺序。序号第1–190篇的约两百篇经文可以分为以下四大类：经文第1–16篇涉及死者的葬礼及其尸体在冥界获得活动尤其是说话的能力；经文第17–63篇主要描写与来世相关的诸神的来源及其功能和活动范围，死者的再生被说成与这些神的永恒互为依靠；经文第64–129篇叙述死者转世以后如何在白昼乘坐太阳船巡游天空，到了夜间则到奥西里斯主宰的冥界享用供品并获得永恒生命所需的能量；经文第130–190篇描写了顺利通过来世审判的死者如同永生的神一样在冥界、人间和天国之间自由地穿梭的景象，其中不少经文特别强调死者拥有丰盛的供品。

《亡灵书》中的多数经文有长短不一的题目，虽然有些题目显得与正文内容不相符，但总的来说，编纂者或者抄写者试图以此来确定相关经文的主要功能，比如确认死者不同凡响的身世和死后复活的资格，强调死者与诸神之间的特殊关系，为死者指明通往来世的路，向死者提供有关冥界的信息，向死者保证其人格、躯体和身体的各个器官安然无恙，祈求诸神接纳死者，警告死者生前的敌人和在冥界的邪恶力量不要捣乱，帮助死者应对随时随地可能会出现的意外情况，等等。

在抄写《亡灵书》的纸草上，经文的题目、经文的开头和结尾、经文末尾类似使用说明书的附言，还有一些非常危险的鬼神诸如阿普菲斯的名字等需要特别强调的文字通常用红色墨水书写，其他文字则用黑色墨水书写。红色和黑色墨水分别用赭石和碳为原料制作而成。为了死者容易理解抄写在纸草上的经文，并且便于他们按照文中所描写的要求行事，同时也为了增加经文内容的效力，书吏们在经文的上下两边配上黑白或彩色的附图。从时间上说，附图起初只是起到解释和补充的作用，而且在工艺上显得简单和粗糙，在拉美西斯时期，附图成为《亡灵书》不可缺少的组成部分，而且在色彩和风格方面日趋多样化。如果从《亡灵书》拥有者的社会地位判断，不同《亡灵书》纸草上的附图无论是在数量还是在题材和质量上都有很大的差异。多数纸草上配有少量的线条画，而且用黑色墨水画成，而有的纸草上的图呈彩色，有些甚至粘贴金箔，充分反映了拥有者原来的社会地位和经济实力。

《亡灵书》的载体以纸草为主，但皮革、包裹木乃伊的亚麻布条、木棺、石椁、墓壁、雕像、神龛、护身符、石片、陶片都曾用来刻写《亡灵书》的若干片段。第十八王朝的《亡灵书》绝大多数用圣书体象形文字（hieroglyphic）书写，从第十九王朝开始，越来越多的《亡灵书》抄本采用祭司体（hieratic），即类似于草写体的书写方式。当书吏们使用圣书体的时候，他们循着垂直的方向书写象形文字，而当他们使用草体即祭司体的时候，则循着平行的方向抄写象形文字，而且文字的方向由右向左。以祭司体抄写的纸草上配图较少，只是在卷首有一两幅彩图。

抄写《亡灵书》的纸草长短不一，其宽度一般在15–45厘米之间。现存最长的《亡灵书》纸草长达四十米。迄今为止发现的古代埃及最为完整和配图最为精彩的《亡灵书》纸草分别属于名字叫阿尼、安海裔和胡内菲尔的三个人，三份纸草目前都存放在大英博物馆。抄写《亡灵书》的书吏一般都有虔诚的宗教信仰，他们的字迹比较工整，尽量保证文字不超出上下界限，也不在纸张接头处抄写文字。多数《亡灵书》是由神庙等机构的专职书吏事先抄写并等待需要者来购买。因此，经文中涉及死者名字的地方起初为空白，一旦拥有者的身份确定，他的名字便被补写上去。从流传下来的《亡灵书》判断，纸草上的正文和死者的名字有时显现两种字体，甚至有些空白没有被补写，说明买主前来购买时，书吏才仓促地补写使用者的名字。当然需要考虑的是，如同古代埃及雕像、壁画等作品的问世方式一样，《亡灵书》也是多人分工协作的结晶：经文多数情况下由几个人书写，附图也需要由勾勒轮廓、白描细节和着色的画工合作完成。

古代埃及人相信，出口之言与书写在纸草上的文字都具有变成与之相关的实物的潜能。正因为如此，创世神普塔通过说出他所造之物的名字而使得该物体成为实在。死者的亲属或者祭司为死者念诵的经文被相信具有语言出口便转化为实体的作用。在古代埃及，名字尤为重要，被赋予特殊的意义，它们不仅是所表示的物体的简单称呼，古代埃及人相信它们包含了相关人、动物和物体的本质。因此，知道一个名字相当于知晓这个被指代者，甚至掌握了控制这个被指代者的先决条件。刻写在墓壁或书写在纸草等材料上的文字被认为拥有无限的能量便不足为奇。《亡灵书》中的众多篇章旨在为死者提供他需要掌握的人名、神名和地名，第25篇则是专门为死者在冥界记住自己的名字而撰写的。

在位于坦得拉的哈托神庙顶棚上，有一处文字描写了保护奥西里斯的诸神的名字及其功能。值得关注的是，《亡灵书》第144篇被融合在这些文字里。其中的一首祈祷诗呼吁七位守卫来世关卡的神灵为奥西里斯打开那七道死者必经的大门。从来自坦得拉的其他宗教铭文可以判断，这里所说的七个守护神实际上指的是祭司。他们在举行旨在祭奠奥西里斯的仪式中先制作呈木乃伊形状的容器，装满土以后播种，然后把这个被称作“植物奥西里斯”的容器埋葬在神庙院子里被认定为奥西里斯坟墓的地点。换句话说，这些扮演来世路途上的守护神的祭司通过这个仪式保证种植在容器里的种子发芽成长。可见，神庙里为奥西里斯神举行的各种仪式，祭司或者死者的家属在死者的葬礼和祭奠活动中的言行与放置在死者棺材里的《亡灵书》相互呼应。对于古代埃及人来说，枯死的麦秆留下了种子，而种子的发芽意味着麦秆获得了新生。在他们看来，尸体的保存相当于从前一年的收获中留下种子，活着的人和死去的人联手行动会让尸体重新拥有生命，而念诵《亡灵书》在这里无异于招魂术，正如同促使种子发芽的水分和阳光。即使僵死的尸体不能复活，活着的人为死者念诵的经文也使得死去的人留名后世。苏武的诗句“生当复来归，死当长相思”或许能很好地解释古代埃及人为达到再生所做的种种努力。

绝大多数《亡灵书》都以赞美太阳神拉的颂歌开始，这与古代埃及人称《亡灵书》为“有关重见天日的经文”相符，所谓“重见天日”意即享受阳光和空气，像太阳一样不断地返老还童或起死回生。死者不仅要活百万年，而且要穿梭百万里（如经文第42篇、第43篇）。

死者再生以后不仅要自由走动，而且做一切曾经做过和想做的事情。他要重新拥有头（经文第43篇）和心脏（经文第26–30篇），而且恢复看、说话和吃饭、喝水的能力（经文第21–23篇），他甚至要继续在世时享受过的情爱的快乐（经文第110篇）。怀着不安的心情历尽艰险和艰难到达来世之后，死者希望堂堂正正地过富足的生活，经文第34篇和第79篇说他“每天晚上喝一罐属于他的啤酒”。按照古代埃及人的宗教观念，再虔诚的人在世的时候也只能通过神的雕像或画像间接地与之交流。但是人死以后，只要他能够再生，他便从此可以与神面对面。在经文第104篇里，死者向众神大声说，他是他们当中的一员；经文第42篇把死者身上的每个部位或器官与特定的神等同起来。这些都是为了强调死者再生和享受永生的权利。

按照古代埃及人有关死者再生以后像生前一样拥有七情六欲的观念，缠裹尸体的层层亚麻布和狭窄的棺材显然不利于死者的躯体获得活力，但是为了避免尸体腐烂和解体，为了防止蛀虫、昆虫和野兽的侵袭，尸体不得不受到裹尸布和棺材的束缚。按照古代埃及对人身、人生和人世的认识，一个生理学上的人由几部分构成，即躯体、巴、卡、名字、影子，其中巴是能够自由飞离其主人躯体的一种存在形式。古代埃及人称《亡灵书》为“有关重见天日的经文”实际上是针对巴而言，因为死者的躯体和属于他的卡被认为留存在墓室里，而巴则可以到达所有死者想去的地方。《亡灵书》第61篇和第89篇的目的就是保证死者巴的存世和活动的权利。古代埃及人甚至认为死者的影子都是其来世复活不可缺少的部分，经文第91篇、第92篇和第188篇专门用来保护死者的影子在来世像在今世时一样继续伴随自己的主人，即形影不离。只有这些原先属于死者的不同部分在来世有机地结合在一起，来世生活才成为可能，也才真正值得追求。

关于死去的人如何才能再生，古代埃及人根据他们所熟悉的自然环境做出了丰富的联想和推理。在《亡灵书》第175篇的附图上，创世神阿吞呈现为一条蛇。经文第87篇把蛇称为“大地之子”，其原因是蛇定期蜕皮。古代埃及人相信，蛇通过这一独特方式完成生命的循环。该经文的附图表现一条长着翅膀的蛇，说明古代埃及人从钻出洞的蛇重获生命联想到太阳的循环往复。朝升暮落的太阳和周期蜕皮的蛇对古代埃及人来说都象征着生死可以轮回的道理。

《亡灵书》第17篇的附图表现死者向凤凰祈祷的场面。古代埃及人相信，凤凰出生在创世之初第一座露出原始混沌水的土丘上，他们称凤凰为“自我生成者”，意思是说凤凰生生不息。因为这个原因，凤凰也被视为太阳神的巴或者太阳神的表现形式，甚至太阳神本身。在《亡灵书》第83篇中，死者希望转化为一只凤凰，而在《亡灵书》第125篇里，死者宣称自己像凤凰一样洁净。这里所说的“洁净”不仅指他伦理道德方面无可挑剔，而且指他具备了像凤凰那样的长生不死的特质。如果说凤凰象征的是永恒，那么经常与它一起出现在文字或图画中的蜣螂则强调了不断更新生命的特点（如经文第76篇）。古代埃及人从蜣螂的习性和繁殖形式联想到太阳的周期性运转和随着尼罗河泛滥而呈现的生命的层出不穷。他们相信，就像蜣螂通过滚动粪球前行来孕育幼子一样，太阳晨出夜落的周期运动实际上也是自我繁殖过程。因此，蜣螂成为象征自我繁殖的典型标志，用不同材质制作的蜣螂模型成为活着的人佩戴的护身符，同时也是墓葬品中必不可少的项目。许多与恒久、永生相关的文字也被刻写在呈蜣螂形状的物体上，如阿蒙荷太普三世与其王后婚礼的通告。有时象征死者保存完好的心脏的模型也呈蜣螂模样。此外，荷花（经文第81篇）、鳄鱼（经文第88篇）、候鸟（经文第86篇和第135篇）以及月亮的圆缺都被与生死交替联系在一起。

古代埃及人的社会制度主要体现为中央集权制，政治制度相对稳定。人们试图而且习惯于通过合同、契约等形式进行经济往来，遇到矛盾和纠纷则借助法律和法庭解决问题。《亡灵书》中除了第30篇和第125篇详细描写了死者在冥界接受审判的场面以外，其他还有许多篇章描写了死者赢得诉讼的情况，如第18篇、第19篇和第20篇。在法庭上赢得公正就是战胜了对手，死神和企图阻挠死者复活的一切邪恶力量都被视为死者的对手，死者希望通过陈述自己的清白和赢得众神的支持来战胜自己的对手。在许多墓室里发现赛奈特棋这种陪葬品，其目的就是为了让死者战胜这些敌手。两个对手在棋盘上挪动各自的棋子，双方都试图跳过格子并按一定的规则跨越对方的棋子来把自己的棋子运送到对方的阵地。这种以跨越空格和战胜对手为特征的游戏很快具有了宗教含义，埃及人把这一游戏比作人死以后跨越今世与来世之间的鸿沟来赢得新生的游戏，他们相信死神如同赛奈特棋的对手一样可怕但并非不可战胜。死神是可怕的敌人，但是一旦战胜了这个对手，死者便可享受永恒的生命。

西方对《亡灵书》的解读

西方世界对古代埃及人《亡灵书》中所描述的来世观念尤其是有关来世审判的习俗早已从古典作家狄奥多洛斯（Diodorus Siculus）那里有所耳闻。不过，他的描述与《亡灵书》第125篇所展现的情形大有不同。按照狄氏，古代埃及人的这一来世审判发生在死者的尸体结束木乃伊制作过程和下葬之间，即死者的尸体运到河对岸准备埋葬之际，由 42 个（祭司扮演的）判官组成的审判庭对死者的功过予以评断，想控告死者的人此时可以一吐为快，假如死去的人确实有罪，那么他就不得入葬；如果诉状纯属诬告，死者便在亲朋好友的欢呼之下，以极其尊荣的形式得以安葬。

在中世纪，不少来自欧洲尤其是伊斯兰国家的人有机会与《亡灵书》发生直接的接触。虽然他们读不懂上面的文字，但鉴于所有经文无一例外地出现在坟墓里，他们认定其内容与死亡和来世相关，因此把它比作《圣经》或《古兰经》。事实上，18 世纪初期盗挖古代埃及陵墓的阿拉伯人称《亡灵书》为 Kitâb al-Mayyitun 或 Kitâb al-Mayyit（阿拉伯语意为“死人书”），原因是他们发现这些书写文字和画着图画的纸草卷起来以后放置在棺材内靠近死者尸体的地方。

现代西方学者对古代埃及《亡灵书》的认识始于拿破仑率军远征埃及。《亡灵书》的第一份现代摹本诞生于 1805 年，它出现在随同拿破仑远征埃及的法国学者出版的《埃及志》中。翻译《亡灵书》的尝试应当说由法国的商博良（Jean-François Champollion）于 1822 年开启先河。就在这一年，商博良宣告破译象形文字成功，然后开始了在欧洲各大城市收集象形文字文献的旅行。他在都灵和日内瓦发现了写着祭司体象形文字并有配图的纸草卷，认为这些后来被确认属于《亡灵书》的经文与殡葬仪式相关，因而称它们为“丧葬经文”。在埃及考察期间，商博良对这类经文有了更为全面的认识，返回法国之后，他把这些经文称作 Le Livre des Morts（“死人书”）。德国第一位埃及学教席的拥有者莱比修斯（Karl Richard Lepsius）后来把自己所翻译的这些丧葬纸草文献命名为 *Totenbuch*（《死人书》），这显然受到了商博良的影响或启发。遗憾的是，因为早逝，商博良翻译《亡灵书》的宏愿未能付诸实施。

1842 年，在商博良逝世后十年，莱比修斯完整地翻译了一份来自托勒密时期的墓葬纸草卷，他从书写在上面的文字中辨认出 165 篇相互独立的经文，从而根据这份馆藏在都灵的纸草对《亡灵书》中的经文编加了号码。莱比修斯把这个铭文集称为《亡灵书》，此后，这种称呼被其他学者采纳（英语为 *Book of the Dead*）。不仅如此，莱比修斯建议对留传下来的《亡灵书》纸草进行版本比较，然后出版校勘本。馆藏于都灵的这卷长达十九米、宽约二十九厘米的纸草成为莱比修斯之后其他埃及学家进一步研究《亡灵书》版本和内容的最重要依据。

到了 1874 年，在英国伦敦召开第二届国际东方学会议之际，与会代表提议把分散在世界各地的与《亡灵书》这部在当时看上去堪称人类历史上最早的宗教经典相关的经文收集起来并进行整理和出版，以便为进一步的研究提供一个版本基础。经莱比修斯建议，会议委托瑞士埃及学家纳威尔（Henri Édouard Naville）着手新版《亡灵书》的出版工作，由普鲁士科学院提供资金上的支持，而在学术上，莱比修斯、英国埃及学家伯尔茨（Samuel Birch）和法国埃及学家沙巴（François Chabas）担任顾问。

出乎纳威尔甚至所有相关人员意料的是，流传下来的经文数量如此众多，它们根本不可能通过一本书得到全面和系统的整理。纳威尔只好把范围缩小到来自底比斯的经文，而且时间下限到新王国结束。从1875−1886年，纳威尔一共整理了71份书写在纸草、裹尸布和墓壁上的“亡灵书”，出版了三卷本的《亡灵书》，书名为《第十八至第二十王朝的埃及〈亡灵书〉》。其中包括186篇经文，每篇经文都附有配图。纳威尔列出了每篇经文的变体，并且对所有经文进行了注释。此后，英国埃及学家巴奇（E.A.Wallis Budge）补加若干篇章，使得原来的篇数有所增加。最终，《亡灵书》的篇章总数达到了190篇，而且个别篇章因有内容相近的两种版本而分为甲和乙，甚至丙。如果除去重复和虽被计算在内但正文未能保存下来的篇数，本书所翻译的经文一共为188篇。纳威尔的《亡灵书》版本迄今为止尚未丧失其权威性，目前所有探讨《亡灵书》文字和图画的研究工作都依然基于这本一百多年前的皇皇巨著。

从某种意义上说，纳威尔的新版《亡灵书》使得这些原来显得神秘莫测的经文丧失了其神秘色彩，这一点让人想起了商博良破译象形文字使许多对古代埃及象形文字这个“天书”抱有幻想的人感到大失所望的例子。纳威尔的著作出版之前，包括许多埃及学家在内的人把《亡灵书》说成古代埃及人的《圣经》，以为通过它不仅能够了解古代埃及的历史、宗教和文化等方方面面的情况，而且还能够获取被认为遗失了的人类早期智慧特别是古代埃及的许多秘密。事实证明，《亡灵书》的使用范围有严格的限定，而且它的功能深深植根于古代埃及文明和文化特定的土壤。《亡灵书》对于正确理解古代埃及人的来世观念具有无穷的意义，但是它并非具有普世意义的人类早期智慧的结晶。当然，纳威尔有失公允地称《亡灵书》为“杂乱无章的经文汇集”的断言也对造成普遍失望的情绪不无干系。相比之下，以纳威尔为代表的第二代埃及学家没有像商博良、莱比修斯等第一代埃及学家那样对古代埃及文明怀抱无比的崇敬心理，他们较之前辈更加崇尚实证，因此对古代埃及人的经文抱着批评的态度。

法国学者于1880年和1881年之交在位于萨卡拉的古王国金字塔里发现

了后来被称为《金字塔铭文》的经文。这些经文刻写在棺材间的墙壁上，其格式和内容可以说是《亡灵书》的先驱，最大的区别在于，前者只限于王室成员的陵墓且刻写在墓壁，而后者主要书写在纸草上，而且其拥有者包括官吏、祭司、宫廷工匠等社会中上层人士。如果简单地加以总结的话，《金字塔铭文》的功能是帮助死去的国王在金字塔内获得再生，然后跟随太阳神享受永恒的生命，而《亡灵书》声称的作用是保证每一个拥有这份经文的死者在奥西里斯所主宰的冥界通过来世审判获得第二次生命，并且在需要的时候离开墓室来到阳光下尽情地享受与前世没有什么区别的生活。

在接下来的十数年里，多数学者的关注点集中在《金字塔铭文》的整理和解读上面，《亡灵书》反倒乏人问津。不少人认为，《金字塔铭文》在宗教理念和来世探讨方面达到了空前绝后的程度，包括《亡灵书》在内的后期宗教文献只不过是对前者的重复而已，而且经常是在没有领会实质的基础之上。

值得肯定的是，纳威尔在整理出版《亡灵书》的象形文字版本之后继续收集从古代埃及流传下来的相关纸草。他虽然未能通过新版把这些新文献补充进去，但是把整理和阐释的成果发表在专业杂志上，而且从 1892 年开始发表《亡灵书》的英文译文。直到法国埃及学家巴尔圭（Paul Barguet）和美国埃及学家埃伦（T. G. Allen）出版法文和英文的译本之前，纳威尔的译文无疑最为可靠。相比之下，英国埃及学家巴奇的译本虽然广为人知和大量被引用，但是其译文与原文几乎风马牛不相及，因此其危害也令人触目惊心。英国埃及学家福克纳（Raymond O. Faulkner）于 1972 年出版了一个附有众多精美插图的译本，为古代埃及《亡灵书》走向公众做出了有益的尝试。迄今为止最为权威的《亡灵书》译本由瑞士埃及学家贺尔农（Erik Hornung）于 1990 年出版。贺尔农把毕生精力投入到古代埃及宗教文献的解读和翻译上面，是当今研究古代埃及宗教领域当仁不让的泰斗。

《亡灵书》所表现的古代埃及人的来世观念

在古代埃及人的想象中，通往来世的路程不仅遥远，而且充满了各种危险，更加让人不寒而栗的是，死者必须在没有其他人陪伴的情况下独自走完这段路程。死者的亲属和朋友们可以把尸体做成木乃伊，可以给死者提供各种供品，但是对于死者如何从墓室走向来世，他们则无能为力。在一篇中王国时期描写冥界的铭文中，作者把从现世到来世的距离测定为约今天的 1200 公里。在这 1200 公里的路途上，死者需要通过各种险关狭隘，还要回答许多把守关卡的“妖魔鬼怪”们提出的问题，应对他们的各种刁难。显而易见，成为木乃伊的死者安然地躺在棺材里并不能到达来世。在一篇描写通往来世路上的12道关卡的宗教铭文中，活着的人祝愿死者：“愿你挣脱开木乃伊的绷带；愿你拿掉面罩；愿你那双像神一样的眼睛重新看到光明；愿你摆脱困乏无力的状态，用双手抓住生命的权利。”

尽管易于理解但依然需要强调的是，虽然《亡灵书》的根本目的是引导死者顺利到达来世，但是这个来世具体是什么样子且究竟位于何处，书中没有也无法给出详细的描述。没有人去过这个地方，或者说即使有人死后到达这个地方，他也没有办法返回人世向活着的人讲述这个地方到底是一个类似“桃花源”一样的美好地方还是令人无法忍受的、阴森森的深渊。应当说，这个来世实际上就是一个可望而不可即的地方，是一个生者虚拟的与死者依然会有着某种关联的地方。人们之所以要刻意制造这样一个幻境，就是因为每一个生者都会在某个时间成为死者，而对于死亡的惧怕以及对身后的一无所知导致人们想象出这样一条无可奈何的出路。许多篇章描写死者通往来世的路途上关卡林立，暗流涌动，险滩、火坑等防不胜防，那里充满了危险和恐怖。但是通过了所有这些险关，死者就有可能到达奥西里斯所在的地方，那里是与今世没有什么两样的地方，死者在那里像在世时一样劳作，并且逐渐与随他而来的家人团聚，然后一起享受天伦之乐。有些经文把死者享受永生的地方与古代埃及重要的宗教中心如阿比多斯、布塞里斯等联系在一起，如经文第138篇；而另一些篇章所描写的来世则是死者乘坐夜行船通过暗无天日的冥界，在第二天清晨伴随新生的朝阳获得再生。

可以说，《亡灵书》是古代埃及人对来世想象的集大成之作，其中既有祈盼个体的生命在太阳循环往复和尼罗河水岁岁涨落为主要标志的永恒的宇宙里能够生生不息的强烈愿望，也有惧怕短暂而美好的人世生活随着死亡的来临便永远消失的无比恐慌。与之相关，来世显现出两种截然不同的画面，一方面是物质比今生更加丰富、起居比今世更加安逸的乐园，另一方面则是被鬼魅魑魉横加阻拦、被水淹火炙甚至被无名怪物生吞活咽的噩梦般的结局。

《亡灵书》的编纂者构想了一个从来没有人去过的地方，他们试图跟随着那个象征光明和生命的太阳进入那片无疑存在却无法确定所在位置的冥界，那片土地一会儿表现为无法忍受的地狱，一会儿又转化为乐园，经文中交织着希望、恐惧、担心，但很少表现出绝望。经文第115篇说“看到太阳射出的光芒，就可以看见黑暗中的存在物”。

在《亡灵书》许多篇章中，虽然经常提到有人拥有和掌握经文并告诫他们不要把经文中的内容泄露给任何外人，《亡灵书》绝不是类似加入密宗等具有排他性组织的神秘文献，而是一个人在渡过生死交界处必需的知识汇编，即基于今世生命经历构建起来的有关如何赢得再生、如何到达来世的指南。

通往来世的路途坎坷不平，道路两旁不仅潜伏着危害死者再生的鳄鱼、毒蛇和毒虫，许多路段还设有门、陷阱和山头，并且由手握尖刀利器的鬼神把守，这些鬼神具有或者象征超人的力量。它们面目可憎，经常呈集人形、动物形和鸟形为一身的混合型。作为通行的最基本条件，死者必须说出他们的名字，这些名字表明其主人的恐怖之处，如“靠吞吃蛇为生者”、“血中乱舞者”等。死者说出它们的名字意味着了解它们的本质，相当于掌握了制服它们的办法。《亡灵书》不同的篇章对路途上的关卡数量说法不一，第 147 篇说一共有 7 道大门，而第 145 篇和第 146 篇列出了 21 道门的名字。

《亡灵书》第 145 篇和第 146 篇的附图表现三个守护来世入口的门卫。他们双手都握着锋利的尖刀。第一个门卫显出孩童的样子，第二个长着河马的头，而第三个显现为侏儒神贝斯。这些门卫所守护的门口里面就是充满生机的芦苇荡，露出孩童面容的门卫也向死者预示着生的希望。从某种意义上说，冥界里显现出凶相的魔鬼和善面的神灵基本上都遵循同一原则，他们对有资格进入来世的人高抬贵手，而那些生前犯下罪恶的人则休想逃过他们的眼睛和手。《亡灵书》第 149 篇的附图展现的是一个蹲坐着的神灵，他的头表现为一个喷出熊熊火焰的炭盆，他手里还拿着一把扇子，头上喷着火舌。这具有两方面的含义，即他既担当惩罚没有资格进入来世的死者的责任，也具有为获准进入来世的死者照亮路途的能力。《亡灵书》中的许多篇章事实上就是供死者在冥界使用的咒语，这些咒语可以化险为夷（第 93 篇），其中包括针对蛇（第 33 篇、第 34 篇、第 35 篇、第 40 篇等篇）、针对毒虫（第 36 篇）甚至针对把死者引入歧途的妖女的咒语。

古代埃及人的居住区域分布在尼罗河两岸，这条河既是生命的源泉，也是横亘在人们眼前的一条难以逾越的障碍。《亡灵书》中的许多篇章涉及死者在来世路途上如何渡过开阔且布满漩涡的水域。从《棺材铭文》开始，古代埃及人想象今世与来世之间有一条类似尼罗河一样的大河，这条必须由死者跨越的河流有时被比作难以战胜的死神，渡过了河水就等于征服了死亡。加上尼罗河具有一年一度泛滥的水文特征，古代埃及人对水有着爱恨交加的复杂感情，充足的水象征了丰盛，而超过限度的水位会冲破坝堤，同时，河道里没有水又意味着搁浅即转世愿望和所做的所有努力化为泡影。

因为乘坐渡船是主要的出行方式，说教文包括不许向乘客索要过高船费的劝诫，甚至要求船主免费为那些无力付费的人摆渡，以体现说教文向年轻人灌输伦理道德的宗旨。很多官吏们在自传里声称，他们设法让那些没有渡船的人到达想去的地方。可见，拥有船只成为实现愿望甚至梦想成真的特定表达形式。在讲述伊西斯女神帮助儿子荷鲁斯与赛特博弈的神话里，这位被认为充满智慧和魔法的女神不得不把自己的金戒指送给艄公，以便让后者把自己摆渡到儿子荷鲁斯即将与赛特搏斗的地方。可想而知，想渡过横亘在今生与来世之间的广阔无垠的水域其难度有多大。《亡灵书》中的许多篇章还讲述了在这片水域摆渡的神灵如何漫不经心甚至百般刁难，他们或者说渡船尚未准备停当，或者索要死者承当不起的费用，甚至说死者没有权利乘坐他们的船。这时，死者必须说出能够让这些面目可憎和铁石心肠的神服软的密码暗号，而安放在棺材或墓室里的《亡灵书》里备有所需的全部信息。来自希腊化时期和罗马帝国时期埃及的木乃伊形象生动地表达了这种法老时期的传统如何传承下来并达到登峰造极的程度。许多死者手里握着一枚或者多枚金币，这些钱是活着的人为死者准备的乘船费。

通过以上各种关卡之后，死者便来到奥西里斯举行审判的地方，也就是说进入奥西里斯审判庭的大门是通往美好来世路途上的最后一关。《亡灵书》中的许多篇章描写了走近审判庭的死者受到守卫大门的鬼神们各种盘问和刁难的情况。此外，经文也表达了死者在接近审判庭时复杂的心情，一方面他因顺利走过了冥界坎坷的路而庆幸，另一方面则担心在审判庭被判有罪而丧失再生机会。

再生的可能性以死后通过审判为前提，这无疑是古代埃及人对生命的延续这个生物学问题试图在社会框架内予以解决的伟大尝试。应当说，早在古王国时期，古代埃及人就已经形成了来世审判的观念。有些活着的人感觉受到了某个死人的困扰，在这种情况下，生者给自己死去的亲人写信，希望后者把那个同在冥界的惹是生非者告到由神主持的法庭里，从而为生者讨个公道。此外，在死者生前以第一人称撰写的自传里，墓主或墓碑的主人警告那些有可能破坏墓室或墓葬设施的人，只要有人胆敢不顾警告仍然加害于他，那么他就一定会在冥界的审判庭控告对方。古王国的来世审判庭与现世的即世俗的审判庭无二致，它只是在有诉讼者或控告者出现时才开庭。

到了第一中间期，随着社会的动荡和墓室、墓葬设施屡遭破坏，人们对纯粹以物质形式为来世做准备的方式提出了疑问。人们相信神灵会通过审判决定哪些人有资格进入来世，死者生前的品德被视为进入来世决定性标准的观念逐渐形成。古代埃及人把一个人应当遵守的伦理道德规范概括为“玛阿特”。一个人生前的优良品德可以概述为“说了玛阿特、做了玛阿特”。遵守“玛阿特”原则的人不仅在今生得到家人、亲人和邻人的喜欢和尊重，而且具备了死后进入来世的最根本条件。伦理道德构成能否通往来世的决定因素以后，人们依然试图使用魔法、巫术等方式防止可能因道德上的污点而被拒之门外，甚至通过这些不合乎伦理的手段绕过审判。但是，并不能因此而否认古代埃及人死后受审的来世观念在约束世人言行方面所发挥的积极作用，求生毕竟是人类最原始和最强烈的本能，在对死亡的惧怕和对永生的渴望双重作用下，即使自认为生前清白的人也会采用其他手段来增加再生的可能性并排除不确定因素。

从《亡灵书》第125篇和相关的附图判断，奥西里斯充当审判庭的审判长，荷鲁斯、阿努比斯和图特在审判庭担任重要角色，他们引导死者进入审判庭，称量他的心，记录称量结果并向奥西里斯汇报称量结果。此外，称量心脏的画面上还可以看到命运之神沙伊，生育女神梅斯荷娜特和哺乳女神瑞内奴泰特站在沙伊的后面。陪审团的42个成员可以在死者陈述过程中提出质疑。死者在通往审判庭的路途上与其中的一些神已经打过交道，比如那个在通往来世的巨大水域上充当艄公的神，他被死者称为“向后看的家伙”。

死者以不同的身份接近审判的神，而且他掌握着不同场合所需的知识，他声称自己是熟知奥西里斯神话的祭司，或者说自己是众神的随从之一，或者说自己是替拉神冲锋陷阵并与阿普非斯搏斗的勇士，或者说自己是解救奥西里斯并替他报仇的荷鲁斯，或者说自己是荷鲁斯的信使，甚至说自己就是奥西里斯本人（如经文第69篇）。

《亡灵书》第125篇以图文并茂的形式展现了古代埃及人试图以法律的形式争取再生权利的朴实和美好的念头。死者以否定的语句声称自己生前没有犯过任何过错，这些过错从杀人、亵渎神灵、娈童等重罪到撒谎之类的小节不一而足，合起来大约有80项罪过。这篇经文的根本目的在于不让那些审查死者身世的神找到任何阻止后者进入来世的理由甚至借口。在该经文的中间，死者以第一人称且以肯定的语气叙述自己在世时所做的值得参与审判的诸神称道的事情，其中最有意思的是经常出现在官吏自传中的如下语句：“我给饥饿的人面包，给干渴的人清水，给裸身的人衣服，给无法过河的人渡船。我为神敬献了供物，我给死去的人奉献了祭品。”善待弱势群体、敬奉神灵和祭奠死去的人，这些是一个遵守社会行为准则的人必须履行的义务，它们构成了说教文的要素。可见，《亡灵书》有其借助魔术、巫术得到以正常的手段不能获取之物的迷信倾向，但是它对促进人们伦理观念的形成和对他们言行举止的约束作用不言而喻。《旧约》里许多阐述古代以色列人行为准则的法律都是以神谕的形式颁布，《亡灵书》第125篇中的条规只是古代埃及社会长期积累起来的世俗的规范，但是一个人生前是否依据它们说话和行事，因而他有没有资格进入来世，最终要由神灵进行裁决。从某种意义上说，后者的神圣性和有效性超出了前者。

《亡灵书》中的来世审判庭常年开庭，一个人不管生前有没有罪，不管是否有人控告他，他都必须通过审判。接受众神的审查是一件可怕的事情，但是一旦顺利通过，便能获得第二次生命，而且像神一样在来世永生。《为马里卡瑞撰写的说教文》用如下的话描写来世审判庭里的神："最可怕的是明察秋毫的神明们充当审判官，不要侥幸经年累月使他们的记忆淡漠，在他们的眼里，人生的漫漫岁月只是一瞬间。"关于通过审判的死者，同一篇说教文又说："假如一个人生前没有犯下罪过，通过了审判到达天国，他将像主宰永恒的神明那样理直气壮，在那里像神一样享受永恒的生命。"

死者在众神面前陈述生前好善乐施只是审判的次要部分，因为他空口无凭的声明不能完全说服参与审判的神。所以，死者的心作为记忆和情感的中枢机构必须被放在天平的一边予以称量，而另一边则是象征真理和秩序的女神头像或表示女神名字的、呈一根羽毛形状的象形符号，即一个因为纯粹和洁白而没有任何重量的物体。假如死者无罪，他的心应当与玛阿特对称，即天平会保持平衡；只要他生前犯过罪，尽管他现在声称清白，天平上放置他的心脏的那个秤盘会即刻下坠。古代埃及人在这里所强调的并不是称量过程，而是形象地表达人的意识或者良心要直面无所不知的众神，换句话说，任何侥幸的心理都是徒劳的。

一个人只有可能在两个方面为来世做准备——伦理上的积德与物质上的支出，包括建造坟墓、准备墓葬设施等——他才有可能获得再生。古代埃及用来教育年轻人的说教文经常把《亡灵书》第125篇中的行为准则称为"法律"。无独有偶，新王国时期一位官吏的自传明确地提到了"来世审判庭里的法律"。这里所说的法律实际上就是来世审判庭里的神裁决死者时所遵守的原则。有一个官吏在自传里用如下的话总结他的一生："我生前尊重玛阿特，努力遵循审判庭的各项规则，因为我打算顺利通过来世审判。没有任何人曾经诅咒我的名字，没有人暗地里指我的后背，也没有哪个神曾经指责我。"与古代以色列人不同，古代埃及人并没有法律由神颁布或由某个圣者受神灵启迪而制定的说法，但是这里所说的审判庭里的法律与神所制定的法律又有什么区别？与古代两河流域不同，古代埃及没有如《汉谟拉比法典》一样的书面形式的法律汇集，但是古代埃及人依然创造了辉煌的文明，而且他们的政治和社会制度以稳定和持久而著称。

心脏在古代埃及人的来世观念中起到过极其重要的作用，它被看作思维以及协调各个器官的中心。在来世审判庭上，主持审判的神决定死者能否进入来世，主要是通过称量死者的心脏。《亡灵书》第30篇的附图表现称量死者心脏的场面，图的上方刻画着42个来自上埃及和下埃及的神，死者在经文里以第一人称请求属于自己的心脏不要向参与审判的众神说出不利于自己的话，在审判过程中不要做任何不利于自己主人的事情。为了做到万无一失，古代埃及人经常把《亡灵书》第30篇刻写在一块呈心脏形状的石头上，然后把这块石头作为附身符放在死者的木乃伊裹布夹层中间。其用意可以做两种解释：一是古代埃及人希望这颗刻写着祈祷文的心脏代替真正的心脏接受称量；其二，一旦死者的心脏有意或无意透露了死者生前的过错，从而被等候在天平旁边的怪兽吞吃，那么这颗备用的心脏可以代为发挥应有的功能。有时心形的石头被雕刻成蜣螂的样子，因为蜣螂在古代埃及象征生命的循环，死者将永远拥有其心脏的意思可谓无以复加。在有些纸草上，与第30篇相应的附图显示一颗偌大的心脏与玛阿特女神并列，而这位女神两边分别是象征重生和永生的蛇和凤凰。

经文第26−29篇表现死者手里拿着一颗心，跪在地上显出祈祷状。事实上，他不仅祈求参与审判的诸神手下留情，同时也希望即将在秤盘上接受称量的自己的心不要背叛自己。这些经文描述了古代埃及人对死后无法通过审判的担忧，死者担心自己的心脏会把生前犯过的过错全盘说出来，甚至成为控告者。也有学者认为，这个图画表达死者已经顺利通过了审判，作为他业已获得进入来世之权利的凭证，他把自己的心托在手掌上。

正因为心脏在死者的来世转生中发挥如此至关重要的作用，保存心脏便成为制作木乃伊过程中重要的组成部分。木乃伊制作师把死者的心脏取出来，进行防腐处理以后再把它放回胸腔。有时，人们把死者的心脏取出来以后，用一个石头制作的呈蜣螂形状的心脏代替，究其原因有两个。其一，在古代埃及人的心目中，蜣螂象征自我繁殖的能力和旺盛的生命力；其二，古代埃及人相信，当神把心脏和象征公正的羽毛分别放在天平的两端称量时，一旦心脏揭发自己的主人生前所犯的罪孽，那么死者便永无再生的可能。一个呈蜣螂形的石制心脏不仅具有重生的功能，而且与死者生前的罪过没有任何牵连，因此它也不会以不利于死者的方式做证。

通过了审判，死者就会被引进奥西里斯的国度。在那里，死者拥有了神性，可以像神一样享受永恒的生命。有时，这个犹如天堂的地方被说成“芦苇地”，一个古代埃及人依据他们所熟悉的现世构建起来的冥界里的人间，那里有河沟交错的田地，生长着可作为死者供品的各种谷物。在这个地方，死者与其妻子一起通过犁地、播种和收割等体力劳动来自给自足，有时甚至能够与其他家庭成员和亲属团聚，因为众神赐福的结果，谷穗比现实中要大得多，而且显得特别饱满。

这个活灵活现的来世想象显然与死者的尸体僵卧在棺材里的现实相互矛盾。为了调和这一矛盾，古代埃及人设想一个人由躯体、卡和巴等要素构成。“卡”和“巴”是一个很难翻译的概念，因为很少有哪个民族就来世绘制出如此复杂的景象、创造出如此多样的称谓。简言之，“卡”指代一个人生来具有的再生的力量，他随着人的降生而问世，主要在其主人死后发挥作用。古代埃及人来世想象中另一个至关重要的概念是“巴”，它是一个人精神和灵魂的综合体，相对于僵死的尸体，巴尤其强调每个人身上积极的和自由活动的本质和机能。为了充分表达这个含义，在新王国时期官吏的坟墓壁画上，巴表现为一只长着人头的鸟。巴的主要活动区域是天空和人世，而到了夜间，它回到属于自己主人的墓室与其实体团聚，同时享受供桌上的物品。死者之所以能够与巴结合以后再生，至关重要的是卡这个潜在的因素。

人的精神被认为是不死的，它化为巴可以白天飞出墓室并享受阳光和空气，夜间回到墓室与其主人团聚。但是这不能完全消除古代埃及人担心死后便彻底变成一具僵尸的恐惧。他们希望死后借助所有最有效和快捷的形式离开墓室，比如变成一只隼、一条蛇、一条鳄鱼、一只燕子甚至一只蝗虫等。总之，他要随时且尽情地活动，自由地享受活着时曾经拥有的权利。其实，古代埃及人把尸体制成木乃伊不是目的而是一种手段。木乃伊产生于古代埃及的原因概括起来不外乎有两点。其一，人们希望木乃伊能防止尸体的腐烂，为死者的巴提供一个栖息之处。其二，根据神话传说，面临尸体腐烂和生命彻底终止之厄运的奥西里斯死而再生，其原因就是伊西斯把他的尸体制作成木乃伊。古代埃及人相信，假如死者的尸体制成像奥西里斯神一样的木乃伊，那么死者就有可能尽快战胜死亡。复杂而耗时的木乃伊制作过程结束以后，古代埃及人的注意力马上就转移。他们试图让再生的人不受木乃伊的约束，真正像活着的人那样享受生活。《亡灵书》第 68 篇描写了死者重获对自己躯干、肢体的支配权的过程以及之后的状况。

在新王国时期，墓壁上还有描写死者挣脱裹尸布，并且从死亡般的睡眠状态中苏醒过来的场面。有时为了凸显这一过程，画面上一系列的尸体呈现出不同程度的蜷曲状。在拉美西斯六世和拉美西斯九世的陵墓里，一连串的图画表现呈木乃伊形状的国王的尸体先是横躺在棺材里，然后头部离开棺材底面，再后来尸体呈现半蹲和全立的姿态。这些循序渐进的体态变化让视者对画中人物产生一种动感，象征国王从昏睡状态中苏醒并重获自由活动的能力。在古代埃及人的想象中，挣脱开木乃伊裹尸布束缚的尸体应该像初生的婴儿离开母体一样。与此相关，古代埃及人在呈木乃伊形状的棺材与主司天空的努特之间进行联系，再生后离开棺材的死者被视为天空中每日更替生命的太阳。

本《亡灵书》译本中的第1篇经文不仅在莱比修斯所翻译的都灵纸草当中居首位，而且在新王国流传下来的《亡灵书》纸草当中都被当作开篇经文。这篇经文描写的是送葬队伍和人们在墓室入口处举行的葬礼；经文第75篇和第151篇叙述死者尸体的处理、尸体入棺和竖立棺材华盖等步骤。让人感到不可思议的是，这些经文中都强调了死者离开墓室的可能性和权利，可见葬礼之前的准备工作和入葬之后的献祭活动都为了一个最终的目的，即让死者再生以后像在世时一样自由地走动。在经文第99篇乙中，死者甚至说他想从“那个令人可恶的地方”逃脱出去，因为那里是颠倒黑白的地方，太阳和星星在那里失去光亮，人在那里倒着走路，所有的事情都被颠倒，最为可怕的是，死者在那里甚至喝尿、吃屎。

古代埃及人认为，一个人若想达到死后再生，其生存所需的食物是最基本的先决条件。虽然他们想象来世中有取之不尽、用之不竭的物品，但是为了保险起见，他们在坟墓里专门设一个供桌间，那里是生者祭奠死者和放置供品的地方。墓壁上的文字和图画很大一部分描写和刻画家属和亲属献给死者的各种供物和供物清单。不仅如此，许多古代埃及人在世的时候把属于自己的一块土地专门作为自己死后所需供品的来源地，有些人甚至与相关的祭司签订合同，规定该祭司日后把这块土地的一部分出产作为供品献给土地的原主人，同时明确祭司可以从这块土地获取一定的利益。这样做一方面消除了子女在父母去世以后不尽孝道的担心，另一方面也解除了那些生前没有或者没能生育后代的人们的后顾之忧。

《亡灵书》所表现的来世期盼可以分为两个重要层面。其一，死者希望死后属于自己的灵魂（我们翻译为“巴”，呈现为一只长着人头的鸟）能够飞出墓室享受阳光和空气，并且跟随太阳完成不断的返老还童过程。其二，古代埃及人把死者比作陷入昏昏睡眠中的人，相信他经过睡眠，恢复体力以后便能够醒过来。因为埃及创世说把原始混沌水视为万物的源头，死者集聚生命力的地方也被认为位于大海深处，死者因而被称为“混沌水里的沉睡者”。很明显，古代埃及人从种子在充足的水分和适当的温度等必要条件满足时发芽的自然现象中得到了启发，从而联想到人的躯体在保存完好和其他条件必备的时候孕育第二次生命的可能性。他们认为，太阳之所以能够每天从东方升起，原因在于它夜间在积聚着原始动能的混沌水中获得了新生、汲取了力量。

从中王国时期开始，随着奥西里斯崇拜的盛行，被认为是该神埋葬地的阿比多斯成为远近闻名的朝圣地。许多人想方设法到阿比多斯体验这个战胜死亡的冥界主宰的超人力量并通过敬献供品赢得他的恩惠。有条件的人在阿比多斯立一块石碑，希望自己死后得到奥西里斯的保佑，有些人甚至在那里建造一座衣冠冢。与之相关，许多官吏墓的墓壁上开始出现家属把死者的尸体运到阿比多斯下葬或者让尸体在那里受到奥西里斯恩典之后再运回家乡埋葬的画面。把死在阿比多斯以外的人的尸体特地运到阿比多斯安葬或者让死者乘船游历一次这个圣地的情况应当说只是个例，墓室里的此类壁画反映了人们的美好愿望。许多人希望死后自己的巴能飞到阿比多斯，因为那里不仅是奥西里斯坟墓所在的地方，每年在那里上演的荷鲁斯替父报仇的戏剧从神话层面再现了奥西里斯如何在妻子和儿子的帮助下征服死亡，赢得属于自己的第二次生命。此外，在位的国王以及无数官吏和祭司在阿比多斯献给奥西里斯的丰厚供品也是许多人把阿比多斯当作死后最佳去处的重要原因。

从古代埃及文献中许多地方声称拥有奥西里斯墓的现象可见对这个神的崇拜有多么盛行。表面上看，这种情况与奥西里斯神话里有关他被赛特分尸的情节相关，而事实上，奥西里斯死而再生的故事反映了古代埃及人试图延长短暂人生的愿望，每个人都希望置身于奥西里斯促使新生的力量所及的地方。阿比多斯被认为是埋葬奥西里斯或者他被碎尸后接纳他的头的地方。从中王国开始，位于阿比多斯的第一王朝国王哲尔的陵墓被认定为奥西里斯的埋葬地，旨在纪念奥西里斯战胜赛特的大型宗教游行以此作为起点。到了新王国，塞提一世在阿比多斯建造了兼有自己衣冠冢和奥西里斯祭殿之功能的巨大建筑群。至此，阿比多斯成为所有祈望死后获得永生的人眼里最为神圣和最具吸引力的地方。

每年泛滥季节的第四个月，也就是淹没田地的洪水即将退去、播种期到来之际，古代埃及人举行纪念奥西里斯再生的庆祝活动。这一习俗充分说明了奥西里斯原来是与尼罗河水文变化和季节交替密切相关的植物神。有一个特别的仪式就是在形状如棺材或者像死者尸体的容器内装满经过尼罗河泛滥水浸泡的黑土，然后播下谷物的种子。若干天以后，种子发出嫩芽，原来呈人形的黑色容器随之披上了充满生气的绿装。这个模仿奥西里斯死而再生的仪式寄托了古代埃及人期盼人的躯体在今生结束以后能够再度孕育新的生命的迫切愿望。把尸体制作成木乃伊旨在防止它腐烂，制作过程中特意用尼罗河水清洗尸体其寓意也尽在其中。

另外一个与奥西里斯密切相关的仪式是竖立一个叫作“杰德”的柱子。“杰德”在古代埃及语里表示“坚固”或“稳定”，其象形符号是一个模仿奥西里斯脊椎骨的柱子。这个柱子起初由捆绑在一起的谷物的秸秆构成。很明显，这个习俗同样来源于远古时期把奥西里斯奉为植物神的信仰。象征谷物的奥西里斯随着旱季的到来死亡，即被收割，那么把象征死亡了的奥西里斯的秸秆捆扎起来就变成了一个坚固且可以竖立的柱子，即“杰德”。“杰德”形象地表达了奥西里斯死后从脊椎骨软弱无力甚至脱节到重新挺直腰板儿的转变。《亡灵书》里的许多篇章专门起到保佑死者脊椎骨的作用，小型的“杰德”柱子则作为护身符放在坟墓里，尤其是棺材内部尸体后背下面，甚至在制作木乃伊时放在尸体的后背部位一起缠裹。

荷鲁斯的眼睛被视为圣物，它揭示了人世和自然界许多由一种状态向另一种状态转变或过渡的现象和规律，从而表达了死亡为重生之基础的人生哲理。根据奥西里斯神话，荷鲁斯为了替父报仇而与篡夺王位的叔叔赛特展开搏斗，在漫长而激烈的斗争中荷鲁斯的一只眼睛被弄瞎。在主司智慧和医药的图特神的帮助下，荷鲁斯的眼睛痊愈。这只复明的眼睛象征了荷鲁斯对奥西里斯无限的爱，而把献给包括奥西里斯在内的所有死人的供品说成是荷鲁斯的眼睛，不仅强调了这些供品的珍贵，更寄托了生者希望死者借助这些供物获得生机的期望。同样重要的是，因为图特在古代埃及被视为月亮神，荷鲁斯受伤并被治愈的眼睛被形容为月亮的圆缺，再加上后来月亮和太阳被分别比作荷鲁斯的两只眼睛，这只痊愈的眼睛又与周期性出没的恒星联系在一起，可见荷鲁斯眼睛所蕴含的复苏、复原和再生的概念有多么丰富和强烈。人们佩戴模仿荷鲁斯失而复得的眼睛而制作的护身符，或者把它放在木乃伊裹尸布的夹层之间，尤其是制作木乃伊时在尸体胸腔左下侧切开的口子一定要用这种护身符遮盖。

与荷鲁斯神奇的痊愈能力相适应，保护死者器官的四个神灵被称为荷鲁斯的儿子，即伊姆塞特、哈彼、杜阿木特和库波思乃夫，他们分别是死者的肝、肺、胃和肠子的守护神。把死者的脏器分别装在不同的容器内一是为了容易处理和保存，二是希望它们受到各自神的特别保护。《亡灵书》第 15 篇的附图表现死者向上述四个神做祈祷状。有时，荷鲁斯四个儿子的形象被刻画在死者棺材上。他们不仅是保护死者内脏的神灵，而且在这种情况下指点天的四个方向，以便死者在通往来世的路途上不至于迷路。因此，他们经常手中握着与天的四个方向相关的四只船桨。这四位神还出现在与

《亡灵书》第137篇甲和第124篇相关的附图上。

根据古希腊本体论和基督教信条，西方人将人的存在分为时间与永恒；又依据印欧语系的时态把时间分成过去、当下、未来三个层面。相比之下，古代埃及人的语言把时间分为两个体，即完成体和未完成体。在奥西里斯和拉两位神同时出现的时候，奥西里斯代表过去，即昨天，他象征已经完成的事情或一种状态，也就是说，奥西里斯的死为呈现为太阳的拉神恢复新生奠定了基础。古代埃及人把缠裹死者尸体的亚麻布称为“昨天的衣服”，而太阳在凌晨时分冲出地平线的那一霎被比作人更换新衣，从而被视为死而再生的人开始新生的时刻。奥西里斯有时被形容为安卧在棺材里等待再生的死者，或者被比作尼罗河泛滥水退去以后在肥沃的土地里等待时机发芽吐绿的种子，与之相对应，拉神则是茫茫黑夜里跨过冥界的一道道门槛并让沉睡在那里的死人重见天日的太阳或者让各种秋天枯萎的植物在漫长的冬眠以后苏醒的日光。

在《亡灵书》有些篇章如经文第42篇和第89篇里，死者希望成为一个太阳，从而不仅可以让所有的根迸发出生命的火花，而且自己也可以每天早晨以新鲜的面目浮出茫茫大海的水平面。在古代埃及人的来世观念里，太阳不仅能赋予万物以生命，而且还能自我孕育生命。《亡灵书》附图中经常出现的主题是夜晚的太阳表现为老态龙钟的人，而清晨的太阳显现为朝气蓬勃的儿童。如同古代埃及人根据尼罗河的水文变化将一年分为三个季节一样，他们把太阳的运行轨迹分为三个不同的阶段，在这三个阶段里太阳拥有不同的名字和形状。早晨的太阳名叫夏帕瑞或哈拉赫特，形状呈蜣螂；中午的太阳被称为拉，形状是一头隼；晚上的太阳叫阿吞，呈现为长着羊头的人或一个老者。这三个阶段分别与人生的童年、壮年和老年三个时间段相对应。

古代埃及人认为，冥界是一个充斥着未知和危险的地方，不过那里也是所有生命的来源。跨过天空并放射了一白天光亮的太阳沉入地下，它要在那里汲取第二天所需的光亮和热量，而东升的旭日就是在热量和光亮等生命体方面获得复原以后的太阳。在新王国时期的王陵里，许多经文把死去的国王比作太阳，把长长的墓道比作太阳在夜间的运行轨道，希望入葬的国王的尸体像太阳一样在这个阴暗却赋予生命的通道恢复生命的力量。《亡灵书》中不少篇章如第127篇和第180篇虽然没有把死者直接说成是太阳（神），期盼进入冥冥世界的死者随着太阳的升起焕发生命力的目的在第42篇、第89篇等篇章里一目了然。与此相关联，在经文第54篇、第56篇和第59篇中，表现为汪洋大海的冥界被形容为“原始之蛋”。这个表面上似乎静止不动的水实际上不仅蕴含着生成万物的元素，而且还具有其他物质所无法比拟的净化作用。死者的尸体进入这个原始水域之后，附着在其躯体上面的一切不利于永生的东西全部被清洗，不仅包括身体方面的衰竭，也包括道德上的污点。这种纯粹的洁净构成享受来世永生的最基本条件。经文第 79 篇甚至说，因为死者如此纯净，他甚至可以替众神消除他们呼吸出来的令人不适的口臭。

正因为太阳在冥界所穿越的水域充满了生机，所以伴随夜行的太阳的危险也非常巨大。企图阻挠太阳重生的大蟒蛇吸干河道里的水，这个叫作阿普菲斯的巨蟒不仅是太阳神的敌人，也是所有企盼再生的死者的死敌。《亡灵书》众多篇章与太阳神战胜阿普菲斯相关。虽然拉被奉为主神，面对阿普菲斯这个象征死亡的强大的敌人，他只能借助所有能够调动的力量。经文第 7 篇、第 39 篇、第 108 篇等众多篇章描写了万众一心战胜阿普菲斯的场面。制服阿普菲斯的生死搏斗无疑为企盼转生的死者提供了绝佳的机会，《亡灵书》不少篇章把死者说成太阳船上的一名桨手，或者一条能够主宰这片水域的鳄鱼，以便为太阳船顺利前行保驾护航，从而自己也获得再生。

人类几千年的历史可以简单归纳为两项基本活动，一是通过辛勤劳动、社会分工和协作以及技术发明和改进来努力改善自身的生存环境，二是使用手中的财力和物力并借助神的恩赐和超自然的手段征服死亡。不同的民族、生活在特定环境的人群发展出了适宜于自身需求的来世观念，尽管古代埃及人的来世观念不能说绝无仅有，但是他们有关转世的浩如烟海的经文和为实现来世理想而付出的心血可谓空前绝后。作为上述经文中形成时间最晚和传播时间最长和范围最广的宗教文集，《亡灵书》充分显现出古代埃及人对现世生活的热爱、对死亡的巨大恐惧、对生命是否可以在来世延续的不可知而产生的忐忑不安心理以及对永恒生命的强烈渴望与期待。

本书中所翻译的经文多数是在古代埃及第十八王朝时成型，然后传承至第二十王朝，即新王国结束为止。这些经文以诗歌的格式创作，显而易见是便于祭司们背诵并在丧葬仪式上诵读时具有节奏感且能够朗朗上口。关于古代埃及象形文字中的诗体和韵律，德国埃及学家费希特（Gerhard Fecht）在 20 世纪中后期进行了开拓性的研究，他提出的释读模式经过阿斯曼、布卡德（Günter Burkard）等人的完善之后得到了学界的承认，越来越多的学者在翻译古代埃及宗教铭文时采用诗体的格式。译者在翻译过程中参考了德语、英语和法语的现代译本，翻译时尽量尊重象形文字原文的格式，在译文中反映它们的句子结构和长短程度，但是除了真正的颂歌、祈祷诗等以外，在编排上没有采用诗歌形式。

《亡灵书》绝大多数经文采用第一人称形式，由死者直接陈述、祈求、呼吁、恐吓等，其目的是让死者在来世根据要求和需要念诵或背诵。许多经文在开篇文字之后有“由奥西里斯某某说”或者“奥西里斯某某，他说”等字样。鉴于此，文中第一人称为死者本人的，绝大多数译文没有加引号。为了阅读的方便，译文未加脚注或尾注，而是采取每篇后面附加概括性的题解，尤其是对第一次出现的重要的概念和神的名字予以说明。与此相关，题解的长短与经文的内容有关，但总的来说，对前面的经文所加的题解相对于后面的经文显得略微具体和烦冗。一些反复出现且内涵丰富的古代埃及人的概念以音译的形式出现在译文中，这些概念的解释按照其中文拼音顺序列在附录名词解释中，这些名称的英文和象形文字拉丁化音标并列附在中文译名后的括号里，目的是让读者了解到专有名词的本来形式和它们在历史流程中的演变过程。

《亡灵书》经文

第1篇

这是有关让死者自由进出冥界、重见天日和获得尊贵地位的许多经文的开篇；这些经文需要在死者的葬礼上念诵，以便他此后随意离开并回到冥界。

“啊，你这个主宰冥界的公牛，”图特对掌握永恒的冥神说，“我是保护死者的伟大的神，我曾经为你搏斗过。我是众神审判庭的成员。在这个审判庭里，虽然有邪恶的人进行诽谤，诸神设法让奥西里斯战胜自己的敌人顺利通过审判。奥西里斯，我是跟从你的人。

“我是母神努特生育的诸神之一，我曾经把奥西里斯的敌人杀死，并且使那些不顺从奥西里斯的人无能为力。奥西里斯，我是属于你的人；我曾经为了你而与敌人搏斗，我为了让你的名字永存而努力。

“我是图特。在赫利奥波利斯的主神殿举行的审判中，我让奥西里斯在与自己的敌人之间的较量中胜出。我来自布塞里斯，我是布塞里斯人，我在那里出生，我在那里成长。布塞里斯就是我的名字。

“当那些为奥西里斯哭丧的女人们在木乃伊制作坊悲痛欲绝的时候，我始终陪伴她们。‘奥西里斯会战胜自己的敌人。’拉神对图特神说。在木乃伊制作师们用亚麻布包裹死者的尸体的那一天，我与拉神均在场；为了清洗死者的尸体、为了保护拉塞塔的秘密，我亲手打开了墓室的门。我与荷鲁斯一起充当了守护奥西里斯被分尸后遗弃在莱托波利斯的右肩膀的守护神。在每月的第六天和第七天，在赫利奥波利斯庆祝奥西里斯节日并给拉献祭的时候，我也始终在荷鲁斯的身边。

“我是布塞里斯负责清洁的祭司，一个熟知仪式细节的人；尼罗河泛滥水退下去后，我在阿比多斯充当祭司。我有资格了解那些保存在拉塞塔的秘密；我有能力背诵为蒙迪斯的神灵撰写的节日颂歌。我是一个对分内的活儿了如指掌的出色的诵经祭司。我是孟斐斯的最高祭司，在我的指导下，索卡尔的神船被摆放在属于它的位置。在赫拉克利奥波利斯掘土的那一天，我拿起了锄头。

“听着，你们这些在奥西里斯王国里让合格的巴自由进出的神，请你们让我的巴也自由进出奥西里斯王国。请你们让我也像你们一样耳聪目明，请允许我像你们一样在奥西里斯王国里自由走动。你们这些神把面包和啤酒赠给那些有资格复活的死者的巴，请你们让我的巴也享受你们的面包和啤酒。

“啊，你们这些在奥西里斯王国里为死者打开大门和开辟道路的神，请你们给我的巴开道引路，以便我的巴顺利进入奥西里斯王国，并且再自由自在地走出奥西里斯王国。在那里没有阻拦我的巴的人，也没有诬陷我的巴的人。我的巴以受称赞者的身份走进，以受爱戴者的身份走出。我的巴的声音是纯真的，我的巴在奥西里斯王国里提出的要求都应当得到满足。我来到你们这里，目的是为了变得像你们一样尊贵。审判官在我身上没有找到任何过错，因为天平的两边没有出现丝毫的偏移。”

【题解】

本经文是《亡灵书》中非常重要的一篇，因此频繁出现在新王国时期众多的《亡灵书》抄本和墓壁上，而且经常处在开篇的位置。这里选用的经文题目比较长，如此详尽地说明正文内容的题目在众多抄本中只此一家，其他抄本则使用简略的题目，如“帮助死者在奥西里斯审判日顺利过关的经文”等。

死者在本经文中把自己与图特神等同起来。图特是古代埃及宗教中主司文字、智慧和医术的神。在古代埃及传播极其广泛、影响非常深远的奥西里斯神话里，贤明的国王奥西里斯被其觊觎王位的弟弟赛特以极端残忍和卑鄙的手段杀死。图特兼用医术和魔术，帮助伊西斯让奥西里斯起死回生。此后，奥西里斯的遗腹子荷鲁斯为了夺回被叔叔篡夺的王位并为父亲报仇而与赛特展开了漫长的殊死斗争。在一次肉搏战中，他的一只眼睛被赛特弄瞎，图特凭借高超的医术使荷鲁斯的眼睛重见光明。

在第一段中，死者声称自己曾经在奥西里斯遭遇危险时提供过保护。接着，死者进一步描述了自己不可磨灭的功绩：他作为众神殿的一员，不仅帮助奥西里斯赢得诉讼，而且还是一个熟谙秘密仪式的祭司。

在第二段里，死者把自己比作天神努特的儿子。事实上，在产生于赫利奥波利斯的创世神话里，奥西里斯就是天神努特与地神盖伯结合而生下的四个孩子中的长子。死者把自己比成奥西里斯，其目的是获得奥西里斯死而复活的能力和权利。

奥西里斯和赛特都是盖伯的儿子，因此，在古代埃及有关赛特与荷鲁斯王位之争的神话中，众神为了裁决这个争执而在赫利奥波利斯设立了审判庭，并且由盖伯充当主审官。布塞里斯据传是奥西里斯遭遇不测的地方，死者在这里强调自己与布塞里斯的密切关系，实际上是重申自己与奥西里斯相同的身份和地位，以便像奥西里斯一样战胜敌人并最终获得永生。

第四和第五段的文字依然与奥西里斯神话有关。奥西里斯被赛特杀死以后，伊西斯在妹妹即赛特的妻子涅芙狄斯的帮助下，在西亚地中海岸边的一个城市（一般认为是比布鲁斯）找到了奥西里斯的尸体并带回埃及。但是，赛特发现此事后把奥西里斯的躯体分尸，并且丢弃在埃及各地。伊西斯和涅芙狄斯寻找奥西里斯的尸体碎块，在图特的帮助下加以拼接，最终让尸体获得生气。文中提到许多地名，它们都曾经接纳过奥西里斯尸体的某个碎块，因此被赋予了神秘和神圣的色彩，在这些地方举行的宗教仪式也变得格外重要，而在那里的神庙里担当祭司职务便意味着高深的知识和无穷的魔力。

在叙述了自己非同一般的身份和不同凡响的行为之后，死者在最后两段请求审判庭里的神赋予他进入来世的权利，并且像神一样在那里享受永恒。死者不仅表白自己生前没有犯下罪过，而且宣称没有任何人对他加以责难或者诬陷。

在流传下来的《亡灵书》纸草卷中，经文的篇数和它们的顺序不尽相同，这与《亡灵书》拥有者的宗教观念和他们各自的经济条件有关。尽管如此，《亡灵书》第一篇几乎在所有的纸草卷中都出现，而且基本上占据开篇的重要位置，说明它具有开宗明义的核心意义。

第 2 篇

本篇是有关死后复活并在白昼走出墓室的经文。

啊，你这个独一无二的神，你是放射光辉的月亮；啊，你这个独一无二的神，你是闪闪发光的月亮。愿这个死者在你的指引下走出墓室。我获得了自由，像那些在日光下生活的人们一样。通往太阳的道路畅通，为的是让我走出墓室看到日光。我要在那里做所有我想做的事情，像那些生活在日光下的人们一样。

【题解】

第1篇经文表达了死者顺利通过审判并到达来世的强烈愿望。《亡灵书》所描绘的来世并非一以贯之，甚至在同一篇经文里也不是前后完全统一。一方面，古代埃及人没有或者说无法否认冥界（即墓室）是死者的归宿，但是他们同时又很清楚那是一个没有阳光、新鲜空气和清凉饮水的令人无法忍受的地方。本经文表达了死者渴望复活以后能够摆脱木乃伊裹尸布的羁绊，走出墓室享受阳光和空气的意愿，因此希望月光指引他顺利走过墓室到墓口的那段路。这里的月亮可能指代月亮神图特，也有可能指拉神，因为古代埃及人有时把夜间进入冥界的太阳称为月亮。

第3篇

另一篇有关死后复活和在白昼走出墓室的经文。

啊，阿吞，你是带领众多的随从走出冥界并越过汝提的首领。请你对那些已经获得再生的人说："这位死者来到了这里，他将成为你们当中的一个，他会指挥夜间百万人之舟上的所有船员。"

我像奥西里斯一样已经死而复活，我将像拉神一样永生不死；就如同拉神昨天赢得新生一样，我今天也获得了再生。所有的神都因我像奥西里斯一样复活而喜悦，就如同他们曾经因阿吞从赫利奥波利斯的主神殿升起而欢呼一样。

【题解】

古代埃及人认为太阳在一天之中经历三个不同的阶段，夜间就是阿吞完成起死回生过程的时间段。他们希望躺在冥界的死者趁阿吞乘坐的太阳船经过那里时获准搭乘，以便随同东升的太阳复活。为了强调死者乘坐太阳船的权利，经文希望阿吞任命他为指挥那艘被称为百万人之舟的太阳船的舵手。在第二段里，经文一方面把死者与奥西里斯等同起来，另一方面强调了死者拥有同阿吞一样的权威。

在古王国早期，太阳神拉在埃及人来世观念中占据主导地位，死后登天并伴随太阳完成生命的循环是包括王室成员在内的所有埃及人的最终理想。随着古王国末期王权衰弱，埃及社会动荡，古代埃及人对来世是否存在、死后能否获得再生这些问题的态度越来越带有否定的色彩。正是在这种情况下，奥西里斯信仰应运而生。根据这一来世学说，人死后可以复活，但是有严格的先决条件。一个人想要进入来世，他事先要通过由奥西里斯主持的来世审判。只有那些生前没有犯下罪过，因而顺利通过众神的盘问和审查的人才有资格进入由奥西里斯主管的来世并享受永恒的生命。可见，本篇是太阳神崇拜和奥西里斯信仰合二为一的结晶，反映了古代埃及人试图以来世信仰指导今世生活的尝试。这种来世想象既回应了社会动荡时期人们对现实的不满和来世的怀疑，同时也在一定程度上规范了埃及人在今生的言行。

第4篇

本经文的目的是为了让死者走上冥界两条道路中上面的那一条。

我就是让河流横亘在两个对手之间的人，我使得敌对双方平息下来。我来到了这里，我已经洗净了奥西里斯身上的泥土。

【题解】

中王国时期的埃及人发展出了冥界有两条通往来世道路的概念，其中一条是水量充足、河道宽阔的航路，另一条则是水位低、甚至干涸的河道；也有的学者把这里所说的两条道路解释成太阳神白天所行的水路和夜间所走的陆路。在本经文中，死者把自己描写成图特，说自己曾经调解了赛特与荷鲁斯之间因王位继承权而发生的矛盾，并且促使被赛特谋杀的奥西里斯复活。因为奥西里斯是冥界主持来世审判的主神，荷鲁斯也在审判庭中扮演重要角色，死者的上述声明旨在强调自己有资格选择两条道路中更为简便和保险的一个。

第5篇

本经文的目的是防止死者在来世做苦工。

我是审判那些精疲力竭者的神，我来自赫摩波利斯，我呈现为一只狒狒。

【题解】

死者自称是在来世审判庭起到关键性作用的图特神。作为古代埃及主司智慧和医药的神，图特在来世审判庭负责称量死者的心，并且把称量的结果报告给以奥西里斯为首的审判团。图特神有时表现为朱鹭，有时又呈狒狒的形状，该神的崇拜中心是赫摩波利斯。既然死者在来世审判庭担任如此重要的角色，他通过审判应当是不成问题的，而且也应当从种地、灌溉、收割等体力劳动中解脱出来，尽管绝大多数死者在来世需要自食其力。这里所说的“精疲力竭者”是对包括奥西里斯在内的死者的委婉称呼。

第6篇

本经文的目的是让乌萨布提在来世替死者做各种苦工。

啊，你们这些乌萨布提，当我在来世需要做苦力，因为那是每个死者都必须付出的劳动，当我在那里需要做那些活儿的时候，你们应当为我代劳，即耕种土地、引水灌溉，把堆积的沙子搬走、把积肥运到河对岸。你们应当说：“我们来做这些事，我们来了！”

【题解】

在古代埃及人的来世观念中，来世的生活与今世没有什么大的区别，繁重的体力劳动构成生活的主要部分，只是复活后的人在那里享受永生。为了逃避那些令人厌烦但又必须做的体力劳动，古代埃及人发明了乌萨布提，即替主人做各种差事的陶俑或石俑。乌萨布提在象形文字中的意思是“回答者”，即应主人召唤随时准备赶赴劳动场所者。根据死者生前身份和经济条件的不同，作为随葬品放置到墓室里的乌萨布提的数量也各异。有的墓甚至出土了超过365个以上的乌萨布提，古代埃及人这样做的用意是每天至少有一个俑值班，而且一旦哪一个俑生病，有替补的俑应声而至。请比较第151篇。

第7篇

本经文的目的是让死者安全地渡过阿普菲斯所主宰的干涸的河道。

你这个形同蜡像的怪物，你这个强盗，你这个把精疲力竭者吞噬掉的家伙。我在你面前并非精疲力竭，我也不会变得软弱无力。你的毒素无法攻入我的躯体，因为我的器官都是由阿吞神的肢体打造。你是个力大无比的强盗，但是我不会在你面前示弱，你也无法使我变得软弱无力。

我拥有不同寻常的能力，我能够呼风唤雨，我能够让河流改道，众神都是我的保护者。我拥有秘密的名字，我的位子已经确认，我的位子与那些支撑天空的赫布神一样不可剥夺，我是他们当中的一员，我是阿吞神的随从和帮手。

我不会遭到阿普菲斯的阻拦，他对我无能为力，我必将毫发无损。

【题解】

按照古代埃及人的来世想象，死者进入来世以后每天随太阳神晨升夜落，即不断地完成起死回生的转世过程。阿普菲斯是太阳神可怕的敌人，它经常呈现为一条巨大的蟒蛇，每天在太阳神必经的河道把河水吸干，导致太阳神乘坐的夜行船搁浅。作为古代埃及神话中的创世神，阿吞具有调遣处于原始混沌状态的汪洋之水——努恩的权力，而被称为赫布的诸神则帮助阿吞击退阿普菲斯。死者在这里把自己扮演成阿吞的随从，意在强调自己有权利和能力借助这位创世神战胜阿普菲斯，从而避免被它拦截的厄运。

阿普菲斯在古代埃及始终是一个反面神和邪恶的代表。相比之下，赛特在帮助太阳神完成昼夜航行中表现为不可或缺的关键人物。有的学者把太阳神拉与阿普菲斯的对抗比喻为善恶二元说，并且与波斯拜火教中的光明与黑暗二对神相比较。这种说法有一定的道理，不过，阿普菲斯只在古代埃及来世领域占据一席之地，在其他与世俗相关的文献中，阿普菲斯几乎没有被提及，这一事实不容忽视。

第8篇

本经文的目的是让死者走出冥界看见日光。

来自赫摩波利斯的图特，请给我开门，请替我关门。啊，荷鲁斯的眼睛，妆饰并保护众神之父拉神的荷鲁斯的眼睛，请你拯救我。

奥西里斯是主掌冥界的神，他知道借助什么经文能够重见天日。既然他不在那里久留，我也不会在那里滞留。我是图特，我是众神殿里的一员。荷鲁斯，我不会与你发生冲突，我和你一样是众神殿里的成员。

【题解】

在古代埃及与死亡和再生关系密切的奥西里斯神话里，荷鲁斯为了替父亲奥西里斯报仇与自己的叔叔赛特进行殊死的搏斗。虽然他夺回被篡夺的王位，但是他的一只眼睛被赛特弄瞎。经过图特的医治，荷鲁斯受伤的眼睛复明。图特由此成为神医，“荷鲁斯的眼睛”被解释为能够医治创伤和疾病，甚至能促使死去的人复活的灵丹妙药。与此相关，献给死者的供品、神奇的经文以及护身符等都被称为“荷鲁斯的眼睛”，有时又叫作“乌扎特”（*wḏ3t*）。

第 9 篇

本经文的目的是打开冥界的门。

啊，你这只拥有无限权力的公羊，瞧，为了看到你，我来到了这里。我打开了冥界的门，看见了我的父亲奥西里斯。我驱逐了冥界的黑暗，因为我是他所喜爱的儿子荷鲁斯。

我来到这里，目的是看望我的父亲奥西里斯。赛特的诅咒伤害了我的父亲，他向我的父亲奥西里斯行了诡计。我打开了所有的门，包括地下的和天上的，我是一个令父亲喜欢的儿子。瞧，我是个尊贵的人，我达到了神圣的境界，我具备了来世所需的一切条件。诸神，每个与冥界有关的神灵，请你们让我的路途畅通。我是图特，我与他一同出现。

【题解】

公羊在古代埃及人的来世观念中象征多产和旺盛的生命力，加上在象形文字里“公羊”与表示灵魂的“巴”同音，公羊在这里指死而复活和主宰冥界的奥西里斯。

古代埃及人的来世观念深受奥西里斯神话的影响。每个死去的人都被视为奥西里斯，而接替父亲职位的儿子拥有和承担荷鲁斯的权利和义务。这个概念起初只适用于王室成员，但是后来逐渐扩展到其他阶层。每个死者对于生者而言是父亲和先辈，而对于先他而去的人来说则又是儿子。死者在这篇经文中把自己说成是为死去的父亲报仇的荷鲁斯，意在强调他进入由奥西里斯主宰的来世的权利。与第 73 篇一致。

第 10 篇

本经文的目的是让死者在冥界战胜仇敌。

我打开了地平线的大门，飞到了天空，我穿越了大地，看到了先前到达冥界的死者。

我的身上配备了各种经文、魔术和咒语。我用我的嘴吃饭，我用我的肛门排便；我是主宰冥界的主神，我的权利和力量从未减少和减弱。

【题解】

古代埃及人希望死后复活，但是又担心因生前的仇敌进行诽谤和诬陷而生活不如意，其中最担心的莫过于吃排泄物或者嘴和肛门的功能颠倒。与第 48 篇相同。

这种担心在第五王朝末期开始的官吏自传中已经出现端倪。自传的主人担心，自己生前有意或无意得罪过的人会故意毁坏墓葬设施，导致自己的来世生活受到影响甚至根本得不到转生。从这个意义上说，古代埃及人的来世想象和期盼极大地受制于同时反过来影响到他们的今世生活。

第 11 篇

本经文的目的是让死者在冥界有效地对付仇敌。

啊，你这个没有胳膊的家伙，不要堵住我要走的路，我是拉神！我出现在地平线上，目的是迎击我的敌人。我的仇敌被擒拿，他无法挣脱我的手掌。我像上埃及的国王一样伸开了双臂，我像下埃及的国王一样迈开了双脚。

我不会让你这个可怜的仇敌逃出我的手心，你已经成了我的俘虏，我不会放过你。

我像荷鲁斯一样挺立，我像普塔一样无所不能，我像图特一样有威力，我像阿吞一样有势力。我借助自己的腿迈开了步伐，我张开嘴说出了话，为的是应对我的仇敌。他已经被我制服，他无法从我的手心逃脱。

【题解】

在古代埃及人的想象中，在冥界与死者作对的有时是生前的仇人，有时是通往来世路途上守护关卡的神灵或魔鬼。在很多场合下，古代埃及人把死亡本身及一切影响和威胁死者复活的因素形容为死者的敌人。在本经文的上半部分，死者把自己比作握有统治上埃及和下埃及权力的国王，试图用国王有权顺利进入天国的意念来强调自身克服死亡的能力。在下半部分，死者把自己比作几个与来世关系密切的神，表达了其在来世让所有的器官恢复正常功能的强烈愿望。与第 49 篇相同。

第 12 篇

本经文的目的是让死者进入来世，并且能够自由出入来世。

拉神，你瞧，我掌握着各个关卡的秘密，我也熟悉有关盖伯手中权杖和属于他的柱子的内情，同时了解你每天用来称量玛阿特的天平的秘密。瞧，我来庆祝碎土节，放我进去吧，因为我已经到了耄耋之年。

【题解】

盖伯是古代埃及的地神，在产生于赫利奥波利斯的神谱里，他与天神努特一起结为神圣夫妻，成为奥西里斯和伊西斯、赛特和涅芙狄斯的父母。在荷鲁斯与赛特之间因为奥西里斯的王位而发生的冲突中，作为父亲的盖伯在调解和判决过程中起到关键作用。盖伯的权杖和柱子分别是在来世审判庭惩罚那些被判有罪的人的工具。

玛阿特是古代埃及人形容公正、秩序和真理的内涵非常丰富的概念。

在来世审判庭的天平上，一边的秤盘上放着死者的心，另一边秤盘上放着玛阿特女神的小雕像或者象征玛阿特概念的羽毛。按照古代埃及人的观念，没有被罪过玷污的心不应有重量，所以，只有当天平一边的心与另一边的羽毛保持平衡的时候，死者才被宣布通过审判。在本经文里，死者宣称自己对盖伯和奥西里斯所主持的审判过程和其中的秘密了如指掌，试图以此为条件顺利进入来世。与第120篇相同。

盖伯手中的权杖意指他作为统管埃及全境的神所拥有的权力，而属于他的柱子指代顶天立地之柱。盖伯作为众神殿里的地神，公正地判决是非曲直被古代埃及人理解为宇宙长存和人世井然有序的保障。有些学者把这个柱子理解为奥西里斯的脊背，从上下文看，很难让人信服。

第13篇

本经文的目的是让死者自由地出入冥界。

整个冥界都属于我，我对它拥有完全的所有权。我以隼的形体进入冥界，我以贝努的形体离开冥界。

晨星，快替我铺平道路，以便我安然地进入美好的西天。我是荷鲁斯的随从，让我去往西天的旅程一路平坦，以便我向生命之主奥西里斯祈祷。

（附言：）在为死者举行葬礼的那一天，诵经祭司应当对着用青草编制的圆球念诵这段经文，而这个促进生命的圆球应该放置在死者的右耳边；另外一个用青草编制的圆球应当夹在缠裹木乃伊的亚麻布绷带中，上面写上死者的名字。

【题解】

古代埃及人把死者的尸体做成木乃伊，试图以此来达到死而复活的目的。对于他们来说，没有躯体的纯精神性的来世生活是不可想象的事情。不过，他们的来世愿望并不是死后呈木乃伊的形式横躺在墓穴中，而是像自由和灵巧的鸟一样随意出入墓室，享受外面的阳光、空气和水。这里所提到的由青草编成的圆球旨在帮助死者重获生命力。死者的亲人和友邻希望祭司念诵的经文能够促使死者借助魔力像青草和树木一样具备枯木逢春的能力。与第 121 篇相同。

第 14 篇

本经文的目的是消除某个神灵的怒气。

啊，这个怒不可遏，却又掌握所有秘密的神，瞧，他对我怒气冲冲，说出了令我恐惧的话语。不要不公正地对待我，你这个主宰玛阿特的神，不要苛求我，不要伤害我。

他这个神因玛阿特而满足，他对我转怒为喜，他消除了别人硬加在我身上的罪名。啊，你这个喜欢供品、具有无限威力的神！瞧，我给你带来了能够平息你怒气的东西。请你对我宽容，快消除你心中因为我而燃烧的怒火吧！

【题解】

按照古代埃及人的来世观念，只要死者通过了审判，那么他就可以进入来世，但是他们清楚每个人在生前都有意和无意中犯下过错，他们甚至担心某一个神会故意刁难。从本经文的字里行间可以觉察到死者对自己的品行模棱两可的态度，因此他对相关神的呼吁融合了非常复杂的情感，他试图通过恐吓、乞求、贿赂、赞颂等多种方式顺利过关。

第 15 篇　甲

本经文的目的是歌颂拉神。

拉，你这个早晨升起的太阳，我向你问候，
阿吞，你这个在西天降落的太阳，我向你问候！
你在东方升起，你在西边落下，
你光芒四射，你余晖无限，
你是众神之王，

你是天国和人间的主宰，
你创造了贵族，你造就了普通人。
你是个独一无二的神，你在创世时就已经存在，
你让众多的国家产生，你让不同的民族生成，
你呼出远古的混沌水，你引来了尼罗河，
你安排了众多的河流，并且让水中的生物食物充足，
你让山脉隆起，你生育了人和动物，
天和地因为你有了生机，
玛阿特永远环绕在你的周围。

你尽情地穿越天空，
你使那片令人恐惧的刀海失去了威胁，
恶人扑倒在地，他们的胳膊被砍断。
你心满意足，
因为你的夜行船赢得了顺风，
你作为主宰者在天空出现，
你来自混沌水，你无所不能，
你是战无不胜的拉！

你是拉神，你是永恒之主，
你自我生成，你是万物之父！
你的伟大无可比拟，你的形体超凡脱俗，
你是万国之王，赫利奥波利斯之主。
你掌管时间，永恒归你所有！
九神会欢呼你的升起，
日行船上的艄公为你摇橹，
夜行船上的船工替你划桨。

啊，阿蒙－拉，
你因玛阿特而感到满意！
你在天空穿行，所有的人都能看见你射出的光亮，
你的巡回多么规律，你的航路多么准确，
你的光辉照亮了所有人的脸庞，但是人们却无法辨认你的模样。
人们互相听不懂对方的语言，
而你对他们来说却独一无二，
他们以你的名字祈祷，用你的名字发誓，
他们的眼睛都在望着你。

你用耳朵倾听人们的呼声，
你用眼睛注视散居各国的万民；
你并不避讳西亚人，
只要他们的心向着你。
一天中的时间因为你的缘故而圆满，遥远的路途因你的缘故而宽敞。
你航行百万、千万里，
你在喜悦中横跨东西，
你的目标明确，你的方向不变，
你在一大的时间里把这一切安排停当，
当你沉下西天的时候，你已经掌握了时间的机密。

【题解】

古代埃及是一个雨水非常稀少的国度，农业和饮水都依靠尼罗河。缺少阴雨天不仅使得太阳晨升夜落的自然现象特别明显，而且突出了日光在万物生长过程中的作用。第 15 篇的甲乙两首诗分别赞颂了拉和哈拉赫特，实际上都描写了太阳创造万物、保证万物生长和促使它们起死回生的神奇力量，强调了它在穿越天空中能够战胜一切邪恶、准时和准确地环绕大地的品质。如同经文第 7 篇一样，本篇表达了死者希望成为太阳船上的一名桨手，帮助太阳神横跨天空，从而完成自身转生的强烈愿望。阿蒙－拉是新王国时期结合阿蒙和拉两个神而形成的组合神，他实际上是以太阳为象征物的拉与强调隐蔽和神秘的阿蒙神两种宗教概念相互妥协的产物。

九神会是赫利奥波利斯的祭司集团在解释宇宙起源的时候创立的神谱。根据这个创世神话，太古时只有一片混沌水，阿吞在浮出水面的第

一座土丘上以自慰的方式创造了一对男女神，即代表空气的舒和代表湿气的泰芙努特。舒与泰芙努特结合生育了地神盖伯和天神努特，这对夫妻神生育了奥西里斯和伊西斯、赛特和涅芙狄斯两对夫妻神。

第15篇　乙

本经文的目的是歌颂哈拉赫特。

我问候你，哈拉赫特，
你这个早晨的太阳，自我生成的神！
多么神奇、多么美好，
当你在东方地平线升起的时候，你的光芒普照上、下埃及。

当你作为众神之王升入天空的时候，
所有的神都在欢呼：
你额头上的眼镜蛇不可侵犯，
你头上的红白王冠绝不动摇。
图特站在你的船头，
所有你的敌人都受到了严惩。
躺卧在冥界的人都抬起头来，
他们迎接你的到来，目睹你的光辉。

我来到你的身旁，我要跟随在你的后面，
我要每天都注视你的圆盘。
但愿我不受阻拦和不遭禁闭，
像所有受到你恩宠的人一样，但愿我的躯体因你的光芒而得到重生，
我是他们当中的一个，
我在世的时候就已经是你的宠儿。
我来到了永恒之国，
我融进了无限的时间之中，

你是我的主宰，你赐予我所有这一切。

【题解】

哈拉赫特在古代埃及象形文字中的意思是“地平线上的荷鲁斯”。古代埃及人认为，太阳在它一天的运行过程中经历三个不同的阶段，分别由三个神代表。早晨的太阳是年少的哈拉赫特，中午的太阳是处在青壮年时期的拉，夜间的太阳是步入老年的阿吞。在夜间完成了返老还童过程的阿吞在次日凌晨以哈拉赫特的形状出现在东方地平线。由这个意象再进一步，古代埃及人以亲属关系把荷鲁斯与太阳神拉联系起来，前者成为后者的儿子。因为这层关系，拉被视为白天的太阳神，而奥西里斯则被当作夜间的太阳神。死者从不同的角度歌颂了哈拉赫特所特有的朝气和他赋予人生命的品质，表达了借助他的恩惠享受来世生活的愿望。

第16篇

【题解】

莱比修斯把经文第15篇的附图列为经文第16篇。这幅图以高度概括却极其清晰的意象表现了古代埃及人来世观念中众神如何随着宇宙的运动征服死亡的场面。该图的背景是崇山峻岭中的一个山谷，它在这里代表旭日东升的地方。画面的底部是一个表现奥西里斯的形象，他的头部呈一个杰德柱子的样子，意为死去的奥西里斯像一根立起来的柱子一样挺立并进而复活。奥西里斯的头部顶着一个表示生命的、发音为“昂赫”的象形符号，不过该符号长着两条胳膊，这双伸出的胳膊举着一个太阳圆盘。在画面的最上端有一个女神的形象，可以看到她伸出双手接纳由昂赫符号举起来的太阳圆盘。很显然，这个可以被视为连环画的画面表达了在冥界复活的奥西里斯转化为太阳神冲出地平线，然后投入天神努特怀抱的复杂意念。

在上述连环画的左右两边，分别刻画了帮助奥西里斯和拉顺利交接生命接力棒的神灵和精灵。在最下面，左右各有一只鸟，它们分别是奥西里斯和拉的巴，象征这两个神与他们的巴得以结合；在两只鸟的上方，右侧是伊西斯，左侧是涅芙狄斯，她们均把双手举起，似乎在为死去的奥西里斯哀哭，祈祷他复活，欢呼他起死回生；在伊西斯和涅芙狄斯两位女神的上方，左右两边各有两只狒狒，它们是与太阳密切相关的神。因为害怕寒冷的狒狒每天清晨颤抖着等待太阳的升起，古代埃及人想象狒狒预示着日出，从而视它们为神兽。经文第15篇的两首诗从不同的角度赞美太阳神的能量和恩惠，它们与被莱比修斯列为第16篇的富含寓意的图相配，表达了死者伴随太阳出生入死的强烈愿望。

第17篇

本经文的目的是让死者自由地进出冥界，在美好的来世达到神一样的状态，跟随奥西里斯，并且分享属于他的供物；让死者在白日借助各种喜欢的形态离开冥界，让他在大厅里玩赛奈特棋或者闲坐；让他呈活生生的巴的形状出入冥界。以下是死者以万神之主阿吞的口吻所说的话：

1.

我是阿吞，我是混沌水中唯一的神，
当我统治我自己的造物的时候，
我的表现形式是拉。
我是自我生成的伟大的神，
我生育了九神会，我创造了他们的名字。
我是拥有不可争辩的主宰权的神，
我意味着昨天，我知道明天意味着什么。
我裁决神之间产生的王位之争，
我知道奥西里斯的权利，我了解荷鲁斯的诉求。
我就是赫利奥波利斯的贝努，
我的眼睛洞察一切。
我像敏神一样巡视各地，
我的头上戴着双羽王冠。

2.

我来自赫利奥波利斯，我来到了属于我的国度，

我的身体已经洗净，我的身上没有任何污点。

我熟悉我要走的路，

我要去尊贵的人居住的小岛。

我走出我的神龛，

我打开关闭着的门。

你们这些在我之前死去的人，

把你们的手伸向我这里，

我现在变成了你们当中的一员。

在两个神进行殊死搏斗的那一天，

我治愈了被击伤的眼睛。

我是来自赫利奥波利斯的凶狠的猫，

在那场发生在漆黑夜的战斗中，

我杀死了大蟒蛇阿普菲斯，

监禁了那些企图造反的人。

3.

我向你们问候，你们这些守护玛阿特的神。

你们这些帮助奥西里斯进行审判的神，

你们把罪人的尸体堆成了山，

你们帮助守卫冥界的女神把他们阻挡在门口之外。

瞧，我来了，我的身体洁净，

我没有犯下罪过，

我跟随阿努比斯而来，

在今天这个进入冥界的日子，他为我预留了位子。

我就是那只又大又凶的猫，

在那个把叛乱者监禁、把太阳神的敌人予以消灭的夜晚，

我在赫利奥波利斯的艾塞德树旁杀死了拉的敌人。

啊，拉神，你这个来自原始混沌水的神，

你这个借助太阳放出光亮的神，

你在天空穿行，你的奇迹超过了其他任何神。

你的呼吸给予人生命的气息，

你的光照亮了上下埃及，

把我从那个隐形的神手里拯救出来吧，
这个神的眼眉是称量人心的那个天平上的横梁，
在审判罪人的夜晚他洞察秋毫。
请你把我从那些审判官手中拯救出来吧，
这些奥西里斯的随从，
他们手疾眼快，他们是杀人不眨眼的屠夫，
不要让我落入他们的手，
不要让他们把我扔进大锅里。
他们的尖刀不应该砍在我身上，
我绝不能掉进他们的大锅。
我认识他们，我知道他们的名字。
我甚至知道奥西里斯审判庭中那个名叫麦基德的神，
那个两眼放光，但却让人看不见的神，
那个巡查天空、满嘴喷出熊熊烈火的神，
那个能够事先预言泛滥水来临的神。
我在人世时得到了拉的保佑，
我现在来到了奥西里斯的领地。
我不能落在那些看护大火锅的神的手中，
因为我是万神之主的随从，
我奉夏帕瑞的命令而来。
我像隼一样飞翔，
我像鹅一样发出生命的声音，
我要在这里获得永生。
啊，阿吞，你是众神之主，万神之王，
快来拯救我吧，
不要让我成为这个长着狗脸、瞪着人眼的神的猎物，
不要让这个守护火湖的神抓住我，
这个吞吃人体、撕裂人心的神，
这个叫人看不见却让人痛苦不堪的家伙。
啊，你这个审视上下埃及并叫人胆战心惊的神，
你迫使每个人过堂，你喜欢看见红色，
你的食物就是人的内脏。

4.
啊，奥西里斯，你戴着王冠，
你的心无比平静；
你是众神殿里的领袖，
你手中握着统管埃及的权力。
你给生者和死者饮食，
你惩罚那些犯下罪过的人，
你把守通向永恒的关口。
把我从这个神的手中拯救出来吧，
这个让巴和躯体分离的家伙，
他吞噬尸体，他是黑暗的使者，
他让精疲力竭者不寒而栗。

5.
啊，乘坐太阳船的夏帕瑞，
你这个古老和永恒的神，
快把我从那些审判官手中救出，
这些拥有无限魔力的神，
这些惩罚起来心不慈、手不软，
把审判庭变成恐怖之地的神。
不能让他们的刀捅进我的躯体，
我不要进入他们的审判庭，
我绝不成为他们屠宰场里的牺牲，
我不能变成他们的猎物。
我要随着太阳横跨天空，
我要在太阳神用膳的地方进食。

6.
我来自我的国度，
我要用自己的手脚占据新的住地。
我就是阿吞，
不要靠近我，你这个张开血口、脑袋扁平的狮子，
我的力量超过了你。
我是伊西斯，我为奥西里斯哭泣，

我因他的死而披头散发。
伊西斯生育了我，涅芙狄斯抚养了我。
伊西斯为我守夜，涅芙狄斯替我祈祷。
我拥有令人胆怯的威力，我掌握叫人服帖的权力。
百万人向我弯腰致意，整个国家给我当仆人。
我的随从剁杀我的敌人，鬼怪幽灵充当我的帮手，
一切芬香和美好的东西任我享用，
所有的神都对我有所畏惧，
因为我使得他们免遭诽谤。
我的身上披金戴银，
我的寿命由我自己来决定。
我的额头上有口吐烈火的眼镜蛇，
没有谁敢靠近我。

（附言：）假如一个清白的人念诵这篇经文，那么他在世的时候就能够避祸就福；死后念诵这个经文，那么他就可以在白天的时候以各种自己喜欢的形状飞出墓室，他能够逃避各种火焰，远离任何祸害。这是真正的灵丹妙方，业已经过无数次的验证，我亲眼见过它的神力，我亲身体验了它的效力。

【题解】

本经文综合了《亡灵书》许多篇章中所包含的多种来世观念。首先，死者把自己与创世神阿吞等同起来，强调自己创世的功劳和判定神之间各种矛盾的权力，并且声称自己是赫利奥波利斯按照固定的周期完成生死轮回的贝努和主要表现男性生殖能力的敏。头上戴的双羽王冠和勃起的生殖器是敏神的主要外部特征。其次，在第二段里，死者申明自己的洁净，正如刚出生的婴儿接受洗礼一样，古代埃及人在把尸体制成木乃伊之前进行非常仔细的清洗，需要若干程序，以此保证死者具备进入来世的最基本条件。死者接着以第一人称叙述了当荷鲁斯与赛特为王位而斗争的时候，他如何治愈了荷鲁斯受伤的眼睛，当太阳神完成巡回过程的时候他如何杀死阻挡去路的阿普菲斯。这些功绩构成他要求进入来世的非常具有说服力的理由。再次，死者向主持来世审判的主神表白自己的洁净和清白，但是他仍然担心这些目光锐利的神宣布他有罪，所以向阿吞及其他太阳神求救。他一面称颂那些主持审判的神秉公执法、量刑惩处，

一面又把他们描写成杀人如麻、嗜血成性的恶魔，同时表达了免受任何形式的惩罚的愿望和决心。最后，死者试图借助自己的力量与一切企图阻拦他进入来世的神或魔鬼进行搏斗，为了强调自己战无不胜的胆量和力量，死者把众多的神的特征和职能据为己有，他先说自己就是伊西斯，然后又说伊西斯生育了他，最后又把自己描写成一呼百应、受到额头上眼镜蛇保护的国王，充分表现了古代埃及人在死亡这个可怕的敌人面前强烈的求生本能和担心一死百了的恐惧心理。

《亡灵书》第17篇几乎出现在所有《亡灵书》纸草卷当中，说明它在新王国来世信仰中所发挥的作用。此外，因为它包含或者说归纳了许多其他经文的主题或内容，很多不能负担长篇纸草的古代埃及人选择了含有本篇的短篇《亡灵书》，从这个意义上，这类《亡灵书》在其功能上并没有受到减损。有些学者认为古代埃及人在编纂和选择《亡灵书》篇目时无据可依，此说并没有道理。

第18篇

啊，图特，你使得奥西里斯战胜了他的敌人，请你让我也战胜我的敌人，就如同你在由拉神主持、其他神在座的大审判庭上让奥西里斯胜出一样，就像你在位于赫利奥波利斯的审判庭为奥西里斯辩护一样，就像你在那个决战的夜晚守护奥西里斯一样，就像你在消灭奥西里斯的敌人的那天出谋划策一样。

啊，图特，在布塞里斯进行审判的那个夜晚，你使得奥西里斯战胜了他的敌人。请你让我也战胜我的敌人，请你让那根杰德柱子站立起来！

啊，图特，在莱托波利斯进行审判的那个夜晚，你使得奥西里斯战胜了他的敌人。在莱托波利斯举行的晚餐会上，请你让我也战胜我的敌人！

啊，图特，在布托举行审判的那个夜晚，你使得奥西里斯战胜了他的敌人。在布置属于荷鲁斯的王座，在确认荷鲁斯为奥西里斯的王位继承人的夜晚，请你让我也战胜我的敌人！

啊，图特，你使得奥西里斯战胜了他的敌人，请你在尼罗河畔木乃伊制作坊旁边举行的审判中让我也战胜我的敌人！在那个夜晚，伊西斯因丈夫的死而悲伤，她彻夜为奥西里斯守灵。

啊，图特，你在尼罗河岸木乃伊制作坊举行的审判中让奥西里斯战胜了他的敌人，请你让我也战胜我的敌人！

啊，图特，在阿比多斯举行审判的那个夜晚，你使得奥西里斯战胜了他的敌人。在庆祝哈克尔节日，区分罪人和无辜者的那个夜晚，在人们载歌载舞的那个夜晚，请你让我也战胜我的敌人！

啊，图特，在有罪的人受到惩罚的审判庭里，你使得奥西里斯战胜了他的敌人。在没有资格进入来世的人遭清算的夜晚，请你让我也战胜我的敌人！

啊，图特，在布塞里斯庆祝碎土节那个晚上举行的审判中，你使得奥西里斯战胜了他的敌人。请你让我也战胜我的敌人，就像奥西里斯在那个血雨腥风的夜晚战胜他的敌人一样。

啊，图特，在那拉夫举行审判的那个夜晚，你使得奥西里斯战胜了他的敌人。在隐藏着那个体型魁梧的神的地方，请你让我也战胜我的敌人！

啊，图特，在拉塞塔举行审判的那个夜晚，你使得奥西里斯战胜了他的敌人。正是在那个夜晚，阿努比斯看护了献给奥西里斯的供品，荷鲁斯战胜敌人并夺回了王位。请你让我也战胜我的敌人！

荷鲁斯得到了满足，奥西里斯无比欣慰，所有的神都心满意足，因为在拉主持的十个审判庭里，图特都让奥西里斯战胜了敌人；在所有男神和女神参加的审判庭里，图特在拉面前宣布了奥西里斯的胜利，他驱逐了敌人、消除了罪孽。

【题解】

本经文没有标题，直接以指向图特的呼吁开头，而且以排比的形式重复十次。根据古代埃及神话，奥西里斯先后在十个不同地方的审判庭战胜了赛特，从而得以把被赛特篡夺的王位传给儿子荷鲁斯。那拉夫是传说中奥西里斯墓所在的地方，这里出于忌讳没有明说奥西里斯的名字及“埋葬”、“坟墓”等不吉利的字眼。死者希望通过讲述奥西里斯战胜赛特的经过来把自己与他等同起来，以便借助图特的公正和威力战胜自己的敌人。请比较随后的第 19 篇和第 20 篇。

本篇提到的十个举行审判的地方都与奥西里斯死亡有关。据称赛特杀死奥西里斯并把其尸体碎尸以后将碎块扔在埃及不同的几个地方。我们从中辨认出古代埃及人圣体崇拜、圣物崇拜的现象或痕迹。这一点与基督教圣物崇拜以及佛教舍利崇拜有共同之处。有的学者认为文中十个地方是埃及各地在奥西里斯崇拜过程中权力斗争的结果。需要说明的是，这种权力斗争是末，而不是本。我们由此也可以看到宗教崇拜的产生和发展对相关地区政治格局的影响。

第19篇

本经文与胜利花冠有关。

奥西里斯，你的父亲——众神之王阿吞——把象征胜利的美丽花冠戴到你的头上，以便你能够死而复活，所有的神都希望你享受永生。孔塔门提让你战胜你的敌人，你的父亲盖伯把自己的遗产全部馈赠给你。来吧，欢呼胜利。奥西里斯和伊西斯的儿子荷鲁斯登上了他父亲的王位，他击败了仇敌，他获得了对上下埃及的统治权。阿吞把白色的王冠和红色的王冠都判给了荷鲁斯，九神会一致同意这个判决。奥西里斯和伊西斯的儿子荷鲁斯赢得了胜利，直到永远。包括奥西里斯在内的两个九神会，所有的男神和女神，不管他们在天上还是地上，他们使得奥西里斯和伊西斯的儿子荷鲁斯战胜仇敌。在举行审判的那一天，这些神当着奥西里斯的面让荷鲁斯战胜赛特及其帮凶。

【题解】

在古代埃及神话里，奥西里斯和荷鲁斯战胜赛特以后获得了象征胜利的花冠。在后来的传说中，太阳神拉在战胜阿普菲斯以后也戴上了胜利花冠。到了《亡灵书》非常普遍的新王国，埃及人认为如果死者在来世审判中顺利通过就可以作为战胜敌人的象征获得花冠。在本经文里，死者被描写成荷鲁斯，言外之意是阿吞、盖伯、奥西里斯和其他九神会的成员都站在他的一边，而赛特及其帮凶在这里代表所有企图阻止死者进入来世的、在人间和神界里的敌人，他们的阴谋最后以失败告终。请比较第18篇和第20篇。

第 20 篇

啊，图特，你使得奥西里斯战胜了他的敌人，愿你在每个男神和女神参加的审判中惩罚这个受害者的敌人：

在赫利奥波利斯进行审判的夜晚，在把这个死者的仇敌打翻在地的那个夜晚，在布塞里斯进行审判的夜晚，在那个把两个杰德柱子树立起来的夜晚，在莱托波利斯进行的审判中，在赫利奥波利斯操办的晚餐会中，在布托进行审判的夜晚，在那个荷鲁斯的王位继承权得到确认的夜晚，在尼罗河畔木乃伊制作坊举行审判的夜晚，在那个伊西斯为奥西里斯哀悼的夜晚，在阿比多斯进行审判的夜晚，在庆祝哈克尔节日、区分罪人和无辜者的那个夜晚，在有罪的人受到惩罚的审判庭里，在没有资格进入来世的人遭清算的夜晚，在碎土节那一天举行的审判中，在位于那拉夫的审判庭里，在位于拉塞塔的审判庭里，在那个荷鲁斯战胜仇敌的夜晚。

荷鲁斯得到了满足，两个九神会因此而高兴，奥西里斯也终于心满意足。啊，图特，在奥西里斯主持的审判庭里，面对所有的男神和女神，请你让我也战胜我的仇敌。

【题解】

本经文以简洁的语言概述了图特如何帮助奥西里斯在横跨埃及南北的十个地方进行的审判中先后战胜赛特的经过。古代埃及神话中这种以法庭审判的形式裁决王位之争的范例对民众的法律观念和来世想象影响深远。埃及人相信或者至少希望：只要死者生前行善积德，死后他的尸体得到妥善的处理和保存，那么死者就可以理直气壮地在来世审判庭为自己争取到走进来世的入场券。请比较第 18 篇和第 19 篇。

第21篇

本经文的目的是让死者在冥界恢复嘴的各项功能。

光明之主、冥界的统治者、原始昏暗世界的掌管者，我向你问候。我来到了你这里，为的是达到尊贵的境界，进入洁净的状态。冥界是你的领地，你的供品堆在你面前，请你让我的嘴恢复功能，以便我用它说话；请你引导我的心顺利度过这段艰难的时刻。

【题解】

这里所说的“光明之主”主要指太阳神拉，而“冥界的统治者”和“原始昏暗世界的掌管者”则指奥西里斯。按照古代埃及人的理解，太阳神进入冥界以后便与奥西里斯融为一体，太阳神借助奥西里斯的力量获得重生，而奥西里斯则可以附着在太阳神的身上冲出冥界、享受阳光和新鲜空气。出于这个缘故，拉和奥西里斯在这里被视为二合一的超级神。古代埃及有两个描写永恒的概念，一个是“纳合赫”（*nḥḥ*），另一个叫“杰特”（*ḏ.t*）。“纳合赫”的意思是“永远循环”，表示太阳的晨升夜落和昼夜的不断交替，它强调的是循环式的永恒；“杰特”形容奥西里斯遭遇了死亡的厄运，但是他借助神力和魔力复活以后便得以享受永恒的生命，“杰特”强调的是线形的永恒。

本经文把两种永恒观念糅合在一起，目的是增强死者获得再生的可能性。不过死者主要是向奥西里斯求救，因为他马上要接受来世审判。这里所提到的死者的心所要度过的艰难时刻就是指来世审判庭称量死者心脏的过程。死者希望他的心不被检查出任何问题，他祈求奥西里斯正确引导将被放到秤盘上的心。

无论是在解剖学和生理学角度，还是从思维层面，古代埃及人都赋予心极为重要的意义。在特殊情况下，心可以代表它的主人行事，而且在积极和消极两个方面。其一，在主人遭遇困难或灾难时，心充当其主人的安慰者甚至拯救者；其二，在它认为主人的行为不妥或错误的时候，心毅然站在主人的对立面。在本经文中，死者担心生前属于自己而现在代表自己接受审判的心背叛他这个曾经的主人，说出它不应当说的话，导致他进入来世的强烈愿望落空。死者请求太阳神拉引导死者的心顺利通过审判，意思是太阳神不应受死者的心的左右，我们有理由说，死者惧怕心揭发他生前的罪过。

第22篇

本经文的目的是让死者在冥界恢复嘴的各项功能。

我从神秘之国的蛋中孵出来，我的嘴恢复了原来的功能，我得以用它向冥界的神灵说话。我不会在奥西里斯主持的审判庭遭到拒绝；端坐在高台上的奥西里斯——拉塞塔的主宰—— 不会把我拒之门外。我在人世的时候享受了生活，我没有犯下罪过，我不让任何诬陷落在我的头上。

【题解】

文中所说的蛋指的是冥界促使死者复活的神秘地方，这个概念由禽类孵蛋的现象引申而来，如经文第17篇所表述，太阳圆盘有时被视为太阳神用来转生的巨型蛋。

在来世审判庭中，奥西里斯坐在由阶梯引导的台子上，该形状的象形符号在古代埃及象形文字里表示“真理”、“秩序”等概念，即审判庭天平上与死者的心脏对应的“玛阿特”。多数学者认为，这个符号与阿吞神站在原始混沌水中的第一座土丘上创世的神话相关，即浮出混沌水的土丘象征存在和秩序。经文旨在强调死者生前清白无辜，所以奥西里斯有权利和义务让他获得新生。

第23篇

本经文的目的是在冥界把死者的嘴打开。

普塔打开了我的嘴，我家乡的神解开了束缚我的嘴的绷带。魔力强大、手艺绝妙的图特来了，他把赛特用来封住我的嘴的绷带解开了。阿吞使我的双手获得了活力，我的手现在能保护我的嘴。我的嘴恢复了原来的功能，普塔用石质的开口器打开了我的嘴，他曾经用它打开诸神的嘴。

不管什么样的咒语、不管什么样的经文，只要有人用它们对付我，众神，即九神会将予以回击。

【题解】

古代埃及比较大的城镇都有属于自己的主神，这类神与相关城镇的地理、气候或历史有渊源关系。普塔是孟斐斯的主神，他主司工艺，是工匠和艺人的保护神。古代埃及人早在古王国时期就已经进行被学者们称为“开口仪式”的殡葬活动。因为人的嘴兼具呼吸、吃喝、说话等至关重要的功能，祭司把一个被认为具有魔力的类似刀一样的器物放在木乃伊的嘴部，同时念诵相关的经文。人们相信，死者的嘴恢复各项功能以后，其他器官就会随之复原。他们有时为死者制作雕像以后也举行类似的仪式。

显然，古代埃及人把尸体制作成木乃伊并不是目的，而只是保存尸体的方式。他们相信，奥西里斯之所以呈木乃伊形状，那是因为他被赛特碎尸，后来伊西斯找到这些碎块以后用亚麻布绷带加以包裹，使得奥西里斯的躯体复原并进而获得生气。正因为如此，经文把裹尸布称为赛特强加在死者身上的束缚。

埃及学界一直在争论木乃伊制作习俗与奥西里斯神话孰先孰后的问题。一些学者相信，古代埃及人早在史前时期就开始把死者的尸体制作成木乃伊，此后在历史时期，产生了女神伊西斯对奥西里斯的尸体进行处理，显现为木乃伊形状的奥西里斯死而复活的神话；另外一些学者则认为，奥西里斯神话源于王朝初期，受此影响，寻求死后再生的古代埃及人便把死者的尸体制作成木乃伊，并且把死者称为奥西里斯某某。在目前的情况下，全面和真实地复原奥西里斯神话与木乃伊制作习俗之间的相互关系不再可能。不过需要强调的是，二者之间的关系未必是直线和单项的，而且也不能忽视为王权服务的祭司集团在编写这篇神话过程中对古代埃及人来世观念和墓葬习俗所起的作用。

第24篇

本经文的目的是在冥界给死者配备魔术。

啊，夏帕瑞，你这个自我生成的神，你把胡狼赐给那些处在原始混沌水的神，你把猎狗给了那些负责审判的神。任何地方的魔术，任何人所拥有的魔术，我把它们都弄到了我的手中，我借助它们能够跑得比猎狗更快，比影子还难以抓到。

啊，你这个乘坐太阳船的神，当你的船穿过火岛的时候，缆绳不会松动，因为我拥有所有的魔术，不管它们来自哪里，不管它们归哪些人拥有；我跑得比猎狗更快，比影子还难以抓到。

啊，你们这些尖叫的鹭和沉默的神，我拥有所有的魔术，不管它们来自哪里，不管它们归哪些人拥有；我跑得比猎狗更快，比影子还难以抓到。

【题解】

胡狼是制作木乃伊和保护墓地的阿努比斯的表现形式，猎狗则在文中暗指在来世审判庭吞吃那些被判有罪的人的心脏的怪物。古代埃及人相信，为了让人们预防不测，神赐予他们魔术。有些魔术是人们生来就拥有的，而有些魔术则需要后天掌握。死者在文中强调自己掌握了所有能够找到的魔术，并且连续三次重复自己躲避抓捕的能力。同时，他也申明自己能够帮助太阳神夏帕瑞穿越火岛，火岛在古代埃及人的来世观念中指今世与来世接壤的一块特别危险的区域。

第25篇

本经文的目的是让死者在冥界想起自己的名字。

在那个计算年头、数点月份的夜晚，我把我的名字刻写在上埃及神庙的墙壁上，我在下埃及的神庙里记起了自己的名字。

我的住所位于天空的东边，假如哪个神不来迎接我，不保护我的名字，我就把他们的名字公布于众。

【题解】

对于古代埃及人来说，名字不仅是一个人的代号，而且包含着其主人许多隐秘的特性和潜在的力量。古代埃及人在为死者敬献供品时经常说它们是为了让死者的名字存活；如果一个人的名字被别人知道，而且其中所包含的特性和力量被人掌握，那么这个人就处于非常不利的境地。在一则神话故事里，伊西斯让一条特制的毒蛇咬太阳神拉，而且只有她自己能够治愈伤口，疼痛难忍的拉请求伊西斯帮助，但是伊西斯要求拉说出他不为外界所知的名字。由此，伊西斯掌握了原来只属于拉的魔力。

本经文中，所谓“计算年头”和“数点月份”是古代埃及人想象中来世审判庭中的场面。那些主持审判的神正在确认死者在人世的寿命，确定他在来世应当享受的年岁。在这个时候，死者要做到人和名字对号，这是万万不能疏忽的事情。一个人的名字被除掉意味着他从此失去了存在的基础，因为名字与名字的主人分离以后，这个人自由活动的灵魂就无法找到正确的栖身之处。古代埃及人盗用别人的墓碑或其他墓葬设施时只把原主人的名字凿掉，然后写上自己的名字。一旦哪个官吏失去国王的恩宠，他刻写在墓室、墓碑等处的名字就有可能被除去，他此后所有一切来世愿望就会变成无本之木。

一个人通过名字来确定身份和阐明自己的权益，但是一个人又不能把名字中蕴含的所有信息泄露出去，也不能把隐秘的名字告诉别人，这一点对神灵来说尤其重要，就如同拉不该把绝密的名字透露给伊西斯。正是出于这个原因，死者在经文里向神发出恐吓，假如他们不满足他的要求，那么他就把他们的名字张扬出去。

第26篇

本经文的目的是让死者在冥界重新拥有自己的心。

我的心（*jb*）属于我，我的心（*ḥ3tj*）属于我。我拥有我的心，它安全地处在我的躯体里。我在奥西里斯主宰的区域里没有擅自吃属于他的供品。

我的嘴属于我，我要靠它说话；我的腿属于我，我要靠它们走路；我的两条胳膊属于我，我要靠它们打倒我的敌人。

天国的门已经为我打开，众神之首盖伯使我的颌骨活动自如，他促使我闭着的眼睛睁开，他让我僵硬的双脚迈开步伐；阿努比斯使我的膝盖重新负重，以便我能够依靠它们站立起来，女神莎合玛特确保我随意走动。

我身在天国，但是我有权利向孟斐斯发号施令。我能够借助我的心明辨事理，我能够借助我的心获得各种权利，我有权利自由地活动我的两条胳膊，我有权利自由地挪动我的两只脚，我有权利决定我的卡做什么、想什么。来世的门不许向我的卡和我的身体关闭，以便我自由地出去，然后满足地回来。

【题解】

根据古代埃及人所掌握的有关人体的知识，心脏是一个人身体最重要的器官，他们认为心脏不仅是生命的中心机构，而且决定人的思维活动和感情生活。因此，古代埃及人在制作木乃伊的时候只把心脏加以处理以后放回胸腔，而其他内脏则单独放在葬瓮里。此外，在死者必须面对的来世审判中，审判的神通过称量死者的心来确定他是否有罪。

在本经文的开头，死者声明他拥有自己的心，接着一一列举他的其他器官恢复功能，特别强调这些复原过程借助了神的魔力。最后，死者重申了他可以通过心支配其他器官的意愿。学者们迄今还无法分辨*jb*心和*ḥ3tj*心之间的具体区别，唯一可以说的是，前一个在时间上出现的更早，而后一个逐渐替代前一个。这里两个名称并列，意在强调死者对其心脏的拥有和支配权。

第27篇

本经文的目的是阻止死者的心在冥界被夺走。

啊，你们这些抢夺人的心，并且致使它损坏的家伙；你们这些透视人的心，看到他所作所为的家伙，虽然你们明辨是非，可是我却毫不知情。

我向你们问候，你们这些主宰永恒的神。时间是你们手中的玩物。不要把我的心从我身上拿走，不要让我的心与我作对。我的心不应当控告我，因为我作为它的主人并非是一个平常的人；我曾经像那些伟大的神一样说话行事，我现在把我的心拿出来让你们审核，它比神的心还完美。

我的心属于我，它听从我的命令。我不允许它说出我所做的事情，因为我有权利对我自己的器官发号施令。听我的话，我的心，我是你的主人。你是我躯体内的器官，你不应当做伤害我的事。我现在向你发布命令，我要求你在来世审判庭顺从我的旨意。

【题解】

面对明察秋毫的审判官，死者不免不寒而栗。他不仅惧怕他们，同时也充满了敌意。他意识到自己不可能完全清白，所以说有些过错是他无意中犯下的。死者担心他的心出具对他不利的证词，所以一方面声称自己具有神一样的品质，另一方面又不厌其烦地声明他对自己的心脏拥有无可争辩的支配权。

古代埃及人不仅把心脏视为最重要的器官，而且还认为它是控制人的感情和思维的中心机构。在某些特殊的场合，他们把心脏当成一个独立的人格。在一篇被埃及学家题为《一个遭遇船难的水手》的作品里，被海水冲到孤岛上的主人公要求他的心充当他的同伴和参谋，而在一首思念故乡的诗歌里，诗人说自己的心抛开他独自回到了故乡。出于这个原因，死者担心自己的心无意中，甚至故意出卖自己。

第28篇

本经文的目的是防止死者的心在冥界被夺走。

啊，你这头狮子，我是个比风还要神速的野兔。我厌恶主神审判的地方，我的心无论如何也不能让这些赫利奥波利斯的审判官夺走。啊，你们这些奥西里斯的随从，你们这些长着尾巴的家伙。当赛特试图篡夺王位的时候，奥西里斯识破了他，你们帮助奥西里斯惩罚了赛特。

我的心现在被放在了手握权杖的奥西里斯面前，我的心在哭泣；根据奥西里斯的命令，我把我的心交给了他。我曾经把被赛特丢弃的奥西里斯的心找到，我曾经在赫摩波利斯为奥西里斯清洗身上的污泥。你们不应当夺走我的心。

我已经在你们管辖的来世预留了位子，我已经准备好了每年的食粮，我不接受任何不利于我的东西。我是一个拥有财产的人。当阿吞审判赛特的时候，我的心曾经为他记录了年表。难道他不应当让我这颗心在来世审判庭里安然无恙吗?

【题解】

死者在这里把主持来世审判的诸神想象成面目可憎和面容狰狞的家伙。他们长着尾巴，非人非鬼，所以死者宣称自己可以像一只野兔一样飞快地逃离。另一方面，为了求得这些无法摆脱的如同魔鬼一样的审判官们的饶恕，死者声称自己曾经对遇害身亡并遭受分尸的奥西里斯有过恩，接着强调自己已经为进入来世开始第二次生命做了所有必要的准备，最后又说自己曾经在审判赛特的过程中服侍过阿吞。

第29篇　甲

本经文的目的是防止死者的心在冥界被抢走。

走开，你这个替那些主持审判的神跑腿的家伙！难道你来我这里就是为了把这个应当保证我生命的心脏夺走吗？无论如何我也不能把我生存所必需的心脏交给你。假如那些需要我提供祭品的神听说你想抢走我的心脏，他们会无力地倒在地上，从而无法履行他们的职责，因为他们离不开我已经准备的供品。

【题解】

面临来世审判的死者担心，一旦这些审判官认定他的心已经被罪恶玷污，那么执行裁决的神就会把他的心拿走，或者被等候在旁边的被称为阿马麦特的怪物吞吃。为了避免这一厄运落到自己头上，死者向这个刽子手说明了他对诸神的用处，强调了人与神之间互惠互利的关系。

第29篇　乙

本经文的目的是防止死者的心在冥界被抢走。

我的心与我在一起，谁也别想抢夺它。我对我的心拥有完全的支配权，我甚至有能力让不服从我的心消亡。

我生命的来源是玛阿特，我依靠它而存活。我有资格拥有我自己的心，还有其他器官。我所说的都是实话，而且我一定遵守我的诺言。我的心应当与我一起存活，它不应当被抢走；我的心属于我，它不应当遭受任何损伤。

假如有谁抢夺我的心，我会让他消受不了我的报复。

我身处我的父亲盖伯和我的母亲努特的躯体内。我没有说触犯任何神的话，没有做触犯任何神的事，你们没有任何理由不接受我的辩白。

【题解】

与之前的几篇经文一样，本篇也涉及如何保护心脏。按照古代埃及人关于来世审判的想象，一旦主持审判的神判定他的心脏重于天平另一边象征“真理”、“清白”的玛阿特（即一根羽毛），那么他的心脏就被没收，或者干脆被等候在旁边的怪兽吞吃。这种情况被古代埃及人称作“第二次死亡”或“永远的死亡”，意味着死者永远失去了复活的机会。

死者先是恐吓自己的心不得叛变，然后表白自己生前一切言行皆符合玛阿特的准则，进而威胁那些审判官，一旦他被判有罪，他必定会予以报复。最后，他声称盖伯和努特是自己的父母，即他就是奥西里斯。言外之意是说，他作为奥西里斯完全有理由决定审判庭里的是非曲直。

第29篇　丙

本经文与绿松石制作的心脏有关。

我是赫利奥波利斯的贝努，我就是拉的巴，我引导我所归属的神走向冥界。假如奥西里斯能够走到日光下，并且做他的卡想做的事情，那么我也应当走到日光下，做我的卡想做的事情。

【题解】

本经文的附图表现死者坐在一个摆放用绿松石制作的心脏的架子前，双手做乞求状，希望这个象征他的心的模型保证他获得再生。他把自己比作拉的巴，同时重申自己拥有与奥西里斯一样的重生权利。因为清楚自己并非完全清白或者因为担心自己的心说实话，甚至背叛自己，古代埃及人有时把模型心放在死者的胸腔，通过这种调包计来防止出现意想不到的事情。请比较第30篇甲和乙。

第30篇　甲

本经文的目的是防止死者的心在冥界违抗它的主人。

我的心，你是我的母亲，我的心，你是我的母亲。你曾经伴随我度过人世的一生，请你不要在那些审判官面前以不利于我的形式做证。即使我做了不应当做的事，不要对他们说不利于我的话，不要说“他确实做了这样的事”。不要在主宰来世的无与伦比的神奥西里斯面前控告我。我向你问候，我的心（*jb*），我向你呼吁；我的心（*ḥ3tj*），我向你求情，我的器官！

我呼唤你们，你们这些拿着权杖随意调遣四个风向的神，愿你们给拉神送去可喜的消息，请你们让我去见促使一个人的卡与其主人会面的拉神。

他如今安葬在你们这些权能的神所掌管的冥界，目的是他的名字存活在人间，愿他借助你们的恩赐成为尊贵的人，享受永恒的新生。

【题解】

面对转世重大问题的死者生怕自己的心脏惹出麻烦，称呼自己的心脏为母亲，意思是说做母亲的痛恨儿子受难，更不会故意置他于死地。任何一个死者都不敢保证一生中未曾犯下任何过错，因此死者在本经文里请求即将接受称量的心脏帮助他遮掩其错误，并且用三个不同的名称以排比的形式呼唤自己的心，使得这种请求尤为真切。

在第二段里，死者向掌握风向的诸神发出呼吁，请求他们把有利于死者的称量结果转达给拉神。虽然拉神不亲自参加来世审判，但是作为在赫利奥波利斯主持裁定荷鲁斯与赛特之间王位之争案的主神，他具有不可低估的影响力。死者把他称为“促使一个人的卡与其主人会面的”神。“卡”在古代埃及象征人出生时附着在其身体上的潜在的力量。人死以后，不死的卡可以离开其主人的躯体享用供品，卡与躯体重新会合是死人复活的必要条件之一。

最后一段文字是举行葬礼的祭司为死者念诵的经文，被纳入到配备给死者的《亡灵书》以后并没有在人称上做必要的调整。这段话说明了古代埃及人把死人埋葬在坟墓里的两个目的：一是让活着的人纪念他们；二是期待永生的神灵把他纳入到他们的行列中去。“尊贵”这个词的象形文字是*ꜣḫ*，表示一个人死后经过尸体被做成木乃伊、接受合乎宗教习俗的葬礼等程序并拥有充足的食品，具备了进入来世享受新生的条件。

第30篇　乙

本经文的目的是防止死者的心在冥界违抗它的主人。

我的心，你是我的母亲，我的心，你是我的母亲。我的心，不管前世还是来世，你都属于我。不要以不利于我的形式做证，不要在审判庭里与我作对，不要把我出卖给称量员。

你是属于我的器官，你是我躯体内的器官；你是促使我再生的器官，你是能够使我所有的肢体安然无恙的器官。愿你与我一起走向来世，那里有美好的东西在等待着我们。

不要让我在主持审判的诸神那里臭名昭著，他们能够让人复活，也可以叫人永远消亡。你和我起死回生对我们自己来说是求之不得的事情，对这些审判官也有好处，难道他们只希望被审判的人有罪吗？

不要为了站到诸神那边而谎称我有罪，不要在掌管来世的主神奥西里斯面前诋毁我。我知道，你会让天平保持平衡，你会证明我的清白。

（附言：）应当用绿松石雕刻一只呈现为心形的蜣螂，在上面镶嵌白金和白银。把它挂在死者的脖子上，然后对着它念诵这篇经文。本篇是在赫摩波利斯的图特神雕像的底座下面发现的，它原来刻写在产自上埃及的砂石板上，书写者是曼卡乌拉在位时期的王子哲德霍尔。受图特神的委托视察全国各地的神庙的时候，哲德霍尔受到该神的启示编写了本经文。

【题解】

死者恳求自己的心，不要让掌秤的神看出破绽。他明确表示心脏在转世过程中将发挥的关键作用，同时也阐明了心脏可以随其主人在来世享受永恒生活的可能性。死者进而试图让其心脏相信，他顺利通过审判毕竟是皆大欢喜的事情。最后，死者对自己的心脏表达了充分的信任。

为了提高经文的可信度和效果，作者就有关经文的历史如何悠久、经文的作者如何不同凡响等问题编造了有些难以让人相信却又非常打动人心的故事。曼卡乌拉是第四王朝的一个国王，即吉萨高地第三大金字塔的建造者，而哲德霍尔则是古代埃及最古老的说教文的作者。

第31篇

本经文的目的是在冥界抵挡住鳄鱼的进犯，以免它把死者所拥有的魔术偷走。

退回去，掉转头！退回去，你这条鳄鱼！不要靠近我，休想偷走我的魔术，它是我求生的法宝。假如你冒犯我，我就把你的名字透露给所有的神。你的名字叫"信差"，你的另外一个名字叫"大汤勺"，你的长相与玛阿特相仿。

如同天空保护星星，如同魔术保护道具，我的嘴对我所知道的魔术守口如瓶；我的牙齿如同燧石一样坚硬，我的牙床仿佛一条山脉。啊，你这条鳄鱼，你的脊骨多么像用绳子串连起来的木棍。你的毒眼对准了我，你这条依靠魔术存活的家伙，不要偷走我的魔术。

【题解】

在古代埃及人的来世观念里，死者必须走过漫长和潜伏着无数危险的路途才能到达奥西里斯主持审判的地方，鳄鱼在这里代表诸多阻碍死者通往奥西里斯审判庭的敌对力量。各种各样的魔术是死者克服和战胜这些困难和危险所必需的，死者担心自己身上的魔术被鳄鱼盗走。死者描写了鳄鱼的外部特征和内在本性，同时申明自己绝不会泄露自己的秘密。古代埃及人认为，大声说出来犯之敌的名字及其特征是对付他的最为有效的办法。

古代埃及人主要居住在尼罗河沿岸，生活用水和灌溉用水都取自尼罗河，此外，他们的主要交通工具是船只。这一切都使得古代埃及人经常受到鳄鱼的侵袭。尤其在灌溉农业发达的法尤姆地区，鳄鱼伤人的事情经常发生。与此相关，法尤姆成为鳄鱼神索白克的崇拜中心。古代埃及人担心，鳄鱼在想象中的来世原形毕露，导致自己因丧失魔力而无法到达奥西里斯所主宰的极乐世界。这篇经文说明，埃及人把生活环境中熟悉的动物甚至植物奉为神灵，但是同时意识到这些受到敬拜的神灵既有可能满足信徒的要求，也完全拥有抗拒信徒意愿的权利。

第32篇

本经文的目的是在冥界把来犯的四条鳄鱼抵挡在外，以免它们把死者的魔术偷走。

奥西里斯重新站了起来，九神会支持他，九神会的诸神确立了他的地位。啊，荷鲁斯，你是替父报仇、伸张正义的儿子。愿你保护我这个精疲力竭者，别让我遭受这四条鳄鱼的袭击，它们企图吞吃我的躯体，并且把我身上的魔术偷走。愿你对这四条鳄鱼说："我就是保护父亲免遭伤害的儿子。"快把它们阻挡住。

退回去，你这条来自西边的鳄鱼，你这个靠吃死人的躯体存活的家伙，我的身体内藏着令你厌恶的东西，因为我已经把奥西里斯的脖子吞进胃里，我就是拉神；退回去，你这条来自东边的鳄鱼，你这个靠喝死人的血存活的家伙，我的身体内藏着令你厌恶的东西，因为我刚刚让奥西里斯脱胎换骨；退回去，你这条来自南边的鳄鱼，你这个靠吃排泄物存活的家伙，我的躯体里没有血；退回去，你这条与阿普菲斯勾结起来阻止死人转生的家伙，我的身体内藏着令你厌恶的东西，我不会被你吐出来的火焰的毒素射中，我是应当享受永生的奥西里斯。

【题解】

古代埃及人想象死者在冥界可能会遭受来自四面八方的危险。当时的尼罗河及其支流中生活着许多鳄鱼，对从事灌溉的农民、过河的人和岸边的行人构成了威胁。古代埃及许多地方的居民把鳄鱼当作神（即索白克）加以供奉，实际上反映了鳄鱼对他们生产活动和日常生活的影响程度。人们祭拜它们，不过是为了平缓它们的杀气，变它们带来的危险为保护崇拜者的威力，这种解释同样适用于王冠上据称保护国王的眼镜蛇。

在第一段经文里，死者把自己与奥西里斯等同起来，要求奥西里斯的儿子荷鲁斯为自己提供保护。在奥西里斯神话里，为了让荷鲁斯逃避赛特的追杀，伊西斯在尼罗河三角洲茂密的芦苇荡中一个叫作凯姆尼斯的地方把荷鲁斯抚养成人。故荷鲁斯后来成为不怕鳄鱼、毒蛇、蝎子等危险动物的少年魔术师。

死者在第二段里试图借助自身的力量击退鳄鱼。根据奥西里斯神话，赛特曾经把奥西里斯的躯体分成碎块扔在埃及各地。死者在这里声称自己吞吃了奥西里斯的脖子意在表示自己的躯体已经成为奥西里斯躯体的一部分，而作为赛特的随从，鳄鱼不敢面对具有奥西里斯品质的死者。

经文之所以称有四只鳄鱼，意指东西南北四个方向，含有指代所有威胁死者再生的鳄鱼之意。在《亡灵书》许多篇中，“四”这一数字都表示“极多”和“所有”的含义，比如经文第 42 篇。

第 33 篇

本经文的目的是让死者在冥界击退各种毒蛇。

啊，你这条雷拉克蛇，你瞧，盖伯和舒准备联起手来击杀你。你不仅吞吃了奥西里斯所憎恶的老鼠，而且还接触了腐烂的猫的骨头。

【题解】

因为自然条件的关系，古代埃及蛇的种类很多，而且许多是毒蛇。埃及人想象冥界充满了形形色色的蛇，其中最著名的当属能够把冥界河流中的水吸干，从而几乎让拉神的太阳船搁浅的阿普菲斯大蟒蛇。这里所说的雷拉克（*rrk*）蛇只出现在《亡灵书》中，因此有可能与阿普菲斯（*ꜣpp*）一样属于虚构而并非存在于自然界的蛇种。

第34篇

本经文的目的是防止死者在冥界被蛇咬伤。

你这个吐着火舌的毒蛇，我就是火焰的来源。国王的王冠和众神额头上那些毒蛇的火焰都来自我这里。不要靠近我，我的速度犹如猎豹。

【题解】

古代埃及人在早王朝时期就已经把毒蛇奉为神灵，其中最著名的要数来自下埃及城市布托的眼镜蛇女神瓦姬特，她与来自上埃及拿禾泊的秃鹰女神拿禾泊特一起成为保护国王王冠的双女神，特别是眼镜蛇构成了国王王冠或者男女神雕像的额头上必不可少的修饰成分，充分显示了古代埃及人试图变害为利的愿望。死者在经文里声称，保护国王和众神的眼镜蛇都要依靠他提供灼热的火和剧烈的毒，言外之意是他根本不用害怕眼前的这条毒蛇。

第35篇

本经文的目的是防止死者在冥界遭受蛇的撕咬。

奥西里斯向舒、耐特和哈托提出疑问："难道你们当中有谁想让我被蛇撕咬吗？"

"你这条无恶不作的塞克塞克毒蛇，不要靠近我，我的身边有塞目植物，它是保护奥西里斯坟墓的药草。奥西里斯会睁大眼睛监视你，他会让无罪的人赢得公正，让清白的人获得再生。"

【题解】

舒是赫利奥波利斯九神会当中的第二代神，即阿吞的儿子和盖伯的父亲，他象征所有生命体都必需的空气。耐特是赛斯城的主神，她主司战争和狩猎。哈托女神的职权范围包括爱情、婚姻和生育，她的表现形式是母牛或者牛头人身。新王国时期，底比斯（今卢克索）的居民把位于尼罗河以西的山脉想象成哈托女神的躯体，被埋葬在山坡上的人则被想象成进入哈托女神的怀抱，并且随着从尼罗河东岸升起的太阳获得新生。

死者在经文里选择三个有代表性的神，向他们发出了拯救他脱离危险境地的呼声。他警告这条被称为塞克塞克（*sksk*）的毒蛇，曾经保护奥西里斯的神奇药草为他保驾护航，同时表达了他对奥西里斯的期待和信任，认为这位英明的主审官一定会伸张正义。可见，所有有害的动物在这里都被视为妨碍死者顺利转生的敌人。塞克塞克是在《金字塔铭文》中频繁出现的一种毒蛇的名称，而塞目（*smw*）则指一种有芳香因此被认为具有驱除有害物和治疗作用的植物。

第36篇

本经文的目的是抵御蛀虫。

远远地离开我，你们这些长着弯曲嘴巴的蛀虫！我就是可努姆，创造万事万物的创世神。我把众神的话转达给拉，所有的消息都由我传递给相关的神。

【题解】

经文里所指的蛀虫在象形文字里被称为“阿普萨伊”（*ʿpšȝjj*），从附图的形状上看，它兼有甲虫和蝗虫的特征。这种虫子蛀蚀缠裹死者尸体的亚麻布、棺材及其他墓葬设施，甚至死人的尸体。为了防止这种虫子危害自己的转生大计，死者把自己与创世神可努姆等同起来。可努姆是来自埃及南部尼罗河第一瀑布附近阿斯旺地区的主神，传说他用陶轮制造人和世上万物，有些经文把可努姆视为拉的信使，认为他根据后者的指示完成造物的奇迹。死者强调了可努姆的两大威力，一是作为创世神，他能够造物，也可以让他的造物不复存在，换句话说，他能够轻易地消灭这些同样属于其造物的、令人毛骨悚然的怪物；二是作为太阳神拉的信使，他可以借助其他神的力量和技能战胜害虫。

第37篇

本经文的目的是驱逐两条马莱提蛇。

啊，你们这两条母蛇，你们两个姊妹，两条马莱提蛇。我已经依靠我的魔术把你们两个分开，我就是在太阳神的夜行船上放射灼热光亮的人。我叫荷鲁斯，我是伊西斯的儿子。我来了，我来到这里是为了拯救我的父亲奥西里斯。

【题解】

被称作“马莱提”（*mr.tj*）的蛇只出现在《亡灵书》中，它们被想象成勾结在一起试图阻拦死者进入冥界的敌人。值得注意的是，死者对付这两条蛇的方式很独特，他并没有说用长矛或者尖刀杀死它们，而是说用魔术把二者分开。一种可能是这两条蛇只有在连在一起时才对人形成威胁，而被分开时则丧失了其毒性；另外一种可能性在于，死者把自己比喻成图特神，即调解荷鲁斯与赛特之间矛盾的审判官，可见古代埃及人的来世观念多么强烈地受到奥西里斯神话的影响。能够调解荷鲁斯与赛特之间矛盾的图特被视为无所不能的智慧神。为了进一步强化自己进入来世的合法性，死者称自己是为了让被害的父亲复活而来。

第38篇　甲

本经文的目的是让死者在冥界得到充足的空气。

我是从原始混沌水自我生成的阿吞，我已经在来世预定了位置；我有权力让那些善终并得到厚葬的人随着太阳到那神秘的地方去。

我乘坐夏帕瑞神的太阳船，我在那里吃喝，我在那里获得生存的力量，我在那里得到充足的空气，我在那里用力摇桨。太阳神为我打开入地的门，把我带到盖伯的门口。

我扶持了那些精疲力竭者，我让他们走出他们的棺材。我像荷鲁斯一样与赛特和好，所有手握权力的神都站在我的一边。

我有权自由地进出，我不会因为脖子呼吸不到空气而窒息。我有权利登上主宰玛阿特的太阳神的圣船，当夜行船变成日行船在东方地平线射出光亮的时候，我歌颂船上的太阳神，并且向他祈祷。

我死后获得再生，就像太阳每天死而复活一样。我与太阳神一样拥有无限的能量；在夜深人静的时候，我向太阳船上的全体船员发号施令，我通过书面的指令来调遣赋予死人活力的风。我死后获得再生，就像太阳神拉一样，永远永远。

【题解】

正如其他许多经文一样，死者在本经文的开头称自己就是让死人复活、让僵卧在棺材里的尸体重见天日的太阳神。接着，死者笔锋一转把自己描写为乘坐太阳船完成转生伟大工程的一个普通死人。盖伯是掌管地球的神，这里所说的盖伯的门即指太阳傍晚落山的地方，也就是死者进入冥界的入口。

在第四段经文里，死者又把自己比作太阳神，声明只要太阳有升有落，那么他就不会真正死去。作为对经文题目的回应，死者说他主宰着死人再生所需的空气。

古代埃及象形文字是一种极为复杂因而很难掌握的书写系统，因此，书写的文字在古代埃及人眼里具有不可估量的神奇力量。埃及人相信，太阳神夜间必须经过冥界才能获得第二天所需的力量和热量。经文称死者不仅有权利指挥太阳神所乘坐的神船的船员，而且有资格借助纸质的具有法律效力的文书调遣顺风，可见死者对于太阳神的重要性。这一点同时也说明，《亡灵书》所阐述的来世观念代表了社会中上层的利益，换句话说，没有掌握读写能力的大部分群体没有资格享受《亡灵书》所勾勒的来世生活。在研究和谈论古代埃及《亡灵书》的时候，我们不能忽视和忽略其阶级属性。

第38篇　乙

本经文的目的是让死者在冥界得到充足的空气。

我是汝提，我是拉－阿吞的头生儿子，我在凯姆尼斯长大成人。你们这些端坐在审判庭的神，引导我进入来世吧，你们这些潜伏在深坑暗穴里的家伙，不要阻挡我的去路！

你们这些在太阳船上划桨的艄公，我是跟随拉神的一名桨手。我把拉神到来的消息传达给僵卧在冥界的死人，我向那些因缺乏空气而无法呼吸的人报告拉神的到来。等我到达奥西里斯那里的时候，所有的神都起来迎接我，他们无不称赞我的行为。

我张开我的嘴，我大口呼吸生命的气息。我通过呼吸维持生命；我死是为了再生，像拉神一样，永远永远。

【题解】

正如经文甲所表露，古代埃及人担心人死以后在冥界呼吸不到空气，因而复活也就成为泡影。另外，文中所说的空气与太阳光有密切关系。死者首先把自己说成向冥界的死人甚至向那里的神宣布太阳神驾到的信使，然后强调了他作为躺卧在冥界的一具尸体通过呼吸空气获得再生和享受永恒生命的愿望和权利。对于古代埃及人来说，太阳降临到冥界不仅意味着光明，因为当太阳神乘坐圣船穿过冥界上升到充满空气的地面时，死者希望得到搭乘的机会。

“我死是为了再生”可以说是古代埃及源远流长的一句名言。早在古王国时期的《金字塔铭文》里，国王否认自己的死亡之事实，声称自己的死只不过是获得永恒再生的必要手段，犹如太阳傍晚西落是为了第二天东升。我们可以看到《金字塔铭文》到《亡灵书》之间的渊源关系。同时，王室的来世观念对官吏阶层以及民间上层人士的影响也可见一斑。

第39篇

本经文的目的是让死者在冥界击退阿普菲斯。

退回去，你这条应当被打翻在地，并且被五花大绑的蛇，你这个拉神的死敌。快游回努恩的混沌水中，你的父亲将在那里把你剁成碎末。远离拉出生和再生的地方，免得你在他面前颤抖。我就是让你颤抖的拉。

退回去，你这个反叛者，你企图阻断太阳的光亮，你的图谋不可能得逞。众神强行把你的头扭过去，猎豹把你的心掏了出来，蝎子女神用绳子把你套牢，玛阿特女神叫你遍体鳞伤，她让你和你的帮凶失去造反的力量。阿普菲斯，你这个专走邪路的家伙，你这个拉神的死敌。

你这个已经变得软弱无力的家伙，听见东边天空上隆隆的雷声了吗？快给拉神让路，快把通往东方地平线的门打开，说“啊，拉，我顺从你的命令，我顺从你的命令！我完全按你的旨意行事，我让你自由地从西边的门进入，顺利地从东边的门离开”。

阿普菲斯已经被缚，来自南边、北边、西边和东边的神都甩出绳索套住了它，图特牢牢地把它捆绑起来，拉可以放心，可以放心了。阿普菲斯被制服，拉终于可以舒口气。阿普菲斯遭到了严厉的惩罚，蝎子女神的毒刺让它尝到了疼痛的滋味，她射出的毒素会让它永远痛苦。阿普菲斯，你这个拉神的死敌，你没能逃脱惩罚，这是你无法逃脱的下场。

退回去，你这个遭拉神痛恨的家伙，你的头已经被击碎，你的脸已经被划破，快从拉神经过的路消失吧；你这个应当归土的家伙，你的头已经被砍断，你的躯体已经被剁碎。阿普菲斯，你这个拉神的死敌，阿凯尔已经对着你念了咒语。啊，拉，你的船上的船员拥有无限的力量，他们齐心协力、全力划桨，你可以对他们放心。他们会把你的眼睛带到安全的地方，安全地带到家中。

阿普菲斯，你喷出的火焰和毒素不能伤及我的一根毫毛，你的一切努力都无济于事。我是赛特，我是横渡天空如同走平道的神，我是呼风唤雨的神，我是信手传播各种灾害的神。

阿吞说："你们这些太阳船上的斗士，昂起头来，把这个邪恶的东西驱逐出去！"盖伯说："开始你们的远征吧，握紧手中的盾牌，让那些坐在太阳船上的人不受伤害！"哈托说："拿起你们的长矛！"努特说："快赶走这个邪恶的东西，以便太阳神坐在神龛里顺利地航行。来吧，所有的神，快来拯救和保护这个坐在神龛里的神，他是我们所有神的先祖。请你们与我一起保护和保佑他，让我们宣告他的到来！"所有的神响应努特的提议，他们说："他走出了黑暗，他已经找到了路途。"

拉神给诸神带来了光明，盖伯站在那里等候，九神会聚集在他身边，哈托不禁颤抖起来。拉神战胜了阿普菲斯。

【题解】

本经文是改编和综合《棺材铭文》中有关描写太阳神拉与阿普菲斯搏斗的许多文字和图画而成的。希望与太阳一起获得新生的死者在第一段就明确表示他就是拉神。在接下来的四段文字里，死者描写了男女众神为了战胜阿普菲斯如何各显神通。其中的阿凯尔是古代埃及的地神，他的表现形式是蛇，他通过念咒来制服阿普菲斯，表达了古代埃及人通过以毒攻毒来达到目的的心愿。这种以毒攻毒的概念在第六段达到了登峰造极的程度。赛特在古代埃及神话里是一个反面形象，他杀死亲兄弟，从侄儿手中抢夺王位。但是面对阿普菲斯这个强大和危险的敌人，死者把自己说成是赛特，试图以极端的恐怖来消除阿普菲斯可能造成的严重后果，即阿普菲斯阻断太阳复活的路程。正是在这个意义上，古代埃及人把太阳和月亮比作拉神的两只眼睛。拉神夜间的行程被理解为月亮转化为太阳的过程，所以经文里说太阳神的眼睛（即月亮）会安全抵达目的地（即东方地平线）。

经文的最后两段描写了诸神等候在地平线，并且为太阳神、船上的神和复活的人助威的场景。有趣的是经文提到了哈托因为看到惊心动魄的场面而浑身战栗的细节。按照古代埃及人的宗教观念，复活绝不是任何人单独所能完成的，要想征服死亡，活着的人、死去的人和众神必须互动和联动。

埃德夫神庙墙壁上刻画了荷鲁斯击杀鳄鱼、河马的场面，而阿普菲斯有时表现为鳄鱼和河马。有的学者由此推测，古代埃及神庙里上演荷鲁斯战胜阿普菲斯的宗教剧，以此来保证奥西里斯获得重生。如果这种推测正确的话，本经文实际上以上述宗教剧作为蓝本改写而成。原来由祭司扮演的荷鲁斯则转变为死者本人，他以第一人称承担了为父报仇的荷鲁斯的角色。

第40篇

本经文的目的是驱逐能吞噬一头驴的毒蛇。

退回去，你这个长着公牛头的毒蛇，你是奥西里斯的仇敌。图特已经砍断了你的头，我已经把你剁成碎块，我已经把九神会对你做出的判决付诸实施。退回去，你这个奥西里斯的仇敌，当他乘坐夜行船顺风而行的时候，你企图让他的船搁浅。奥西里斯的仇敌已经被制服，阿比多斯的神都在欢呼。

退回去，你这个能吞噬一头驴的毒蛇，你这个威胁冥界神的家伙。我知道你在哪里（说四遍），我知道你都做了什么可恶的事情。趴在那里不要动，不要吞吃我，我是一个清白无辜的人。你应当清楚，我完全凭借自身的力量来到这里；不要靠近我，我并没有召唤你。难道你不知道我有封住你的血盆大口的魔力吗?

我已经把你从我身边赶走，我用我的嘴所喷出的火焰把你驱赶。啊，你这头猛兽，你这个吞吃有罪的死者的家伙，你这个强盗。我在记录死者罪过的神那儿没有挂名，审判死者的神也就无从惩罚我。

没有谁能伤害我，我要下命令把你五花大绑。不要攻击我，不要吞吃我，我是生命之主，我是光明之源。

【题解】

这里所说的奇形怪状的蛇实际上是杀害奥西里斯的赛特与企图阻挡太阳船的阿普菲斯的结合体。死者担心这个曾经让奥西里斯和太阳神都胆战心惊的怪物破坏自己起死回生的计划。死者不仅描写了这条毒蛇遭受屠杀的几种形式，而且又强调了自己在伦理道德方面无可指摘。可以看出，这个令死者异常恐惧的毒蛇在某些方面与审判神无异，因此死者一方面宣称自己拥有制服这条蛇的能力，另一方面却极力申辩自己的清白。此外，经文明确说这是一条吞吃有罪的死人的蛇。

第41篇

本经文的目的是让死者在冥界躲避伤害。

啊，阿吞，请你让我在汝提面前获得尊贵的身份，以便守门的神灵为我打开通往盖伯的大门，以便我能够在主持来世审判的奥西里斯面前俯伏祈祷，请你引导我来到奥西里斯和众神裁决死人的审判庭。

啊，你这个守门的神，你这个掌握着通向冥界之门的神，我呼吸空气，我依靠空气生存。我早晨登上夏帕瑞的圣船，我夜间与那些阿吞圣船上的艄公说话。我随意地进出冥界，我看见在冥界沉睡的人，我向他们呼喊，为的是把他们唤醒。我已经复活了，我已经从沉睡中被解救出来了。

啊，你这个给死者提供食物的神，你这个能够让死者的嘴张开的神，请你让我墓室的供桌上食品不断，让我的雕像在墓室里永存。啊，奥西里斯，你这个给死者分配来世年月的神，请你倾听我的祈求，请你在审判耄耋之年辞世的人时抬起右手，以便我顺利进入死者得以复活的来世。

【题解】

死者在本经文中先后向众多的神呼吁，目的是顺利到达来世并获得自由进出来世的权利。他首先向阿吞求情，希望他在夜间进入冥界的时候把死者带到来世审判庭所在的地方。接下来，死者的祈求转向守护来世大门的神，他希望这个守门的神放任他每天早晨乘坐日行船到地平线上呼吸新鲜空气。最后，死者请求主掌供品的神给予他充足的供品，以便他进入来世以后不必因食粮不足而发愁甚至再次死亡。

古代埃及人在墓室里放置至少一个被认作是死者替身的雕像。他们相信，一旦死者的尸体腐烂或遭受损坏，那么他的雕像能够借助魔术充当死者的代理人，代替他与其巴结合并完成来世复活的任务。在分为地下和地上两部分的坟墓里，地下部分主要是棺材间和放置陪葬品的墓间，而地上则是设有供桌的墓间。死者的亲属把供品放在上面，死者的巴可以从棺材间来到供桌前享用祭品。

古代埃及人的寿命并不很长，在他们眼里，一个人长寿本身就是其本分和受到家人和邻里乡亲喜爱的证明。埃及人并没有明确说未能享受长寿的人有过或有罪，但是本经文明确强调死者享受了耄耋之年，言外之意是他有权利受到审判神的特别关照。

第42篇

本经文的目的是让死者免遭来自赫拉克利奥波利斯的危害。

如同树木离不开它们生长的泥土，如同雕像离不开支撑它们的架子，如同船只离不开推动它们前行的船桨，我是离不开生命的孩子（重复四次）。我是生命力旺盛的牛犊，我熟悉我所生活的场景；我是日日东升的拉，我是脊柱像柽柳树一样坚硬的奥西里斯。与昨天相比，今天有多么美好啊！（重复四次）

我就是那个能够大难不死的拉，我就是那个像柽柳树一样挺直腰板儿的奥西里斯。我的平安无事意味着整个世界的安定。我的头发是努恩，我的脸就是太阳圆盘，我的眼睛是哈托，我的耳朵是乌帕瓦特，我的鼻子是莱托波利斯的主神，我的嘴唇是阿努比斯，我的牙齿是夏帕瑞，我的脖子是伊西斯，我的胳膊是蒙迪斯的主神，我的胸脯是赛斯的女神耐特，我的后背是赛特，我的生殖器是奥西里斯，我的肢体用神的血肉打造，我的脊柱是莎合玛特，我的双臀是荷鲁斯的眼睛，我的大腿是努特，我的双脚是普塔，我的手指和脚趾是眼镜蛇，我的身体的每一个部分都由神铸成。

图特保护我的身躯，因为我就是永恒的拉。我不会受到束缚，我不会落入任何人的手里。不管是神还是鬼，不管是高贵的人、普通人还是该诅咒的人，谁也别想伤害我。我的身体坚不可摧，我的名字谁也不知道。我是昨日的拥有者，我目睹了千万个日夜交替；我是永恒的主宰，我像夏帕瑞一样天天年轻。我的生命像国王的生命一样尊贵，我的寿命像神的寿命一样长久。我受到荷鲁斯的眼睛的保护，我自由地出入我的坟墓，我在来世的位置犹如荷鲁斯的王位一样不可剥夺。荷鲁斯像保护奥西里斯一样保护我，荷鲁斯已经在来世为我争取到了一个位置。

原来能够说话的嘴变得沉默，原来能够自由活动的身体变得僵硬，但是，我已经成为奥西里斯，我拥有我所需要的一切，我身体的每一个部分都能够活动。我处在荷鲁斯的眼睛的保护之下，没有什么能够伤害我，这里不存在针对我的灾祸、阴谋和暴行。我要开启通往天空之路的门，我要占据属于我的位置，然后行使我的权力。啊，你们这些地上的人和天上的人，你们这些居住在南边、北边、东边和西边的人，我能够保护你们，你们应当从心底里惧怕我。我是个清白无辜的人，我不应当遭受第二次死亡；我的身躯拥有复活的力量，我的肢体能够重塑我的形状。

我的名字无人知晓，我不会碰到红脸的魔鬼。我必将升上天空，我必将进入地下。任何鬼神都无法伤害我的名字，我念诵的咒语把它们制服。我穿过一道又一道门，我越过一堵又一堵墙，我把所有的关卡都甩到身后。我来自努恩的混沌水，我的母亲是努特。我源于世界的本源，我是昨日的主宰，未来在我的手中。没有谁知晓我的名字，因此没有谁能伤害我的身体。我是千年万年永远重复生命的荷鲁斯，谁若是想阻拦我，我会向他的脸喷出火焰，让他的心破碎。我会永远活着，我的位置永远属于我。

【题解】

因为担心在通往来世的路途中受到阻拦，死者先是宣称自己是拉和奥西里斯的化身，然后描述身体的每一个部分都由不同的神铸成。在这里重要的是死者与众神之间千丝万缕的联系，而他身体的具体部分与哪一个神发生联系则无关紧要，因为不同的《亡灵书》抄本在这种对应关系方面显示了极大的灵活性，或者说随意性。

在接下来的文字中，死者把自己与拉神等同起来，宣称自己受图特和荷鲁斯的眼睛的保护，并且重申了自己拥有进入来世和自由进出冥界的权利。荷鲁斯的一只眼睛被弄瞎以后，图特妙手回春的手让失明的眼睛复明，不过死者不满足于把自己置于这两个象征复原和复活的两位神的保护之下，继而强调没有人知晓他的名字，原因是担心自己受指控。企图加害于他的潜在的敌人包括人和魔鬼，但是他们不知道他的名字，因而对他无计可施。这一点充分体现了古代埃及人在来世问题上尽可能在遵守道德准则的前提下兼用其他各种手段达到目的的执着。

古代埃及人的名字对其主人来说具有非同小可的重要性。名字并非只是一个代号，而是拥有其主人的许多特性。古代埃及人的雕像不太注重逼真性，因为雕像上的名字不仅确定其归属，而且也表示雕像与其主人之间的各种内在关系。在雕像上抹去其主人的名字或者在墓壁上凿掉墓主的名字，这在古代埃及不仅是泄愤的一种手段，而且意味着死者生存基础的消失。正是基于这种名字文化传统，经文中的死者极力强调自己的名字不为人知，他担心自己的名字犹如一个把柄一样被怀有敌意的鬼神抓住。

第43篇

本经文的目的是防止死者在冥界遭受被砍头的厄运。

我是奥西里斯的儿子，我就是奥西里斯本人；奥西里斯曾经遭遇身躯与头分离的灾难，但是他重新获得了自己的头。不许把奥西里斯的头砍下，不许把我的头劫走。我已经站立起来，我的器官得到了更新，我开始了新的生命。我是奥西里斯，我是主宰永恒的神。

【题解】

死者在奥西里斯与自己之间画上等号，希望能够像奥西里斯一样重复生命，就如同自然界里的枯木逢春。死者试图保全自己的头的想法源于两方面的考虑，其一是他担心自己在去往来世的路上遭遇死敌，像奥西里斯一样遭到分尸的结局；其二是害怕自己的头颅在被制作成木乃伊的过程中，或者被放置到棺材里面以后与躯体分离。在《棺材铭文》中，与本经文类似的文字经常被刻写在棺材的侧面，其具体位置大约与呈侧卧状的死者的头部相对应。

这里所说的头与身躯分离既可以被理解成奥西里斯即死者遭受了被赛特谋杀的厄运，也可以表示人死以后他的尸体开始腐烂，其结果就是肢体脱节。从这个意义上说，古代埃及人把死亡称为敌人再恰当不过。赛特从某种意义上说就是死亡的代名词。古代埃及来世观念的可贵之处在于把生理学意义上的生死交替理解到伦理道德高度上。按照此观点，生老病死这一无法借助寻常手段解决的严峻问题可以通过在法庭上战胜邪恶的刽子手赛特来克服。这应当说是古代埃及《亡灵书》对当时的人在社会中的言行举止产生巨大作用的关键所在。

第44篇

本经文的目的是防止死者在冥界遭受第二次死亡。

我的墓室的门已经开启，阳光照亮了原先漆黑一片的地方；荷鲁斯的眼睛保护着我，乌帕瓦特为我准备了充足的食物。我变成了永不陨落的星体中的一个，我今后会像它们一样永不消失。

我的脖子就是拉神的脖子，我的脸没有被灰尘覆盖，我的心处在它应当所在的地方，我所拥有的经文魔力无穷。我是能够保护自身的拉神，我不会遭受任何骚扰和袭击。啊，奥西里斯，你是我的父亲，你是努特的儿子，我是你的儿子荷鲁斯，我见过你的秘密，我了解你的秘密。我作为众神之主来到这里，我绝不会在冥界第二次死亡。

【题解】

所谓第二次死亡就是指死者在冥界错过重生的机会，即被审判的神剥夺死而复活的权利。为了强调自己复活的意愿和权利，死者在文中列举了在战胜死亡方面四个至关重要的条件：他与拉神部分同形；他的躯体并非像一具僵硬的尸体一样落满灰尘；他的心脏已经顺利回归他的胸腔；他拥有能促使他苏醒并抵御外来危险的经文。最后，死者把自己说成是荷鲁斯，试图以此来说服主审官奥西里斯接纳他进入来世。这里所说的秘密是指奥西里斯死后借助魔力复活并担任来世主宰神的过程。

本经文的第一段显然把死者转世后的去处设定在天空，希望复活后的人像恒星一样长生不死；第二段所描写的场景则位于阴间，也就是由奥西里斯主司的冥界。太阳神崇拜和奥西里斯崇拜在中王国时期得到和解和融合。按照这一具有复合色彩的来世观念，太阳神夜间的行程穿过奥西里斯所在的冥界，前者不仅给后者以及众多的死者带来了复活所必需的光亮和热量，而且孕育了新的生命，即第二天所需的能量和动力。《亡灵书》经常把太阳神和奥西里斯所具备的赋予人再生能力糅合起来描写，意在强调死者再生的强烈愿望和可行性。

第45篇

本经文的目的是防止死者的躯体在冥界腐烂。

我已经变得精疲力竭，但我是奥西里斯，难道奥西里斯的肢体会腐烂吗？奥西里斯的躯体不会永远僵硬不动，他的肢体不会腐烂；他的躯体的所有部分会重新聚合在一起，他没有错过死而复活的机会。愿你们对我施以同样的魔法，因为我就是奥西里斯！

（附言：）拥有这篇经文的死者的尸体不会在奥西里斯所主宰的来世腐烂。

【题解】

古代埃及人承认生老病死是不可抗拒的自然规律，但是他们希望并相信人有第二次生命。在他们创作的神话中，奥西里斯是战胜死亡而获得再生的典范。他被赛特分尸，但是，借助伊西斯和其他神超自然的魔法，奥西里斯被丢弃在埃及各地的躯体碎块虽然高度腐烂，但是它们被捡拾和拼接，被赋予活力，而且焕发出永恒的生气。死者在经文里声明自己就是奥西里斯，他希望那些曾经帮助奥西里斯完成转生过程的诸神再一次创造奇迹。抄写经文的书吏在末尾特地注明拥有这篇经文的人不会遭受尸体腐烂的厄运。

第46篇

本经文的目的是防止死者的躯体在冥界腐烂，并且帮助他重获生命气息。

啊，你们这些守卫来世入口的神，你们不是舒的孩子吗？舒派遣你们把守进入来世的大门，我可是奥西里斯。我已经来到你们这里，快放我进去！

【题解】

根据赫利奥波利斯的神谱，奥西里斯是舒的孙子。死者在本经文里把守护来世的神说成是舒的子孙，而把自己与奥西里斯等同起来，目的是强调自己进入来世的绝对权利。本经文的附图表现一座坟墓的入口处站立着属于死者的巴。由此可以确定，死者担心飞出墓室享受阳光和空气的巴被拒之门外，使得他的尸体成为无本之木。如此说来，经文的题目非常切题。

第47篇

本经文的目的是防止来世中本来应当属于死者的位置被剥夺或取消。

我在来世的位置只属于我，只有我才具有使用它的权利。啊，你们这些分配来世位置的神，你们要听从我的吩咐，因为我是你们主神的儿子，你们处在我的管辖范围之内。我的父亲是生养你们的创世神。

【题解】

古代埃及人相信，神在造就每个人的时候就已经在来世为其预留了一个位置，但是人死后是否真的能在来世获得这个位置必须满足一些基本的条件，其中最为重要的就是在世时遵守社会伦理道德规范，按照通行的宗教观念为来生做准备。这种情况下所说的位置一般不是指死者在尼罗河西岸墓地中的一个墓室，而是指奥西里斯所主宰的来世，有时则指死者在太阳船上充当桨手时所获得的一个座位。在本经文里，死者先是称自己为奥西里斯的儿子荷鲁斯，接着又把自己的父亲说成是创世神。

第 48 篇

（本经文是第 10 篇的变体，故省略译文。）

第 49 篇

（本经文是第 11 篇的变体，故省略译文。）

第 50 篇

本经文的目的是躲避众神的审判庭。

当我死去，当我的双腿疲惫无力的时候，主掌天空的拉神在我的身上放置了一个用绳子编成的结。当我降生的时候，主司寿命和命运的神在我的身上放置了一个用绳子编成的结，因为他们想保护我不受那个曾经谋杀我父亲的凶手的伤害，因为我命中注定接替我的父亲执掌上、下埃及的王权。

在宇宙起源之初，当玛阿特还没有诞生，当太古的神还没有被孕育的时候，母神努特就在我的身上放置了一个用绳子编成的结。想问我究竟是谁吗？我就是创世神的后代，我就是主宰万物的原始神的继承人。

【题解】

古代埃及人认为，人死后必须通过来世审判才能进入来世。为了避免在审判庭里遭到被判有罪的厄运，他们希望借助一切手段逃避这个可怕的审判。为了强调自己非同一般的身世和身份，死者在本经文里列举了自己所拥有的享受特别保护的凭证，它们分别是拉神、命运之神沙伊和努特女神的礼物，而且是在他死亡之际、出生之时和创世之初赐予的。古代埃及人发明了多个具有象征意义的结，重要的有被称为“闪”的结，它由一根绳子首尾相连而成，表示“永恒”之意，因埃及人用它把国王的名字圈起来，埃及学界称之为“王名圈”；另外一个著名的结就是“伊西斯结”，它的形状呈现为表示“生命”的象形符号，传说伊西斯包扎奥西里斯尸体时使用这种结，因此它具有促使人复活的寓意。

根据《亡灵书》多篇经文的描写，死者进入来世之前必须要经过由各种妖魔鬼怪把守的门槛和暗道，而他得以通行的前提经常是回答相关鬼神提出的各种问题。死者在这里提出的问题显然是针对那些喜欢以稀奇古怪的问题刁难死者的鬼神，他把自己的身世说得非常神秘，而且自己所做的回答并非真正的答案。大有以眼还眼、以牙还牙之意。

第51篇

本经文的目的是为了不让死者在冥界头朝地走路。

这是我所憎恶的事情，这是我所憎恶的事情。我所憎恶的事情就是吃我所厌恶的东西；我憎恶粪便，我说什么也不吃它们！这些垃圾，这些可恶的东西，我不会受到它们的损害。我绝对不会用手触摸它们，我绝对不会用脚踩它们。

【题解】

古代埃及人担心，既然死后复活是一种返老还童的过程，即时光倒流，那么死者在冥界的饮食、起居等习惯可能会发生根本性的变化，比如粪便成为食物。另外，这种担忧也表达了人们对死后没有亲人提供祭品的恐惧，死者被迫吞食粪便等脏物以维持生命。本经文的题目阐明内容涉及死者在冥界的行走姿势，似乎与实际内容有所出入，但是头朝下走路和吃粪便都是古代埃及人来世想象中最让人无法忍受的事情。第 52 篇、第 53 篇和第 189 篇对这些让死者厌恶至极的事情做了更加详细的描述。

第 52 篇

本经文的目的是在冥界不吃粪便。

这是我所憎恶的事情，这是我所憎恶的事情。我所憎恶的事情就是吃我所厌恶的东西；我憎恶粪便，我说什么也不吃它们！这些垃圾，这些可恶的东西，它们绝对不应当玷污我的身体。我绝对不会用手触摸它们，我绝对不会用脚踩它们。

“你既然已经来到了这个地方，你究竟靠什么维持生命呢？”那些掌管来世的神问我。我依靠荷鲁斯为奥西里斯拿来的四种面包和图特为奥西里斯送来的三种面包维持生命。他们又问我：“你在哪里吃这些面包？”我在我的女神哈托的西克莫树下吃属于我的面包，我尽情地享受，然后把剩余的留给哈托女神的舞女们。

我在布塞里斯拥有土地，以便耕种生成我的供品的庄稼，赫利奥波利斯生长着为我准备的鲜花和绿色植物。我吃的面包用白色的小麦制作，我喝的啤酒用黄色的大麦酿造，原来伺候我的父亲和我的母亲的男仆和女佣为我服务。

啊，守护来世入口的门卫，快打开门，让我面前的路途平坦和宽阔，以便我顺利到达我所要去的地方。

【题解】

本篇的第一段与经文第51篇几乎一致。是否已经为死后的生活准备充足的食物成为能否进入来世的条件之一。面对主宰来世的诸神的提问，死者回答说他像奥西里斯一样丰衣足食，而且有条件在属于哈托的西克莫树下一边乘凉，一边进食。哈托是掌管尼罗河谷以外山脉、沙漠以及外国土地的女神，故适宜在炎热而干燥的沙漠边缘生长并为远足的人提供树荫的西克莫树与哈托相关联，哈托时常被称为“西克莫树女主人”。文中提到的哈托的舞女让人联想到许多墓室壁画上为享用供品的墓主人助兴的舞女画面。第三段说到布塞里斯和赫利奥波利斯两个地名，二者分别是奥西里斯和拉的崇拜中心，死者一方面希望像这两个神一样从那里得到供品，另一方面，他明确地说自己在上述两个地方拥有土地。为了保证死后得到供品，古代埃及人生前把所拥有的土地全部或者部分规定为生产供品的专用地，要求子嗣把所产物品当作供品献给自己。没有子嗣的人则与他人签订相关的合同。

第53篇

本经文的目的是在冥界不吃粪便，不喝尿液。

我是主宰运行在天空的太阳船航向的神，我是保证天上节日不断、物品丰富的造物主，我给整个世界送去了光亮，我给人和万物带来了热量；我决定时间的长短，我掌握季节的变化，我规定光线的方向。

这是我所憎恶的事情，这是我所憎恶的事情。我绝对不吃粪便，我绝对不喝尿液；我绝对不头朝下走路。赫利奥波利斯有属于我的面包，天上属于拉神的面包就是我的面包，地上属于盖伯的面包就是我的面包。来自赫利奥波利斯的日行船和夜行船给我带来面包，我与坐在太阳船上的神和尊贵的人一起享用供品。他们吃什么，我就吃什么，我以与他们毫无区别的方式维持生命。我在奥西里斯主持审判的大厅里吃面包，因为我就是奥西里斯。

【题解】

为了在来世拥有充足的食品，为了避免在不得已的情况下吞吃恶心的东西，死者在经文的第一段里自称是给人和万事万物提供光、热、食品和水的创世神。在第二段中，死者列举了在冥界可能面临的三种可怕的情景：吃粪便、喝尿液和头朝地走路。接下来，他声称自己无论在天空还是在地下都有足够的饮食，因为日行的太阳船和夜行的太阳船从赫利奥波利斯给他带来供品。这里所说的尊贵的人指那些已经作古并获得永生的人，他们有资格乘坐太阳船并与诸神为伍。最后，死者干脆把自己与奥西里斯等同起来。

第 54 篇

本经文的目的是让死者在冥界获得新鲜空气。

啊，阿吞，请你赐予我你所呼吸的生命的气息吧。我是诞生于混沌水的远古神，我就是把盖伯与努特分开来的那个神。只有当我有生命气息的时候，他才能生存；只有当我年轻力壮的时候，他才能保持青春；只有当我呼吸新鲜空气的时候，他才能得到空气。

我通过把粘连在一起的加以分离而促成了生命，我保护过孕育在蛋中的许多生灵，我借助荷鲁斯和赛特的力量造就了万事万物。啊，你们这些拥有财富并支配空气的神，请你们保护我这个躺在窝巢里等待新生的人，请你们保证我顺利出生并长大。

【题解】

按照古代埃及人的来世观念，复活的人不仅需要饮食，他更离不开空气。在本篇中，除了向阿吞发出请求以外，死者自称是生育地神盖伯和天神努特的舒。舒作为空气神通过在连成一体的盖伯和努特之间促成空气来造就两位神，强调了空气对生命的先决性，同时也反映了古代埃及人有关阴阳同体，予以分开便生成两种生命，二合一则又回到原始和本源的生命体的宇宙观念。舒是盖伯和努特的父亲，而盖伯和努特成为奥西里斯等神灵的父母，可见舒赋予生命的能量之大。死者声称自己得以呼吸是舒获得气息的先决条件，经文的根本目的在于强化死者像舒一样尽情呼吸和享受生命的权利。

在第二段文字中，死者首先描述了自己创造生命的功绩。在后半部分，他又把自己比作等候降生的荷鲁斯，希望那些孕育生命的神保护他这个需要呵护的胎儿。这里所说的窝巢既可以指伊西斯为了躲避赛特而在尼罗河三角洲的芦苇荡中为荷鲁斯建造的庇护所，也可以指远古创世神创世时得以立足的原始汪洋大海中的土丘。对古代埃及人来说，两种意象都充满了神圣的生命意义。

第55篇

这是另外一篇保证死者在冥界得到空气的经文。

我是保护死者尸体的胡狼，我是为太阳神呼风唤雨的空气神。我的足迹遍布天空和地面，我的气息到达候鸟未曾去过的地方。让我这个死而复活的人得到足够的空气吧！

【题解】

本篇与经文第54篇类似，死者首先描写自己作为空气神大量制造空气和拥有无限空气的能力和特征，紧接着话锋一转，他呈现为最需要空气的新生儿，充分体现了古代埃及人担心人死后因为得不到生命的气息而不能获得再生的恐惧心理。本经文的附图表现死者左右手分别擎着一个船帆的模型，象征他拥有足够的空气。古代埃及象形文字中，“空气”一词由表示船帆的符号构成，文字与图画在这里达到了高度的统一。

第 56 篇

本经文的目的是让死者在水中、在冥界获得生命的气息。

啊，阿吞，请你赐予我你所呼吸的生命的气息吧，我就是曾经在赫摩波利斯构筑远古土丘的创世神，我曾经保护过创世神借以造物的窝巢。只有当我有生命气息的时候，他才能生存；只有当我呼吸新鲜空气的时候，他才能得到空气。

【题解】

死者担心到了来世以后或者在水中得不到足够的空气，所以自称是成就创世伟业的图特，进而又说创世神能否得到空气其前提条件是自己能否存活。根据赫摩波利斯祭司集团编造的创世神话，图特站在位于这个城市的一座远古土丘上创造了世界。

第 57 篇

本经文的目的是在冥界有足够的空气和水。

啊，哈比，你是从天空给尼罗河提供水源的伟大的神，让我也拥有充足的水吧，像通过暴力劫走奥西里斯的赛特一样。啊，你们这些随意呼风唤雨的神，你们把奥西里斯从死亡中唤醒，请你们把我也从昏睡中唤醒吧。我的鼻孔已经通畅，我已经重新获得了支配我的嘴和鼻子的权力。

众神和与他们在一起的尊贵的人纷纷说："这不是阿吞吗？这是阿吞，让他苏醒吧，让他开始新的生命。"是的，我就是阿吞。我不会受到我的敌人的阻拦，我也要成为一个尊贵的人。我的肢体不会分裂，我的器官不会脱落。瞧，我出来了，我通过了审判，我离开了审判庭。我要像我父亲一样完成生命的转换，努恩会让我享受永生。他给了我充足的食物，他让我接替了我父亲的位置。我的嘴和我的鼻子像布塞里斯的奥西里斯一样恢复功能，我会在赫利奥波利斯安家，在那座由司莎特女神专门为我建造的房屋里安家，在那座可努姆特意为之建造围墙的房屋里。

当北风吹来的时候，我就坐到天空的南边；当南风吹来的时候，我就坐到天空的北边；当西风吹来的时候，我就坐到天空的东边；当东风吹来的时候，我就坐到天空的西边。我张大我的嘴和鼻孔，风来自哪里，我就面对哪里。

【题解】

哈比是古代埃及主管尼罗河的水神。据传，赛特把奥西里斯装在一只木制箱子里，然后让尼罗河水把木箱冲到西亚的比布鲁斯并把箱子里的奥西里斯淹死。死者希望自己能够像赛特一样随意使用尼罗河水；紧接着，他又请求那些把奥西里斯从死亡中拯救出来的神赐予他空气和水。显而易见，在强烈的求生本能驱动之下，古代埃及人在这里并没有考虑奥西里斯与赛特之间孰是孰非的问题。

在第二段文字里，死者先后把自己比作阿吞、接受审判的普通死者、跟随父亲完成生死转换过程的荷鲁斯、在布塞里斯获得重生的奥西里斯和在赫利奥波利斯开始生命循环旅程的拉，他同时说明自己拥有足够的食物和属于自己的居室，而且这座房子由掌管文字和建筑的女神司莎特和创世神可努姆建造。最后一段文字极其形象地表达了死者绝不放弃任何喘气机会的决心。

第 58 篇

本经文的目的是让死者在冥界拥有足够的空气和水。

放我进去。

“你是谁？你是干什么的？你的出生地在哪里？”

我是你们当中的一员。

“与你同行的那两位是谁？”

它们是保护我的两条蛇。

“你急匆匆究竟要去哪里？”

我要去星体居住的天空。

艄公让我登上他的渡船去找赐予人光明的太阳神。艄公的名字叫“灵魂的召集者”，船桨的名字叫“给水梳头的家伙”，水桶的名字叫“尖嘴的家伙”。艄公验证了我说出来的这些名字，结果全部正确。他们从一个水池里为我舀了一桶水，他们给我一罐牛奶，他们给我一块蛋糕、一片面包，他们给我一块来自阿努比斯库房的肉块。

（附言：）只要一个死者拥有这篇经文，他就可以永远自由地走出并重新回到美好的来世。

【题解】

本经文的开头部分呈对话形式。死者试图登上夜行的太阳船走出来世，从而得到他维系生命必不可少的空气和水。死者在船上说出了艄公、船桨和取水桶的名称，这些相当于口令和暗号的名称验证了死者能否成为太阳船上一名船员的资格。死者被接纳为船员以后便获得他想要的东西。结尾处的一句话是抄写经文的书吏为了强调经文的灵验而特意加上去的。本篇的附图表现死者与妻子在一起的情景，他们在墓室外的一条溪流边畅饮。夫妻二人分别用右手捧起水放到各自的嘴边，他们的左手握着象征空气的扇子，而溪边则有几棵叶茂枝繁且结了硕大果实的棕榈树。

第59篇

本经文的目的是让死者在来世拥有足够的空气和水。

啊，你这棵属于努特的西克莫树，你拥有充足的水和空气，请你赐予我其中的一点点。我曾经在位于赫摩波利斯的远古土丘上创造了世界，我曾经保护过创世神借以造物的窝巢。只要这个窝巢坚不可摧，那么我生的欲望也不可动摇；只要这个窝巢存在，那么我也将生存下去；只要那里有空气，那么我也会呼吸到生命的气息。

【题解】

作为适于在埃及生长的为数不多的树种之一，西克莫树不仅为人提供了难得的乘凉之处，而且象征了在严酷的条件下保持旺盛的生命力。死者希望死后能够从屹立在沙漠地带的西克莫树得到水和空气。为了保证这个希望如愿以偿，死者宣称自己曾经保护过造物神，以此来强化自己获得水和空气的权利。本篇的附图表现死者与妻子一起跪在一棵呈现为一位女神（此处指努特）的西克莫树旁，女神双手拿着维持生命所必需的饮食，夫妻二人分别用双手接纳从女神手中的水罐流出来的清水。

古代埃及人视西克莫树独具埃及特征，因此经常把它作为强化身份认同的象征物。中王国时期最重要文学作品之一的《西努赫的故事》的主人公名字意为“西克莫之人”，强调他属于埃及这块土地。这篇作品的宗旨是说服那些逃离埃及的人回到他们所熟悉和所思念的故乡。国王在写给西努赫的信中尤其强调了不能客死他乡特别是干旱少雨的西亚的原因，因为那里不仅不适于居住，而且当地人将死人随便用一块席子或者一张兽皮包裹以后扔进坑穴里，没有墓葬设施，没有祭奠活动，来世转生根本无从谈起。读了国王的信以后，西努赫毅然决然地抛弃了他在西亚娶的妻子、生育的儿孙和积累的财富，只身回到埃及。联系到本篇经文描写西克莫树赐予干渴得要死的人清凉的水，可以想象《西努赫的故事》在中王国社会中发挥的宣传作用。

第60篇

这是另外一篇让死者随意支配水的经文。

图特和哈比已经为我开启了通往天空的门，他们已经为我打开了通往冥界的门。他们是掌管天空和冥界的伟大的神。希望你们让我随意地享用水。虽然赛特把自己的对手奥西里斯劫走并杀害，但是来自上埃及和下埃及的神医治愈了奥西里斯的伤，他们用神奇的水让奥西里斯复活。请这些神给我也带来那种神奇的水。我是一个清白无辜的人，我具备了获得重生的条件，请你们给我带来那种神奇的水。

【题解】

死者在这篇经文里提到了水在奥西里斯死而复活的过程中所起到的至关重要的作用。按照古代埃及的神话，图特和哈比通过用富有治疗作用的尼罗河水清洗奥西里斯的尸体，使得奥西里斯的躯体重新获得了各项生命功能。基于这种信仰，死者希望这两个神医赐予他同样神奇的水。此外，我们从这篇经文中隐约体会到奥西里斯作为植物神如何随着尼罗河水文变化完成生死轮回。

不少学者认为，奥西里斯起初是植物神，他的生死交替象征着自然界植物的繁荣和枯萎。尼罗河水位降低与植物的成熟同时，而尼罗河水重新升高预示着又一个播种季节的到来。用尼罗河水清洗奥西里斯的尸体，这句话既描写了遭受谋杀的奥西里斯得到拯救，同时也表达了尼罗河水所具有的让枯木逢春的普遍意义。

第61篇

本经文的目的是阻止死者的巴被劫去。

我走出墓室来到泛滥的尼罗河边，我拥有大量的水，我随意支配来自尼罗河的水。

【题解】

死者声称自己拥有泛滥时期的尼罗河水，可见干渴在古代埃及人的观念中是多么可怕的事情。古代埃及人想象，死者的巴可以离开僵卧在墓室里的躯体到外面畅饮清水。本篇的题目表明，死者担心外出喝水的巴被挡在归途上。经文的附图表现死者紧紧地抱着虽然属于他自己，却又可以随意活动的巴。

第62篇

本经文的目的是在来世可以尽情地喝水。

奥西里斯获得了取之不尽的水源，图特打开了来自地下的水源，哈比接通了来自天上的水源。我拥有足够的水，赛特对我也无可奈何。我就是横跨天空的太阳神，我就是穿越沙漠的猛兽。

我已经食用了一条牛大腿，我已经啃了一根牛肋骨，我刚刚在芦苇荡中喝足了清水。我拥有的时间没有限度，因为我是永恒之神的继承人，我就是永恒之主宰者。

【题解】

图特和哈比分别是掌管地下水和天上水的两个神，奥西里斯在他们的帮助下获得了充足的水。既然每一个人死后都可能变成奥西里斯，死者相信自己会像奥西里斯一样获得足够的水，曾经杀死奥西里斯的赛特也奈何不得他。与今世的生活一样，吃饱食物和喝足水被认为是在来世维持生命的先决条件。经文的附图表现死者用两只手正从一个水池中捧水喝。

第63篇　甲

本经文的目的是让死者喝到足够的水，让他即使在火焰中也不觉得干渴。

啊，你这头生活在西边的公牛，快接受我进入你的领地。我是拉神太阳船上的船夫，我帮助拉神把精疲力竭者们摆渡到彼岸。你不能让我忍受干渴，我不应该遭受干渴的煎熬。

我是奥西里斯的长子，所有的神都曾经给我生存的本领，我曾经在赫利奥波利斯的太阳圆盘中经受了考验。我是精疲力竭的奥西里斯的继承人，我把他从死亡线上拖回来。我的名字与我在一起，它将永不消失。我决不允许任何人通过让我消亡来维持他自己的生命。

【题解】

西边的公牛是掌管冥界的奥西里斯的别称，突出了他拥有顽强生命力的特征。在古代埃及人的来世信仰中，死者在到达来世之前需要经过若干类似火海一样的场所。死者通过声明自己在太阳船上充当船夫并帮助其他死者（即精疲力竭者）到达彼岸来强化得到水的权利。接下来，死者又声称自己就是奥西里斯的儿子，并以此重申自己重生的资格。经文的附图表现一个女神从一棵西克莫树枝叶中伸出装水的罐子，而死者拿着一个碗接纳从水罐里流出来的水。

第63篇　乙

本经文的目的是不让死者渴死。

我是给养充足的桨手，我帮助阿吞把那些精疲力竭者摆渡到彼岸。我把来自奥西里斯的生命之水传递给那些在火海中几近渴死的人，他们没有船只，所以无法渡过那片火海。我登上了太阳船，目的是去拯救他们。

啊，可努姆，你是管理信使的神，请你把那个跟随在我后边的家伙除掉，以便我安全地上路。

【题解】

古代埃及人认为，去往来世的路途既遥远又坎坷，所以他们想象出多种到达来世的方法。在本经文第一段里，死者把自己说成是帮助那些无法去往来世的老弱病残摆渡的桨手，而在第二段，他呈现为一个步履艰难地赶往来世者。死者担心路上遭遇不测，尤其害怕企图阻碍他转世的坏人和邪恶的鬼神尾随他，所以请求可努姆这个与远足者特别是夜行者相关的神出面干涉。

第64篇

本经文的目的是尽可能让死者了解更多有关离开墓室并重见天日的途径。

1.

我属于昨天，但是我通过横渡天空而获得了新生。我拥有神秘的巴，我的巴由众神合力造就。冥界供桌上摆放着属于我的供品，因为我是来世的一名成员，因为我是替奥西里斯划桨的船夫。我拥有以两种模样现身的能力，我可以趁着暮光进入冥界，也可以飞出地面接受晨光。你们这些主持来世审判的神，快把我这个死者引到太阳神拉的圣船上吧。拉神已经在圣船上的神龛坐定，他所主宰的圣船即将升入地平线。太阳神拉就是我，我就是太阳神拉。

2.

普塔疏通了太阳船航行的航道，拉神感到心满意足，因为他又一次完成了一天的巡回。他从赫摩波利斯沉入冥界，然后从东方地平线升起，那些早已死去并沉睡在地下的人获得了新生。让我在冥界的旅途变得轻快一些，把我所要走过的道路弄得宽敞一些吧，以便我穿过冥界如同飞跃天空一样。啊，夏帕瑞、拉、阿吞，照亮我的路途吧，以便我快一些来到你们身边。我已经对着冥界的主宰奥西里斯的耳朵大声说，我从母亲的身体脱胎至今没有犯下任何过错。快拯救我吧，为我提供保护吧。我害怕太阳神闭上眼睛，整个冥界此时会陷入一片漆黑。我的名字叫“乌黑的大个子”，我不缺吃、不愁喝，我的腰板儿笔直，我的步伐稳健。

3.

当一个死者看到太阳船驶过时，他应当向船上的那些船夫呼喊。看吧，有些人的左腿连在他们的脖子上，有些人的右腿连在他们的头上。让我去我想去的地方吧！众神之主，不要把我拒之门外。我因我所看到的事情而哭泣，我要陪同那个躯体变得七零八落的人赶往阿比多斯。挡住去路的门闩已经被撬开，通向地面的大门已经被打开。他的一只胳膊被放在他的胸腔里，他的脸如同一条猎狗的脸一样没有血色，他的躯体散发出的味道充斥在船上。我拼出所有力气向前划桨，阿努比斯就站在我的旁边，塔台南和汝提一起给我充当保姆。我安然无恙地通过了门槛，我得到了我想要的东西。

4.

我在冥界备足了来世生活所需要的各种物品，其数量达到百万，超过了数千，比所需的数量多出 1200 件。我在每天的每个钟点都有可以充饥的东西，物品堆起来绵延 12 肘，超过了奥里昂所能承载的程度。我从众多的人和神那里获得的供物都在这里，我要从中拿出六分之一满足奥西里斯的需要。当奥西里斯打败自己的仇敌后凯旋的时候，我要把这些东西献给他。他是主宰来世的冥神，我来到了他面前，中间只有七步远的距离。

5.

现在，保护已获尊贵身份的人的奥西里斯应当为我提供保护，因为我平息了荷鲁斯与赛特之间的冲突。你们这些守候在奥西里斯身边的神秘的家伙，你们这些准备喷出火舌的毒蛇，不要阻拦我。我来这里是为了问候奥西里斯，我奉阿努比斯之命而来，我是他的亲生儿子，他不会让他的骨肉归为乌有。我还要从这里赶往赫利奥波利斯，为的是向属于拉神的贝努汇报这里的情况。

6.

啊，神秘莫测的奥西里斯，冥界的主宰者。你像夏帕瑞一样能自我繁殖，也能赋予他人以生命。请你让我顺利通过吧，以便我能看到太阳的容颜，以便我在众神面前脱胎换骨。舒是永恒之主，但愿我穿过他的躯体平安无事地到达天空，在那里享受和赞扬拉神眼睛放出的亮光。愿我腾云驾雾飞到天空，以便我在拉神那里看到获得尊贵身份的人所应分得的供品，因为拉神每天清晨从地平线升入天空时向所有获得尊贵身份的人发放配给。

7.

啊，你这个尖声大叫的家伙，你这个把人的影子吓跑的家伙，让我跨进通往复活之国的大门吧。你曾经帮助僵硬的尸体恢复生气，让那具长满蛆虫的躯体复原。你问我是谁，我是对拉塞塔拥有支配权的人，我以我的名字进入拉塞塔，为了寻求生命而来到地面。创造万事万物的造物主给了我名字，我随着新生的婴儿出生。虽然我的敌人阻挠我的转生，但是他们设下的障碍落在了他们自己身上。赫利奥波利斯的贝弩宣布我的降临，保护国王的上下埃及女神为我提供庇护。荷鲁斯重新获得了他的眼睛，他的面目清新，他的目光明亮。

8.

我获得了重生，我拥有狮子般旺盛的生命力，我继承了舒的财产，其中有促成生命的绿玉。我见证了奥西里斯的葬礼，我看见了他僵硬的躯体，我看到了被粉身碎骨的他。我现在复活了，我像奥西里斯一样成为了生命之主。瞧，我处在种种保护之中：西克莫树拥抱着我，两条塞库蛇引导我走向来世；我曾经让荷鲁斯的眼睛复归原处，它如今成了我的护身符；当拉神进出冥界的时候，我要注视他，我要乘风伴随他，我用一双洁净的手向他祈祷。

我身体的各部分已经各就各位，我可以飞上天空，我可以降落在地面，我的脚步能够到达我的眼睛所看到的地方。我拥有昨天，今天也已构成我生命的时间。为拉神和奥西里斯冲锋陷阵的勇士们护卫着我。我的肌肉结结实实，我所拥有的各种魔法保护我躯体的各个器官。我要坐在鹭鸶的背上腾飞，九神会已经听到了我的声音。

（附言：）不管是谁，只要他知道这篇经文，他在人间和冥界都可以事事如愿。他可以像那些活着的人一样享受生命的乐趣，因为这篇经文是保护每一个神的至宝。本经文被发现时处在位于赫摩波利斯的图特神像脚边，它被放在一块金属砖上面，砖上镶嵌着纯粹的天青石。发现它的人不是别人，而是曼卡乌拉在位时期的王子哲德霍尔。

【题解】

如题目所点明，本经文试图对死者如何进入冥界，在那里如何获得再生，再生以后如何进出来世的诸多问题进行解释。编纂者从不同的经文中选择他认为有必要的片段，可能因为篇幅的关系，许多地方做了删减，暗示和隐喻则比比皆是，尤其是奥西里斯死而复活的传说和拉神驾驭太阳船返老还童的神话紧密联系在一起。

第一段描写了死者一方面在奥西里斯所主宰的来世享受供品，另一方面乘坐太阳船出入天空的景象。第二自然段叙述普塔帮助太阳船顺利穿行冥界，从而使那些昏睡在暗无天日之地的人看到生命的一丝亮光，死者列出了若干为了实现这个愿望而具备的条件：食物充足、身骨结实、营养充分。他还提到了黑色，这个颜色在古代埃及因经常与尼罗河土地的颜色和健康人的发色联系在一起而象征潜在的生命力。上述食物只是复活的基本条件。死者在第三段声称自己护送被分尸的奥西里斯的躯体去往阿比多斯，阿努比斯等与来世复活密切相连的神参与拯救奥西里斯的行动。死者真正的目的是自己能够像奥西里斯一样得到这些神的解救，这里所说的身体脱节和肢体移位等实际上指死者的尸体高度腐烂。在接下来的第四段里，死者进一步描写自己所拥有的供品，他甚至说要把其中的一部分献给奥西里斯，以此作为进入奥西里斯国度的理由。他在第五段甚至说自己是奥西里斯的儿子，称自己在奥西里斯与拉之间通风报信。

死者在第六段直接向奥西里斯呼吁。不过从接下来的文字中可知，进入奥西里斯王国并不是死者的最终目的，他要复活后随太阳升上天空，在那里享用拉分发的食物。第七段的内容涉及奥西里斯被残杀，然后获得重生，但真正的意图仍然是死者自己再生的愿望及其合理性和合法性，因为创世神赐予他名字，国王的保护神为他保驾护航。第八和第九段文字依然把死者比作奥西里斯，希望那些促成这个冥神死而复活的众神在这个死者身上再显身手。为了让这篇内容极其繁杂的经文具有吸引力，篇末附加的几句话虚构了这篇经文不同凡响的身世。根据学者们的研究，本经文在早先的《金字塔铭文》和《棺材铭文》中尚未出现，说明它在时间上是后来者。

多数西方学者认为，古代埃及人并没有很强的历史观念，称他们的时间观念具有典型的循环色彩。这显然是因为他们习惯上对西方与非西方进行简单的二分法。包括《亡灵书》许多片段在内的文献雄辩地说明，古代埃及人并没有把人生想象为一个轮回的时间。他们注重过去，因为它不仅是今天的基础，而且构成了明天的有形保障。埃及人注重家谱和王表也是其证据之一。本经文自称的遥远年代虽然不可信，但是反映了埃及人强调文化传承的倾向。

第65篇

本经文的目的是让死者在白昼走出墓室并有能力对付敌人。

拉神是主宰一切的众神之首，九神会应他之命而来。这些神外表神秘、行踪多变，他们拥有丰足的食物，他们喝的是琼浆玉液。他们让天空见到阳光，又使太阳落下天际。请你们不要让我遭受奥西里斯的惩罚，因为我从没有充当过赛特的帮凶。

你这个坐在拐角处把守去路的家伙，让我坐到拉神的旁边，我不会让盖伯处置我，我拥有裁决是非的权力，我让荷鲁斯战胜赛特。你这个呈现鳄鱼模样的门卫，你这个在众神殿门口不断变换形状的凶神恶煞，你扼住了生命之口，你的爪子具有左右永恒的力量，你把长生的权力据为己有。我懂得如何把赛特绳之以法，我知道怎样让作恶者受到制裁，只要你让我通过这个关卡，我会以充满生机的巴的形象再现，并给众神带去生机。

你这个残忍的家伙，不要让我在拉神面前止步，请你让我看见拉神的面容，让我走过这个关卡，以便我去面对我的敌人，请让我在九神会主持的审判中战胜我的敌人。假如你不让我在法庭里与我的敌人诉讼并战胜他，你会看到天翻地覆的后果，即尼罗河水淹没天空，拉神落入水中成为鱼儿们的食物。假如你放我通行，让我与我的敌人对簿公堂，让我在九神会面前胜诉，尼罗河水将顺其河道而下，在风调雨顺的年景里，拉神将有充裕的鱼类作为食物。

只有这样，拉神才有可能安居天上的住所，玛阿特才有可能持久，水位正常的尼罗河也才有可能为不断增多的鱼提供生息地。让我战胜我的敌人，让我在众神主持的审判庭里彻底把他击倒！

【题解】

本经文把奥西里斯审判死者的审判庭与拉神裁定荷鲁斯与赛特之间王位之争的审判庭结合在一起。赛特为了王权而谋杀奥西里斯，而荷鲁斯作为王权的合法继承人在拉神主持的审判庭与赛特斗智斗勇，最后夺回王位。对埃及国家来说，荷鲁斯继承王位意味着政局的稳定和国富民强，而对死者来说重要的是，荷鲁斯战胜赛特促成了奥西里斯的复活。死者希望自己也能战胜扼杀生命的赛特，从而作为替父复仇的孝顺儿子进入奥西里斯王国。

死者把自己能否完成生死交替与自然界的风调雨顺和神界的安宁，甚至整个宇宙的存亡联系在一起。按照德国学者阿斯曼的解释，古代埃及人的公正原则适用于人世和自然界，而且一个微不足道的破坏公正的事件会波及和危及整体。正是这种特殊的思维模式促使一个尘世的人希望自己能够像主宰冥界的奥西里斯一样战胜死亡。

第66篇

本经文的目的是让死者在白昼走出墓室。

我知道我是由莎合玛特怀胎、由耐特生育的。我是荷鲁斯，我的生命犹如荷鲁斯的眼睛坚韧；我是瓦姬特，我的行动像鹰一样敏捷。我是荷鲁斯，我可以展翅飞入天空，然后在拉神所执掌的那艘航行在原始混沌水面的圣船上入座。

【题解】

死者在这里把自己与众多的神联系在一起，试图以此证明其复活权利的无可争辩性。莎合玛特是孟斐斯神圣家庭里的母神。耐特是以赛斯为崇拜中心的战神，古代埃及人相信安葬时放入葬瓮的死者的胃得到该女神的保护。瓦姬特是眼镜蛇，她与呈隼形状的荷鲁斯一起在这里象征行动的敏捷和任意上天入地的超凡能力。

在审理荷鲁斯与赛特之间王位之争的审判庭上，主神拉相信荷鲁斯继承权的合法性，但是他特地写信给耐特，征求这位女神的意见，耐特坚决主张把奥西里斯的王位转给其儿子荷鲁斯。接到耐特的信以后，拉毫不犹豫地宣布了审判结果。死者在此声称自己投胎女神，而且由耐特哺育，可见他获得再生的权利犹如荷鲁斯赢得王位的诉求。

第67篇

本经文的目的是让墓室的门为死者的巴自由出入而开启。

出入原始混沌水的门已经打开了，居住在其中的死者的巴得以飞出来享受阳光。舒所经过的门开启了，我要跟随他飞出去，然后再跟随他回到这里。在这个奥西里斯所主宰的来世里，我要及时抓住升空所需的绳索，以便每日都能从来世飞出去看见日光；我要坐在太阳船上应当属于我的座位，我绝对不能因抓不住绳子而错过太阳船，因为船上有属于我的位置。

【题解】

古代埃及人想象中的理想世界实际上就是今世的翻版。因为这个缘故，当死者在冥界得以复活以后，他仍然企望能够来到他所熟悉的原先那个日光下的世界。即便他不能再次融入他曾经生活过和依然留恋的人世，他至少想再次看到他“魂牵梦萦”的故地，而出入冥界的最可行的方式就是搭乘太阳船。

第68篇

本经文的目的是让死者的巴在白昼飞出墓室。

通往天空的门扇已经为我开启，出入冥界的门扇也已经为我打开。归盖伯所管辖的门闩已经被拉开，通向天空的路途业已铺设。曾经严密监视我的看守已经让我通行，曾经紧紧抓住我不放的看守已经把双手放开。

鹈鹕的嘴已经为我张开，鹈鹕的喙已经为我开启。我可以在白昼穿过鹈鹕的喙飞向任何我想去的地方。我的心所向往的地方，我的身体也可以前往。我拥有我的心，我拥有我的胸；我可以随意支配我的胳膊和腿，我可以随意调动我的嘴和其他所有器官；我对属于我的供品拥有支配权；我可以尽情地喝水和喘气，因为我拥有河水和渠水，我可以随意到岸边；我能够制服与我为敌的男人，我能够制服在来世审判庭与我作对的女人，我能够制服在人世中暗算我的人。

请你们说：“他当然以盖伯的食物作为食粮。”我不想吃我不喜欢吃的东西。我的口粮是用白色的小麦粉做成的面包，我的啤酒则用属于哈比神的神圣土地出产的黄色大麦酿制而成。我的住处位于哈托女神属下的棕榈树繁枝绿叶之下。哈托是常出入赫利奥波利斯的女神，她熟谙众神威力无穷的言语，因为她手里握着图特书写的纸草卷。

我拥有我的心，我拥有我的胸；我可以随意支配我的胳膊和腿，我可以随意调动我的嘴和其他所有器官；我对属于我的供品拥有支配权；我可以尽情地喝水和喘气，因为我拥有河水和渠水，我可以随意到岸边；我能够制服与我为敌的男人，我能够制服在来世审判庭与我作对的女人，我能够制服在人世中暗算我的人。

我可以翻过身来左侧躺着，我也可以翻过身去右侧躺着；我可以翻过身来右侧躺着，我也可以翻过身去左侧躺着。我能够坐起来，然后再站起来，我也能够抖落身上的灰尘。我的舌头和我的嘴会引导各个器官恢复它们的功能。

（附言：）不管是谁，只要他掌握了这个经文，他就拥有了在白昼飞出墓室的能力，他就可以回到人间周游。他绝不会真正消亡，永远不会。这是真正的灵丹妙方，业已经过无数次的验证！

【题解】

这篇经文把此前经文里多次出现过的多种来世愿望糅合在一起，如死者的巴自由进出墓室、死者对其整个躯体拥有绝对的主导权、死者战胜潜在的试图阻碍其复活的人。有意思的是，死者说他从鹈鹕的嘴出来以后去任何想去的地方。这句话可以做两种解释，其一，古代埃及人把那个昏暗的冥界比作鹈鹕的胃部，走出墓室相当于穿越狭长的鹈鹕的脖子；其二，古代埃及人希望借助鹈鹕飞出墓室，只要是鹈鹕飞到的地方，他都可以去。

古代埃及人构思了多种升天的形式，除了这里所说的借助鹈鹕的喙以外，他们想象过骑着蝗虫升入天国。从这个角度说来，古代埃及王陵从史前时期低矮的马斯塔巴墓，到第三王朝的梯形金字塔，再到第四王朝的真正金字塔，都反映了埃及人借助这种高耸入云的建筑升上天、进入太阳神所在地的愿望。胡夫金字塔旁深坑中发现的巨大的木质船同样表达了该国王借助它腾云驾雾的设想。

第69篇

我是充满生命潜力的人，我是生命主宰者的弟兄，我就是奥西里斯——伊西斯的哥哥。我的儿子与其母亲一起保护了我，使得我的众多敌人的各种阴谋诡计都未能得逞。这些人试图用绳子束缚我，而现在这些绳子已经把他们的手和脚捆住，这是他们对我行不义的下场。

我是奥西里斯，我是神圣四兄弟中的长兄，我是他们之首，我是我父亲盖伯的继承人。我是奥西里斯，我拥有我的头，我的前身和后身充满了生命的潜力，我的生殖器也没有丧失其功能。

我是奥里昂，我进入冥界如同进入我母亲的身躯，我在这里与那些永远闪烁的恒星一起放出光芒。她以巨大的母爱孕育了我，她怀着无比的喜悦生下了我。我如同沙漠上的阿努比斯，我如同草地上的一头公牛，我就是奥西里斯本人。奥西里斯遭到残杀后，他的父母做出了公正的判决。我死后也要获得再生，因为我的父亲是盖伯，我的母亲是努特。我是荷鲁斯，我是奥西里斯，我是全能的太阳神，我就是奥西里斯本人。

啊，来世的门卫，快进去向奥西里斯审判庭的记录员和陪审员通报我的到来，告诉他们我应当获得尊贵的身份，告诉他们我必须通过审判，告诉他们我一定要赢得神性。我来了，目的是保护我的躯体，目的是在奥西里斯国度里享受美好的生活。我不会遭受他所经历的苦难和病痛，我要以健康的身体像神一样在奥西里斯的国度里享受美好的生活。我要像奥西里斯一样完成复活的过程，我要获得新生，我要返老还童。

我把膝盖上的衣服拿开，拿起藏在那里的记录簿。这是原先放在奥西里斯座位下的文件，我可以借助它们迫使诸神服从我的意志。我要坐在奥西里斯旁边，行使记录员的职能，像图特一样大声地念：“让我父亲奥西里斯的供桌上生成一千块面包，一千罐啤酒，此外还有花牛、长角牛、黄色母牛和公牛，以及鹅和鸭。我要从那里拿出一些献给荷鲁斯和图特。我要屠宰这些牲口和禽类，以便把它们作为冥界之主的供品。”

【题解】

本经文是第68篇的变体。死者在经文的前半部分（第1–3段）把自己比作奥西里斯，希望像这个神一样死而复活。奥里昂是古代埃及人对猎户座的称呼，该星体经常被比作位于天空的奥西里斯，所以奥西里斯在冥界的复活也被描写为这个星球在天空（即天神努特的躯体）的运行。

第二部分（第4–5段）描写了奥西里斯的审判庭。门卫、通报员、记录员、审判官等角色充分显示了古代埃及复杂的官僚系统。为了顺利通过审判，死者声称他在那里充当记录员，即图特的角色。最后一段与图特的职能相关联。图特作为智慧和医药神，不仅识文断字，而且能够让读出来的事物的名字变成实物。这里表现了死者希望借助图特的这一神奇功能保证自己在来世应有尽有。

在这篇经文中我们又一次看到了太阳神的天国与奥西里斯的冥界相辅相成为死者来世生活提供可靠保障的事实。努特为古代埃及主掌天空的女神，奥西里斯与伊西斯、赛特和涅芙狄斯一起同为努特与盖伯的孩子。与此相关，作为星体升天的奥西里斯在此被称为奥里昂，并且被说成是进入努特的躯体。这种联想促使中王国时期的古代埃及人把棺材盖想象成天空，进而把被装进棺材的死者形容为进入其母亲努特的身躯等待获得第二次生命。

第70篇

我为冥界之主屠宰牲畜和禽类，目的是让他心满意足。我要在属于我的父亲奥西里斯的供桌边吃饱喝足。布塞里斯处在我的管辖之下，我在那里的河岸随心所欲地走动。

我热吻东风的发丝，我抚摸北风的发辫，我触摸并紧紧抓住西风的头顶，我急速走遍天宇的四个角落，我擒住南风的鬓角，为的是让那些有资格享受来生的死者获得生命的气息，让他们吃到再生的面包。

（附言：）无论是谁掌握了这篇经文，他都能够在白昼飞出墓室，然后来到日光下造访活着的人，他的名字将会永远得到保存。

【题解】

同第69篇一样，本经文也是第68篇的变体。经文的目的是保证死者在来世衣食无忧。为了这个目的，死者自称为冥神奥西里斯提供祭品，说布塞里斯这个神圣的城市受他管理。在第二段里，死者更是说自己有权力支配四种风，意指他是天宇的主宰。

东风的发丝、北风的发辫、西风的头顶、南风的鬓角，这四个颇具浪漫意味的排比句既表达了冥界通风良好和空气充足，也很形象地描画了微风吹拂下头发飘动的景象，同时表明死者巨大的活动空间，点明了古代埃及人死后不愿像一个囚徒一样被束缚在墓室甚至棺材中的观念。

第71篇

本经文涉及如何在白昼飞出墓室，只有洁净的死者才配念诵它。

啊，你这只从原始混沌水中腾空而起的隼，你这个支配汪洋之水的权威，让我安然无恙吧，如同你经历天翻地覆而毫发未损。“把他放开，松开束缚他的绷带，让他回到地面实现他自己的心愿。”那个大恩大德的神发出了命令。

伊西斯的儿子荷鲁斯说：“我是把守通向地面大门的隼，我为穿着镶了边的衣服的人开启门扇。”啊，荷鲁斯，伊西斯的儿子，让我安然无恙吧，如同你经历天翻地覆而毫发未损。“把他放开，松开束缚他的绷带，让他回到地面实现他自己的心愿。”那个大恩大德的神发出了命令。

图特说：“我在地球的南边以鹰的形象出现，我在地球的北边以仲裁官的身份出现。当眼镜蛇女神发怒的时候，我想办法让她消除火气，我把她所喜欢的玛阿特呈献在她面前。”啊，图特神，让我安然无恙吧，如同你经历天翻地覆而毫发未损。“把他放开，松开束缚他的绷带，让他回到地面实现他自己的心愿。”那个大恩大德的神发出了命令。

奥西里斯说：“我是那拉夫植物的根茎，我是生长在西方冥界的纳波合博植物的根茎。”啊，奥西里斯，让我安然无恙吧，如同你经历天翻地覆而毫发未损。“把他放开，松开束缚他的绷带，让他回到地面实现他自己的心愿。”那个大恩大德的神发出了命令。

啊，你这个双脚被缚但却生命力不减的神，你这个靠着两个女神的帮助生存的神，让我安然无恙吧，如同你经历天翻地覆而毫发未损。“把他放开，松开束缚他的绷带，让他回到地面实现他自己的心愿。”那个大恩大德的神发出了命令。

啊，你这个自由翱翔的神，你这个自我繁殖并在混沌水中活动自如的神，让我安然无恙吧，如同你经历天翻地覆而毫发未损。“把他放开，松开束缚他的绷带，让他回到地面实现他自己的心愿。”那个大恩大德的神发出了命令。

栖身在河流滩头的索白克和居住在河中心的耐特下了命令：“把他放开，松开束缚他的绷带，让他回到地面实现他自己的心愿。”

啊，你们这七个在举行审判的夜晚监督天平的审判官，你们这些审查荷鲁斯的眼睛的神，你们的所作所为就是砍断人的头、拧折人的脖子、剖开人的胸膛并把他的心脏挖出来，你们导致冥界血流成河，我已经认出了你们，我知道你们的名字。

愿你们认清我的身份，如同我知道你们的底细，愿你们记住我的名字，如同我牢记你们的名字。希望我能靠近你们，愿你们向我走来。愿你们因我而长寿，希望我依靠你们得以生存。愿你们把你们手中的生命之气赐予我，把你们所掌握的无限的寿命赐给我。愿你们每年重新确定我的生命限度，愿你们在我寿命的年数上附加无数的年头，在我生命的月数上附加无数的月份，在我寿命的日数上附加无数的日子，在我寿命所包含的夜晚数目上再加上无数个夜晚。在我与那个强盗进行殊死搏斗的那一天，请你们让我走出墓室并呈现我原来的形状，让我的鼻子呼吸到生命的气息，让我的眼睛看见地面上的人们。

（附言：）使用这篇经文的死者将会安然地回到地面，并且在日光下面生息，他将会在奥西里斯所主宰的来世获得一席之地。这篇经文会让死者在冥界获益无穷，他会借此每日从众神享用的供品中分得一份。这是真正的灵丹妙方，业已经过无数次的验证。

【题解】

经文里所说的“松开束缚他的绷带”是指死者从僵死的木乃伊形态变成活生生的人。在第一部分（第 1-7 段），死者祈求七个不同的神让他获得生气和活动的力气，然后到日光下过真正的生活。在第二部分（第

8–9段）里，死者面对主持审判的神禁不住怒火中烧，他把这些决定死者是否复活的审判官比作刽子手。他宣称自己业已掌握这些神的秘密，所以警告他们不要轻举妄动。不过他转而又祈求他们，不仅要赐予他再生，而且让他万寿无疆。

我们从这篇经文中能够领略到古代埃及版的“知识就是力量”。死者不仅知道那些掌握冥界主宰权的神灵们的名字，而且对他们的底细了如指掌，所以警告对方不要慢待自己。在某种意义上，死者能否顺利到达来世取决于他对来世和其主宰者们的各种信息如他们的身世、职能和权力以及他们喜欢提出的问题等了解得是否全面。

第72篇

本经文的目的是让死者在白昼飞出墓室并把冥界的门关闭。

啊，你们掌握生命力和生命权的神，你们这些清白和公正，因此得以长生不老且永生不死的神。我来到了你们面前，我具备了死而复活的各种条件：我拥有战胜死亡的魔力，我的魔力经过了检验。请你们把我从这个贪婪的死神手里拯救出来。

我说话所用的这张嘴是一个清白无辜者的嘴，你们所拥有的供品中有属于我的一份。我认识你们，我知道你们的名字，我甚至知道接受你们所呈献之食物的那个神的名字，他的名字叫塔克姆，他在东方的地平线上享受生命，他在西方的地平线下返老还童。假如他动身，那么我也跟着他动身；假如他启程，那么我也跟着他启程。我绝不允许任何敌人把我从前往再生地的路途上拦截，他们无法阻止我的行程。我不想被你们的大门挡在外边，不要在我面前关起你们的大门。我在帕准备好了面包，属于我的啤酒已经放在了岱普，我依靠自己的力量积攒的食物存放在神殿里。

我的父亲盖伯恩准了我的请求，他在阳界为我建造了一座房子，里面放满了大麦和小麦。请你们赐予我一份供品，包括面包、啤酒、香料和膏油，包括所有神赖以生存的美好和洁净的物品，请你们允许我心满意足地永远生存下去，让我在芦苇地尽情地徜徉，不要让我缺失任何供品。我就是汝提。

（附言：）假如有谁活着的时候就知道这篇经文，或者把它刻写在为自己准备的棺材上，那么他死后就可以随心所欲地趁白昼飞出墓室，然后不受任何阻拦飞回属于自己的居室。他将会因此而得到面包和啤酒，以及来自奥西里斯供桌的一大块肉；他将会因此而来到芦苇地领取大麦和小麦；他将会因此而像活着时那样发号施令，并且像冥界的神灵一样事事如愿以偿。这是真正的灵丹妙方，业已经过无数次的验证。

【题解】

死者把自己身躯的洁净作为获得再生和再生所需饮食的理由。洁净在这里主要指身体脱离了腐烂的危险并具备了复活的前提，从而与僵硬甚至腐烂的尸体形成对比。汝提是象征东方地平线上迎接旭日的两座山头，它们呈现为两只背对背的狮子形象。附言中说到把本经文刻写在棺材上，研究表明，这篇经文确实整体或者部分地出现在新王国时期不少王室成员和官吏的棺材上。

在芦苇荡中泛舟，并且猎获飞禽和鱼类，这些都是古代埃及上层阶层在现实生活中的消遣活动，同时也是达到有闲程度的标志之一。古代埃及的来世表现为现世的翻版，因此，只有在今生有所成的人才能指望来生，并且在安逸中度过第二次生命。

第73篇

（本经文是第9篇的变体。）

第 74 篇

本经文的目的是增强死者行走的能力，以便他离开冥界升天。

啊，索卡尔，你这个在冥界的台阶上把守通向阳界大门的神，请你履行自己的职责。我是天空中闪闪发亮的一颗星星，我要升上天空，我要加入浩瀚天宇中发光体的行列。

虽然我四肢乏力，虽然我感觉迟钝，我仍然要慢慢前移，慢慢地，慢慢地走到那些飞离冥界的死者必经的河岸。

【题解】

对于古代埃及人来说，冥界作为奥西里斯实现复活的场所、原始混沌水所在的地方和太阳完成起死回生所必经之地，是死者尸体的归宿，但是他们所能想象的真正生活只能在日光所能照耀的地方，所以死者强烈要求其复活之后离开墓室到阳界的权利。

第 75 篇

本经文的目的是让死者赶往赫利奥波利斯，并且在那里取得一席之地。

我走出了冥界，我穿越了其中的无数险隘和关卡。缠绕我躯体的布条甚至比神所使用的亚麻布精细，我的身躯经过了各个清洁和保护的阶段。我从棺材里出来，经过了位于雷姆瑞的数个房间，我来到了位于伊沙赛弗的房间，并且在那里获取了保存许久且极其灵验的秘方。

我经过了位于凯姆肯的房子，守护房子的神把伊西斯结放在了我身上，除此之外还有凯布耐特和肯克赫特护身符。他扶着我来到了太阳神拉每日升起的东方地平线。我在那里腾空而起，我在那里得知了我旅途所需的秘密，我在那里得到了神一般的待遇。他领着我来到了图特审理荷鲁斯与赛特之间王位争执案时所走的道路。我要像他一样赶往帕，我要像他一样从岱普凯旋。

【题解】

赫利奥波利斯是太阳神的崇拜中心。这个地方被认为是创世神创造人的场所，是太阳每天升起的地方，也是奥西里斯战胜赛特的审判庭所在之地。死者希望在这个神圣的地方每天随着太阳的新生获得再生。不过死者身体的洁净，即躯体的完好保存是再生最重要的先决条件。经文第一段开头描写死者走出棺材并离开墓室，第二段讲述死者的身体在木乃伊制作坊接受处理的过程。他的尸体经历了清洗、防腐处理、脱水等几道工序，通过若干个专门的房间，而且尸体的许多部位和裹尸布中间放置护身符。至此，死者的尸体达到了长久保存的程度。经文还提到了死者要像荷鲁斯一样与赛特决一死战，即在精神和伦理层面获得再生。帕和岱普是位于下埃及的古代重要城市布托的两个城区。

第76篇

本经文的目的是让死者以他所希望的任何形状再现。

我来到了王宫的边上，我要借助蝗虫的翅膀到达我要去的地方。啊，你这个能够飞向天空的虫子，你是保护白色王冠和红色王冠的神，我就是你，你就是我。请你为我开路，以便我到达最高神那里。

【题解】

从文中涉及王宫的细节可以判断，本经文由早期被王室成员垄断的《金字塔铭文》演变而来。在古代埃及人看来，太阳无疑是完成生命的循环和呈现不同形状即变形的最高典范。蝗虫在这里则不仅代表了抵达太阳所在地方的多种方式，而且也象征了像太阳一样通过升空转换生命的意象。因此，死者一方面希望借助蝗虫腾空而起，另一方面则声称蝗虫就是他自己。以下一直到第88篇的经文都讨论死者通过变形求得新生的可能性。

第77篇

本经文的目的是让死者呈金荷鲁斯的形状。

我以金荷鲁斯的形象出现，如同他刚刚脱壳而出时一样。我腾空而起并在天国安家，我是一只长达四肘的隼，我的翅膀由绿色的长石制成。

我从太阳神夜行船上的神龛走出来，我在东方地平线上的山峰索回我的心脏，我在太阳神日行船上站稳脚跟。古老的神都聚集在我身旁，他们向我欢呼，因为我在太阳神拉每日升起的地方以一只美丽的金荷鲁斯的形状呈现在他们面前。

我从此与居住在天国的众神为伴，分别位于天上和地下的两个生长供品的田地都由我支配，我在这里不仅丰衣足食而且获得了永生的权利。主管食粮的神在我原来的配给之外又增加了份额，以便我拥有吃不尽的粮食，用不尽的物品。

【题解】

荷鲁斯是象征早晨太阳的神，他的表现形式主要是隼。黄金在古代埃及象征永生和永恒，据称神的肉体由黄金打造。荷鲁斯与象征夜间时段太阳的阿吞在黎明时分完成“接力棒”的交接，太阳由老态龙钟的阿吞显现为朝气蓬勃的荷鲁斯，在这里被称为“金荷鲁斯”，即金色的太阳。死者希望像这个充满生气的神一样飞上天空，他声称自己重新拥有了自己的心脏。肘是古代埃及长度单位，一肘大约52厘米。天上和地下两个供物出产地分别指处在拉神和奥西里斯管辖下的土地，这些土地专门用来生产众神所需的物品。

第78篇

本经文的目的是让死者呈现为一只神圣的隼。

奥西里斯说:“啊，荷鲁斯，快来布塞里斯，以便你为我开辟一条生路，以便你追寻我所走过来的路途，以便你看见我的面容并促使我死而复活。让所有的神敬畏我、尊重我，让那些主掌来世的神对我有所惧怕，以便他们在举行来世审判时为我把大门关闭，防止那个曾经伤害过我的家伙再次靠近我。不能让他在冥界看见我，甚至在我身上找到他又一次攻击我的弱点。”“我们会照办。”众神纷纷响应。

奥西里斯的一个随从说:“请你们安静，你们听到的是一个神与另一个神之间的对话。”

荷鲁斯说:“我要让他(指赛特)看到玛阿特，我会与他对证。听我说，奥西里斯，你要自己照顾自己，你要运用你曾经拥有的威力。我会用尽全力赶到那里，像全能的主神一样出现在那个地方。管理冥界的神到时会惧怕我，他们会替我把冥界的大门紧闭。此后我会率领我的随从到你那里，医治那个家伙给你造成的伤害，然后与伊西斯团聚。即使那个家伙来寻找你身上的弱点，他也不会找到任何突破口。我会到天空的尽头与盖伯商量，以便我从他那里获得无限的权力，以便管理来世的神都畏惧我，以便他们替我把守冥界的大门。他们会看到你让我做的事情都得到实现。”

荷鲁斯指着即将受自己的委托赶赴冥界执行任务的使者说:“这个使者呈现我的形状，我把我的魔力托付在他身上，他会去布塞里斯完成我交给他的任务。但愿他在那里传播我的威力和尊严，以便那些管理来世的神畏惧我，替我把守冥界的大门。”

使者说:“我是闪闪发光的灵魂，我是创世神亲自创造的精灵，是从他眼睛冒出来的一丝光亮。当创世神独自生存于原始混沌水的时候，他用神力促使我生成。我与其他的精灵一起预告创世神在东方地平线的升起，所有的神和精灵都对创世神充满了畏惧感。我是从创世神的眼睛放射出来的一丝光亮，那时伊西斯还没有出世，更不要说她怀有荷鲁斯。我的力量逐渐增强，我的生命力长盛不衰，我是东方地平线上最为强盛的精灵。我现在以神圣的隼的形象再现，我的身上配备了荷鲁斯的魔力，我受他的委托到冥界拯救奥西里斯。”

汝提是存放头巾的库房的护卫长，该库房位于通往来世路的旁边。他问使者：“你想去天空的尽头？尽管你呈现荷鲁斯的形状，但是你头上没有佩戴头巾，你靠什么到达那里？”

使者说：“我接受了荷鲁斯的委派，我要到冥界拯救奥西里斯。荷鲁斯告诉我有关他父亲奥西里斯的事情，他讲述了已经拖延了经年累月的葬礼。”

汝提说：“我不会给你头巾，没有它你就无法到达天空的尽头，即使去了你也无法返回。管理来世的神看不到你，他们也不必害怕你，他们也就不会替你把守冥界的大门。”

荷鲁斯不得不介入，他警告说：“你竟敢拒绝他通行，我会让主神知道此事，他会让你那个地方血流成河。”汝提只好让步，说：“拿出一方头巾给他。”

使者说：“现在给我让开路吧，汝提已经给了我头巾，我等于拥有了借以飞翔的翅膀。他（指汝提）替我加固了我的心脏，他用他巨大的魔杖加固了我的心脏，免得它在我飞翔时坠落。我会圆满完成荷鲁斯交给我的重任，我手中还有两条眼镜蛇作为应急之用。我熟悉冥界的路途，我的身上备足了生命之气。那头凶狠的公牛（指赛特）奈何不了我，我会顺利到达那个沉睡的人（指奥西里斯）所在的地方。他如今像河畔等待轮渡的人一样无助，他只能等候我到漆黑的西方冥界来救他。我走出了汝提的房子，我已经去过伊西斯居住的房子，我在那里了解了有关诸神的绝密，看到了神完成生命循环的过程。荷鲁斯把自己的魔力附着在我的身上，为的是我能够下冥界拯救奥西里斯。我就是荷鲁斯，我是闪闪发亮的精灵，我拥有属于他的光圈和光亮，我走向天空的极限，然后再从那里返回。

“荷鲁斯得到了属于他的位置，他已经继承了王位。我的模样像一只神圣的隼，因为荷鲁斯按照他自己的样子装扮了我。我起身前往布塞里斯看望奥西里斯。我因为奥西里斯的缘故而披头散发，努特看见我也禁不住散开自己的头发。那些伸手试图阻挡我去路的魔鬼纷纷倒下，看到我的身影、听到我的声音，他们不得不把紧闭的门扇打开。

“你们这些管理来世的神，赶快以惊恐万状的脸和颤抖不已的脖子跪倒在我面前吧！你们应该让有资格死而复活的人获得新生。荷鲁斯命令你们把头抬起来，我看到了你们，你们也睁开眼睛看看以神圣的隼的形状出现在你们面前的我，荷鲁斯把自己的魔力附着在我身上，目的是我替他拯救奥西里斯。

“那些长着白发的管理来世的神立即按照我的吩咐去行事，他们在我面前开路，我紧随其后，我来到了奥西里斯所在的洞穴旁。我向看守们描述了我的威力，同时也讲述了那个长着两个尖角的家伙（指赛特）的可怕程度。我让他们知道赛特拥有不少随从，而且身上保留着创世神阿吞的一些特性。”

他们对使者说：“你进去吧！”他们也随后进入了洞穴。

使者说：“你们这些长着白发的家伙，我来到你们这里，我身上具有魔力，我靠着这个魔力闯关夺隘，我战胜了天宇路途上的敌人，我征服了冥界入口的对手。我现在要保护奥西里斯，我要加固他的居室的大门。

“我完成了我所接受的任务，我赶赴布塞里斯看望奥西里斯，目的是替荷鲁斯拯救他的父亲。荷鲁斯是奥西里斯喜爱的儿子，他粉碎了赛特企图再次加害他父亲的阴谋。我看见了这个精疲力竭者（指奥西里斯），我现在要执行神圣的任务，把荷鲁斯拯救其父亲的计划付诸实施。”

（使者对奥西里斯说：）“啊，奥西里斯，属于你的伟大的灵魂不会消亡。瞧，我已经来到了你的身旁。我带着神圣的使命来到了冥界，升天的路和入地的大门都为我敞开，没有谁能阻挡我的去路。啊，奥西里斯，你这个王权的拥有者，我来向你通报这个好消息。奥西里斯，愿你的胸部获得活力；奥西里斯，愿你的臀部充满力量；奥西里斯，你的头已经复位；奥西里斯，你的脖子已经加固。你的心会感到快乐，你的愿望将全部得以实现，你的随从也会因此而幸福万分。你将作为主掌来世的主神像一头公牛一样健康和长寿，而你的儿子荷鲁斯登上王位行使永恒的王权。百万人像臣子一样匍匐在你面前；面对你，百万人一起胆战心惊。九神会听从你的调遣，九神会甚至惧怕你三分。”

九神会的主神阿吞说了如下的话：“荷鲁斯是一个有智慧、有能力的掌权者，他的功绩甚至超过了其父亲。他拯救了自己的父亲并为其报仇雪恨，他是值得称颂的好兄弟、好朋友。荷鲁斯是奥西里斯的亲生儿子，虽然奥西里斯的尸体已经僵硬并腐烂，伊西斯通过魔力怀了荷鲁斯。整个埃及由荷鲁斯统治，所有的神都听从他的吩咐。他把无数的人从死亡中拯救出来，他通过献出自己的眼睛让无数的人长命百岁。”

【题解】

这篇长文以极其隐晦的形式讲述了奥西里斯被害和复活的故事。古代埃及人避讳直接和完整地叙述这个残忍的事件，但又同时把这个故事视为生命战胜死亡和正义战胜邪恶的典范事例。整篇经文呈剧本的形式，场景以奥西里斯对其儿子荷鲁斯哀怨的呼救开始。为了取得进入来世的许可，死者把自己说成了受荷鲁斯的委托到奥西里斯受害的地方（布塞里斯）施行救助。在众神的帮助下，死者顺利完成了任务，奥西里斯得以复活。事实上，死者所救助的不是别人而是他本人，他希望以荷鲁斯的身份进入来世，然后借助荷鲁斯妙手回春的魔力成为复活的奥西里斯。他希望伴随着荷鲁斯与奥西里斯身份转换的过程完成生命的循环。

第79篇

本经文的目的是让死者成为九神会的一员，进而变成九神会的首领。

阿吞，我向你致敬，你是主宰天宇的神，你是万物之源。你用土壤培育了植物，你用精液孕育了人类。你是所有神灵的共同祖先，你是自我生成的主神，你让万物兴隆，你让民众幸福。

我向你们致敬，你们这些丰衣足食、不知何为匮乏的神，你们处在洁净和隐蔽的地方；我向你们致敬，你们这些享受永恒生命的神，对于不熟悉你们的人来说，你们的形状隐而不现，你们的神龛踪迹难寻；我向你们致敬，你们这些主掌来世的神灵；我向你们致敬，你们这些巡游冥界的神灵；我向你们致敬，你们这些冥界的神；我向你们致敬，你们这些位于天宇的九位神。

你们看，我以洁净和神圣的状态来到了你们面前，我拥有生命的潜力，我具备了再生的条件。我为你们带来了香料和泡碱，我要用它们消除你们口中的臭味。我来这里是为了把你们心中不快的东西驱逐出去，我已经把你们身上的污浊祛除。我为你们带来了美好的东西，我把玛阿特作为献给你们的礼物。我认识你们，我知道你们的名字，我能够辨认你们的体态，虽然连许多神都还不知道你们的模样。

我来到了你们面前，我的形状犹如那位曾经以人和神为食的神，那个受到男神们的欢迎和女神们的欢呼的巨神。我像他一样力量无限，我像他一样高大无比。我以你们的儿子的身份来到了你们面前，我坐在位于东方地平线上的座位上。我从属于我的供桌上获得供品，我每天得以畅饮一罐啤酒。人们向我欢呼，他们赞颂我是万神之主。我在富丽堂皇的神庙里像那位伟大的神一样入座。每当我在早晨升上天空的时候，众神都会欢呼雀跃，因为他们看到了我从母神努特那里获得了再生。

【题解】

死者祈祷阿吞和阿吞主导下的九神会，希望自己得到他们的保佑。作为一种互惠的原则，死者在第三段宣称自己给诸神带来了让他们洁身的香料和泡碱，这两种东西是制作木乃伊过程中必不可少的原料，死者实际上是为了强化自身的洁净和与之相关联的进入来世的资格。在最后一段里，死者甚至把自己说成是太阳神，声称自己不仅拥有丰盛的供品，而且可以每天借助努特的身躯获得再生。

第80篇

呈神的形状，以便照亮昏暗的冥界。

我穿上了原始神努恩所穿的衣服，我的身体闪闪发光，照亮了前方。昏暗的冥界因我的光芒和我说出的咒语而变得明亮。假如我倒下去，那个在我之前倒下去的（指奥西里斯）会扶我站起来。我与他在阿比多斯的墓穴里一起躺卧，一起等待复活。

我是值得他纪念的人，我曾经在他遇害的地方竭尽我所能，使用我的能力和权力促使乌扎特眼睛在阴历的第六天之前愈合。我在审判庭里与众神一起审判了赛特；我让图特加快月圆的速度；我夺回了王冠，玛阿特充满了我的身躯。我拥有绿松石和上釉的陶器，还有节日所需的天青石。我来这里是为了照亮昏暗的冥界，所有沉睡的人都醒来向我祈祷，我让那些悲伤的人从精疲力竭的状态中摆脱出来。

我是努恩，我不许黑暗降临到我的头上，我是努恩，我把昏暗的冥界照亮。我来这里是为了驱逐黑暗，以便冥界一片光明。

【题解】

虽然题目称死者以神的形状复活，经文的内容则具体描写了死者呈现为远古神，即原始混沌水的情况。第一段有关该神在阿比多斯与奥西里斯一起等待复活，这是对夜间的太阳在冥界与奥西里斯结合完成转世的暗示。第二段文字更加直接和具体地叙述了太阳神给充满了生命潜力但处在黑暗和寂静的状态下的冥界带来光明和生命的景象。乌扎特眼睛和待圆的月亮都暗指荷鲁斯受伤并经过医治复明的眼睛，同时比喻奥西里斯遭受碎尸但经过伊西斯拼接而痊愈的躯体。古代埃及人相信，混沌水既然是万物起源之地，受伤的人甚至死去的人重返那里便可得到救治和拯救。天青石和绿松石在古代埃及均被视为宝石。天青石乌黑发亮，许多雕像上镶嵌的眼珠由这种石头制作，另外，许多经文说神乌黑的头发用天青石打造。古代埃及人用绿松石制作护身符，尤其是与生命和复活相关的护身符，比如呈现为河马或蜣螂的护身符。

古代埃及人把漆黑和令人窒息的墓室比作具有无限生命潜能的原始混沌水，希望安卧在其中的死者借助各种墓葬品完成生命循环的壮举。死者把自己说成是给混沌带来光明的造物神。由等待再生的死人到生命的主宰，古代埃及人不甘于美好的生命随着死亡彻底和永远终结的心情何等强烈！

第81篇　甲

本经文的目的是让死者呈现为一朵荷花。

我是一朵洁净的荷花，我从太阳神照亮的东方地平线上浮出水面。我通过度过属于我的时间来度量属于荷鲁斯的时间。我是一朵洁净的荷花，我从泥土中出来，然后又冒出了水面。

【题解】

在古代埃及人的来世想象中，荷花像蜣螂一样象征生命的循环。死者把自己比作荷花，希望属于自己的寿命如同荷鲁斯的一样没有尽头。经文第81篇甲乙二则的附图表现一朵冒出水面的荷花，从荷花绽开的花瓣中间伸出一个人头，象征死者获得了新生。荷花加上人头正是孟斐斯神圣家庭中表现婴儿的涅弗吞的形象。

第81篇　乙

本经文的目的是让死者呈现为一朵荷花。

啊，你这朵属于涅弗吞的荷花，我虽然是一个凡人，但我知道有关荷花的经文，我熟悉那些管理来世的神的情况。让我见到那些掌握生死大权的神吧，我要成为他们当中的一员，请你在来世的主神旁边为我准备一个位置。让我在来世获得一席之地，让我在主宰永恒的神的陪伴下接受各种节日的供品。

愿我的巴飞出墓室，去它想去的地方，愿它不受任何阻碍到达九神会所在的地方。

【题解】

作为象征永远年轻的涅弗吞神的花朵，荷花在这里不仅给了死者生的希望，而且充当指引死者到达来世的一名向导。死者希望自己的躯体在冥界拥有足够的食品，而属于自己的巴飞到太阳底下享受光明和温暖。

第82篇

本经文的目的是让死者呈现为普塔神，以便他吃面包、喝啤酒，以正常的形式排便，并且在赫利奥波利斯长生不死。

我像一只隼一样腾空而起，我像尼罗河边的鹅一样嘎嘎叫个不停，我落脚在举行盛大宴会的山坡上。我所厌恶的东西，我所厌恶的东西，我不会吃它。我所厌恶的东西就是粪便，我不会吃它。我的卡所憎恶的东西不应进入我的身体。

众神和精灵们问："你靠什么生存？"我有热腾腾的面包，我靠它生存。"你能吃到吗？"众神和精灵们又问。我确实拥有热腾腾的面包，我在属于我的女神哈托的棕榈树枝叶下面吃属于我的面包。哈托在布塞里斯准备了包括面包和啤酒在内的供品，她在赫利奥波利斯预备了粮食。我身穿由泰特女神亲手编织的亚麻布衣服，我站起身来，想去哪里就可以去哪里。

我的头就是拉神的头，我与阿吞毫无二致。为太阳神拉准备的供品堆积在这里，我像拉一样每天用四次餐。我现在已经通过了审判。我的舌头就是普塔神的舌头，我的咽喉就是哈托女神的咽喉。我曾经用我的嘴向我的父亲阿吞发出呼吁，使得他发出命令击碎了盖伯的妻子努特的头。你们要小心阿吞的威力，不然就会遭受严厉的惩罚。我继承了地神盖伯的遗产，盖伯就是我的保护神，当他把王冠戴到我的头上的时候，他让我获得了新生。

赫利奥波利斯的诸神向我致敬，因为我成了他们的主神，我是他们强壮的公牛，我比大力神（指赛特）还要强壮许多。我具有生殖能力，百万人听从我的支配。

【题解】

虽然本经文的题目是说死者呈普塔的形象复活，但经文的内容则主要把死者描写成太阳神。经文的前两段描写供死者支配和享用的食品。如第52篇和第53篇一样，死者表达了对粪便的憎恶和对可能以此为食的可能性的恐惧。在第三段里，死者进一步把自己与众多的神等同起来，特别声称自己是盖伯的合法继承人。其中提到的阿吞打碎努特的头的细节暗指奥西里斯神话中因努特怜悯赛特而在盖伯与努特之间产生的冲突。奥西里斯与赛特同为盖伯和努特的孩子，奥西里斯继承盖伯的王位，而赛特使用阴谋谋杀了奥西里斯。死者把自己比作奥西里斯，言外之意是说自己虽然被赛特杀死，但是在主持正义的阿吞和盖伯的帮助下夺回王权。王冠的失而复得在这里显然象征由于死亡而中断的生命得以延续。最后，死者宣告自己为赫利奥波利斯的主神，即阿吞。

第83篇

本经文的目的是让死者呈现为一只贝努。

我作为原始的造物腾空而起；我作为早晨的太阳破壳而出；我作为植物发芽吐绿；我的生命像乌龟一样神秘莫测。我是每个神都需要的水果，我是他们都离不开的大麦。我是在冥界生成的七条眼镜蛇中的一个，我是闪闪发光的荷鲁斯，我的神性超过了赛特。

我是图特，我在来世审理赛特与荷鲁斯之间的诉讼案，我在赫利奥波利斯调停众神之间的纷争。我趁着白昼来到了众神面前，我是孔斯，我能够把任何对手踩在脚下。

【题解】

贝努是古代埃及人对凤凰的称呼。这种鸟被古代埃及人视为太阳神拉的巴，因而是长生不死、死而复活和永葆青春的象征。出于这个原因，文中把太阳的循环和种子的发芽比喻成凤凰消失若干时间之后的重现。蛇在古代埃及也是再生的象征物，而“七”这个数字早在《金字塔铭文》里就与人体颈椎的七个部分联系在一起。可见这里所说的冥界七条蛇之一与荷鲁斯一起象征不息的生命。孔斯是底比斯神圣家庭中扮演儿子角色的神，他被认为帮助陷入困境的人并医治患病的人。

生命和死亡犹如令人迷惑和恐惧的未知领域，《亡灵书》试图给死者提供尽可能多有关它们的知识，尤其是鲜为人知甚至不为神所知的秘密，因为这些秘密构成了探索上述未知领域的钥匙。不仅如此，死者还可以借助这些神秘的知识战胜那些把守通往未来和未知领域的鬼神并从他们那里获取更多的知识。可以说，知识不仅意味着力量，知识也是赢得更多和更加珍贵的知识的必要前提。

第84篇

本经文的目的是让死者呈现为一只鹭。

啊，你们这些生命力旺盛的公羊，你们的头上长着两只锋利的角，你们脖子上的绒毛犹如假发上的两个下摆。你们是威力无限、光芒四射的长者。我的力量能够波及到天宇，我的震慑力及至冥界。我依靠我自身的力量战无不胜，天地之间充满了对我的恐惧。我赶往生死交替的地方，我的头发被风吹起，我在途中遇见了众多的神灵，看到了从昏睡中苏醒过来的人。

难道我不认识努恩吗？难道我不认识塔台南吗？我还知道那些红色的公牛会为我亮出它们的尖角，我还认识那个将为我念诵经文的巫师，我就是这张纸草上画着的野牛。

那些神说："昨天已经从你身边逝去，而明天之中却没有你，没有谁能保护你。"我对我所说过的话和做过的事沉默不语，我不会向他们表露。啊，你们这些大权在握的神，我昨天没有说过不该说的话，我今天说了玛阿特。玛阿特一定会在天平上与我的心保持平衡，从而昏睡的人可以醒来庆祝，老朽的人可以相互拥抱祝贺。

【题解】

本经文的题目表面上看似乎与正文毫无关联，实际上却极为切题。经文的内容涉及死者接受神的盘问。羊和牛在古代埃及都象征多产和旺盛的生命力，而塔台南是孟斐斯与创世相关的神，据称象征奥西里斯死而复活的杰德柱子起初与他相关。面对这些与生育和再生有关的神的审查，死者声称自己是一头野牛。针对那些神对自己再生资格的否认，死者首先声明自己生前品行端正，符合再次享受生命的前提；然后又进一步说自己的复活将有助于其他死去的人获得新生。

这篇经文非常隐晦地表达了前世行善积德与来世能够转生之间的因果关系。"昨天已经从你身边过去，而明天之中却没有你"这句话否认了死者索求再生的条件和资格。死者说他昨天没有说过不该说的话，表示他生前没有任何过错，而“我今天说了玛阿特”一句话强调他在诸神面前的陈述完全属实。昏睡的人和老朽的人均指躺卧在冥界的死者，随着这篇经文的主人公顺利通过审判，那些先期到达冥界的人苏醒和欢呼。死去的人在冥界组成了一个新的集体，与今世的各种群体一样，他们也重在互助和守望。

第85篇

本经文的目的是让死者以巴的形式出现，不被拖入屠宰场。知道这条经文的人永远不会真正死亡。

我是属于太阳神的巴，我在原始混沌水中获得了生命。我的巴就是一个神，我无异于创世神本人。我最痛恨不公正，我不愿看到不公正的事情发生。我时时想着玛阿特，玛阿特就是我的食粮。我的名字叫巴，作为创世神我不会消亡。我是自我生成的神，我像早晨的太阳一样与努恩一起诞生，然后不断变换自己的形状。

我是光明之主，我厌恶被埋葬在墓穴里。我不想走进位于冥界的屠宰场。我曾经让奥西里斯获得了永生，我曾经让拥有财富和仆人的大人物感到满意。因为这些人的传扬，主掌来世的神对我有所敬畏。我曾经是个有身份、有地位的人，我应当获得属于我的位置。

我是远古神努恩，任何坏人都休想让我倒霉。我的生命始于创世之初，我的巴就是那些主宰永恒的神的巴。冥界处于我的管辖范围，而我的位置则在天宇，我可以迈过冥界与阳界之间的界限，我借助我手中的权杖横穿天宇。我要消除黑暗、驱逐隐藏的蛇，我要去见掌管冥界和天宇的神。

我的巴就是那些主宰永恒的神的巴，我的躯体就是一条远古的蛇，我要以那些不朽之神的形象重现。我获得了再生的资格，我获得了永生的权利，我的名字叫“村庄的小孩”、“田间的幼苗”。我因我的名字而不至于消亡，更何况我是从原始混沌水生成的巴。来世之中有我一席之地。

我的小窝不许别人看见，我得以再生的蛋不许被打碎。我拥有百万年的寿命，我把我的小巢建筑在天宇的尽头，我要进入盖伯所统治的国度，以便我洗净我身上的污秽。我要到赫利奥波利斯与我的父亲相会，我要到冥界的西面山头并管理那里的居住者。

【题解】

巴是可以离开其主人并自由活动的人体的有机组成部分之一。死者称自己为神的巴，然后又说属于自己的巴就是一个神，这些都是为了强化自己再生的资格和再生以后自由活动的权利。死者把自己生前曾经为权贵服务和自己的社会地位作为复活的正当理由，可见古代埃及人想象中的来世构成与现世是何等的相像。在第四段和第五段，死者称自己是远古的混沌水和从中出生的古老的蛇，接着又说自己的名字叫“村庄的小孩”和“田间的幼苗”，以此强调自己所具备的获得新生的条件。死者在最后一段里比较委婉地把自己描写成奥西里斯，从而把陈述自己获得再生权利的“独白”推到了高潮。窝、蛋和巢都是形容生命诞生和再生的象征物。

村庄、树木、鸟窝，小孩、禾苗、幼鸟，这些都是自然界和人类社会生生不息的最好表征。经文引用了尼罗河流域最平常不过的人文景观和自然现象来强化死者对再生的诉求，不可否认的是，上述熟悉的景象反倒能够更容易唤起共鸣。假如我们假定古代埃及死者真的向守卫来世入口的鬼神或者参与审判的诸神念诵这篇经文，其根本宗旨恐怕也是为了打动对方。

第86篇

本经文的目的是让死者呈现为一只燕子。

我是一只燕子，我是一只燕子。我是拉神的女儿蝎子女神。啊，诸神，你们散发出来的馨香多么宜人，东方地平线上升起的红日多么温暖！

啊，你这个在弯路上索要通行证的家伙，放开手让我过去！我来自火岛，我从那里受委托来到这里，我要去传递一个重要的信息。快开门让我进去，我要传递一个重要的信息。荷鲁斯已经成为圣船的舵手，因为奥西里斯已经把王位传给了自己的儿子。努特的儿子赛特已经被五花大绑，这绳子就是他起初用来捆绑荷鲁斯的那根。我已经查验清楚，奥西里斯的左肩膀落在了莱托波利斯。我去那里是为了验证此事，而我来这里是为了报告此事。快让我过去，以便我报告这个信息。

我是随意进出主神大厅的人，因为我是个洁净的人，而且我从来没有犯过任何过错，我洗清了我身上的一切污秽。你们这些门卫，快给我让开路。我的权利不亚于你们，我有权利在白天走出墓室，任凭我的双腿自由奔跑，我有权利与光赛跑。我了解那些无法通行的路，也知道通往芦苇地路上的关卡。你们看，我已经在人世战胜了我的敌人，我的尸体葬在冥界，快让我过去吧！

（附言：）不管是谁，只要他知道这篇经文，他就能够以一只燕子的形态在白日走出墓室，而且不会在冥界的任何一道关卡受阻拦。这是真正的灵丹妙方，业已经过无数次的验证。

【题解】

古代埃及人希望复活的人能够自由活动，而不是被禁闭在无异于墓室甚至棺材的狭小而昏暗的冥界。他们想象一个人——具体地说是他的巴——呈一只燕子的形状飞出墓室，但是他们同时又担心，万一飞出墓室的巴在返途被挡在门外怎么办。本经文首先把死者的巴描写成在阳界与阴界传递信息的使者，他报告有关奥西里斯被害和王位被传给荷鲁斯的消息。接着，经文以死者生前的清白无辜来强化属于他的巴自由出入冥界的权利。作为有规律地消失和重新出现的候鸟的一种，燕子让古代埃及人联想到了生命的循环。蝎子同样有这一象征意义。

太阳的西落东升、燕子的春去秋来以及下一篇经文所说的蛇蜕皮都让古代埃及人联想到生命的循环。按照他们的来世想象，即便一个死者被葬在墓室中，尸体无法活动，属于他的巴可以代替他享受如此叫他念念不忘的世间快乐。

第 87 篇

本经文的目的是变身为一条蛇。

我是寿命无限的“大地之子”，我每天入睡是为了从中获得新生。我是“大地之子”，我身处地球的边缘，我在睡眠中度过黑夜，然后得以重生，我每天都死而复活、返老还童。

【题解】

与世界许多其他民族一样，古代埃及人把蛇视为不断重复生命的、奇异的动物，认为它源于远古的混沌水。“大地之子”这一称呼不仅形象地描写了蛇入洞和出洞的生活习性，而且也把蛇的蜕皮与其所谓的长生不死联系在一起。经文希望死者像蛇一样陷入沉睡之中，而每当他睡足之后醒来便可以开始新的生命。

在说教文和自传中，埃及人并没有把睡眠看作一种享受，而是视其为人的生命得以延续所必不可少的手段之一。他们明确提出太阳高照时不要蒙头大睡，不然无异于浪费生命。埃及人有时把死亡比作恒久的睡眠。需要特别指出的是，如果这种持续很久的睡眠最终以苏醒结束，它绝对是有益的和必要的；但是，一旦这种睡眠没有止境，它又与真正的和彻底的死亡没有什么区别。一句话，睡眠应当是换取更大的生命力即度过黑夜的一种手段。

第 88 篇

本经文的目的是变身为一条鳄鱼。

我是令人恐惧的索白克，我是一只以迅雷不及掩耳之势进行抢劫的鳄鱼。我是生活在辽阔的“苦海”里的一条力大无比的鱼，我是莱托波利斯人人敬畏的君主。

【题解】

法老时期的尼罗河及其支流和许多湖泊里都生长着鳄鱼。这些生性凶悍的家伙被奉为主宰生命和无所畏惧的索白克神，故死者希望自己像一条鳄鱼一样拼抢生的机会并紧紧握住生的权利。“力大无比的鱼”是对鳄鱼的另一种称呼，“苦海”指尼罗河三角洲东北部一大片盐碱度很高的低洼地，莱托波利斯则是位于三角洲的索白克神的崇拜中心之一。

第 89 篇

本经文的目的是让巴与其主人重聚。

啊，你这个在神庙大厅里负责送信的信使，你这个腾云驾雾的神，请你让我的巴尽情地在外面走动以后回到我的身边。假如它不迅速返回，而你又没有促使他回归，荷鲁斯的眼睛就会做出对你不利的事情。

啊，信使，你已经醒来，请你保持清醒，我在赫利奥波利斯这个万众聚集的地方也不会入睡。快让我的巴回到属于它的躯体上，以便我在冥界的任何地方都可以自由地走动。天国和冥界都任由我的巴飞翔，但是你要让它及时返回，以便它能看到属于它的躯体，不然，荷鲁斯的眼睛就会做出对你不利的事情。

啊，你们这些拉动太阳神百万人之舟的神，你们这些把天国拉向冥界，又把冥界托上天空的神，是你们促使飞向天空的巴回到身处冥界的它的主人身上。你们的手里握着纤绳，但是你们同时应当拿着矛，以便你们用它击退敌人，以便百万人之舟顺利前行，以便众神之主安全地穿过冥界。愿你们让我的巴随着你们到达东方的地平线，以便它安全抵达它昨天与我分手的地方，即天国的西边，以便它看见它所从属的躯体，然后在木乃伊上安顿下来。它没有消亡，它也不会被消灭，永远永远。

（附言：）先用上等的石头雕刻一只呈鸟的形状的巴，雕像外面镀上黄金。把雕像放在死者的胸脯上，然后再对着这座雕像念诵本经文。

【题解】

巴与被制作成木乃伊的尸体结合是死去的人复活的最为重要的先决条件。根据古代埃及人的来世观念，巴可以自由地活动。这一点既是死者所希望的，也是他担心的事情。一方面，只有巴飞出墓室，死者才可能借助它见到阳光和呼吸新鲜空气。另一方面，假如巴不回归到其主人那里，尸体此后便失去了生机。死者因此请求信使想尽办法促使属于自己的巴返回，甚至不惜恐吓信使。在第三段里，死者乞求那些牵拉太阳船的众神允许自己的巴搭乘圣船进出冥界，以便自己每天夜晚都能与自己的巴重聚，直到永远。

第90篇

本经文的目的是防止经文失去效力。

你这个砍断人的头、拧折人的脖子的家伙，你这个致使死者附带的经文失去效力、让死者身上的魔力无法发挥效力的家伙，你长在两个膝盖上的眼睛将看不到我。当你回转身看我的时候，你将看到舒派来的屠夫，他们赶来是为了砍断你的头、拧折你的脖子。这些屠夫是舒的护卫，他们这样对付你是因为你企图加害于我，想让我的经文失去效力。

我的头不会被砍断，我的脖子不会被拧折；我的嘴能够流利地念诵我身边的经文。快滚开吧，你这个赛特的走狗，我知道当你受赛特的指使试图让奥西里斯的经文失去效力时伊西斯对你所念的两条咒语。她对你说：“你这个长着狮子脸的家伙，快缩成一团吧！”伊西斯话音未落，从阿吞的眼睛里喷出烈焰，你被这如同荷鲁斯的眼睛射出来的烈火一样的火焰所包围，浑身被烧得惨不忍睹。

不要靠近奥西里斯，因为他的身上有你所厌恶的东西，正如你身上有他所厌恶的东西；不要靠近我，因为我身上有你所厌恶的东西，正如你身上有我所厌恶的东西。只要你靠近我，我就念诵针对你的咒文，假如你不靠近我，我就不会念诵针对你的咒文。快躲开吧，舒派来的屠夫已经到达！

【题解】

古代埃及人虽然把尸体制作成木乃伊，他们仍然担心死者的肉体腐烂、骨架散落。他们把这个可怕的后果想象成邪恶的敌人砍断死者的头、拧折其脖子。提供给死者的经文就是为了防止出现这样的情况，但是他们同时又担心这些经文遭遇敌人的魔咒而失灵。死者在本经文的第一段文字里吓唬那个潜在的敌人（被说成是赛特的走狗），不仅舒派来的屠夫会保护自己，而且伊西斯万能的魔咒也在自己的掌控之中。在第三段里，死者把自身比作奥西里斯。这里所说的“厌恶的东西”既可能指身上放出的异味，也可以指代各自随身携带的魔咒。

第91篇

本经文的目的是防止死者的巴在冥界遭到禁闭。

啊，高高在上的神，受人崇拜、令人敬畏的神。当你端坐在你那富丽堂皇的御座上的时候，连其他神也不禁胆战心惊。请你为我留出一条路吧，让我的巴、我制作成木乃伊的躯体和我的影子来到你那里。我已经具备了再生的条件，我应当成为尊贵的人。

我为自己开辟了一条通向拉神和哈托所在地方的道路。

（附言：）谁要是知道了这条经文，他就能够在冥界转化为一个具备各项再生条件的死者，他不会在任何一个通向来世路途上的关卡被阻拦；他可以自由地进出他的墓室。一个千真万确的妙方。

【题解】

既然人死后尸体入葬不能再活动，古代埃及人便希望曾经从属于躯体的巴和影子能够获得这种自由。这里所讲的再生条件有三方面的内容，其一是指死者的尸体得到必要的处理，从而不至于腐烂；其二是死者拥有合乎殡葬习俗的墓室和墓葬设施；其三是死者在伦理道德方面通过审判。拉和哈托所在的地方就是天国。请比较第89篇。

第92篇

本经文的目的是为死者的巴和影子打开墓室的门，让它们在白昼离开墓室，让它们的脚步稳健。

你这扇沉睡的门，让你开，你就应当打开，让你关，你就应当紧闭。让你开，你就应当敞开。按照荷鲁斯的眼睛的命令，给我的巴开门吧，以便它带着我离开墓室，然后到拉神的头上栖息。我迈开大步，我的膝盖活动自如；我长途跋涉，我的肌肉伸缩有力。我是荷鲁斯，我保护了我的父亲。我使用手中的棍子保护了我的父亲和母亲。快开门吧，我的两只脚具有无限的力量，我要到太阳船上看望众神之主。当那些死者的巴接受审判的时候，我的巴也在那里，而且在最前头。我的巴将在那些分配年岁的神面前接受审判。

荷鲁斯的眼睛，快帮助我的巴吧，以便它把精美的首饰置放在拉神的头上。你们这些阴沉着脸的神，你们这些奥西里斯身边的护卫，不要监禁我的巴，也不要阻拦我的影子。为我的巴和影子开辟一条路吧，以便它们能够在我接受审判的那一天看见神龛里的众神之主像，以便它们向奥西里斯求情。啊，你们这些隐而不见的神，你们这些保护奥西里斯肢体的神，你们这些监禁死者的巴、阻挡死者影子的神，不要加害于我。请你们说：“你的卡与你在一起，你会到达获得再生的人所在的地方，你会在那些重生的人那里获得一席之地。你不会受到那些保护奥西里斯肢体的神的阻拦，你不会在天空遭到拒绝，你也不会被禁闭在冥界，你不会受到那些长着角的家伙们的伤害，因为你的两只脚力量无穷。你的巴将飞到远离你的躯体的地方，而你则安卧在保护奥西里斯肢体的那些神所在的地方。”

【题解】

与经文第 91 篇一样，本篇旨在保证属于死者的巴和影子自由地进出墓室。因为巴呈现为一只长着人头的鸟，它能够自由飞离墓室，不过第一段文字给人一种巴正在充当其主人的替身偃卧在墓室的感觉。第二段是死者发出的两次呼吁。他首先祈求荷鲁斯的眼睛，希望这只被拟人化的神奇的眼睛保证死者的巴自由活动。为了获得恩准，死者说他的巴走出墓室是为了给拉神敬献供品。死者然后呼吁那些保护奥西里斯尸体的神，不要把自己的巴监禁在墓室内。

古代埃及人相信或者说希望冥界中神与人之间存在一种互惠互利的关系。当然，掌握生杀大权的诸神很少有求于人，更何况死去的人。如果这些神对人毫无所求，神与人之间的游戏规则便也失效。为神献供品、为神唱赞歌无不是为了让相关的神做出回应。“把精美的首饰置放在拉神的头上”，这个理由听上去多么不可思议。在无所不能和无所不有的神面前，又有什么理由更加合情或者合理。有些学者认为犹太教和基督教之前的宗教实用色彩过于强烈，这种观点有失偏颇。说起来，哪种宗教不是人为了自身的需求和目的建构而成？

第 93 篇

本经文的目的是防止死者在冥界被遣送到东边。

啊，具有强大生殖力的拉神，你的力量超过了正在气头上的人。即使你松懈下来的时候，也不亚于贝比。你比最强大的还要强大，你比最有力的还要有力。假如谁违背我的意愿把我强行遣送到东边，那么拉神充满生殖力的睾丸就会把奥西里斯的头吞掉；假如我被遣送到众神用来惩罚有罪的死人的东边那个地方，假若有谁想抓住我并强行把我带到东边，假如有谁逮捕我，假如有谁像对待叛贼一样想加害于我，假如有谁想把我处死，夏帕瑞的角就会攻击他们，而且阿吞的眼睛会长出一块肿瘤。

【题解】

奥西里斯所主宰的来世一般被认为位于冥界的西边，而这里所说的东边并不是太阳升起的东方地平线，而是地平线下面被判有罪的死者受到惩罚的地方。死者在本经文里兼用恐吓和念诵咒语的两种手段，警告那些执行判决的神不要轻举妄动。死者把自己描写成一个像随意挪动棋盘上的棋子一样自由支配诸神的超人，即让拉与奥西里斯互相残杀，促使夏帕瑞和阿吞相互攻击。表达了古代埃及人面对死亡不择手段和不达到目的绝不罢休的决心。

第94篇

本经文的目的是让死者得到写字用的调色板和纸。

啊，图特神的秘书，你是个长者，你听从图特的旨意。瞧，我来到你面前，我具备了再生的条件。我的巴与我融为一体，我获得了生命的力量，我甚至具备图特所特有的书写能力。快给我拿来一幅画着赛特的画，快给我拿来书写所需的调色板和纸，快给我拿来属于图特的文件夹以及涉及诸神的秘密。

瞧，我是一个书吏，快给我拿来从奥西里斯的身体流出来的体液，以便我用它写字。我要记录众神之主做出的决定。我每天都圆满地完成任务，因为你向我发出的命令是完满的。啊，哈拉赫特，我每天都在做公正的事情，为的是天天都能够到拉神那里去。

【题解】

在古代埃及，只有极少数人掌握了书写的技巧，加上象形文字所特有的意象功能，文字被认为拥有神奇的功能，拥有书写能力的人因而在转世方面具备了优势。死者在第一段向图特的随从（秘书）索要书写所需的材料，目的是借助诸神的秘密使得赛特无法伤害自己。第二段描写死者用奥西里斯的体液来书写众神的命令，表达了死者希望借助奥西里斯的体液和通过扮演诸神不可或缺的秘书这一角色来获得永生的愿望。从文中所讲的奥西里斯的体液可以窥探到，在古代埃及盛行对该神遗体、遗骨、遗物等的顶礼膜拜。学者们认为早期基督教徒对耶稣及圣徒的类似膜拜受到了来自埃及的巨大影响。

第95篇

本经文的目的是在图特神那里获得一席之地。

我是在动乱中能够提供保护的人，我曾经守护王冠上的眼镜蛇不受伤害。我曾经制服乱砍乱杀的人，我曾经让怒火中烧的人平静下来。我曾经帮助眼镜蛇在遭到危险的时候把火舌喷得更远，我曾经在图特遇到敌人的时候让他手中的尖刀更加锋利。

【题解】

图特是掌管智慧、文字和医术的神，尤其重要的是他在来世审判庭充当记录员。死者希望得到图特的保护，在审判死者时高抬贵手。为了达到这个目的，死者称自己曾经向多个神提供保护，其中包括图特和充当拉神护卫的眼镜蛇。图特同时也是月亮神，这里所说的尖刀与月牙有关。眼镜蛇是神和国王的保护者，它经常被描画成竖立在神或者国王的额头上，吐出的火舌就是对来犯者最好的警告。看得出，《亡灵书》的编纂者试图把神话故事中的细节尽可能纳入其中。古代埃及人相信，越是鲜为人知的秘密，越具有意想不到的功效。在那个已有无数人前往却未曾有人从中返回的冥界，什么能够比咒语、魔力、巫术等不同寻常的东西更加管用？

第 96 篇

本经文的目的是让死者来到图特身边并获得在来世长生的资格。

我栖息在他的眼睛上方。我为拉神献上玛阿特以后来到了这里，我用阿凯尔的唾液和盖伯脊椎骨的血使得赛特安静下来。啊，夜行的百万人之舟上的杰德柱子和阿努比斯手里的乌斯权杖，掌管供品的奥西里斯神的四个随从安排我管理那些生产供品的土地，我让他们得到了满足。我支配丰富的物产，我解除人们的干渴，我掌管所有的水道。

你们这些年长和伟大的神，你们手握掌控赫利奥波利斯的大权。瞧瞧我，我的地位不比你们低下，我的能力不亚于你们。瞧，我因我非同凡响的巴而受到尊重。你们的嘴说出来的责难的话将奈何不得我，我不会受到它们的危害。我曾经在圣湖里洁身，拉神对那个湖的纯洁度表示满意。我在两棵神圣的、分别代表天和地的西克莫树下面佩戴了腰带，以便我获得神性。我如同所有从前获得再生的死人一样，假如哪个犯下罪过的人来到来世审判庭接受判决，我会按照玛阿特的原则充当证人。

我转达并解释众神之主不可抗拒的判决，我绝不会遭受任何损伤。我不想在今天这个日子看不到天日，我要让今天比任何一天都要光彩夺目。

【题解】

文中虽然没有直接提到图特的名字，不过所描写的死者完成的任务都属于图特的职能范围。通过把自己形容为图特，死者希望获得该神的保佑。第一段中“为拉神献上玛阿特”指的是死者替图特维持秩序；阿凯尔是呈狮子形状的神，他的唾液和盖伯脊椎骨的血都象征一种能够平息怒火的神奇物；形容奥西里斯复活的杰德柱子是旺盛生命力的象征物，而阿努比斯的乌斯权杖则代表决定或促使人再生的权力。在第二段的前半部分，死者否认那些审判神具有加害于自己的权力和能力，因为他是洁净的（肉体和道德两方面），而且还佩戴了护身符（带有伊西斯结的腰带）。末尾所说的充当证人，实际上是指图特神在审判庭充当审判官。最后一段进一步把死者描写成在审判庭充当记录员的图特，言外之意是死者作为审判其他死者的神绝不会被判有罪。

对于一个准备接受诸神的审判并且希望依靠有利于自己的判决进入来世的死者来说，他最担心和惧怕的莫过于图特宣布不利于自己的称量结果和诸神的判决。他宣称自己有权利和资格宣读并解释神的判决书，虽然他并没有说要挑战神的权威，但是他要让自己接受审判的那一天比任何一天都光彩夺目，这的确难能可贵。

第 97 篇

（本经文的内容与第 96 篇相同。）

第 98 篇

本经文是为了让死者在天空坐上渡船。

我向你致意，你这块位于大河北岸的木板，谁看到了你，他就不会死，谁如果把你踩在脚下，他就会显现为神。我看见了你，所以我不会死；我把你踩在了脚下，所以我变成了神。我要像一只尼罗河鹅一样在这块木板上嘎嘎叫，我要像一只隼一样借助它飞行，以便抵达荷鲁斯所在的地方并嗅到他释放出的清香。我要穿过冥界飞上天空，我要像舒一样挺立，我要把光线固定在天梯的两个柱子上，以便光亮像那些不落的恒星一样永远挂在那里，而不至于掉落下来。我要乘着这块木板帮助诸神驱赶邪恶的东西。

艄公问我："你从什么地方来？"我答："我来自火岛上的火地。"艄公又问："你在火岛上的火地靠什么生活？"我说："我靠神圣的树生活。"艄公对手下命令道："把那艘能够渡过大河的渡船给他拿来！"

我乘坐这艘渡船渡过了天上的大河，我用这艘渡船为神摆渡。我乘坐这艘船，我的拐杖充当船桨，我要去我想去的地方。莱托波利斯的大门为我敞开，赫摩波利斯的庄稼任我支配。我得以同我的兄弟们、我的姐妹们，还有我的孩子们团聚。

【题解】

本经文描写了死者希望像天上的星体一样永远享受光明的愿望。第一段所说的木板指位于天空北边的熊星座，表示死者意欲顺着光线升上天空。舒是空气神，他处在地神与天神之间，他被比作一架梯子，意思是说死者攀爬梯子登天。因为古代埃及人把天空想象成一片汪洋，横穿天空需要渡船，故第二段经文呈现为死者与艄公之间的对话。因为死者说出了所需的密码和暗号，他得到了渡船，然后借助它驶往目的地并实现自己的愿望，即与亲人和家人一起享受天伦之乐。

莱托波利斯和赫摩波利斯都是古代埃及重要的宗教中心，在《亡灵书》里，它们构成了冥界的城市，死者来到自己生前所熟悉的地方，不仅继续前世的男耕女织生活，而且与从前的家眷团聚。在一定程度上，这犹如欧洲早期移民漂洋过海到达美洲以后的做法。借助天梯、光线登天，踩着一块滑板在天空滑行，这些在现代人眼里有些可笑，但是在三千多年前的埃及，却是虔诚的宗教期盼和对宇宙的严肃思考融合的结果。

第99篇　甲

本经文是为了让死者在天空坐上渡船。

啊，艄公，快把荷鲁斯曾经因为他所献出的眼睛而得到的东西给我拿来，把赛特因为他所献出的睾丸而得到的东西给我拿来。荷鲁斯的眼睛掉落在天空的东边，但是它又跳回原处，它没有被赛特损毁。

啊，你这个后视的神，替我把阿肯叫醒吧，你是个永恒的神，我来到了你面前。后视的神问：“你究竟是谁?”我是受父亲喜欢的人，我是受母亲喜爱的人。我是能够把熟睡中（即死去）的父亲叫醒的儿子。

啊，你这个后视的神，替我把阿肯叫醒吧，你是个永恒的神，我来到了你面前。“你不是要过河到天空的东边去吧？假如到了那边，你想做什么呢？”我要把他（指荷鲁斯）的头抬起来，我要让他把眼睑张开。他将下命令给你们，他因为他的眼睛而下命令给你们。他的眼睛不会被弄瞎，他不会在天国被击垮，永远不会。

啊，你这个后视的神，替我把阿肯叫醒吧，你是个永恒的神，我来到了你面前。“我为什么要替你把阿肯叫醒呢？”你把他叫醒是为了让他把可努姆神在弯曲的河道上建造的渡船给我划过来。“它已经在船坞被拆卸。”那么把左舷拆下来安装到船尾，把右舷拆下来安装到船头。“但是没有秸秆、没有绳子、没有木板、没有皮子。”贝比嘴里的刀子可以被当作秸秆，赛特的尾巴可以被当作绳子，贝比的肋条可以被当作木板，荷鲁斯雕像的手臂可以被当作皮子。

啊，你这个后视的神，替我把阿肯叫醒吧，你是个永恒的神，我来到了你面前。“谁替你看护这艘渡船呢？”有权力主宰战事的人将看护这艘渡船，我已经把那个忧伤者的锋利的刀拿来了，你可以把它固定在船尾。

啊，你这个后视的神，替我把阿肯叫醒吧，你是个永恒的神，我来到了你面前。“谁将与我一道把渡船给你拿来呢？”众神最优秀的仆人将帮助你，他们带着干粮，还有哈彼、杜阿木特和库波思乃夫。他（指阿肯）将在船尾摆渡，那些动物形状的神将立在船首，他会率领他们抵达我所要去的地方。“他们靠什么做到这一点呢？”当天空刮起狂风的时候，他会借助兜风的船帆。“但是船上没有桅杆。”我已经把贝比的阳物给你拿来了，你可以把它当作桅杆。“我把它固定在哪里呢？”把它固定在两腿分叉的地方。“那么缆绳呢？”可以把赫曼手里的蛇杈当作缆绳。“我把缆绳给谁？”给导航的人。“那么帆布呢？”新年时盖在荷鲁斯和赛特身上的那块布可以充当船帆。“那舷缘呢？”令所有人都畏惧的那个神的腱可以被当作舷缘。“哪个是令所有人都畏惧的神？”他就是生存在夜间的神，他永远处在岁月的前头。

啊，你这个后视的神，替我把阿肯叫醒吧，你是个永恒的神，我来到了你面前。“你是怎么来的？”我是以魔术师的身份来的。“你怎么乘他们的渡船？”我会踩着他们的绳索。“你能为他们做什么呢？”我会站在他们的肩上把绳索弄平。“你还能为他们做什么？”我的左舷就是他们的左舷，我的右舷就是他们的右舷，我的船尾就是他们的船尾。“你还能为他们做什么呢？”为他们准备的公牛将在夜间被屠宰，为他们准备的鹅也将在夜间被宰杀。“谁负责这件事？”大权在握的荷鲁斯。“谁把他们的碗拿来？”舵手荷鲁斯。“你还能为他们做什么？”我会去科普特斯的敏神那里，我会去领导上下埃及的阿努比斯那里，我要趁着他们庆祝节日去他们那里。我要去见帕和岱普的女孩们，还有这些地方的众神。穆特将给她们头巾，而她们将为众神带来食物：她们将为北行的神准备饮食，她们将为南行的神准备糕点。

啊，你这个后视的神，替我把阿肯叫醒吧，你是个永恒的神，我来到了你面前。“你到底是谁？”我是魔术师。“谁是完整无缺的人？”我是完整无缺的人。“你万事俱备了吗？”是的，我已经万事俱备。“你把那两个需要诊治的关节治疗了吗？”是的，我已经治疗了它们。“魔术师，哪两个关节需要诊治？”胳膊肘和膝盖。

啊，你这个后视的神，替我把阿肯叫醒吧，你是个永恒的神，我来到了你面前。“你不是要过河到天空的东边去吧？假如到了那边，你想做什么呢？”我要到那里统治众多的城市，掌控无数的村落。我知道哪些人有吃喝，所以要给那些没有吃喝的人吃的和喝的东西。当我北行的时候有人为我准备饮食，当我南行的时候有人为我准备糕点。

啊，你这个后视的神，替我把阿肯叫醒吧，你是个永恒的神，我来到了你面前。

【题解】

本经文与第98篇相似，也涉及死者如何横渡天空。为了能够搭乘天上的渡船，死者屡次祈求那个被称为“后视的神”的艄公，希望他把那位手握大权但又熟睡的阿肯叫醒，因为他是掌管天国渡船的神。艄公极其详细地盘问死者乘坐渡船的意图。接下来，艄公说出一个又一个渡船不能开行的原因，而死者说出相应的对策。艄公此后又问死者能够在渡船上替掌舵和划桨的神做什么。凡此种种都旨在表达通往来世的旅程之艰难，同时也反映了船只在古代埃及人出行方面的重要性。这种必须通过无数鬼门关的场景，一方面起源于横亘在今世与来世之间的水域远大于泛滥的尼罗河水的想象，另一方面模仿了王陵当中把长长的墓道比作布满了鬼门关的来世路的做法。所谓“后视的神”形象地表达了舵手需要不断地向后看的情形。文中夹杂了许多神话故事里的人物和情节，如第二段中“受父亲喜欢的……”暗指荷鲁斯，第六段“令所有人都畏惧的神”说的是赛特，倒数第四段中的“帕和岱普的女孩们”是为奥西里斯准备供品的磨坊女工。

第99篇　乙

本经文是为了让死者在天空坐上渡船。

啊，你们这些让拉神的太阳船驶过那块可怕的沙洲的神，为我弄一艘渡船，快系好缆绳。快来吧，快来吧，快为我把渡船划过来。我来了，我来看望我的父亲奥西里斯。啊，你这个掌管红色布匹的神，你这个既能让人的心快乐也能让人的心悲哀的神，你这个能够驾驭云彩的神，你这个太阳船上最为强壮的船员，你这个能够驶过阿普菲斯设下的沙洲的水手，你这个能够接合掉落的头、能够让受伤的脖子愈合的神，你这个了解秘密航道的神，你这个监视阿普菲斯的神，快为我把渡船划过来吧，快系好缆绳，以便我逃过他（指阿普菲斯）的魔爪，以便我穿越这块可怕的地段。星星到了这个地方都会陨落，而且不知如何才能再升回天空。拉神的道路变得狭窄，原来引导上下埃及的舵手盖伯这时也愁眉不展。

啊，你这个强壮无比的神，你这个为太阳圆盘开路的神，你这个掌管晨曦鲜红色彩的神，拯救我吧，不要让我成为一个搁浅的人。请你快说："来吧，我的弟兄，你是个具备了再生条件的人，我会把你带到你要去的那个地方。"

河堤对我说："说出我的名字。"

你的名字是"统领两个河岸的女神在神龛里"。

锤子对我说："说出我的名字。"

你的名字是"阿庇斯圣牛的腿"。

缆绳对我说："说出我的名字。"

你的名字是"由阿努比斯扎的发辫"。

桩子对我说："说出我的名字。"

你的名字是"冥界的柱子"。

桅杆底座对我说："说出我的名字。"

你的名字叫"阿凯尔"。

桅杆对我说："说出我的名字。"

你的名字是"把远离的女神接回住地的神"。

船底的缆绳对我说："说出我的名字。"

你的名字是"乌帕瓦特的脊背"。

桅杆的顶尖对我说："说出我的名字。"

你的名字是"伊姆塞特的咽喉"。

船帆对我说："说出我的名字。"

你的名字叫"努特"。

皮带对我说："说出我的名字。"

你们的名字是"用麦尼维斯圣牛的皮和赛特的腱制作的皮带"。

船桨对我说："说出我的名字。"

你们的名字是"长子荷鲁斯的手指"。

水桶对我说："说出我的名字。"

你的名字是"擦拭从荷鲁斯的眼睛流出来的血滴的伊西斯的手"。

船板对我说："说出我的名字。"

你们的名字叫"伊姆塞特、哈彼、杜阿木特和库波思乃夫，你们是制服抢劫者的神，是了解自己所作所为的神，是给自己起名的神"。

前舱对我说："说出我的名字。"

你的名字是"掌握前进方向的家什"。

坐板对我说："说出我的名字。"

你的名字叫"麦瑞特"。

舵手对我说："说出我的名字。"

你的名字是"看准水下情况的神"。

渡船对我说："说出我的名字。"

你的名字是"拉神为了让夜行船拥有血液而伸出手砍断了伊西斯的腿"。

水手长对我说："说出我的名字。"

你的名字是"一往无前"。

风对我说："在你与我同行之前，先说出我的名字。"

你的名字是"从阿吞吹出然后吹到孔塔门提鼻子的北风"。

风暴对我说："在你借助我的力量前行之前，先说出我的名字。"

你的名字是"令人渴望的东西"。

河岸对我说："说出我的名字。"

你的名字是"用长长的胳膊在停尸间让尸体得到妥善处理的神"。

陆地对我说："在我身上落脚之前，先说出我的名字。"

你的名字是"天空的鼻子，人人都希望得到你的手掌的抚摸"。

我要对你们说，你们的卡神奇伟大，你们是无所不有的神，你们永世长存，你们活到时间的尽头。我千辛万苦来到了你们面前，请你们让我获得供品单，以便我念诵单子上的供品名称，请你们赐予我伊西斯为众神烤制的糕点。我认识那个伟大的神的名字，你们借以生存的食物都在他的鼻子上。他挺进到天空的东边，然后又航行到西天的地平线。当他运动的时候，我要跟随他；假如他安然无恙，那么我也会安然无恙。我不会在天国的航道上受到阻拦，我的仇敌们将奈何不得我。

我的面包在帕，我的啤酒在岱普。你们今天所得到的供品中有我的一份，我的供品中有大麦和小麦，我的供品中有没药、衣服、香料、牛肉和禽肉；我的供品中含有生命、幸福和健康；我的供品将会促使我在白昼以各种我喜欢的形状走出墓室来到人间。

（附言：）谁如果知道这篇经文，他就能够顺利到达芦苇地，他就会从来自众神之主的供桌的供物中得到一张饼、一罐水、一块面包，还有一块种植大麦和小麦的田地，而且荷鲁斯的随从会替他收获田里的庄稼。他可以享用如此而来的大麦和小麦，他的身体得以保持健康，如同那些神的身体一样。他可以呈任何他所喜欢的形状来到人间。这是真正的灵丹妙方，业已经过无数次的验证。

【题解】

本经文由《棺材铭文》第404篇和第405篇改编而来。《棺材铭文》里的内容主要涉及死者如何通过各种关卡后到达芦苇地，而本篇只是在附言部分提到了芦苇地，其重心则放在死者必须说出与渡船相关的事物和神的名字。芦苇地指的是来世当中生长着各种庄稼和出产各类供品的一个地方，那里无所不有，但是难以抵达。本经文在开头加入了新王国才出现的巨蟒阿普菲斯与拉神之间较量的情节。死者是否再生的命运与太阳能否顺利渡过阿普菲斯设下的浅滩联系在一起，个人的复活因而与宇宙的秩序相辅相成。只有死者跟随太阳神战胜阿普菲斯，他才能指望随着新生的太阳获得再生，也才能指望风调雨顺和衣食无缺；反过来，只有众多死而复活的人在太阳船上参与制服阿普菲斯的战斗，太阳才有可能穿越险象丛生的阴间。

第100篇

本经文的目的是让死者获得重生并登上太阳船成为拉神的一名船员。

我曾经把贝鸳摆渡到河的东岸，把奥西里斯护送到布塞里斯；我曾经让哈比的水源变大，把太阳运行的轨道铺平；我曾经用滑橇护送索卡尔，让眼镜蛇加强了它喷火的威力。我曾经歌唱太阳神，并向他祈祷；我曾经与预示日出的狒狒一起向早晨的太阳欢呼。我曾经为伊西斯效劳，帮助她增强了其魔力。

当我护送太阳神的时候，我握紧纤绳；为了防止阿普菲斯靠近太阳船，我与其他随行人员一起用长矛迫使它退却。拉神向我伸出了双手，我从此成为他随行队伍的一员。假如我安然无恙，那么荷鲁斯的眼睛就会重新愈合；假如他的眼睛重新愈合，那么我就会安然无恙。不管是谁，只要他试图阻止我登上太阳船，他自己将会失去再生的机会。

（附言：）应当对着一幅图念诵这条经文。这幅图应当画在一张崭新的纸草上，而且应当用绿色粉末和香料调成的颜料画在上面。要把这张纸草放在死者的胸部，但不要让它直接接触他的肉体。对于一个万事俱备的死者来说，他一定会登上太阳船，图特神将把他作为太阳神的一名随行人员登记在案。这是真正的灵丹妙方，业已经过无数次的验证。

【题解】

死者希望成为太阳船上的一名船员，因为这对他来说意味着生命的日夜循环和充足的供品。作为其理由，死者列出了自己所完成的一系列超凡的壮举，其中包括与太阳的崇拜者狒狒们一起迎接初升的太阳，这也是王陵墓壁上国王对神表示虔诚的重要表现形式之一。接着，死者把自己描写成征服阿普菲斯所必不可少的战斗人员。结尾处更是把死者能否登上太阳船获得再生与荷鲁斯的眼睛是否得到愈合联系在一起，死者在这里完全成为了古代埃及最为重要的太阳神神话和奥西里斯神话中的核心角色。

第101篇

本经文的目的是让死者加入到保护太阳神圣船的队伍。

啊，太阳神拉，你昨天端坐在圣船的船尾从汪洋大海的深处腾空而起，请你回到昨天的位置，坐在圣船的船尾。请你接纳我这个清白无辜的人为你的随行队伍的一名成员，我将因你安然无恙而平安无事。

啊，太阳神，当你经过那个眼睛有七肘宽，连眼珠都有三肘半宽的家伙的时候，请你保佑我这个清白无辜的人紧紧跟随你，我将因你安然无恙而平安无事。啊，太阳神，当你经过那些头朝下倒立着的家伙们的时候，请你让我这个清白无辜的人头朝上站立在你的身边，我将因你安然无恙而平安无事。啊，太阳神，当你得知冥界的秘密，而且需要你引导九神会的诸神做出决定的时候，请你设法把我这个清白无辜的人的心脏还给我本人，我将因你安然无恙而平安无事。你的躯体就是我的躯体，你会借助我这篇经文长生不死。

（附言：）这篇经文应当用含有香料的墨水写在一块上等的亚麻布上，然后在举行葬礼的那一天把这块亚麻布放在死者的咽喉处；祭司应当对着亚麻布念诵本经文。当一个死者的咽喉处放有这样一个护身符的时候，他就会像九神会的诸神那样获得太阳神的眷顾，他就会得到荷鲁斯及其随从们的保护，他就会像拱极星一样永远遥望奥里昂，他的家眷也会因此而享受永恒。主司啤酒的女神会让他的身体长出一丛灌木。图特神曾经为奥西里斯做了这一切，目的是让太阳光永远照耀后者的身躯。

【题解】

与此前的几篇经文一样，本篇的目的是保证死者得到太阳神的保护。死者数次把自己与太阳神说成是患难与共的伙伴。第二段所描写的“眼睛有七肘宽，连眼珠都有三肘半宽的家伙”指阿普菲斯，它试图通过吸干河道里的水来阻止太阳船的行进。“头朝下倒立着的家伙”是那些因被判有罪而受到惩罚的死人，而且从接下来的那句话判断，他们的心脏已经被剥夺，因此没有再生的可能。死者在末尾处许诺太阳神，他所拥有的经文能够让他长生不死。此话虽然夸张，但可以看出古代埃及人对经文所具有的魔力的相信程度，或者说，他们至少希望《亡灵书》里的经文能够发挥如此神奇的作用。

附言中所说的“死者的身体长出一丛灌木”是指模仿奥西里斯复活的一种仪式。古代埃及人在呈人形的容器内装满黑土，播下种子以后浇灌尼罗河水，等长出呈人形的绿色的庄稼或其他植物的时候，古代埃及人相信这就是植物神奥西里斯死而复活的过程。

第102篇

本经文的目的是让死者乘坐太阳神圣船。

啊，引领这艘圣船的伟大的神，请你接纳我到你的船上，我会与船上的其他随从一起不分昼夜地为你效劳，我会为你加固船上的台阶，我会替你观察船行的方向。

我不会吃我所厌恶的东西；我所厌恶的东西就是粪便，我不会吃它们。这是我的禁忌，这是我的禁忌。这些污秽不会玷污我的躯体，因为我不会用手摸它们，也不会用脚踩它们。我的面包由白色的小麦制成，我的啤酒用黄色的大麦酿造。太阳神的日行船和夜行船给我带来面包和啤酒，我的面包和啤酒来自存放在赫利奥波利斯祭坛上的供品。

啊，你这个伟大的领航者，你这个熟谙天宇路途的神明。当这条恶毒的狗与其帮凶勾结在一起的时候，我没有表现出软弱。我来到这里，为的是从这帮凶手们的手里拯救那位可怜的神，他的胳膊和腿等骨节遭受了他们的伤害。我来到这里，为的是用魔术医治他的骨节，就是说接合他的胳膊、伸直他的双腿。一旦太阳神下命令，桨手们将即刻各就各位。

【题解】

如何避免死后在冥界吃粪在此前的第51篇、第52篇、第53篇、第82篇等篇中都被谈及，本经文把死者乘上太阳船与他获得充足的饮食联系在一起。在第二段经文里，死者把自己描写成同赛特（恶毒的狗）搏斗的勇士和救活奥西里斯的神医，试图以此来强化自己登船的权利。

事实上，神话中谋杀奥西里斯的赛特呈现为一种狗，被奉为木乃伊制作师和尸体保护神的阿努比斯也表现为一种狗。由此可以看出，有关奥西里斯被杀害的神话故事的核心是人死后他的尸体自然腐烂。一旦人的生老病死这一自然现象被赋予了道德的色彩，死亡就显现为不公正的事件，因此有必要予以更正。赛特由此成为泯灭生灵的恶棍，而阿努比斯则被塑造成帮助人们唤醒死者的善良神。

第103篇

本经文的目的是让死者成为哈托女神的随从。

我生前曾经是有身份、有地位的人，我清白无辜，我曾经在哈托神庙里充当祭司。现在，我要跟随她巡游天地。

【题解】

哈托是主司爱情、生育等的女神。她在有关来世的铭文里占据重要的地位，因为古代埃及人经常把复活想象成回到母体孕育新的生命。因为这个缘故，哈托经常被称为拉神的女儿，有时与努特合二为一，呈现为一头象征天体的母牛。本经文里，死者自称生前是哈托女神的祭司，那么他应当同时也有资格死后继续跟随自己的女主人。

第 104 篇

本经文的目的是让死者在众神之间永存。

我经过了夜行船所停留的房子，我来到了这些主宰命运的伟大的神身旁。一只善于飞翔的蝗虫把我带到了这里。我来这里是为了看到这些冥界神灵的面容。他们确认了我的清白，我是一个正直和无辜的人。

【题解】

本经文表达了死者在来世与诸神为伴的强烈愿望。附图表现他坐在两个神的中间，似乎表现他在他们的保佑下获得再生，并且因为他们的恩赐而不愁吃喝。值得注意的是，死者称自己是借助一只蝗虫到达了神所居住的地方，这里具体指天空。可见，古代埃及人并没有把通往来世的途径局限在一种可能性之中。请比较第 76 篇。

第 105 篇

本经文的目的是让死者的卡在来世得到满足。

啊，我的卡，你是我生命的岁月。你瞧，我来到了你前面，我重新获得了生命，我的身体充满了生命力。我的巴与我同在，我拥有所需的权力。我给你带来了泡碱和香料，为的是我给你擦拭身上的汗水，以便你变得洁净。

我所说过的恶言恶语，我所犯下的过错，我不必因它们而承担责任，因为我是附着在太阳神的咽喉为他提供保护的护身符。那些随同太阳重复生命的诸神不会离开我，只要他们长生不死，那么我也要死而复活；我的卡要像他们的卡一样显出旺盛的生命力，我的卡也要像他们的卡一样得到保佑。

到了称量心脏的那一天，愿玛阿特高耸在拉神的鼻子上。主掌天平的神，请你不要让我失去我的脑袋，因为我要用我的眼睛看、用我的耳朵听。我不是用来做牺牲的牲畜，我身上没有哪一块肉可以用作献给神明的供品。让我从你身边毫发未损地走过去吧，我是个清白无辜的人，不要让奥西里斯倒在他的敌人的脚下。

【题解】

按照古代埃及人的来世观念，一个人死后复活，需要他的躯体、他的巴和他的卡（甚至包括他的影子）重新结合。本经文表现死者的躯体与其卡结合的场面。一个人与其卡如同双胞胎一样出生，但是卡作为代表潜在生命力的孪生兄弟，只是在他的显性的兄弟死后才真正发挥作用。因此，古代埃及人把一个人的死亡委婉地说成“去见他的卡”。躯体与卡的结合只是身体方面的准备，面对即将来临的来世审判，死者安慰自己的卡不必担心，因为他带来了泡碱和香料。不过为了保险起见，死者在第二段宣称自己为太阳神提供保护，而在第三段，他又哀求称量心脏的神不要判他有罪。作为理由，他一方面说自己的肉体不适于当作神所食用的供品，另一方面还声称自己清白，甚至把自己比作奥西里斯，充分表现了古代埃及人面对审判神极为矛盾的心理，因为每个人一生中不可能没有过错，而承认过错又担心无法通过审判，等于自己断送了复活的可能性。

把一个人能否复活与其生前是否有过错联系在一起，这至少给了人们一线希望，不管它如何渺茫。《亡灵书》对古代埃及人道德观的影响是毋庸置疑的，第125篇中无罪的陈述与说教文中有关安身立命的劝诫和官吏自传中的表白有许多相似之处，显然不是偶然。许多学者称伊斯兰教不仅仅是信仰，它构成了穆斯林的生活方式。古代埃及人和现代穆斯林的宗教生活在这一点有共同之处。

第 106 篇

本经文的目的是让死者在孟斐斯和冥界得到供品。

啊，提供食物的伟大的神，你掌管着众神殿，普塔神的面包也来自你的手。请你也给我面包，也给我啤酒吧！愿我的早餐由一块后腰肉和烤制的面点构成。

啊，来自芦苇地的艄公，请你摆渡把我带到那边，以便我在那里享受无尽的供品。你的渡船如同奥西里斯那艘乘风破浪的圣船。

【题解】

死者希望从两个方面保证自己的食物来源，一是从孟斐斯诸神的供桌得到一份，二是到芦苇地拿取足够的食物。芦苇地指来世当中一块长着各种谷物的岛屿，那里堆积着数不尽的供品，据信死者也可以在那里寒耕热耘、自食其力，但是必须借助渡船才能到达这个岛屿。面包和啤酒代表古代埃及人最基本的饮食，他们的啤酒相当于发酵的饮料。第一段所说的后腰肉外加面点即使对当时上层社会的人士也应当说是很奢侈的搭配。

第 107 篇

本经文的目的是记住通往来世的门。

（本篇经过删减第 109 篇而成。）

第108篇

本经文的目的是了解掌管冥界的诸神。

支撑天空的巴库山位于天空的西边，它的长度达三万肘，宽度近一万五千肘。掌管巴库山的索白克神居住在这座山的东面，他的神庙由光玉髓建成。这座山的顶端有一条蛇，它身长达三十肘，它的前身宽达三肘，看似一面刀片。我知道这条高踞山顶的蛇叫什么名字，它叫“喷射火舌的蛇”。到夜晚的时候，它会把眼睛对着拉神。这条巨蛇把河流中深达三肘的水吸入肚子里，从而导致太阳船停止航行，船上的水手们惊恐万状。

这时，赛特会把铜制的矛射向这条巨蛇，迫使它把吸入的水吐出来。赛特迎面对着这条蛇并念诵如下的经文：“快躲开我手中铜制的锋利无比的矛。我与你决斗，为的是让太阳船正常航行。你这条能够远视的蛇，快闭上眼睛，捂住你的头，以便我从你身上通过。快让开我，因为我是个真正的男子汉。遮住你的脸，把你唇边的火舌收回。我不会受伤，我会毫发无损，因为找是具有高超魔力的神，我是努特的儿子，我从她那里获得了对付你的魔力，这是多么不可思议的魔力啊！你这个匍匐行走的家伙，你的力量在你的脊梁上。瞧，我来向你挑战，我用手抓住你的尾巴，我浑身充满了力量。我来了，为的是替拉神消灭你这个来自地下的阴灵，以便拉神能够在夜间穿行冥界。我会围绕天空旋转，而你将永远被束缚在这里。这是众神事先针对你做出的判决。”赛特话音刚落，拉神就从西边的地平线进入了冥界。

我知道阿普菲斯为什么受到了惩罚，我也知道身处西天的身怀巨大魔力的神。他们是阿吞、索白克，他们是巴库的主宰。此外还有哈托，她是掌管夜晚的女神。

【题解】

古代埃及人认为，天空由巨大的山支撑着。文中被称为“巴库”的山在西边，太阳每天傍晚从那里降落。名叫“阿普菲斯”的巨蟒正是等候在那里，企图通过吸干河中的水来阻挡太阳船的航行。赛特是制服这个庞然大物的大力士，本经文的主体部分就是赛特以独白的形式描述他如何战胜阿普菲斯，从而保证太阳顺利和及时沉入地平线，以便宇宙的日夜交替和人世的生死循环都有序进行。古代埃及人相信，死者了解这场天地间的大拼杀有助于他跟随太阳神越过阿普菲斯所在的险地。在这里，自然界的秩序和混乱分别被赋予了生命和死亡两个至关重要的含义。值得关注的是，通常被视为死者不共戴天之敌的赛特在这里成为众神和所有死者的救星。对古代埃及人至关重要的是，只要对死者的复活有利，来者不拒。从另外一个角度看，只有能够把奥西里斯这样伟大的君主置于死地的赛特才有可能制服阻止太阳神圣船航行和危害死者复活的大蟒蛇。

第109篇

本经文的目的是让死者了解位于冥界东边的神灵。

我知道天空的东门，这扇大门的南边有一个池子，而池子的南部有叙利亚鸭子，池子的北部有灰色的鸭子。那里是拉神借助船帆和船桨航行的地方。我就是这艘圣船上的艄公，我就是这艘太阳船上不知疲劳的一名艄公。

我知道那两棵质地为天青石的西克莫树，拉神从两棵树的中间窜出而后升上天。那里是掌管东边冥界的诸神所在的关口，那里是拉神东升时必经之地。我知道属于拉神的芦苇地在那个地方，它由铜铸的围墙保护。那里的大麦有五肘高，麦穗有二肘长，麦秆则达三肘；那里的小麦有七肘高，麦穗有三肘长，麦秆则达四肘。通过审判而进入来世的尊贵的人在那里与众神一起收获，他们的身高都达九肘。

我知道位于冥界东边的神灵，他们的名字叫哈拉赫特、太阳牛犊和晨星。

【题解】

上一篇描写了死者了解太阳神在赛特的帮助下沉下西边的地平线，从此开始返老还童的过程。本篇讲述的是死者乘坐太阳神圣船在清晨时分东升的情景，其中提到了太阳从两棵西克莫树中间窜出来。说树的质地为天青石当然是为了加强这种树的神秘程度。更为重要的是，文中比较详细地描写了许多经文都提及的芦苇地。这个地方的庄稼比人间更茂盛和硕大，而且人与神并肩收获果实，实属位于冥界的天堂。

第110篇

这篇经文与供品地有关。本经文的目的是让死者在白昼离开坟墓，自由地进出墓室，出来以后来到这块种植那些用作供品的谷物的田地，来到这个被称作“和风之城”的地方，舒适地安顿下来。这篇经文会让死者在这块田地上充满生机，获得转生的必要条件；死者在那里耕种、收获，他在那里吃、喝，他在那里也有性生活，他在那里做所有他曾经在人间做过的事情。

我看见赛特袭击荷鲁斯，我又看见赛特试图毁坏供品地。我从赛特手里解救了荷鲁斯，我在天空雷鸣电闪的那一天为拉神开辟了前进的道路。我识破了赛特扼杀生命的企图，我让蛋壳里的生命破壳而出，我让孕育在母腹里的胎儿获得喘息的机会。

我帮助太阳神渡过天空上的汪洋大海，我帮助太阳神穿越空气神舒的躯体。他身躯上的星星是年数，他的肢体是季节。我在他的水域上航行，我到达了我想去的地点；我来到供品地，我要在这里尽情地享受供品；我要在这里让九神会得到满足，我要在这里让两个对手和解；我要使这个地方充满美好的东西，让这里的神灵和复活的人都感到满意；我要消除成年人的悲伤，我要让年轻人断绝争斗的念头；我要惩治妄图伤害伊西斯的恶棍，我要惩罚妄图伤害任何一个神的家伙；我要让两个死对头偃旗息鼓；我要让阴暗的地方充满阳光；我要让转生的人得到充足的食物。

我对供品地拥有绝对的支配权，我对这块田地了如指掌。我在天空的水域航行，然后顺利到达这块田地。我的嘴恢复了原先的所有功能，任何鬼神都奈何不得我。我在供品地上耕耘。我管理“和风之城”这个地方，我在这里生活，我在这个我所喜欢的地方得到延续生命所需的所有东西。我在这里吃，我在这里喝；我在这里耕种，我在这里收获；我在这里把谷物磨成面粉；我在这里享受性生活；我在这里拥有无限魔力，我在这里不会被盘问，我在这里不会受惩罚；我在这里心满意足。

我知道支撑这个供品地的桩子，它的名字叫作“贝克特”，它固定在舒的血管上，它与年月的筋连在一起。就在这根桩子所在的位子，一年被一分为二。它是一个神，它保持沉默，它的嘴看不见，因此它更显得神秘莫测。我向它祈求，我由此赢得时间，从而拥有永恒。

我掌管这块供品地。我就是呈隼形状的荷鲁斯。我的翅膀有一千肘宽，我拥有两千次生命，我的寿命永无止境。我心随所愿，自由地来到这里，然后再心满意足地离去。我在神灵降生的地方获得重生，我在神灵进行较量的地方休憩。我在这里做我曾经在人间所做的一切，这里没有罪恶所以也没有哭诉。

我自由地出入供品地，我身处众神出生的地方，我在众神相互进行过较量的地方得到休整。我在这里做我曾经在人间所做的一切，这里没有罪恶所以也没有哭诉。我在供品地享受来世生活，我穿着上等的衣服，手上有一个神曾经用来盛食物的罐子。我可以自由进出这块田地，我可以自由支配奉献供品的人。我因为与荷鲁斯融为一体而魔力无穷，我借荷鲁斯的身躯复活，我回忆起我所忘记的一切。

我来到供品地，我在这个众神之城享受永生。我知道供品地的每个地方、每个诺姆和所有水域的名字。我在这里获得了力量，我在这里具备了再生的条件；我在这里尽情地吃、随意地走动；我在这里种植，然后收获；我在这里行男女之事，然后再享受休息的快乐，我在这里生育后代；我在这里的水域上荡舟，我从一个地方到另外一个地方，我把经文里的条款付诸实施，我的双角锋利无比。我为那些与我一样获得再生的人提供丰足的供品，我为那些需要光亮的人提供光明。我到处游动，我在各个水域划来划去，我到达我想去的地方。我在供品地自由地活动，就如天空中的拉神一样。

我来到盖伯所在的地面，我让盖伯得到满足；我再一次走出墓室，再次感受到了什么是心满意足；我掌握并运用权力，我在供品地得到了满足。

我来到了供品地，我的巴跟在我的后面，而我的供品则呈现在我的面前。啊，主宰上埃及和下埃及的女神啊，我重新拥有了我的魔力，我想起了我曾经忘却的一切。我活着，没有人能够再伤害我。我享受满足和安宁，我重获生殖力，我获得了生命之气。

我来到了供品地，我已经挣脱了包裹我头的亚麻布。当拉神闭上他的眼睛的时候，我从沉睡中苏醒过来；随着夜间时光的推进，我赢回了我的生命；我在那里收集到了拉神的唾液。

我来到了供品地，这座来世中最大的城市。我之所以来是为了让这里的物质丰足，让这里的植物茂密。我是独一无二的由天青石制成的公牛，我是主宰田地的君主，我是为众神奉献供品的公牛，天狼星时时与我商讨相关事宜。

啊，葱绿的植被、充满生机的庄稼，我来到了供品地。我吃了属于我的食物，我尝到了畜肉，享受了禽肉的美味。我甚至得到了献给舒的禽类，它们促使我的卡恢复活力。啊，我来到了存放食物的地方，我穿上用上等亚麻布制作的衣服，而且像在天空拥有众多随从的拉神一样系上了一条腰带。我就是天上的拉神，我就是拥有众多随从的拉神。

啊，主宰上埃及和下埃及的女神，我来到了你面前，我来到了供品地。我像奥西里斯一样经过了清水的洗礼。我能够驾驭类似枯荣、沉浮、死生等的有机转折，我像奥西里斯一样。我是个优秀的捕捞者，因此我的食物充足。我来到了你面前，我看到了我的父亲，我看望了我的母亲。我起早捕鱼，我清楚这些水域的地形，所以我不会遭遇不测。我知道那个拥有洁净的嘴、长着神奇的头发和锋利的头角的神的名字。只要他能收获，那么我也能耕耘和收获。

我来到了天青石一般的天空，我来到了供品地，为的是呼吸到九神会所支配的气息。我重新拥有我的头，我把荷鲁斯长着蓝色眼睛的头按照他的意愿重新安在他身上。啊，强大无比的神，我来到了你面前，给我准备食物吧，我以清醒的头脑来到了你面前，我的头上戴着白色的王冠。我为上埃及指明方向，我让下埃及永远繁荣，我使统帅九神会的公牛得到满足。我就是众神之主的公牛，我随着他横跨天空。

我来到了供品地，来到了为众神种植大麦和小麦的诺姆。我在被叫作“纯洁女神的双角”的水面上乘风航行，我在水面的南部停泊，我消除了大风和狂涛，我让主宰供品地的诸神倾听我唱给他们的赞歌。

【题解】

第109篇讲述了位于东方地平线与冥界交界处的芦苇地，据称这个芦苇地呈现为一个岛屿。本篇描写了一个相似但位于天空的美好地方。根据文中的描写，它的面积很大，既有田地，也有水域，甚至还提到了古代埃及行政区域的名称“诺姆”。显然，这确实是仿照人世的埃及而虚构的天上人间。经文在开头处把死者描写成粉碎赛特阴谋诡计的功臣，目的是强化他自由进出供品地的权利。同样与此相关，经文还称死者对供品地的情况了如指掌，比如对那根非同一般的桩子的底细一清二楚。接下来的几个段落基本以排比的形式讲述了死者怎样在供品地享受田园生活的情景。文中重复提到了那里没有罪恶和哭泣，暗指赛特残杀奥西里斯的罪行，表达了古代埃及人把赛特视为死亡之源的来世观念。死者重申自己的生育能力，因为它不仅是生活的一部分，而且更为重要的是延续生命的一种重要形式。整篇经文以死者歌颂供品地的主宰神结尾。天狼星在古代埃及预示尼罗河泛滥季节的开始，所以它经常象征丰收和富足。

第111篇

（本经文经过删减第108篇而成。）

第112篇

本经文的目的是让死者知道居住在布托的诸神的名字。

啊，你们这些居住在潟湖边的人，你们这些生活在蒙迪斯的人，你们这些住在布托的捕鸟人，你们这些为了酿造啤酒而糅合面团的人，你们知道布托为什么被分配给荷鲁斯吗？我知道，但是你们却不知道。拉神亲自把布托赐给荷鲁斯，作为他受了伤的眼睛的补偿。拉神对荷鲁斯说：“让我瞧瞧，看你的眼睛怎么样了。”拉神查看了荷鲁斯的眼睛，然后又对荷鲁斯说：“你向那头黑色的公猪看去。”荷鲁斯随声把眼光投向那头黑色的公猪，他那只眼睛的伤情由此变得更加严重。荷鲁斯对拉神说：“你看，我的眼睛因为赛特用力击打而疼痛不已。”说完，荷鲁斯失去了知觉。拉神对其他神说：“把他平放在他的床上，以便他苏醒过来。”原来，赛特把自己装扮成一头黑色的公猪，他用魔力让荷鲁斯业已受伤的眼睛再次遭难。

拉神因此命令其他神：“我们要因荷鲁斯的缘故而诅咒这头猪。”如此这般，猪就因为荷鲁斯的缘故而受到荷鲁斯身边诸神的诅咒。当荷鲁斯尚年幼的时候，他作为供品所获得的牺牲中还包括牛肉和猪肉，而现在，猪则成了跟随荷鲁斯的诸多神的忌讳。

至于伊姆塞特、哈彼、杜阿木特和库波思乃夫，这四个神都是荷鲁斯的儿子，而他们的母亲是伊西斯。荷鲁斯对拉神说："让这四个神中的两个在布托陪伴我，另外两个在希拉孔波利斯陪伴我，永远永远地在我身边，以便这个世界能够复兴，叛乱不再发生。"荷鲁斯的名字"挺立在莎草杆上的荷鲁斯"就是由此而来。

我知道栖身在布托的诸神：他们是荷鲁斯、伊姆塞特和哈彼。抬起你们的头吧，你们这些冥界的神。我来到了冥界，目的是让你们看见我，因为我已经变成了一个伟大的神。

【题解】

本经文描写死者曾经亲眼目睹荷鲁斯为了替父报仇而眼睛受伤的事件。经文以荷鲁斯与赛特之间的矛盾和争斗来解释古代埃及人诸如把猪肉视为忌讳的原因所在。这可能是古典作家如希罗多德记述古代埃及人对猪肉忌讳的原因，不过研究表明，法老时期的埃及人吃猪肉确实很普遍。这里可以联系另外一个相近的传说，即古代埃及人诅咒尼罗河中的一种鱼（被称为阿迪尤），因为它吞吃了被赛特扔进尼罗河里的奥西里斯的生殖器。

布托是下埃及重要的宗教中心，它与上埃及的希拉孔波利斯构成古代埃及南北两个姊妹城市。死者称众神作为补偿把布托赐予荷鲁斯，但是该城的居民却不知道此事。伊姆塞特、哈彼、杜阿木特和库波思乃夫都是保护装有死者内脏的葬瓮的神，因为死去的人被比作奥西里斯，作为奥西里斯的儿子和保护者，荷鲁斯被说成上述四个神的父亲。如本篇的题目所述，死者掌握这些信息有助于他的尸体及其脏器得到相关神的保护，或者如经文所说，为的是他自己能够变成"一个伟大的神"。

第113篇

本经文的目的是让死者熟悉希拉孔波利斯的诸神。

我知道发生在希拉孔波利斯的有关神的故事，它们涉及荷鲁斯和伊西斯。当伊西斯把荷鲁斯的两只胳膊扔进水里的时候说：“你们两个（指荷鲁斯的胳膊）已经被砍断，你们此后要远离我，不要让我再看见你们。”

但是拉神却说：“荷鲁斯已经成为残废，而加害于他的竟然是他的亲生母亲伊西斯。赶紧把索白克叫来，他是水中之王，让他把荷鲁斯的两只胳膊捞出来，以便伊西斯把它们重新接合到荷鲁斯身上。”

水中之王索白克过了一会儿说：“我寻找了片刻便发现了它们，可惜当我快到岸边的时候它们又从我的手指掉落下去。我最后用渔网把它们打捞上来。”这就是捕鱼网的由来。拉神说：“索白克，你有鱼吃就可以啦，把荷鲁斯的两只胳膊还给他吧！”这就是各种鱼类的由来。拉神又接着说：“要保守这个秘密，不要说出有关那张打捞到荷鲁斯两只胳膊的渔网的事。只有在月初和月中打鱼的时候才允许公开这个秘密。”

拉神接着又说：“我要把希拉孔波利斯赐给荷鲁斯，以此来纪念他的两只胳膊失而复得。因为他重新获得了胳膊，希拉孔波利斯的人们可以把遮掩脸颊的双手拿开，而且月初和月中可以打鱼。”

荷鲁斯这时说：“把杜阿木特和库波思乃夫交给我吧！我要监视他们，因为他们两个企图造反。希拉孔波利斯的神也要监督他们。”拉神回答道：“让他们在黑暗的地方蹲禁闭，然后他们会改悔，重新成为你的随从。”荷鲁斯回应道：“他们可以与我在一起，但是我必须先监视他们，一直到我得知赛特大声哀哭时为止。”

你们这些希拉孔波利斯的诸神，我来到了你们面前，因为我已经成为你们当中的一员。替我把荷鲁斯的结打开吧，我知道你们这些主宰希拉孔波利斯的神，你们是荷鲁斯、杜阿木特和库波思乃夫。

【题解】

与前一篇经文一样，本经文也讲述有关荷鲁斯的神话。传说荷鲁斯与其母亲伊西斯在有关如何对待赛特的问题上发生争执。赛特毕竟是伊西斯的弟弟，因此伊西斯不愿把赛特置于死地，导致荷鲁斯对其母亲不满。在与母亲的搏斗过程中，荷鲁斯的两只胳膊被拧折，而后被扔进水里，后来在拉、索白克等神的帮助下，荷鲁斯身体痊愈。杜阿木特和库波思乃夫与第112篇的伊姆塞特和哈彼一样是保护葬瓮的神，但是在这里表现为伊西斯的追随者和赛特的同情者，所以被冠以叛贼的恶名。同上一篇一样，本经文的目的是让死者了解这些与来世特别是与脏器保护密切相关的神。此外，希拉孔波利斯位于尼罗河的西岸，它与东岸的拿禾泊实际上构成同一座城市的两个部分，本经文通过荷鲁斯的故事试图解释希拉孔波利斯和拿禾泊两座古老的姊妹城市的由来。

第114篇

本经文的目的是让死者了解赫摩波利斯的诸神。

象征真理的羽毛插在了奥西里斯的肩膀上，称量人的心脏所用的红色王冠在秤盘上闪烁，荷鲁斯的眼睛因检查它的神的亮眼而开始炯炯有神。我是个了解内情的人，我知道是谁把这只眼睛从库赛带回来，但是我没有对任何凡人说过这件事，我甚至也没有向诸神报告此事。

我受拉神的委托而来，目的是把羽毛插在奥西里斯的肩膀上，目的是让称量人的心脏所用的红色王冠在秤盘上闪烁，目的是让有能力治疗眼睛的神把受伤的眼睛治愈。我作为一个不可小觑的人来到这里，因为我了解赫摩波利斯的诸神。我知道你们喜欢知情的人，所以你们一定会喜欢我。我知道那根羽毛结实，它的颜色是黑的，我已经检查了它的虚实。我很高兴用来称量心脏的羽毛经过了我的验证。

我向你们这些赫摩波利斯的诸神致意。我知道什么东西在每月的第二天变小，但到了每月的第十五天又变大。拉神明了夜晚所发生的一切，图特神认出了我的不凡。我向你们这些赫摩波利斯的诸神致意，我认识你们，永远永远。

【题解】

图特是赫摩波利斯的主神。在源于这个城市的创世神话里，图特还是远古的造物主，而且被视为月亮神。作为主司智慧和医药的神，图特在古代埃及全境受到崇拜，尤其是因为他在来世审判庭充当记录员并把称量结果向奥西里斯汇报。死者在本经文里讲述了图特神的许多特征和职能，希望自己所掌握的这些信息有助于他在接受审判时得到图特的优待。

第一段文字概括了图特在审判庭受奥西里斯委托称量死者心脏，并且治愈荷鲁斯受伤的眼睛这两项对死者非常重要的职能。接着，死者讲述了他认为鲜为人知，甚至许多神都不知道的秘密。这个秘密就是有关太阳神拉与其女儿泰芙努特争吵，后者出走努比亚，最后由图特想尽办法把泰芙努特劝回埃及的神话故事。因为在以拉为主神的神话里，泰芙努特是拉的女儿，有时又被说成是拉的一只眼睛，这个情节反映了古代埃及人试图用拉与泰芙努特之间发生冲突来解释冬季时分太阳（直射线）南移、夏季时节又北回的自然现象。库赛是图特等神回到埃及以后经过的主要城市之一。

在第二段里，死者把自己描写成在审判庭里起到关键作用的图特。他特别提到亲自检查了用来衡量死者心脏的羽毛。这根羽毛在象形文字中被称为“玛阿特”，它是检验死者生前是否有罪的最为简便的标尺。在第三段，死者像猜谜语一样说出了月亮圆缺的规律，即初二变小，十五变大，他的用意是强调他对月亮神图特了如指掌，希望图特不要慢待自己。

第115篇

本经文的目的是让死者升天，打开墓室的门，并且认识赫利奥波利斯的诸神。

我与那些伟大的神一起度过了昨天，我与夏帕瑞一起完成了变形的过程。我看到了拉神那只明亮的眼睛（指白天的太阳），我也看见了他那只昏暗的眼睛（指夜晚的太阳）。我是你们当中的一员，我知道赫利奥波利斯的诸神。我知道在塞奴特节日里发生的事情，我甚至清楚最高祭司都没有资格知道的秘密。我知道为什么男孩子要在头部的侧面留一个辫子。

拉神对身边的神说话，不料他的嘴因此受了伤，这就是为什么月亮在每月的第二天变小的原因。拉神如此命令身边的神："快拿起那只30个尖头的矛，就是那个众神将赐给人的礼物。"这就是拉的随从形成了有30个成员的审判庭的原因，这也是由两个姐妹代表拉神眼睛的原因，这也是为什么拉神听见红色亚麻布的声音就伸手出击的原因。

拉神变身为一个扎着辫子的女子，这就是为什么赫利奥波利斯的祭司留着辫子的原因；此后，留辫子的习俗被终止，由此产生了赫利奥波利斯的光头祭司。赫利奥波利斯的祭司从拉神获得了种种特权，所以他们被称为"望得最远的人"。我知道赫利奥波利斯的诸神，他们是拉、舒和泰芙努特。

【题解】

在第112篇至下一篇的若干经文里，死者宣称自己了解埃及各重要城市的主要神灵的秘密，试图以此来把自己置于这些神的保护之下。本篇讲述了与赫利奥波利斯的主神拉相关的秘密。第一段以相当隐晦的语句描写了死者伴随夏帕瑞、拉和阿吞完成生命转换的过程。夏帕瑞、拉和阿吞分别代表了太阳一天中的三个阶段，明亮的眼睛指拉或者夏帕瑞，而昏暗的眼睛则指阿吞。塞奴特节是庆祝太阳神战胜蟒蛇阿普非斯的日子，在每月的第六天。在古代埃及，男孩子在头的侧面留一个小辫子，作为尚未成年的标记。文中的男孩子指呈儿童形状的荷鲁斯，象征他战胜了蟒蛇以后呈现为东方地平线上的旭日。

第二段所说的拉神的嘴受伤是暗指他与其女儿泰芙努特之间的争吵，如上篇已经提及，神话中泰芙努特赌气出走的情节与冬季太阳（直射线）南移相关，不同的是，本篇更加强调了月亮的圆缺。30个尖头的矛和30个神组成的审判庭分别指拉神与阿普菲斯搏斗时的武器和拉神判决奥西里斯王位争夺案时的陪审团，而红色亚麻布比喻喷射火舌的蟒蛇。经文的最后一段解释了赫利奥波利斯的祭司名称的来历和他们剃光头发的原因。

第 116 篇

本经文是另一篇让死者了解赫摩波利斯诸神的经文。

红色王冠在秤盘上闪亮，象征玛阿特的羽毛已经从奥西里斯的肩膀上拿下来，荷鲁斯受伤的眼睛已经痊愈。我知道这些事情，因为诵经祭司对我透露了所有的秘密。我没有对任何凡人讲述过这些秘密，甚至也没有向神报告。我看上去一无所知，但是我了解相关的内情。

啊，你们这些栖身在赫摩波利斯的神，愿你们了解我，正如我了解有关红色王冠的事情。我能够让受了伤的眼睛愈合，我已经检查了那只眼睛的伤情。

我知道赫摩波利斯的诸神，我也知道哪个神会在每月的第二天发挥效力，而在每月的第十五天又变小。这就是神秘莫测的图特，这就是无所不知的西艾，这就是主神阿吞。

（附言：）知道这篇经文的人憎恶粪便，他绝不会喝尿。

【题解】

本篇的内容与第 114 篇相似。死者宣称自己对赫摩波利斯的诸神尤其是该城的主神图特的情况一清二楚。第二段则强调他自己拥有与图特一样妙手回春的魔力。第三段讲述了图特与月亮的关系。末尾一句话点出了图特、西艾和阿吞之间的微妙关系：西艾是古代埃及人把理解力和辨别力拟人化而形成的神，据说他是由太阳神（有时说是拉，有时又说是阿吞）的滴血生成的。因为图特是智慧神，所以西艾经常被视为图特的帮手。

第 117 篇

本经文的目的是让死者在拉塞塔找到他应当走的路。

我要走的路在拉塞塔。我来到阿比多斯并在这里确立了我赖以永存的居所，神中之神给我戴上了王冠。拉塞塔所有的道路都向我开放，因为我治愈了奥西里斯受伤的躯体。

我让没有水的地方生成水，我靠自身的力量争得了属于自己的位置，我在荒凉的沙漠和充满生机的谷地开辟了道路。伟大的神，为我开放一条掌握在你们手中的路吧！我让奥西里斯战胜了他的敌人，目的是我能够借此战胜我自己的敌人。愿我变成你们的一员，成为永恒之主奥西里斯的朋友。愿我像你们一样自由走动，像你们一样随意站立，像你们一样静静地端坐，像你们一样有机会与冥界的主宰奥西里斯说话。

【题解】

拉塞塔是古代埃及最早的都城孟斐斯地区的墓地名称，后来成为冥界的代名词。随着奥西里斯成为最重要的冥神，其他地方的冥神被纳入到奥西里斯神话里，奥西里斯也变成了位于其他地区的墓地甚至冥界的主宰。有时这些冥界被说成奥西里斯崇拜中心阿比多斯的一个区域。对古代埃及人来说，每个地方都有符合自己自然环境和宗教传统的冥界，严格确定来世的所在位置是不可能的事情，而且他们也没有在这方面费心思；对于他们来说，更为重要的是想方设法得到不同地区拥有不同神奇力量的神灵的保佑，被动地等待死亡是他们所憎恶的事情。

第118篇

本经文的目的是让死者到达拉塞塔。

我是生在拉塞塔（这里指孟斐斯）的人，我已经像先前去世的众多贤者那样达到了尊贵的程度，我现在与奥西里斯一样洁净。我在拉塞塔度过了我的一生，我现在等待再生；像奥西里斯穿过那两座山峰战胜死亡一样，我也要去奥西里斯获得重生的两座山峰之间获得再生的资格。

【题解】

文中所说的洁净既指道德方面无瑕疵，也指人死后尸体得以保存，没有腐烂现象。“两座山峰”指太阳降落时的西边地平线。在古代埃及象形文字里，“地平线”（*ꜣḫ.t*）一词即由两个山峰夹着太阳圆盘的图像表示。完成了白天照射任务的太阳神到了夜间便回到冥界经历返老还童的过程。早晨东升的太阳已经是重生了的太阳，死者希望自己像奥西里斯一样跟随太阳永远周而复始地经历生死交替的环游。

文中提到的两座山峰被古代埃及人分别称为“昨天”和“明天”，穿过两座山峰就是借助今天把被隔断的时间连接起来。奥西里斯被杀意味着时间的中断，只有像太阳一样不停地循环往复，昨天与明天才能相互交替。本经文实际上描写了奥西里斯借助太阳重复生命的图景。

第119篇

本经文的目的是让死者了解奥西里斯的名字，促使他在拉塞塔自由进出。

我并非无名之辈，我能够自己照亮自己。奥西里斯，为了向你祈祷，我来到了你的面前。我来这里的目的是清除从你身体流出来的液体，以便你的名字在拉塞塔永不消失。

奥西里斯，我向你呼唤，请你抬起头来！愿你恢复你的权力和力量，愿你在阿比多斯有威力，愿你在拉塞塔有力量。愿你陪同拉神升上天空，以便你看见你的民众。你是独一无二的神，你能够像拉一样自由运行。听着，奥西里斯，我曾经对你说过如下的话：“我有资格获得神的尊严。”我所说的话一定会变为事实。奥西里斯，我不会被你拦截！

【题解】

面对来世的主宰神奥西里斯，死者的态度充满了矛盾。被赛特杀死后，奥西里斯在妻子伊西斯的帮助下死而复活。所有的古代埃及人都希望死后像奥西里斯一样获得新生，因此所有死去的人名字前都加上奥西里斯的名字。但是正如经文的末尾所显示，死者极度惧怕面对奥西里斯，因为后者对每一个梦想进入来世的死者进行审判。死者担心不能通过审判，所以在开头郑重其事地宣布自己来到冥界是为了帮助奥西里斯，即把他业已腐烂的尸体进行处理。他在结尾处更是断言，奥西里斯没有能力或权力把他拒之门外。

第 120 篇

（本经文是第 12 篇的变体。）

第 121 篇

（本经文是第 13 篇的变体。）

第 122 篇

本经文的目的是让死者走出墓室以后又能够回到那里。

给我开门！

你们问："你是谁？你的身份是什么？你的出生地是哪里？"我的回答为："我是你们当中的一个。"

我知道为你们摆渡的那个艄公的名字，他的名字叫"灵魂的收集者"；渡船的船桨被称为"木梳"，船头的缆绳被称为"坚如磐石"，舵轮叫作"散发呛人的味道"，水桶则叫"毫厘不差"。

渡船及其附属物都准备停当，为的是把我摆过河去，为的是把我送到有清泉的地方，以便我在那里获得来自阿努比斯神庙的一罐牛奶、一块蛋糕、一杯啤酒、一片面包和一块肉。

【题解】

古代埃及人相信，人死以后属于他的巴不会死去，并且具有自由活动的特性。不过，他们担心巴自由进出的权利被把守冥界大门的鬼神剥夺，要么巴出不去，要么是它飞出墓室以后被拒绝再次入内。他们当然也害怕巴走失或者不愿返回昏暗的墓室。本经文的标题虽然说死者走出墓室，实际上指的是他的巴。作为死者的代表，巴想离开墓室畅饮清水，并且从阿努比斯神庙得到一份丰盛的供品。为了获得走出去的许可，巴不得不接受烦琐的盘问，它必须说出与渡船相关的人和物的名称。显然，经文暗示巴也只能借助渡船抵达阳界。

第123篇

本经文的目的是让死者自由地进入众神所在的大神庙。

你好，阿吞。我是图特，我曾经调解两个对手之间的矛盾，我平息了他们之间的争端，我消除了他们的痛苦。按照你的命令，我抓住了阿迪尤鱼，我没有让它逃脱，而且我根据你的旨意叫它罪有应得。我用我自己的眼睛照亮了我的归程。

我没有任何罪过，你看，我来到了你面前，来到了这座神庙旁。我要在这座神庙里发布各种命令。年老者听从我的支配，年轻人随时听候我的吩咐。

【题解】

这里所说的大神庙位于赫利奥波利斯，它是主神拉（或者阿吞）的居住地，也是众神组成的审判团裁决荷鲁斯与赛特之间王位之争的地方。在古代埃及人的宗教观念里，这里同时也是太阳升起的地方，即保证宇宙和人间秩序的中心。为了求得这些拥有生杀大权的神的恩宠，在第一段里，死者声称自己是在解决荷鲁斯与赛特之间纠纷的过程中立下大功的图特。在第二段文字里，死者先是声称自己生前清白，但是接下来却话锋一转，说自己要在这座神庙里像太阳神一样发号施令。阿迪尤是传说中吞吃奥西里斯生殖器的那条邪恶的鱼的名字。请比较第112篇。

第124篇

本经文的目的是让死者走进奥西里斯举行审判的大厅里。

我的巴在布塞里斯建造了一座堡垒，我得以在布托享受生活。我以在世时的模样秋收冬藏，属于我的椰枣树借敏神的生殖力而硕果累累。

我所憎恶的东西，我所憎恶的东西，我不会吃我所憎恶的东西。我所憎恶的东西就是粪便，我不会吃粪便。我不会被垃圾所绊倒，我不会接近它们，更不会用手摸它们、用脚踩它们。我所吃的面包用白色的小麦制作，我所喝的啤酒用黄色的大麦酿造。太阳神的日行船和夜行船为我带来面包和啤酒，我将在树荫下享用这些面包和啤酒。我认识这些带来美好食物的神。愿我像国王的白色王冠一样受到祝福，愿我借助王冠上的眼镜蛇的力量升空。

啊，上下埃及君主的门卫，快替我叫来制作供品的厨师，以便我能够抬起我的头，以便阳光展开它的翅膀迎接我。愿九神会安静地倾听我与住在天国的人之间的对话。愿那些令神心满意足的人保护我，以便我在天国也像他们一样身强体壮。

任何一个男神、任何一个女神，假如他和她试图阻拦我升入天空，他和她就会被打入由奥西里斯所主宰的冥界；他和她就会成为那些靠吞吃人心和人头为生的鬼神们的盘中餐；他和她就不能升上东方地平线；他和她就无法接近拉神，就无法看到日光。

我来到太阳神身边，我在这里获得可口的食物，我在这里自由地走动。众神之主的随从们与我说话，甚至太阳神亲自对我说话，还有居住在天国的人们也与我交谈。

我对冥界的一片漆黑并没有恐惧感，我也不怕走向原始的混沌水，因为我将与奥西里斯在一起。我的坐垫就是奥西里斯的坐垫。我向他转达人们的心愿，我向他传达众神做出的决定，他们对我说："来吧，你具备了所有再生的条件，你行了善、积了德，你做了奥西里斯所喜欢的事情。"我具备了所有再生的条件，我比那些已经获得了再生的人更加具备再生的条件。

【题解】

依经文的题目判断，内容应当涉及死者如何走进奥西里斯的审判庭。显而易见，奥西里斯主宰的来世并非死者想象中的最佳去处。死者首先表达了他在天国如同在世时一样自食其力的愿望。其次，死者把拉神所在的天国构想成复活以后的理想居住地，他希望在那里分享太阳神的供品，原先伺候国王的御厨为他备餐。因此，他警告别有用心的男女神不要试图阻止他升天，并且宣称与他作对的神将被打入那个不堪忍受的奥西里斯王国。

话又说回来，奥西里斯所主宰的来世并非听任所有死者都随便进入的地方，因为不是每个人都能通过审判。为了保证自己顺利过关，死者在最后一段先是说他拥有其他神签发的有利于自己的判决书，然后又表白自己像那些已经通过审判的死人一样生前清白无辜。在结尾处，他又补充说自己所具备的通关条件优于先前获得了再生的死者。

第125篇

当死者来到判决他是否清白无辜的大厅的时候要念诵这篇经文，该经文会免除他所犯下的所有罪过。死者要说：

我向你致意，神中之神，主持公道的君主！我来到了你面前，我被带到这里是为了能看见你慈祥的面容。我认识你，我知道你的名字，我也知道在这个判定真假的大厅里与你同坐的42位神的名字。在奥西里斯主持审判的这一天，参与审判的神以有罪的死者为美食，以有罪的死者的血为美味。

你的名字是“维护公正的君主，两只眼睛分别是令人畏惧的两位女神”。我来到了你面前，我为你行了正义，我替你消除了不公。我没有对别人做邪恶的事情，我也没有虐待动物。我未曾黑白颠倒，我未曾无中生有，我也没有参与任何阴谋。

我未曾在清晨违反规则加重当日的工作量，没有人对着太阳神诅咒我的名字。我没有亵渎任何神灵，我未曾让孤儿的财产受损失，我没有做众神所厌恶的事情，我没有在一个上司面前诋毁他的下属。

我未曾让人无端遭受伤害，我没有让人挨饿，也没有致使别人流泪。我没有杀人，也没有指使别人杀人，我没有让任何人遭受痛苦。

我没有在神庙里就供品的数量弄虚作假，我没有偷吃神的供品；我没有拿走献给死者的供物；我没有在两性关系上变态，我没有在我的地方神圣洁的神庙里做伤风败俗的事。我没有加大或减小容器的容量，我没有改变丈量土地的尺寸，也没有挪动耕地上的地界；我没有增加手秤秤砣的重量，也没有挪动天平上的标度。

我没有抢夺婴儿口中的奶汁，我没有驱逐在牧场食草的牛。我没有在属于神庙的草地上猎鸟，也没有在归神庙所有的水池里捕鱼。我没有在泛滥季节试图阻挡滚滚而来的水，也没有用坝堤截留流动的水；我没有在需要亮光的时候熄灭火苗。

我未曾遇节日而忘记奉献牺牲，我未曾截留属于神庙的牲畜，我也没有在神像被抬出神庙时阻碍其行程。

我清白，我清白，我清白，我清白！我的清白如同那头赫拉克利奥波利斯的贝努。当乌扎特眼睛在赫利奥波利斯得以补足的那一天，也就是在冬季第二个月的最后一天，我应当呼吸到来自主宰生命之气的神的鼻孔的气息。我看到了赫利奥波利斯的乌扎特眼睛如何被补足。在这个生死交替的国度，在这个判决是非的大厅，我不会忍受任何不公正的处理，因为我知道所有在座的神的名字。

（向 42 个审判神发出的呼吁：）

啊，你这个来自赫利奥波利斯、健步如飞的神，我没有做任何邪恶的事情。

啊，你这个来自卡拉哈、拥抱火焰的神，我未曾盗窃。

啊，你这个来自赫摩波利斯、长着鸟喙的神（指呈鹮形状的图特神），我未曾贪得无厌。

啊，你这个来自地穴、吞吃影子的神，我未曾占有不属于我的东西。

啊，你这个来自拉塞塔、面目可憎的神，我没有杀害任何人。

啊，你这个来自天国、长着两个狮身的神，我未曾改动容器的尺寸。

啊，你这个来自莱托波利斯、一双眼睛射出两把刀的神，我未曾走邪门歪路。

啊，你这个浑身燃烧、倒着走路的神，我没有贪污神庙里的财物。

啊，你这个来自赫拉克利奥波利斯、让人粉身碎骨的神，我从来没有撒谎。

啊，你这个来自孟斐斯、吐着火舌的神，我从来没有偷窃。

啊，你这个来自西边、以洞穴为家的神，我未曾大声尖叫。

啊，你这个来自法尤姆、青面獠牙的神（指鳄鱼），我未曾动辄与人争斗。

啊，你这个来自屠宰场、嗜血如命的神，我从没有杀害神圣的动物。

啊，你这个来自三十神审判庭、吞吃内脏的神，我未曾大斗进、小斗出。

啊，你这个来自真理故乡、明辨是非的神，我未曾侵吞别人的配给。

啊，你这个来自布巴斯提斯、闯南走北的神，我未曾偷听任何人的秘密。

啊，你这个来自赫利奥波利斯、光芒四射的神，我未曾不假思索便喋喋不休。

啊，你这个来自布塞里斯、凶恶胜过毒蛇的神，我只争夺过应当属于自己的财产。

啊，你这个来自屠宰场、狠毒不亚于毒蛇的神，我未曾与别人的妻子交媾。

啊，你这个来自敏神的神庙、明察秋毫的神，我未曾胡作非为。

啊，你这个来自艾玛尤、资深望重的神，我从没有无端地吓唬人。

啊，你这个来自克索伊斯、翻云覆雨的神，我从没有损人利己。

啊，你这个来自神殿、声如洪钟的神，我未曾动辄发火。

啊，你这个来自赫利奥波利斯诺姆、年轻有为的神，我未曾对有道理的话语充耳不闻。

啊，你这个来自温昔、替众神传信的神，我从没有挑起事端。

啊，你这个来自舍提特、名叫巴斯提的神，我未曾挑逗别人。

啊，你这个来自密封的地穴、眼睛长在脑后的神，我未曾干过鸡奸、娈童等勾当。

啊，你这个从夜幕下走来、双脚滚烫的神，我未曾对别人的事漫不经心。

啊，你这个来自黑暗、遮着面孔的神，我未曾与人争吵。

啊，你这个来自赛斯、自给自足的神，我未曾对人施暴。

啊，你这个来自尼泽福特、一头多面的神，我未曾对人毫无耐心。

啊，你这个来自尤提奈特、喜欢控告的神，我未曾试图超越我的本质，我从没有质疑神的权威。

啊，你这个来自西尤特、长着一对角的神，我未曾小题大做。

啊，来自孟斐斯的涅弗吞，我未曾犯罪，我从没有干坏事。

啊，你这个来自布塞里斯、化存在为虚无的神，我未曾犯上作乱。

啊，你这个来自安太奥波利斯、生性为所欲为的神，我未曾把水当作我的基石。

啊，来自混沌水的伊希，我未曾大声说话。

啊，你这个来自神龛、喜欢发号施令的神，我从没有亵渎神灵。

啊，你这个来自属于自己的神庙、好善乐施的神，我未曾说大话。

啊，你这个来自属于自己的城市、让人重获信心的神，我未曾冲破我所属的社会等级。

啊，你这条来自神龛、支起脖子的蛇，我从没有索要不属于我的东西。

啊，你这个来自冥界、双手高举的神，我从没有让我的地方神蒙羞。

死者应当说：

我向你们这些神致意，我认识你们，我知道你们的名字，我不应当死在你们的刀下。你们不应当把我身上的缺点报告给统领你们的那个神，你们不应当公开我的缺点，你们应当在众神之主面前说我的好话。我在世时行了正义，我没有亵渎任何神灵，没有人向在位的国王汇报我的过错。

我向你们致意，你们这些在判明是非的大厅就座的神。你们身上没有丝毫虚假，你们在赫利奥波利斯以真实为食粮，你们在身处太阳圆盘的荷鲁斯面前以真实为食粮。在这个可怕的审判日，请你们把我从那个吞吃死者内脏的贝比手里拯救出来。

你们看，我就在你们面前，我未曾行不义，所以我没有过错，我没有罪。没有证人控告我，因为我未曾伤害过任何人。我以真实为生，我的食粮就是真实。

我做了别人让我做的事情，我做了让神满意的事情。我通过做神所喜欢的事情来让他们满足：我给饥饿的人面包，给干渴的人清水，给裸体的人衣服，给无法过河的人渡船。我为神敬献了供物，我给死去的人奉献了祭品。请你们拯救我，请你们给我提供保护，不要在冥界主神那里控告我。我的嘴没有说过坏话，我的手没有干过坏事。见到我的人都喊“欢迎”。

我在长着大嘴的神的屋子里听到驴和猫的叫声。我的证人是嗓音洪亮的艄公。我在拉塞塔看到了分叉的伊莎德树。我是众神的诵经祭司，所以我知道他们身上的秘密。我来你们这里是为了显示我所行的正义，我来这里是为了让冥界称量死者心脏的天平保持平衡。

啊，端坐在台座上的神，你头上戴着高高的王冠，你的名字叫“空气之主”。你的信使从不心慈手软，他准备让人鲜血横流，他决意进行让人难堪的审讯，请你把我从他手里拯救出来。我为玛阿特之主行了玛阿特。我是一个清白的人，我的躯体的前面是洁净的，我的躯体的后面也是洁净的，我的身躯是玛阿特繁茂的耕地，我的身躯用玛阿特打造。

我在位于埃及南面的池子里经过洗礼，我在位于埃及北面的城市定居，那里是蝗虫的聚集地，也是太阳船水手们在夜间第二小时和白昼第三小时洁身的地方。当众神在夜间或者白昼经过这个地方的时候，他们的心情就变得特别愉快。

他们就我的事情说道："可以叫他进来。"

"你是谁？"他们问我。

"你叫什么名字？"他们向我追问。

"我是莎草根茎的底部，我的名字叫'橄榄树'。"

"你都经过了哪些地方？"他们问。

"我经过了橄榄树边的城市。"

"你在那里看见了什么？"

"我在那里看见了一头公牛和一条牛腿。"

"你对它们说了什么？"

"我说出欢呼的话语。"

"它们给了你什么？"

"它们给了我一个火种和一个釉陶护身符。"

"你把它们放在哪里了？"

"我把它们与晚间所用的供品一起埋在了玛阿特岸边。"

"你在玛阿特岸边找到了什么？"

"我找到了一把用火石制作的权杖，它的名字叫'生命气息的赐予者'。"

"你把那个火种和釉陶护身符埋葬以后又对它们做了些什么？"

"我为它们哀哭，然后把它们挖出来。我熄灭了火，折断了护身符，把它们扔进了水里。"

"来，踏进这个通向判明是非的大厅的门吧，你显然很了解我们。"

但是门柱却说："如果你不说出我们的名字，我们就不让你经过这里。"

"你们的名字是'秤锤在其正确的位置'。"

右边的门扇说："如果你不说出我的名字，我就不让你穿过我。"

"你的名字是'称量玛阿特的秤盘'。"

左边的门扇说："如果你不说出我的名字，我就不让你穿过我。"

"你的名字是'称葡萄酒的秤盘'。"

门槛说："如果你不说出我的名字，我就不让你跨过我。"

"你的名字是'盖伯的公牛'。"

门闩说："如果不说出我的名字，我就不给你开门。"

"你的名字是'妈妈的脚趾'。"

门锁说："如果你不说出我的名字，我就不给你开锁。"

"你的名字是'巴库的君主素白克亮晶晶的眼睛'。"

门卫说："如果你不说出我的名字，我就不给你开门，不让你从我这儿经过。"

"你的名字是'用来保护奥西里斯的、属于舒的胸脯'。"

门扇的两个横档说："如果你不说出我们的名字，我们就不让你通过。"

"你们的名字是'眼镜蛇的幼仔'。"

"你认识我们，所以我们放你过去。"

大厅的地板说："你不能把脚踩在我身上。"

"为什么，我是清白的。"

"因为我不知道你用来踩踏我的身子的两只脚的名字，把它们说给我听！"

"我的右脚的名字是'走近敏'，我的左脚的名字是'哈托的根'。"

"既然你认识我，我就让你脚踩我的身子。"

大厅的守卫说："如果你不说出我的名字，我就不通报你的名字。"

"你的名字是'善于看穿心、洞察躯体的人'。"

"我应当向哪个神通报你的名字？"

"向上下埃及的翻译通报我的名字吧。"

"他是谁？"

"上下埃及的翻译就是图特。"

图特说："进来吧，但是你究竟为何而来？"

"我来这里是为了述职。"

"那么你的状况到底如何呢？"

"我是清白的，因为我从没有犯任何罪，我未曾惹恼任何主管某一方面的神，我不属于那些喜欢争吵的人。"

"我应当把你通报给谁呢？"

"把我通报给这样一个神，即他的房顶是火，他的墙壁是吐着火舌的眼镜蛇，他的房子的地板是洪水。"

"他是谁？"

"他就是奥西里斯。"

图特对我说："进来吧，我已经通报了你的到来。你要吃的面包就是乌扎特眼睛，你要喝的啤酒就是乌扎特眼睛，乌扎特眼睛将随着你念诵经文而生成。"

（附言：）一个清白和洁净的死者不仅应当念诵这篇经文，而且他应当拥有一幅表现他身处来世审判庭的画。这幅画应当用来自努比亚的赭石制作的颜色画在一块没有被猪等不洁动物玷污的纸上。让这幅画在干净的纸面上的图成为现实吧。画中的死者应当身穿干净的衣服，脚穿白色的拖鞋，用黑色颜料勾描眼角，用没药涂抹身体。他会因此得到由牛肉、禽肉、香料、面包、啤酒和蔬菜构成的供品。

拥有写着这篇经文的纸草卷的人一定会兴旺，他的后代也将兴旺，他将获得国王及其随行人员的恩宠，他会从那些属于神的供桌上获得糕点、面包和肉类。他不会在任何通向来世的门口遭到拒绝，而是与上下埃及的国王一起被引导到来世中去并成为奥西里斯的随从。这是真正的灵丹妙方，业已经过无数次的验证。

【题解】

本经文是《亡灵书》中最重要的篇章之一，几乎所有从新王国时期流传下来的《亡灵书》纸草卷都包括这一篇，而且许多其他篇章旨在帮助死者成功应对来世审判，或者间接地提到死者顺利地通过了来世审判。本篇的主要内容是死者所做的两场表白：一次是面对奥西里斯，另一次是面对陪审的42个神。虽然审判神衡量死者能否获得再生的条件基本上限于死者生前的言行，死者一方面表白自己在世时没有犯下罪过，另一方面试图以魔法的手段防止这些神判定他有罪。这乍看上去似乎相互矛盾，但实际上所反映的古代埃及人心情是完全可以理解的，因为对他们来说，通不过这个审判就意味着花费大量人力和物力准备的墓葬设施、相关的殡葬仪式和祭奠活动失去了意义。本篇的题目就已经清楚地说明，经文的目的就在于让那些甚至犯过罪过的人也通过审判。死者在经文里一面表白自己的清白，一面强调自己对这些审判神了如指掌。在涉及生死存亡的审判庭上，没有任何人愿意甚至敢于承认自己的过错，这即是死者对其在世时品行的检讨，更是他与手握生死大权的神灵们的一场赌博。

关于本篇所包含的有关清白的陈述，学界的观点不尽一致。比如说这些陈述的最早起源，即德国学者喜欢说的实际生活背景（Sitz im Leben），有两种截然相反的意见。有一些学者认为，经文中一长串以否定句的形式所强调的道德上的无瑕最早出现在祭司入职时的宣誓，其他学者则倾向于从王朝初期官吏自传中生前无罪的表白寻找本篇陈述的源头。有关祭司入职时的宣誓，目前最早的证据来自王朝后期，加上神庙中专职的祭司到新王国时期才出现，时间上稍晚于《亡灵书》的成型，当然更晚于《亡灵书》的雏形《金字塔铭文》和《棺材铭文》。因此，第一种解释难以让人信服。需要强调的是，生前无过与死后得以复活的因果关系在说教文等其他体裁的文献中也经常出现，本篇经文中强调完美人生的陈述应当是受到多方影响，同时采用和借鉴不同题材的文献逐步形成。在时隔上千年的今天试图全面复原古代文献的生成过程，恐怕是有趣但却不可能的事情。

第126篇

“啊，你们这四只坐在太阳船上的狒狒，你们把玛阿特向冥界之主报告，你们在弱者与强者之间公正地进行裁决，你们用无私的判词让众神满意，你们让众神获得牺牲，你们让死者得到祭品。我是个靠玛阿特维持生命、以玛阿特为食粮的人；我的心灵纯洁，没有丝毫的虚假。我最憎恶的是不公。

“请你们驱除我身上的邪恶，请你们消灭我身上的虚妄，你们不许报告我的任何缺点。请你们允许我打开通往来世的门，让我进入拉塞塔，让我跨过路途上那一道道神秘的门。然后，我就会像那些因获得了再生而自由出入拉塞塔的人一样得到一块糕点、一罐啤酒和一片面包。”

“来吧，我们已经驱除了你身上的邪恶，我们已经消灭了你身上的虚妄，所有可能对你不利的东西已经不复存在，我们消除了附着在你身上的一切对你不利的东西。踏入拉塞塔，跨越这些通往来世的门吧。你会得到一块糕点、一罐啤酒和一片面包，你会像那些有幸获得再生的人一样每天都接到来自东方地平线的召唤，从而可以尽情地进入并走出来世。”

【题解】

本经文与第125篇密切相关。许多经文中暗示，如果死者不能通过审判，他的心脏就会被等候在天平旁边的怪兽吞吃。那些通过审判的人则可以进入奥西里斯王国享受永生。本经文讲述的是死者试图获得在太阳神的圣船上充当随从的四只狒狒的恩惠。其原因有两个：一是古代埃及人认为，通过了奥西里斯的审判以后，死者来到文中被称为拉塞塔（处在冥界与东方地平线之间）的地方享受永生，但是一旦这个死者被控有罪，那么他就在此地接受永远的惩罚，即变成有些经文中所说的倒立着的死人；其二，如其他经文经常暗示，奥西里斯主掌的来世并非最理想的生存场所，古代埃及人希望复活以后能够（至少偶尔地或短暂地）离开墓室，尤其是跟随太阳神完成生命的循环。这第二个原因说明了本篇中死者为何向坐在太阳船上的狒狒求助。

在有关来世审判的描述中，有的篇章说被判有罪的人遭遇第二次即彻底的死亡，因为他的心脏被等候在天平旁边的怪兽吞吃掉，而本篇则称这样的人忍受永远的惩罚，可见古代埃及人在探讨生死问题时不愿或者说无法面对真正死亡这一恐怖的结局。此外，此篇和其他相关的篇章所描述的冥界类似但丁等西方作家勾勒的地狱。关于古代埃及来世观念与西方地狱说之间的联系，许多学者相信其中存在渊源关系，有些人甚至试图探求其中的脉络，不过苦于缺少直接的证据，故多停留在猜测层面上。

第127篇

本经文的目的是来到奥西里斯所主持的审判庭并向那些掌控冥界的神做祈祷。

啊，你们这些栖身在冥界的神。你们是冥界的主宰，你们是守护来世的门卫，你们是有权向奥西里斯进行汇报的管家。我赞颂你们，因为你们消灭拉神的敌人，你们的光亮驱除了黑暗。你们看得见神秘和隐蔽的奥西里斯，你们的生命与奥西里斯的生命同样永恒，你们迎接乘坐太阳圆盘的那个神的来临。

请你们允许我来到你们身边，以便我的巴了解你们的秘密。我是你们当中的一员，我让阿普菲斯尝到了苦头，我在冥界叫他遭遇了灭顶之灾。奥西里斯，你是神中之神，你乘上了太阳圆盘，你的敌人在你面前甘拜下风，你有正当的理由压倒你的敌人。不管是在天空，还是在冥界，不管是在由一个男神进行的审判，还是在由一个女神所主持的审判，你都有正当的理由压倒你的敌人。奥西里斯向着尼罗河谷呼喊，他在众神主持的审判中获胜。

啊，门卫，你们这些守护通向来世之门的神，当死者因被判处第二次死亡而来到你们面前的时候，你们啜饮死者的巴，你们吞食死者的躯体。请你们给这个获得再生资格的善良的死者当好向导吧，他应当在冥界得到最好的保护，他的巴犹如拉神的巴一样优秀，他像奥西里斯一样值得称赞。请你们给这个奥西里斯引路吧，请给他开门。愿冥界把自己的洞口全部打开，因为审判的神已经让他战胜了他的敌人。他会给居住在冥界的神和人送去供品，他会走到居住在隐秘地方的奥西里斯身边并替他把头巾戴好。关于这个死者，荷鲁斯和赛特两个伟大的神说道："他已经成为哈拉赫特。这位尊贵的死者的巴充满了活力，而死者本人则因他的巴获得了新生。"他们为他高兴，他们向他欢呼，他们给他提供保护。

这个死者已经获得了再生，他像天国的人一样享受生命。他从来世审判庭胜出，因此他获得了呈各种不同的形状出入墓室的资格。通向天国的门、通向人世的门和通向来世的门如同向拉神开放一样为他打开。他（指死者）说："天国的门、人世的门和来世的门都已经向我敞开。我就是奥西里斯的巴，因此得以与他融为一体。我自由地穿过各个关卡，当门卫看到我的时候，他们都向我欢呼。我作为一个得宠的人进入来世，又作为一个受喜爱的人走出来世。我可以自由地走动，因为诸神在我身上没有找到一丝一毫可以指责的地方。"

【题解】

与此前的两篇一样，本经文旨在帮助死者顺利通过奥西里斯的审判。经文的前两段为死者对审判神的呼吁，而后面的段落以经文编纂者的口吻或者相关神的口气书写，因此显得更加具有说服力，同时也表达了这篇经文由举行仪式的祭司念诵的事实。

在经文的开头，死者祈求守护来世的诸神允许他到奥西里斯面前。接下来，为了讨好奥西里斯，死者称后者在任何一个审判庭都会胜诉。不过，奥西里斯的对手在这里不是赛特，而是蟒蛇阿普菲斯。

第三段甚至说赛特和荷鲁斯这两个不共戴天的死敌对死者所获得的再生资格异口同声地表示赞同。象征旺盛的生命力和标志生命循环秘密的荷鲁斯与呈现为刽子手典型代表的赛特一同为死者的再生声援，这是一种多么不可思议的死后复活的愿望。在第四段里，重获生命的死者不仅复述了自己进入来世的权利，而且也强调了走出来世（即墓室）的自由。

根据古典作家的记述，古代埃及人在把死者下葬之前确实让他接受审判。不过这一审判的主角不是神，而是死者生前的邻里乡亲。当被问及到有无针对死者的诉讼时，在场的人可以揭发死者在世时的罪过。一旦受到责难并被证明属实，死者连同棺材被抛入水中，永无再生机会。所有在场的人保持沉默意味着死者生前无罪，从而获得隆重的葬礼并受到后人的记忆和祭奠。我们无从验证古典作家这一信息的可靠性，不过可以确定的是，有罪的人死后不得好下场，这是在古代埃及深入人心的守则。我们中国人通常说坏人不得好死，对古代埃及人来说，最为可怕的是死后接受清算。

第128篇

本经文是献给奥西里斯的颂歌。

啊，努特的儿子奥西里斯，你赢得了公正。你是盖伯的长子，你是努特所生的伟大的神。你是提尼斯的君主，你是主宰冥界的首领。你是阿比多斯的主神。你的权力无限，你的威力无双。你在赫拉克利奥波利斯戴上了王冠，提尼斯的统治权归你所有。你有权利支配坟墓。你在布塞里斯受到崇拜，你在蒙迪斯拥有无数的供品和众多的节日。荷鲁斯因你而感到幸福，伊西斯和涅芙狄斯为你提供保护，图特为你念诵充满魔力的咒文。啊，荷鲁斯，你为奥西里斯而高兴；快抬起头来吧，以便你也来保护你的父亲奥西里斯。

啊，奥西里斯，请为我欢呼吧！我是荷鲁斯，我来到了你这里。我来这里是为了让你食物充足，我给你带来了包括面包、啤酒、牛肉、禽肉和其他一切美味在内的供品。站起身来吧，我击败了你的敌人，我把你从他们的手中解救出来。我是荷鲁斯，我今天来到了你的面前，我继承了你的权力和威力。我今天来到了你的审判庭，我是你的卡，我来这里是为了陪伴你，我来这里是为了让你感到心满意足。我要增强你神中之神的地位，我要歌颂你的无限魔力，我要为你开辟通往来世的道路。

请为我欢呼吧，奥西里斯！我来这里是为了让你把你的敌人踩在脚下，就像你在九神会的审判庭战胜了你的敌人一样。啊，奥西里斯，拿起你的权标头和魔杖，坐到属于你的神圣的王座上。众神的供品由你支配，死者的祭品靠你提供。你由伟大的神生育，你使得众神更加伟大。你呈现为木乃伊的形状，但是你依靠这些神重新获得了生命，而我为你带来了玛阿特。

【题解】

本经文之所以被纳入《亡灵书》是为了让死者通过歌颂奥西里斯获得这位冥界之主宰神的保佑。第一段以极其概括性的语言讲述了奥西里斯神话的基本情节。在第二段里，死者以荷鲁斯的身份出现，他称自己是奥西里斯的卡，即促使这个神维持生命的潜在的力量，不过以相当隐晦的方式提到了自己作为死人需要接受奥西里斯审判的事实。第三段表面上看是比较空洞的赞美之词，不过最后一句当中的“玛阿特”一词道出了死者的真正目的。玛阿特是象征真理和公正的女神，来世审判庭当中天平的一个秤盘上放着这个女神的小雕像或者代表她的一根羽毛。死者实际上是在宣称自己生前清白无辜，强调自己通过审判的条件和资格，希望因此能够像奥西里斯一样获得再生。

类似赞美或祈求神灵的诗歌应当是为死者举行葬礼或祭奠活动时其亲人或祭司在相关的日子大声念诵的，后来，它们直接由死者献给相关的神灵。按照现代人的逻辑思维，一个死去而且并未获得再生的人根本无法具有这种能力，但是在《亡灵书》特定的语境中，这种第一人称的叙述手法增强了颂歌的真切性。这也说明了古代埃及人为何把书写着《亡灵书》的纸草卷放在棺材里，甚至把它放置在包裹木乃伊的亚麻布夹层中。

第129篇

（本经文是第100篇的变体。）

第130篇

本经文是为了让死者在奥西里斯生日那天获得恩惠，让他的巴赢得永生的权利。

天空的门打开了，大地的门打开了，西边的门打开了，东边的门打开了，上埃及的门打开了，下埃及的门打开了，小门都已经打开，大门都已经打开，所有的门都开启是为了从地平线升起的太阳神拉。夜行船的门为他打开了，日行船的门为他打开了。他呼吸的是舒，他创造的是泰芙努特。奥西里斯的随从们陪伴着他。

我已经成为拉神圣船上的一名成员。我要用坚固的材料在船上建造一个属于我自己的处所，就像荷鲁斯面对四周的危险为自己建造隐蔽和洁净的神龛一样。我要充当众神的信使，我要做令他们满意的事情。我是一个在人世行了正义的人，我如今拿着玛阿特的图像来到了这里。我系紧了缆绳，把属于我自己的处所加固。我憎恶风暴，我不想受到风暴的阻挡。我要走到拉神的身边，无论是谁，不管他采取什么措施，他都不能阻止我接近拉神。我不想在阴暗的谷地游动，那些被判死刑的人所处的湖也不是我的归宿，我片刻也不想在火炉中受煎熬，我也不想陷入那些吞噬死者的巴的魔鬼们的圈套。我一定会摆脱那些在审判庭里站在屠宰案板后面的无脸的家伙们。

你们这些可怜的、跪在地上的家伙，神的刀是看不见的，而且盖伯的惩罚之手也迅速得让人无法提防。不管一个人死时是年老还是年轻，只有他无罪才有可能躲过神的惩罚。图特神看不见，但是他已经完成了他的任务，他帮助奥西里斯审判了百万人，无罪的人离开审判庭进入来世，而有罪的人则被打入永远见不到阳光的地狱。

我来到了拉神的身边，我握住了属于自己的拐杖，我得到了应当获得的头巾。我要跟随拉神巡游天空。荷鲁斯为了找寻自己失去的眼睛而出现在拉神面前，九神会的诸神簇拥在他周围。这些神消除了他的苦难，治疗了他的伤痛。我现在也摆脱了窘境，我要让拉神感到满意，我要替他打通去往地平线的道路。拉神的太阳船载着我开始美好的航行，图特的脸上绽开了笑容。

我向拉神祈祷，他倾听我的诉说并惩罚与我作对的敌人。我处在拉神的保护之下，我不会无船可乘，我不会在地平线遭到阻拦。我不会因为被拦在太阳船外边而不能参与拉神壮丽的航行。那些把脸藏在膝盖之间的家伙没有能力阻拦我，我知道拉神隐秘的名字，我了解拉神的威力。

啊，拉神，当你从地平线升起的时候，我赞颂你。居住在天国的人借助你得到洗礼，天空因为你的穿越而开放道路，而对你的敌人则关闭通路。看哪，我来了，我为主宰天国的神行了正义，我替太阳神击退了阿普菲斯的进攻，我为太阳神及其随从提供保护。当我来到你行使权力的御座前的时候，请你倾听我的讲述。虽然你的航行会把阿普菲斯惊醒，但是我会每天都把你从他所构成的危险中解救出来。

我要手里拿着书卷为你掌管供物，我把图特神的计划付诸实施。我让太阳船上充满正义，因为船上的乘客都是顺利通过审判的人；我让百万清白的人在太阳船上获得自己的一席之地，我引导拉神的队伍前进。拉神的随从向我欢呼，他们情愿跟在我的后面。拉神驾驭圣船恢复了秩序，万众对他充满了崇敬心情。我从拉神手里接受了权杖，以便我为他维持天国的秩序。居住在天国的人和那些永不落的星星都对我称赞不已，拉神的地位因我的成就而得到提高。我受拉神的委托统率万众，我带领他们驾驭圣船在天地间循环，太阳放射出耀眼的光芒，太阳船在其航线上一往无前。

我处在太阳圆盘的中心，我在容得下百万人的太阳船上自由活动。只要我得以复活，那么我所念诵的经文里的愿望都会变成现实。我乘着太阳船从东向西横穿天空，万众齐心协力，舒也因此而叫好。船员们紧紧抓住太阳船的缆绳，太阳船在我的指挥下顺利前行。

我不会被你（指阿普菲斯）吐出的火球所阻挡，我不会被你吐出的火焰所吞噬。不管你喷射出什么东西，我不会被你引入歧途。我所憎恶的蟒蛇，我不会给你乘虚而入的机会。我乘坐拉神的圣船，我在这里获得了与我自己的身份相符的位置。为了击退吐着火舌冲着太阳船而来的阿普菲斯，我在清晨时分充当拉神的导航员。我熟悉这个险恶的家伙。只要我在太阳船上，它就无法攻击太阳神。我让所有太阳船上的神和人都获得供品。

（附言：）你（指祭司）应当对着画在洁净的地面上的死者的肖像或者他的雕像念诵这篇经文。在死者肖像的右边，你应当用来自努比亚的赭色颜料画夜行船，在他的左边则画日行船。每遇奥西里斯的生日，你应当为死者和上述两艘船敬献面包、啤酒和所有美好的东西。任何听到这篇经文并享受了这些供品的死者，他的巴会永世长存，他在冥界绝对不会遭受第二次死亡。

【题解】

本经文从本质上说是一首唱给太阳神的颂歌，不过编写者把死者描写成太阳船上的舵手，把拉神战胜蟒蛇阿普菲斯的壮举归在死者头上，甚至声称借助他的力量和勇猛其他死去的人才得以随着太阳的循环而获得新生，可以说，从一个让人意想不到的角度表达了死者渴望被纳入到太阳神随行队伍中的强烈愿望。从附言可以得知，本经文书写在纸草上面以后，除了作为陪葬品放在棺材里或者死者木乃伊裹尸布的夹层之间以外，祭司还要在奥西里斯生日那一天对着死者的肖像或雕像念诵该经文。这应当是经文中的人称有时显得混乱的原因。

古代埃及人的历法把一年 365 天分为 12 个月，每月 30 天。余下的五天作为年终的补加日，分别被视为奥西里斯、伊西斯、赛特、涅芙狄斯和荷鲁斯五位神出生的日子。埃及人把这几个神出生的日子确定在年关岁末，可见他们对埃及社会的影响和作用，其中当然包括他们的宗教领域。

第 131 篇

本经文是为了到达拉神的身边。

我就是夜间闪亮的拉神。一个人只要成为拉神的随从，他就能够在图特那里获得永生。愿他（指拉神）让我这个荷鲁斯在夜间出现在他那里，从而让我的心享受到复活的快乐。我是拉神随队的一员，我的死对头已经从拉神的队伍中被清除。

我是拉神的随从，我手中握着用来保护我自己的武器。啊，我的父亲，我穿过天空来到了你身边。我之所以来是为了对付这条巨大的蟒蛇。我要惩罚它，我不能允许它阻挡拉神的行程。我要在天空的尽头对付这条蛇，我不能让它接近拉神，我要用我的武器打击它。我要确保拉神顺利通过，以便让太阳重新获得力量。我的巴将因拉神至高无上的威力而不可战胜。

我是在天空执行拉神的命令的人。

我来了，你这个天国中最伟大的神。我呈神圣的隼的形状来到你这里，我登上你的船。我手握权杖，我发号施令，我的权杖就是指挥棒。我不受阻拦地登上你的船，我与你一起安全地驶向美好的西边。

【题解】

本经文表达了死者义无反顾地跟随太阳完成转世的强烈愿望。因为图特是月亮神，月亮经常被比作夜间的太阳，所以经文第一段说只要死者登上了太阳船，他就有可能获得图特的恩宠。太阳与月亮在时间上的交接在这里被解释为新旧生命的交替。在第二和第三段里，死者把自己战胜太阳神天敌大蟒蛇的愿望和能力作为登上圣船的理由，他希望成为保证太阳船在天地之间安全航行的必不可少的角色。

第 132 篇

本经文的目的是让死者走出墓室去看自己（在人世时住过）的房子。

我拄着杖走出了墓室。我曾经在那里（指人世）说想说的话，做想做的事。我像荷鲁斯的眼睛一样受伤然后被治愈，我现在像荷鲁斯的眼睛一样复原。我心满意足地来到了河谷（活着的人居住的地方），我在这里自由地走动。审判庭没有发现我任何过错，称量人心的天平在我面前保持了平衡。

【题解】

本经文值得特别关注之处在于，死者称自己走出了墓室，而且附图上也确实表现右手拄着杖的死者形象，并且他的左手攥着一个象征身份的布卷，下巴上还戴着象征高贵身份的假胡子。他拄着杖不是因为年老体弱，而是为了表现自己生前的社会地位。

按照古代埃及人的来世想象，一个人死后要经过崎岖和坎坷的路途才能到达来世审判庭所在的地方。通过了审判以后，获得再生的死者便拥有进出墓室的权利。不过走出墓室并享受清新空气和温暖阳光的不是死者的躯体，而是原来蕴含在他身上的精气，这种顽强的生命力被称为“巴”。古代埃及人希望复活的人与在世时完全一样，但又清楚僵卧在墓室的尸体做不到这一点。这就是为什么在文字和图画中走出墓室的有时是死者本人，有时又是从属于他的巴。

第133篇

本经文的目的是赞颂死者，应当在每月的第一天念诵它。

拉神在他的地平线升起来了，九神会紧跟在他的后面。拉神从神秘莫测的地方腾空而起。当努特为拉神开辟道路的时候，整个东方地平线因她巨大的声音而颤动。

神龛里的拉神，快抬起头来吧，快呼吸风带来的气息，快品尝北风的味道；快直起腰板儿开始新的一天吧；快亲近玛阿特，快给你的随从分派任务。当你的圣船升上天空的时候，所有的人都应声而动。快查看你的关节，快活动开你的肢体，快把你的脸转向美好的西天，像往日一样开始新的航程。当承载你金色形象的太阳光盘出现的时候，当你驾驭太阳光盘完成每天返老还童的过程的时候，整个天空都为之振奋。拉动你的圣船的缆绳已经拉紧，整个地平线充满了欢呼声。

当天国的众神看到死去的人奥西里斯的时候，他们像称颂拉神一样称颂他。死去的人奥西里斯是个了不起的人物，因为他掌管拉神的王冠，并且满足他的各种需求。死去的人奥西里斯是跟随拉神的最早的随从中唯一无可指摘的人，他在人世时未受伤害，他到了冥界依然安好。如今，他每天与拉神一起醒来。他在天国不受任何阻拦，他在这个国度不会觉得疲倦，永远永远。

能够用荷鲁斯的眼睛重新看到世界，耳朵则可以倾听玛阿特，这是多么美妙的事情。死去的人奥西里斯在赫利奥波利斯获得双倍的供品，因为死去的人奥西里斯就是拉神，就是在努恩的随从们的簇拥下不受任何损伤地巡游天地的拉神。死去的人奥西里斯从没有向别人讲述他所看到的事情，他从没有向别人报告他所听到的秘密。当拉神每天经过原始水域的时候，当拉神的卡每天得到满足的时候，死去的人奥西里斯呈隼的形状随行。拉神的随从队伍中充满了欢呼声。

（附言：）应当对着长达四肘的、用莎草捆扎而成的太阳船念诵这篇经文；船舱里应该放着众神的模型，呈现为天空并画满星星的船舱顶部要用泡碱和香料进行消毒；船头上置放一个画着拉神肖像的崭新的碗，碗上面的画应当用来自努比亚的赭色刻画；船舱里还应当置放希望乘坐这个太阳船的死者的雕像。

死者如此这般在拉神的关注下乘太阳船航行。这艘船不能用在别人身上，只能专门为该死者服务。死者由此得到拉神的恩宠，成为一个像跟随拉神的神灵一样具有神性的人。众神把他视为神系的一个成员，活着的人和已经获得再生的死人看到他的时候会出于敬畏而纷纷匍匐在地，他在冥界时时得到拉神的照耀。

【题解】

从题目和正文的内容判断，本经文原来是祭司在为死者举行祭奠活动时念诵的铭文，而其目的是让死者能够搭乘拉神主掌的太阳船。死者在文中被称为死去的人奥西里斯，表达了古代埃及人希望每个死去的人都能够像冥界主宰神奥西里斯一样战胜死亡赢得第二次生命的愿望。

经文的第二段描写了被拟人化的太阳每天清晨完成返老还童的过程之后，一边活动着筋骨，一边准备又一轮航行的场景。第三和第四两段则叙述了死者在太阳船上受到众神热情欢迎的场面。可见文字和附言中所描述的仪式相辅相成。从时间上讲，这篇经文作为《亡灵书》的一部分被放入墓室应当比相关仪式要晚，原来在仪式中被念诵的经文成为死者的随葬品，这种变化的主要原因是一旦活着的人不再为死者举行这种仪式的时候，死者可以借助魔法让它为自己服务。

第134篇

另一篇赞颂死者的经文。

啊，神龛中的神，你让想升空的人升空，你让需要光亮的人得到日光，百万人因你的到来而欣喜若狂。你每天战胜阿普菲斯，然后以夏帕瑞的形象为居住在天国的人带来光明。

你们这些盖伯的孩子，死去的人奥西里斯的敌人试图攻击太阳船的时候，请你们把他们击垮。荷鲁斯应当把他们的脑袋像鸟头一样拧折，然后把他们的尾巴扔进水里喂鱼。当死去的人奥西里斯准备从天空下降并进入冥界或者准备从地平线升起并进入天国的时候，不管他的敌人来自水域还是伴着星星而来，从蛋壳里破壳而出的图特会砍断他们的头。

在死去的人奥西里斯面前装作哑巴和聋子吧，他是拥有无限权力和无上权威的神，他会用你们的血清洗他的身体，用你们身上红色的汁液沐浴。有谁胆敢攻击死去的人奥西里斯，他就会被打翻在地，因为死去的人奥西里斯犹如荷鲁斯，那个由伊西斯孕育的荷鲁斯，那个为了逃避赛特的伤害而由涅芙狄斯抚养并冠以王冠的荷鲁斯。不管是活着的人还是神，不管是获得再生的人还是被判死刑的人，只要他们看见死去的人奥西里斯像荷鲁斯一样戴着王冠，他们就会下意识地匍匐在地上。死去的人奥西里斯在天空、在冥界、在所有男神和女神所主持的审判庭都会战胜自己的敌人。

（附言：）应当对着一座呈现为一只隼的荷鲁斯雕像念诵这篇经文，雕像的头上戴着白色王冠。阿吞、舒、泰芙努特、盖伯、努特、奥西里斯、伊西斯、赛特和涅芙狄斯等神的形象应当用来自努比亚的赭色画在一只崭新的碗上，然后放在圣船上。此外还有希望乘坐这艘船的死者的雕像，雕像的表面用卡凯努油涂抹，最后为这些神和人敬献香火和烤制的禽肉。

死者如此这般在拉神乘太阳船升空的时候祈祷，从而可以永远跟随在拉神的后面，这也就意味着拉神的敌人根本没有发动攻击的机会。这是真正的灵丹妙方，业已经过无数次的验证。

【题解】

经文祈求拉神在驾驭圣船循环天空和冥界的时候捎上死者，同时恳求那些跟随太阳神参与生命循环过程的诸神保佑死者，保证他不受敌人的伤害。在第三段中，经文先是把死者刻画成完全有能力独立抗击任何来犯之敌的神，然后又说死者是由伊西斯生育和涅芙狄斯养育的荷鲁斯。为了让这篇经文发挥其应有的效果，附言要求祭司把死者的雕像和阿吞为首的九神会各成员的雕像一起放在太阳船模型里，然后再念诵本经文，希望以此来确保死者顺利登上拉神的太阳船。

第135篇

在每月的第一天，当新月出现的时候，应当念诵本经文。

遮住天空的乌云，快开启你的门扇吧，以便荷鲁斯的眼睛恢复原来的状态；荷鲁斯的眼睛会永远呈现年轻的模样，它会拥有无法识破的力量，它会喷出烈火来驱散乌云。

啊，太阳神拉，我来了，我是守护四个天边的四个神之一。我为你管理那些听候你吩咐的仆人，他们替你拉紧属于你的缆绳，你不会受到任何阻拦。

（附言：）谁拥有了这篇经文，他就会成为长生不死的巴，他不会遭受第二次死亡，他会坐在奥西里斯身边享用供品，永远永远。

谁在世时了解这篇经文，他就会犹如一个神，他会受到邻里乡亲的称赞，他不会在国王那里失宠，更不会因惹怒国王而受到惩罚，他会享受高龄并安度晚年。

【题解】

黑暗对古代埃及人意味着死亡，循环往复这样的自然现象也与人世的重大问题密切相关。乌云挡住太阳被视为荷鲁斯的眼睛被赛特弄瞎，因此乌云在这里成了扼杀生命的刽子手。死者将自己扮成驱散乌云的光明的使者，即医治荷鲁斯受伤眼睛的图特神，同时预言荷鲁斯的眼睛此后将永放光芒，等于说他自己会获得永生。在接下来的文字里，死者又把自己比作守候在天边并帮助太阳完成其每天巡航任务的一个神。附言称本经文不仅对死者，而且对活着的人同样具有保佑功能。由此我们可以推测，许多古代埃及人在世时就可能拥有一份类似《亡灵书》的经文集。

第136篇　甲

本经文是为了搭乘太阳船。

天国位于赫利奥波利斯，跟从拉的众神居住在赫拉哈。无数的神以繁星的形态获得再生，他们簇拥着太阳船，他们为拉神划桨摇橹。

我要在众神的船坞挑选一艘船头呈荷花形状的渡船，我要乘坐它升入天空来到努特身边；我要与拉神同乘一艘船，我要以狒狒的形状跟随拉神航行；我要乘坐这艘船登上通向努特的阶梯。

【题解】

当太阳神在夜间驾驭圣船横渡天空的时候，古代埃及人把满天繁星视为获得新生的众神，即太阳神拉的巴。这些星星呈现为推动太阳船前行的帮手。死者希望自己也跟随太阳神复活。为达到这一目的，他要乘坐一艘特殊的船，即船头呈现为象征再生的荷花。此后，死者声称要与太阳神同舟共济升入天空，即努特女神的躯体，以便在那里孕育新的生命。

第136篇　乙

本经文的目的是能够搭乘太阳船，而不是遭到那些吐着火舌守护拉神的神灵们的阻拦。

驾驭太阳船的拉神的周围有一圈燃烧的火带，所有的狂风，任何暴雨，只要遇到这个保护太阳船的火带即刻化为乌有。我今天跟随着这个迫使人遮住脸庞的火带从遥远且秘密的地方赶来，我在那里看到了人们如何在两头面对面的狮子前面获得无罪的判决；我在那里看到了由亚麻布布带裹着躺在棺椁里的死者。我向他们呼唤，听到我的喊声以后，他们当中年老的欢呼跳跃，他们当中年幼的欣喜若狂。

我为太阳船开辟道路，我随着太阳圆盘腾空而起；我借着太阳圆盘上眼镜蛇的火舌发光。太阳圆盘乘着太阳船穿越天空，而主持正义的拉神就是这艘船的舵手。

“这是谁？”跟随拉神的九神会向拉神问道。

拉神回答说：“他就是伊西斯的孩子。你们看，他是主掌生死大权的奥西里斯的亲生儿子。我已经消除了他所受的冤屈，我已经让他的眼睛复原。”

我去了我父亲那里，我从他那里来，我让他赢得了正义；我在夜幕时分去他那里，我从他那里归来。瞧，我来了，我从拉塞塔为他寻回两块颌骨，我在赫利奥波利斯为他寻回脊柱；我为他拼接了各个关节，我为他驱逐了阿普菲斯，我为他治愈了伤口。请你们接纳我，以便我同你们一起腾云驾雾，因为我是群神中最伟大的神。“来吧，登上这艘属于无所不知的拉神的圣船，因为你是神中之神奥西里斯的继承人。”快给我引路吧，你们这些闪着光芒的神，请你们让我在船上获得一席之地，让我顺利到达地平线。

你们这些蛇，快把头低下去，以便我顺利通过。我是强壮的人，我是力量之主。我是正义之主拉神手下一个有尊严的人，而拉神就是创造了眼镜蛇的造物主。我所受的保护就是拉神所拥有的保护！听着，他即将启程驶往供品地；我就是拉神，一个比你们更为威猛的神灵；我就是拉神，我监督那些负责分配供品的九神会。

【题解】

本经文的目的是让业已通过奥西里斯审判的死者冲出地平线到拉神主掌的位于天国中的供品地享用美味佳肴。两头面对面的狮子象征太阳东升时的两座山头，棺椁里的死者指那些在冥界僵卧的死去的人。古代埃及人相信，这些死者每当太阳经过时便获得再生，至少从昏睡中苏醒片刻。在文中，死者作为太阳船上的一名成员呼唤这些人。

针对太阳船上其他神的质疑，拉神把死者说成是伊西斯和奥西里斯的儿子，而死者向这些神叙述了他如何让奥西里斯被碎尸的躯体得到复原的孝行。值得注意的是，死者没有把赛特说成奥西里斯的敌人，而是说驱逐了阿普菲斯，即拉神的敌人，以此来强化自己登上拉神圣船的权利，而在经文的末尾，死者干脆称自己就是拉神。

第137篇　甲

本经文与为死者举行的祭祀活动所需的火炬相关。首先要用泥土制作四个盆，用香料熏过这些盆以后，在盆里装满白色母牛的奶。祭祀过后，把火炬放到这些盆里把火熄灭。

奥西里斯，你是冥界的主宰，献给你的卡的火炬已经来了。死去的人奥西里斯，献给你的卡的火炬已经来了。火炬是拉神的伴侣，火炬之所以来是为了宣布跟随白昼而来的黑夜。居住在阿比多斯的奥西里斯，火炬来了。

火炬来了，是我让它来到这里，它就是荷鲁斯的眼睛。冥界的主宰奥西里斯，火炬来到了你面前，它未受任何损伤。冥界的主宰奥西里斯，你受荷鲁斯的眼睛的保护，它为你提供有效的保护。它已经把你所有的敌人打翻在地，你所有的敌人都跪倒在你面前。

荷鲁斯的眼睛完好无损地来到了你面前，它像升起在地平线上的拉神一样闪闪发亮；赛特把荷鲁斯的眼睛抓住并抢去以后，荷鲁斯的眼睛得以把赛特的躲藏地暴露在光明之中，它释放出的热量击退了其主人的敌人，赛特遭受了他原来想加在荷鲁斯身上的伤害。啊，冥界主宰奥西里斯，四把火炬为你的卡而来；啊，死去的人奥西里斯，四把火炬为你的卡而来。

你们四个荷鲁斯的儿子，伊姆塞特、哈彼、杜阿木特和库波思乃夫，为冥界之主奥西里斯发挥你们的保护作用，为死去的人奥西里斯发挥你们的保护作用吧！请你们消除冥界之主奥西里斯所受的损伤吧，以便他与其他神一样生存。尽管荷鲁斯强大到能够独自保护奥西里斯，每当破晓的时候，请你们替荷鲁斯击打奥西里斯的敌人，让那些伤害奥西里斯的家伙饱受痛苦。

啊，冥界之主奥西里斯，这是给你的礼物；这只荷鲁斯的眼睛就是你的保护伞，荷鲁斯会为你提供保护，并且把所有你的敌人打翻在地，你的敌人从此以后将跪倒在你面前。

快消除死去的人奥西里斯身上的损伤吧，以便他与那些神一起生存；快击打死去的人奥西里斯的敌人，在破晓时分为死去的人奥西里斯提供保护吧！尽管荷鲁斯强大到能够独自保护死去的人奥西里斯，请你们让那些伤害死去的人奥西里斯的家伙饱受痛苦。

啊，死去的人奥西里斯，这是给你的礼物；这只荷鲁斯的眼睛就是你的保护伞，荷鲁斯会为你提供保护，并且把所有你的敌人打翻在地，你的敌人从此以后将跪倒在你面前。

啊，冥界之主奥西里斯，你是为赫拉克利奥波利斯优秀的巴点燃火炬的神，请你让属于死去的人奥西里斯的活生生的巴拥有火炬，以便他不被把守通往来世路途上的关卡的门卫拒之门外，甚至遭到他们的驱逐。愿他获得供品，愿他从负责供给的神那里分到衣服，愿他得到荷鲁斯的眼睛。他会因此赞颂神的恩惠和力量。死去的人奥西里斯一定要保持他原来的本质，他要呈一个千真万确的神的形状。

（附言：）应当对着四把用红色亚麻布制成的火炬念诵这篇经文，这些火炬要在上等的来自利比亚的油里浸泡，每个火炬的把手上分别写上荷鲁斯四个儿子的名字；当太阳降落时点燃这四把火炬，这是为了让死者借助它们找到那些永不陨落的星星。

听到这篇经文的人永远不会消亡，他的巴将永世长存。这些火炬会让获得再生的人像冥界之主奥西里斯一样长生不死。这是真正的灵丹妙方，业已经过无数次的验证。但是，不要为其他任何人念诵这篇经文，除了他自己、他的父亲和他的儿子以外，因为它包含着有关冥界的秘密，它涉及在冥界举行的神秘的仪式。你为他念诵这篇经文以后，他会被神、获得再生的人和遭受二次死亡的人视为冥界之主奥西里斯，他会获得与奥西里斯一样的威力。

每当你拿着死者的雕像走近属于奥西里斯的七个关卡中的任意一个的时候，你就应当念诵这篇与火炬相关的经文。就是说，你要借助这条经文设法让他成为一个神，让他与那些神和获得再生的人一样永远拥有魔力，以便他穿过那些关闭着的关卡，以免他遭受奥西里斯的拒绝。享受到这篇经文服务的人必将自由地进出冥界，他不会在来世审判的那一天被拒之门外甚至遭到拘捕。死去的人奥西里斯所憎恶的就是受到惩罚。这是一副妙方。

你要为死者念诵这卷纸草上的经文，他会因此复原并变得洁净，他的嘴会张开并恢复各项功能。抄写这篇经文的时候一定要一字不差。本经文由王子哲德霍尔在赫摩波利斯的女神乌努特的神庙发现，当时他正乘船逆流而上准备视察属于众神的田地和山岭；纸草上的字迹出自神手，卷轴装在一个神秘的盒子里。由此可见，这条经文是在冥界秘密的地方举行祭祀时使用的，它确实能够把死者引入来世。

【题解】

冥界被古代埃及人想象为一个漆黑和充满各种陷阱和无数关卡的地方。要穿过这片险象丛生的地域，最后到达奥西里斯所在的来世绝非易事。古代埃及人有时又把半夜时分视为拉神与奥西里斯快要汇合的时刻，这时太阳与月亮都会暂时被笼罩在黑暗之中，成为生命能否继续的紧要关头。这里所说的火炬就是为了安全渡过这个难关而预备。这四把火炬经常被说成是荷鲁斯的眼睛，点燃火炬有时被理解为荷鲁斯受伤的眼睛得以复原，有时又被解释成奥西里斯遭受伤害的躯体变得洁净和健康，也就是说死者从中看到了生命的火花。

从附言中可以看出，祭司一边捧着死者的雕像走进奥西里斯神庙，一边念诵本经文。同时，这篇经文事先被书写在纸草上并作为陪葬品放入死者的棺材，以便它在冥界发挥其魔力。显而易见，卧在地下的死者与活着的人要携手并肩应对死神。

第137篇　乙

本经文的目的是为死者点燃火炬。

属于荷鲁斯的明眸来了，荷鲁斯闪闪发亮的眼睛来了。火炬平安地抵达这里，它如同地平线上的拉神一样发出光芒。赛特试图抢夺这把火炬，但是火炬的炙热逼退了他，他无法靠近拿着火炬的人。

火炬来了，这把火炬赶跑了试图抢夺它的家伙，这把火炬将跟随拉神巡游天空，它甚至为拉神指路领航。这把火炬在死者的尸体得到处理期间燃烧不止，它不停地燃烧，它就像“母亲的支柱”一样。

【题解】

象征死亡的黑暗在太阳与月亮交替期间尤为可怕，古代埃及人将这一时刻比作一个人今生与来生的转折期。在这关键时刻点燃火炬意味着把威胁死者转生的敌人即赛特赶跑。第二段文字点明这把火炬为何如此重要：这时正值死者的尸体被制作成木乃伊，火炬的熄灭可能会引起致命的后果。“母亲的支柱”是荷鲁斯神庙里对祭司的称呼，该名称表现了荷鲁斯长大以后继承王位的神话故事，表达了伊西斯希望儿子长大以后替父报仇，夺回被篡夺的王权并永远行使王权的愿望。

第138篇

本经文是为了抵达阿比多斯，在那里成为奥西里斯的追随者。

所有栖身于阿比多斯的神，快来迎接我的到来吧。你们这些陪伴我父亲的神，我通过了审判，我在他面前获得了无罪的判决。我是荷鲁斯，就是那个掌握上下埃及统治权的荷鲁斯。所有一切都在我的掌控之中，甚至包括一些不可征服的东西在内。我的眼睛愤怒地注视我的敌人，我曾经拯救了被洪水卷走的父亲，还有我的母亲。我在那里打败了敌人，驱赶了强盗；我的威力让邪恶之徒不敢轻举妄动。我作为我父亲称职的继承人让万众满意，让尼罗河两岸恢复了秩序。

我通过了审判，我获得了无罪的判决，我战胜了企图诬告我的敌人，他们试图强加在我身上的罪名落在了他们自己身上。我的力量就是我的护身符。我是奥西里斯的儿子，我的父亲保护我的躯体免遭那些敌人的伤害。

【题解】

文中用阿比多斯指代死者再生后居住的来世，居住在阿比多斯的神帮助奥西里斯管理来世。作为进入来世的资格，死者不仅说他业已通过了来世审判，而且强调自己是奥西里斯的儿子，称自己曾经让被谋杀的父亲获得了再生。这当然与神话中的情节不相符，根据传说，荷鲁斯是奥西里斯的遗腹子。不过这篇经文想强调的是父子联手战胜死亡的必要性和可能性，即儿子在世时要为亡父的转生而努力，待到儿子死亡时，已经赢得永生的父亲要尽其所能帮助儿子获得新生。

第 139 篇

（本经文是第 123 篇的变体。）

第 140 篇

本经文应当在冬季第二个月的最后一天正值荷鲁斯的眼睛制作完毕时念诵。

太阳出来了，照亮大地的太阳从地平线升起来了。众神殿里的神都走出大殿，大殿内外充满了欢呼声。众神之主对身边的神灵说："我的身体将受到这只眼睛的保护，我的肢体会因它而强壮如初。"

在凌晨四时，这只眼睛顺利完工并被安置在主神的额头。在这个冬季第二个月的最后一天，整个大地洋溢着欢乐。拉神出现在九神会前面，他放出的光亮如同创世第一天那样强烈，因为那只神圣的眼睛在他额头复原。阿吞、舒、盖伯、奥西里斯、赛特、努特、伊西斯和涅芙狄斯，还有蒙特、图特、哈托、玛阿特和阿努比斯，以及来自蒙迪斯的精灵。当这只神圣的眼睛在众神之主面前经过精确计算完全复原的时候，在场的神兴奋不已，他们用手托着复原的荷鲁斯的眼睛庆祝这个值得高兴的日子，他们说："拉神，我们向你表示祝贺！水手们齐心协力渡过了难关，阿普菲斯已经被打败，我们向你祝贺；夏帕瑞已经形成，我们向你祝贺，我们为你高兴，因为你的敌人已经被驱逐；我们向你祝贺，衰老和疲乏已经不复存在。我们替这个死者称颂你。"

（附言：）应当对着一只用天青石或者光玉髓制作并饰以黄金的神圣眼睛念诵这篇经文；当拉神在第二个月的最后一天出现在地平线的时候，应当给这只眼睛奉献所有美好和纯洁的东西。此外，还应当用碧玉制作一只神圣的眼睛，然后把它放置到死者的肢体上面。如果你为一个死者念诵这篇经文，那么他就可以乘上拉神的太阳船，他将与船上的其他神一样离开死者所处的冥界而升上天空。

当这只神圣的眼睛完全复原的时候，一边念诵这篇经文，一边奉献用来烤肉的火盆。为这只神圣的眼睛奉献四个这种火盆，为拉—阿吞奉献四个，另外还有五块白色面包、五块香油、五块薄饼、一篮香料、一篮水果和一篮烤肉。

【题解】

失明而后复明的荷鲁斯的眼睛在本篇经文中相当形象地描绘了太阳如何沉入西天，然后在第二天从东方地平线以崭新的面貌出现并放出光芒和热量。冬季的第二个月的最后一天标志着南移的太阳（直射线）即将开始它北回的旅程，而凌晨的第四个小时是黎明前最黑暗的时刻。这时准备荷鲁斯的眼睛，并且制作完毕之后把它镶嵌在拉神雕像的额头上，这些仪式都旨在为即将诞生的旭日助一臂之力。象征死亡即黑暗的阿普菲斯被打败，象征清晨时分太阳的夏帕瑞业已形成。众神高兴不止是因为光明战胜了黑暗、秩序征服了混乱，最为重要的是，死者也将随之获得新生。

第141篇

一个人在墓地为自己的父亲或儿子祭祀时要念诵这篇经文。本篇的目的是让死者如同在其他神那里一样取得拉神的恩宠，以便他能永远跟随拉神。

应当在每月的第九天，一边为死者奉献面包、啤酒、牛肉、烤制的禽肉和香火，一边为他念诵这篇经文。

为冥界之主奥西里斯和拉－哈拉赫特，

为努恩、玛阿特和太阳船，
为阿吞、大九神会和小九神会，
为双王冠的拥有者荷鲁斯，
为舒、泰芙努特、盖伯、努特、伊西斯和涅芙狄斯，
为七头神圣母牛和她们的牛犊，
为四只天上圣船的船桨，
为伊姆塞特、哈彼、杜阿木特和库波思乃夫，
为上埃及的神龛和下埃及的神龛，
为日行船和夜行船，
为图特，
为南面的神、北面的神、西面的神和东面的神，
为那些跪着的神和那些应当得到供品的神，
为位于上埃及的祈祷殿和位于下埃及的祈祷殿，
为那些栖息在山巅上的神，
为那些居住在地平线上的神，
为那些处身田野的神，
为那些聚集在大殿里的神，
为那些端坐在御座上的神，
为向南的路、向北的路、向西的路和向东的路，
为冥界的大门和小门，
为那些无法通过的小门和大门，
为那些把守冥界大门的门卫，
为那些把守路口的、蒙着脸的神，
为那些守护沙漠、发出尖叫声的神，
为那些守护沙漠、显出慈祥面容的神，
为那些浑身发热并点燃祭坛下熊熊烈火的神，
为那些在西天熄灭火焰的神。

为永生的奥西里斯和掌管生命之地的奥西里斯，
为命运之神奥西里斯和万物之主奥西里斯，
为主宰鱼叉诺姆的奥西里斯和奥西里斯－奥里昂，
为奥西里斯－斯帕和管理神庙的奥西里斯，
为管理位于埃及南部和埃及北部的耐特神庙的奥西里斯，
为坐在御座上和坐在轿子上的奥西里斯，

为主宰生命的奥西里斯－普塔和掌管拉塞塔的奥西里斯，
为沙漠中间的奥西里斯和布塞里斯诺姆的奥西里斯，
为司合纳的奥西里斯和阿西尤特的奥西里斯，
为纳迪飞特的奥西里斯和位于南边的奥西里斯，
为布托的奥西里斯和伊塞尤姆的奥西里斯，
为赛斯的奥西里斯和隼城的奥西里斯，
为阿斯旺的奥西里斯和法尤姆的奥西里斯，
为阿佩鲁的奥西里斯和猴城的奥西里斯，
为海边的奥西里斯－索卡尔和主宰城镇的奥西里斯，
为帕斯拉的奥西里斯和下埃及的奥西里斯，
为天上的、地上的和地下的奥西里斯，
为锋芒毕露的奥西里斯和藏而不露的奥西里斯，
为奥西里斯－索卡尔和永恒之主奥西里斯，
为繁殖之神奥西里斯和坦德拉的君主奥西里斯，
为战场上的奥西里斯和主宰永恒的奥西里斯，
为隐蔽在帷幕后面的奥西里斯，
为在拉塞塔抖掉身上沙子的奥西里斯，
为掌管母牛圈的奥西里斯和塔纳内特的奥西里斯，
为纳德比特的奥西里斯和锡阿的奥西里斯，
为波德舒的奥西里斯和岱普的奥西里斯，
为赛斯的奥西里斯和沿海城镇的奥西里斯，
为施纽的奥西里斯和供品贮存地的奥西里斯，
为索卡尔王国的奥西里斯和莎尤的奥西里斯，
为推举荷鲁斯登上王位的正义之主奥西里斯，
为棺木所在地的奥西里斯。

【题解】

本经文的目的是让死者得到所有文中被提及的神的保佑和恩惠，因此，死者的亲属或祭司一边为这些被呼唤的神献祭，一边念诵本经文。前一部分列举了来自埃及各个地方、外表不同、职能各异的神，其根本目的是尽量包括所有与来世相关的神。其中提到的两个九神会，一个是指赫利奥波利斯以阿吞为首的神谱，而另一个九神会有时通过补加荷鲁斯而成，有时完全是为了表达无所不包的意念而罗列神的名字。事实上，九神会本身已经具有多到无以复加的含义，因为“三”这一数字在古代埃及表示“许多”之意，因此，“三乘三”意即无以复加。

经文的第二部分罗列了在埃及各地以不同的形状和形式受到崇拜的奥西里斯的名字，还有奥西里斯与其他神融合而成的复合名，这些复合神实际上反映了古代埃及历史后期由多神转向单一神的趋势。奥西里斯与其他神构成的复合名表明他在许多地方是后来者，不过奥西里斯在排序上位于首位又说明了他的重要性。

第 142 篇

（新王国以后，第 141 篇的第二部分成为独立的章节，因此被莱普修斯列为第 142 篇。）

第 143 篇

（本经文是第 141 篇和第 142 篇的变体。）

第 144 篇

本经文的目的是让死者在冥界畅通无阻。

把守地平线的门卫，死去的人奥西里斯不可抗拒，所以快给他开门吧。快给他让路，以便他在你们旁边穿过。他就是努恩！为他打开通向那个神秘地方的大门，你们对他说话的时候要小心谨慎。向他祈求吧，因为他是跟随西天的公牛巡游大地的人。

第一道门：

第一道门的门卫名叫“眼睛朝后看，拥有多种显形本领”；第一道门的监视员名叫“监听者”；第一道门的信使名叫“控告者”。

第二道门：

第二道门的门卫名叫“迎面而来”；第二道门的监视员名叫“喜欢变换面容”；第二道门的信使名叫“燃烧着的火焰”。

第三道门：

第三道门的门卫名叫“吞吃自己臀部的腐肉”；第三道门的监视员名叫“时刻戒备”；第三道门的信使名叫“喜欢造谣生事”。

第四道门：

第四道门的门卫名叫“瞪着大眼喋喋不休”；第四道门的监视员名叫“不放过蛛丝马迹”；第四道门的信使名叫“长着一张大脸，把贪婪者拒之门外”。

第五道门：

第五道门的门卫名叫“靠吃蠕虫维持生命”；第五道门的监视员名叫“喷射火舌”；第五道门的信使名叫“长着河马脸，动辄发怒”。

第六道门：

第六道门的门卫名叫“吼叫不止、抢夺面包”；第六道门的监视员名叫“同时看见远处和近处”；第六道门的信使名叫“尖嘴猴腮”。

第七道门：

第七道门的门卫名叫“所有门卫中最令人恐怖”；第七道门的监视员名叫“大嗓门”；第七道门的信使名叫“迎头痛击进攻者”。

啊，你们七道门，你们这些天天为奥西里斯守门的神，你们这些天天监视这些门并把情况向奥西里斯进行汇报的神，死去的人奥西里斯认识你们，他知道你们的名字。死去的人奥西里斯在拉塞塔完成了重生，他从主宰地平线的神那里获得了再生的权利，他在布塞里斯赢得了尊严，他如今像奥西里斯一样清白。死去的人奥西里斯有资格在拉塞塔迎接其他死者，他能够为居住在地平线上的神引路导航，他已经成为那些神当中的一员。

死去的人奥西里斯获得了再生，他统领所有获得了再生的人；如果获得了再生的人获得死去的人奥西里斯一样的力量，他们就会长生不死。死去的人奥西里斯负责庆祝新月节，他也负责宣布圆月节的到来。死去的人奥西里斯装备了荷鲁斯的眼睛，它是图特为了夜间照明而特制的，以便死去的人奥西里斯借助它成功穿越天空。

当死去的人奥西里斯乘坐太阳船航行的时候，请你们让他顺利通过。只要太阳船受保护，那么死去的人奥西里斯也会受到保护；死去的人奥西里斯拥有这个伟大的名字，因为奥西里斯是你们的造物主，也就是说，在通往正义的路途上，他比你们更加理直气壮。死去的人奥西里斯最憎恶的事就是伤害别人。死去的人奥西里斯受荷鲁斯所享受的保护，他是拉神所喜爱的亲生儿子，他绝不会在任何关卡遭到阻拦。死去的人奥西里斯是装饰地平线两座山头的人。

死去的人奥西里斯是一个跟随奥西里斯的清白者。他用来生产供品的耕地在田野，而且那些负责奥西里斯供品的优秀管家们在照看这块属于他的田地。死去的人奥西里斯是图特手下的一名文书，他帮助图特准备供物。看管供物的阿努比斯神做出了如下的决定：死去的人奥西里斯应当得到供品，应当属于他的供品不得被抢夫。

死去的人奥西里斯像荷鲁斯一样从地平线升上天空，死去的人奥西里斯在天边的大门口宣布拉神的到来。众神因死去的人奥西里斯的临近而欢呼，死去的人奥西里斯的身上散发着神的气息。坏人和好事者无法靠近他，守护关卡的门卫无法抵挡他。死去的人奥西里斯有着一张看不见的脸，他在王宫里有一席之地。他在神殿里当过仆人，他在哈托神庙里沐浴了身体。

死去的人奥西里斯是一个在人世行了正义的人。他给拉神带来了玛阿特，他打击了阿普菲斯的气焰。死去的人奥西里斯是一个在天空开辟航道的人，他是征服风暴的人，拉神圣船上的水手们托他的福安然无恙。死去的人奥西里斯在应当献祭的地方奉献了供品，死去的人奥西里斯保证太阳船完成它美好的航程。道路已经为死去的人奥西里斯打通，他一定会到达彼岸。

死去的人奥西里斯的脸就是众神之主的脸，他的臀部由两个王冠构成。死去的人奥西里斯拥有无限力量，他能够靠自己的力量在地平线达到目的。死去的人奥西里斯具有坚强的意志，他可以把你们打翻在地。你们这些高度戒备的家伙，快给奥西里斯打开通道。

（附言：）应当对着一艘用来自努比亚的赭色画在纸上的太阳船念诵这篇经文，同时为船上的人员奉献饭食、禽肉和香料。这样做是为了让死者获得新生，让他在众神那里强大无比。也就是说，他不会被拒之门外，不会在穿过关卡时遭受阻拦。

当祭司念诵本经文时，他面前应当有死者和那些门卫的画像，以便死者能够穿过这些门卫所把守的关卡；应当对着每一道门念诵本经文，为每一个把守关卡的门卫奉献 1 只公牛腿、1 头红色公牛的心脏和肋骨、来自跳动着的心脏的 4 碗鲜血、16 块白色面包、8 块普通面包、16 块糕点、8 块上等面包、8 块普通面包、8 罐啤酒、8 碗粥、4 碗白色母牛的奶、新鲜蔬菜和新榨的油，还有膏油、眼影膏、精油和香料。

要对着每一幅图念诵本经文，然后把图画擦掉，前后应当持续四个小时，千万不要到正午的时光；念诵这篇经文的时候不要让任何人看到写着该经文的纸卷。这篇经文能够让死者在天空、地上和地下自由活动。它对死者来说比任何其他东西都有用。这是真正的灵丹妙方，业已经过无数次的验证。

【题解】

本经文首先描写了死者从奥西里斯所主宰的王国到属于拉神的天国所要经过的七道门。为了让死者能够像奥西里斯一样死后复活，经文把死者称为“死去的人奥西里斯”。为了让死者得以顺利通过，经文写明了每道门的门卫、监视员和信使的名字。这些基本信息相当于应对门卫及其随从人员各种盘问时必需的密码。在接下来的文字里，经文首先声明死者已经在奥西里斯那里获得了再生，然后说死者有权利登上太阳船，而且能够在太阳的巡回航行中帮助太阳神。最后，经文干脆把死者说成是神，命令那些门卫无条件地开启关卡。

第145篇

本经文是为了让死者走进大门紧闭的奥西里斯王国。

当死去的人奥西里斯接近通往来世的第一道大门时应当说出下面的话："让我走过去，我知道你是谁，我知道你的名字，也知道守护你的那个神的名字。你的名字叫'让人畏惧的高墙，能够看透一切，能够预见未来，能够解救远近被劫者'。守护你的那个神的名字叫'吓人的家伙'。我用位于东部天边拉神用来净身的圣水清洗了我的身体，我用上等的松油涂抹了肢体，我穿上了精美的亚麻布衣服，我手中的权杖用贵重的木头制作。""既然你是洁净的，过去吧！"

当死去的人奥西里斯接近通往来世的第二道门时应当说出下面的话："让我走过去，我知道你是谁，我知道你的名字，也知道守护你的那个神的名字。你的名字叫'掌管冥界、主宰上下埃及的权威，尖声高叫时令所有人畏惧的家伙'。'普塔之子'是守卫你的那个神的名字。我用奥西里斯乘坐夜行船和日行船经过西大大门时用来净身的圣水清洗了我的身体，我用节日的香油涂抹了肢体，我穿上了精美的亚麻布衣服，我手中的权杖用本本木头制作。""既然你是洁净的，走过去吧！"

当死去的人奥西里斯接近通往来世的第三道门时应当说出下面的话："让我走过去，我知道你是谁，我知道你的名字，也知道守护你的那个神的名字。你的名字叫'供桌管理者、供品支配者和发放者，在驶往阿比多斯的航程中满足众神一切需要的财主'。守护你这道门的那个神的名字叫'没有云彩的天'。我用普塔在死者重见天日的那一天乘坐圣船逆流而上时用来净身的圣水清洗了我的身体。我用来自叙利亚的上等膏油涂抹了肢体，我穿上了精美的亚麻布衣服，我手中的权杖用名贵的木头制作。""既然你是洁净的，走过去吧！"

当死去的人奥西里斯接近通往来世的第四道门时应当说出下面的话："让我走过去，我知道你是谁，我知道你的名字，也知道守护你的那个神的名字。'手握尖刀管理尼罗河两岸，击退奥西里斯的敌人，满足无罪者的所有要求’就是你的名字。守护你这道门的那个神的名字叫‘强壮的公牛’。我用奥西里斯与赛特诉讼并获胜那天用来净身的圣水清洗了我的身体，我用芬香的葡萄酒涂抹了我的肢体，我穿上了精美的亚麻布衣服，我手中的权杖用提恩木头制作。”“既然你是洁净的，走过去吧！”

当死去的人奥西里斯接近通往来世的第五道门时应当说出下面的话：“让我走过去，我知道你是谁，我知道你的名字，也知道守护你的那个神的名字。‘受到盛赞的门户，人人都想穿过你，而秃子却绝无穿行之可能’就是你的名字。守护你的那个神名叫‘把邪恶之徒拒之门外’。我用荷鲁斯在为其父亲奥西里斯庆祝‘爱子节’时用来净身的圣水清洗了我的身体，我用诸神专用的艾伯尔油涂抹了我的肢体，我的指甲如同豹子的爪子，我手中的权杖被称为‘击打恶棍之杖’。”“既然你是洁净的，走过去吧！”

当死去的人奥西里斯接近通往来世的第六道门时应当说出下面的话：“让我走过去，我知道你是谁，我知道你的名字，也知道守护你的那个神的名字。‘令人向往、远近闻名的关卡，可是无人知晓其宽度，更无人了解其高度，无从查考其建造者，属于它的毒蛇不计其数，充当守卫奥西里斯的防线’就是你的名字。守护你的那个神的名字叫‘帮凶’。我用图特在为荷鲁斯行使宰相职权时用来净身的圣水清洗了我的身体，我用亚格弗特油涂抹了我的肢体，我穿上了精美的亚麻布衣服，我手中的权杖用一根荆棘条制成。”“既然你是洁净的，走过去吧！”

当死去的人奥西里斯接近通往来世的第七道门时应当说出下面的话：“让我走过去，我知道你是谁，我知道你的名字，也知道守护你的那个神的名字。你的名字叫‘遮掩精疲力竭者的云朵，为死去的人哭泣并把他掩埋的奔丧者’。守护你的那个神的名字叫‘艾肯提’。我用伊西斯和涅芙狄斯借助褐色的魔力在木乃伊制作坊为奥西里斯祈求再生时用来净身的圣水清洗了我的身体，我用贝肯努油涂抹了我的肢体，我穿上了精美的亚麻布衣服，我手中的权杖呈一根船桨的形状。”“既然你是洁净的，走过去吧！”

当死去的人奥西里斯接近通往来世的第八道门时应当说出下面的话：“让我走过去，我知道你是谁，我知道你的名字，也知道守护你的那个神的名字。‘吐着永不熄灭的火舌，其炙热的火焰能够顷刻间把生命化为乌有，因为担心被烧死而没有人愿意穿过他所在的地方’就是你的名字。守护你的那个神的名字叫‘不可进犯者’。我用蒙迪斯的精灵们愤怒时用来浸泡其肢体的圣水清洗了我的身体，我用催发人新生的没药涂抹了我的肢体，我穿上了洁白的亚麻布衣服，我手中的权杖用撒嫩木头制作。”“既然你是洁净的，走过去吧！”

当死去的人奥西里斯接近通往来世的第九道门时应当说出下面的话："让我走过去，我知道你是谁，我知道你的名字，也知道守护你的那个神的名字。你的名字叫'至高无上、力大无比，力量波及三百六十肘，光彩夺目犹如产自埃及的宝石，提携获得再生资格的人，庇护精疲力竭的死人'。'怒火中烧者'是守护你的那个神的名字。我用阿努比斯充当奥西里斯木乃伊制作师时用来净身的圣水清洗了我的身体，我用赛福提油涂抹了我的肢体，我穿上了红色的亚麻布衣服，我手中的权杖呈猫尾巴的形状。""既然你是洁净的，走过去吧!"

当死去的人奥西里斯接近通往来世的第十道门时应当说出下面的话："让我走过去，我知道你是谁，我知道你的名字，也知道守护你的那个神的名字。'让人惊叫不已的大门，门槛高得令人尖叫，叫敌人望而却步，门后深不可测'就是你的名字。守护你的那个神叫'拥抱世上万物者'。我用艾斯德神在荒无人烟的地方让赛特粉身碎骨以后用来净身的圣水清洗了我的身体，我用红色的膏油涂抹了我的肢体，我穿上了用红色的织物制作的衣服，我手中的权杖用一头红色的驴和一条猎狗的骨头制成。""既然你是洁净的，走过去吧!"

当死去的人奥西里斯接近通往来世的第十一道门时应当说出下面的话："让我走过去，我知道你是谁，我知道你的名字，也知道你后面掩藏着什么。你的名字叫'剁碎并烧毁敌对者，门中之门，清算罪恶之日无辜者为你致敬'。你处在庇护死者的那位神的监督之下。"

当死去的人奥西里斯接近通往来世的第十二道门时应当说出下面的话："让我走过去，我知道你是谁，我知道你的名字，也知道你后面究竟有什么。你的名字叫'对上司唯命是从，巡视上下埃及，惩罚那些在黎明时分作恶的人，照亮路途并帮助无罪的人获得新生'。你处在庇护死者的那位神的监督之下。"

当死去的人奥西里斯接近通往来世的第十三道门时应当说出下面的话："让我走过去，我知道你是谁，我知道你的名字，也知道你后面究竟有什么。你的名字叫'九神会向你伸出他们的手，因为你照亮了通向尼罗河源头的道路'。你处在庇护死者的那位神的监督之下。"

当死去的人奥西里斯接近通往来世的第十四道门时应当说出下面的话："让我走过去，我知道你是谁，我知道你的名字，也知道你后面究竟有什么。你的名字叫'容易发火，判决时毫不留情，审判那一天在熊熊大火上架起大锅'。你处在庇护死者的那位神的监督之下。"

当死去的人奥西里斯接近通往来世的第十五道门时应当说出下面的话：

“让我走过去，我知道你是谁，我知道你的名字，也知道你后面究竟有什么。你的名字叫‘力大无比，长着红色的头发，善于在黑夜里把企图偷渡的不法之徒拒之门外，伸出双手迎接无辜的死者并把他扶进门槛’。你处在庇护死者的那位神的监督之下。”

当死去的人奥西里斯接近通往来世的第十六道门时应当说出下面的话：“让我走过去，我知道你是谁，我知道你的名字，也知道你后面究竟有什么。你的名字叫‘青面獠牙，神秘莫测，对不法之徒毫不留情，当这些人试图通过时把他们扔进火坑’。你处在庇护死者的那位神的监督之下。”

当死去的人奥西里斯接近通往来世的第十七道门时应当说出下面的话：“让我走过去，我知道你是谁，我知道你的名字，也知道你后面究竟有什么。‘浑身呈血色，口吐火舌，严惩邪恶之徒，莎合玛特女神的狱吏’就是你的名字。你处在庇护死者的那位神的监督之下。”

当死去的人奥西里斯接近通往来世的第十八道门时应当说出下面的话：“让我走过去，我知道你是谁，我知道你的名字，也知道你后面究竟有什么。你的名字叫‘喜欢炙热和洁净，随意支配豹子，不惜砍断人头，在夜幕时分代替国王杀戮不法者’。你处在庇护死者的那位神的监督之下。”

当奥西里斯接近通往来世的第十九道门时应当说出下面的话：“让我走过去，我知道你是谁，我知道你的名字，也知道你后面究竟有什么。你的名字叫‘视人的一生如一瞬间，操控炙热的火，掌握无限的财富，熟知图特的智慧’。你处在庇护死者的那位神的监督之下。”

当死去的人奥西里斯接近通往来世的第二十道门时应当说出下面的话：“让我走过去，我知道你是谁，我知道你的名字，也知道你后面究竟有什么。‘为冥界之主坚守入口，对冥界的秘密守口如瓶，喜欢掏开胸膛抓取心脏’就是你的名字。你处在庇护死者的那位神的监督之下。”

当死去的人奥西里斯接近通往来世的第二十一道门时应当说出下面的话：“让我走过去，我知道你是谁，我知道你的名字，也知道守护你的那个神的名字。你的名字叫‘说话时挥动尖刀，蒙着脸、吐着火叫人无法接近的家伙’。你受到无人知晓的秘密的保护之下。监督你的那个神的名字叫‘长颈鹿’，他早在地上长出松树之前就已经存在，早在金合欢树生长之前就已经生存，早在山上的矿石形成之前就已经行使权力。掌管这道门的小组由七个神组成，其中第一个神的名字叫‘安然无恙’；第二个神名叫‘瑞梅斯’；第三个神叫作‘梅斯帕特’；第四个神名曰‘口出善言者’；第五个神的名字是‘开路者’；第六个神名为‘提供阴凉场所者’；第七个神的名字叫‘阿努比斯’。快给我让路，我就是敏－荷鲁斯，我是奥西里斯的保护人，也是他的继位者。我来这里是为了赋予我的父亲奥西里斯新的生命，是为了惩罚所有他的敌人。

“我今天穿过南边的天空来到这里，我在人间行了玛阿特；我为普塔庆祝了哈克尔节日；我给神龛里的神像敬献了节日的供品；我在众神的供桌上奉献了面包；我为我的父亲奥西里斯布置了丰盛的供桌。我站在可努姆身边，并且下令贝努自由地飞翔。我在神庙里点燃了各种香料，我在夜行船上主持了宗教仪式。

“奥西里斯已经战胜了所有他的敌人，我现在让这些家伙在东方地平线上受到惩罚。他们在那里逃不掉盖伯的手心，我要参与和体验奥西里斯必将胜诉的审判。我以书吏的身份来到这里，以便亲手记录众神的判决并让他们的决定生效。我从阿努比斯制作木乃伊的作坊来到这里，我对神庙里起死回生的秘密了如指掌。”

【题解】

本经文是探讨通往来世路途的经文当中最为详细的一篇。经文列举了 21 个有意或者无意阻挡死者去路的关卡及其守卫神灵，充分表现了古代埃及人所想象的死而复活之路的漫长和艰辛。经文把死者称为“死去的人奥西里斯”，为他详细描述了上述一系列关卡相关守护神的情况，意在那些拥有这篇经文的死者在去往奥西里斯王国的路上针对不同的关卡和鬼神说出相关的咒文。每个关卡及其相应的神无论在名字和长相，还是在职能和性格上都有很大的差异。多数把守关卡的神显得面目可憎，这无疑象征了来世路的艰难和冥界路途的危险，不过经文每每在说出凶神恶煞的名字之后补充说，它们受到一个更为强大的神的监督，而这个仁慈的神庇护死者，从而给笼罩在黑暗和恐怖中的来世路洒下了一丝光亮。

第 146 篇

（本经文是第 145 篇的变体。）

第147篇

本经文是为了让死者了解通往奥西里斯王国的诸多关卡和门以及守卫它们的众神的名字。

第一道门：

第一个门卫名叫“脸朝后看、形状多变者”，另外一个门卫叫“审视者”；这道门的信使名叫“尖嗓门”。

当死者接近这道门时，他应当说出下面的话：“我是至高无上者，我自创了我所需要的光亮。啊，奥西里斯，我来到了你面前，为的是赞美你，为的是能够借助你的力量变得洁净，为的是我的名字被刻写在拉塞塔的名录上。

“啊，奥西里斯！我来到了受你管辖的、任由你支配的拉塞塔，快让我也拥有再生的权利吧！啊，阿比多斯的奥西里斯，你穿越天空来到了拉神的领地，目的是看望居住在那里的早先升天的人们。啊，奥西里斯，你现在与拉神做伴，请你倾听我的诉说吧。我是一个拥有与神一样尊贵身份的人，我是一个说到做到的人。我的意志谁也不能违抗。由石头砌成的高墙啊，快给我让出一条去往拉塞塔的通道，以便我给奥西里斯医治创伤，以便我去拥抱他这个遭受厄运的人，以便我带领他渡过生死谷。快给我开辟一条路吧！”

第二道门：

第一个门卫名叫“昂首挺胸者”，另外一个门卫叫“变脸者”；这道门的信使名叫“燃烧者”。

当死者接近这道门并走到守护它的三个神灵面前接受盘问时，他应当说出下面的话：“我曾经作为图特神的助手行使审判权，图特就是我的保护神。我不怕你们，你们这些面目狰狞的下跪者。我知道你们试图从我身上找出过错，我是一个具有不同寻常的力量的人。我用烈火开辟我的道路，而我之所以急着赶路是为了救活遇害的奥西里斯。快让我过去，以便我及时解救奥西里斯。我要去看望奥西里斯，并且与其他神一起制作献给他的供品。”

第三道门：

这道门的第一个门卫名叫“吞吃腐肉者”，另外一个门卫叫“目不转睛者”；这道门的信使名叫“谄媚者”。

当死者接近这道门时，他应当说出下面的话：“我就是把赛特和荷鲁斯两个死对头阻隔开来的那条河，我来到这里是为了把奥西里斯身上的污秽清除掉。我让荷鲁斯紧握权杖，我让荷鲁斯戴上了属于他的双王冠。我在阿比多斯为奥西里斯献了供品，我医治了他的创伤，让他恢复了生气。我通过上述行为为穿越拉塞塔做好了准备。快给我打开这道通向生死谷的大门，让我在拉塞塔重新放出生命的火花。”

第四道门：

这道门的第一个门卫名叫“长着凶神恶煞般的脸且喋喋不休的家伙”，另一个门卫叫“头脑清醒者”；这道门的信使名叫“把贪婪者拒之门外”。

当死者接近这道门时，他应当说出下面的话：“我是生命力旺盛的公牛，我是奥西里斯与母鹰媾和的结晶。这是不争的事实，贤明的奥西里斯可以亲自为我做证。我治愈了奥西里斯身上的创伤，我让他的鼻子重新呼吸到生命的气息，我是他的儿子。快给我让开路，以便我到来世与他团聚。”

第五道门：

这道门的第一个门卫名叫“以蛆虫为食者”，另一个门卫叫“喷火者”；这道门的信使名叫“长着河马脸、动辄暴跳如雷的家伙”。

当死者接近这道门时，他应当说出下面的话：“我把奥西里斯在拉塞塔需要的两块颌骨带来了，我还把被丢弃在赫利奥波利斯的属于奥西里斯的脊椎骨拿来了。我收集了他的躯体的各个部分，我替奥西里斯医治了伤口并把危害他的阿普菲斯蟒蛇阻挡在外边。快给我让开路，我是理应成为众神殿一名成员的人。”

第六道门：

这道门的第一个门卫名叫“吼叫着抢夺面包的家伙”，另一个门卫叫“把对手扔进火坑者”；这道门的信使名叫“火眼金睛”。

当死者接近这道门时，他应当说出下面的话：“我今天来到了你们这里，我就在你们面前。快给我让开路，以便我走过去。你们不过是阿努比斯的侍从，而我则是戴着双王冠的人。各种魔法任我使用，玛阿特因我的缘故才行之有效。我使得玛阿特女神的眼睛免遭伤害，我让奥西里斯重新获得了他失去的眼睛。快给我让开路，让我以胜利者的姿态穿过由你们把守的这道门槛。”

第七道门：

这道门的第一个门卫名叫“目光炯炯者”，另一个门卫叫“吼叫者”；这道门的信使名叫“痛打来犯者”。

当死者接近这道门时，他应当说出下面的话：“啊，奥西里斯，我来到了你的国度，目的是能够借助你的力量得到超度。你巡游天空，来到拉的领地，看望业已升天的人们。你是独一无二的神，当拉乘坐他的夜行船穿越冥界的时候，你登上他的船冲出地平线。我有资格说出我的要求，我有权利实现我的目的。我能够像奥西里斯一样说到做到，你们休想拦住我。快给我开辟一条畅通的路，以便我为奥西里斯举行洁身仪式。我让奥西里斯战胜了其敌人，我让他的骨节复位，我让他受伤的肉体痊愈，我让他的肢体恢复了功能。”

（附言：）死者应当在接近每道门时大声念诵相应的咒文，然后他就可以大步走进相关的门，他不会被阻拦，他不会被拒绝在奥西里斯王国之外。他此后便与那些已经获得再生的人为伴，奥西里斯的随从们此后会为他效劳。不管哪个死者，只要他拥有了写有本经文的纸草卷，他就能够在来世与奥西里斯融为一体并在那里长生不死。不要把这篇经文传给任何其他人，一定要秘密保存它。

【题解】

本经文列举了通往奥西里斯王国路途上的七个关卡，而每个关卡都由两个门卫和一个信使看护。从表面上看，这七道门位于死者走向奥西里斯审判庭的路途上，但是经文的开头部分谈到了奥西里斯升入拉神的领地，并且与拉做伴。显然，死者的来世希望融合了奥西里斯和拉神两个因素。他既希望在奥西里斯主宰的冥界完成转世，又希望获得了新生以后拥有自由活动的权利，来到太阳神掌管的天国。请比较经文第 136 篇乙和第 144 篇。

第148篇

本经文的目的是让那个在冥界获得再生的死者得到食物，也就是说，防止他再次遭受任何不幸。

你好，拉神。你所乘坐的太阳圆盘光芒四射。你从地平线升起，赋予万物以生命。这个死者认识你，他知道你的名字，他知道跟随你的七头母牛的名字，还有属于她们的那头公牛的名字。这些母牛和公牛为获得再生资格的人提供面包和啤酒，还有其他各种食物。愿你们给这个死者面包和啤酒，以便他在你们的抚养下赢得新生并成为你们的随从。

七头母牛分别是：

1. 无所不有的食品库
2. 把神吹上天空的风暴
3. 负责发放冥界位子的神
4. 来自荷鲁斯出生地的女神
5. 受人爱戴的红发女神
6. 生命赋予者
7. 技艺超群者，她的名字震耳欲聋

公牛的名字叫“母牛的配偶”。

愿你们给这个死者面包、啤酒和各种各样的食品，愿你们让他长生不死。他是已经在冥界获得了再生资格的人。

对船桨的呼吁：

啊，天国东边的船桨，你是掌管天国的权威，你手里握着进入太阳圆盘的钥匙。

啊，天国北边的船桨，你巡游埃及全境，每个角落都在你的关注之下。

啊，天国西边的船桨，你照亮了神龛里的神像。

啊，天国南边的船桨，沙漠和荒野两种红色的土地都在你的管辖之中。

愿你们给这个死者包括面包和啤酒在内的各种食品和长生不死的权利；愿你们赋予他长寿、平安和健康；愿你们允许他在喜欢的时候回到人间；愿你们允许他尽情地在天空和地面之间穿梭；愿你们允许他自由地造访地平线、地平线上的赫利奥波利斯，然后回到冥界。他和你们一样对这些地方非常熟悉。

啊，掌管人间和冥界事务的众神之父、众神之母，不要让这个死者再遭受任何伤害。在这一时刻、今天、今晚、这个月、这个月的前一半、整个这个月、今年的各个阶段、今年全年，不要让任何人、任何神、任何死后复活的人和死后倒霉的人对这个死者进行任何陷害，说出任何不利于他的话，做任何不利于他的事。

（附言：）应当对着木制并涂了绿颜色的拉神雕像念诵这篇经文，同时要给这座神像奉献包括面包、啤酒、牛肉、禽肉和香料在内的供品。做到了这一点，该经文就会对拉神起作用，也就是说，死者将在冥界获得足够的食物，而且不再会遭受任何形式的伤害。

除了你之外，不要让任何人使用这篇经文。这是来自奥西里斯的纸草卷，不管是谁，只要死后拥有这卷纸草，拉神就会亲自为他划桨，拉神就会亲自为他充当保护神。在冥界、天国和人间，不管他到什么地方，他都不会遭遇任何敌对者。换句话说，死者会千真万确地无所不有。这是一个绝对的妙方，业已经过百万次实验。

【题解】

本经文的目的是让死者在冥界享受物质上的富足。母牛在古代埃及构成丰产的象征，而数字七则表示多甚至无所不包的含义。四个船桨表示死者具有自由活动的权利，同时也含有他可以享受来自四个方向的空气和其他物品的寓意。《亡灵书》第 141 篇是献给众神的祈祷诗，本篇所提到的母牛和船桨作为保证死者来世生活的关键力量也出现在那里。

第 149 篇

位于西边的第一座山头：

啊，位于西边的第一座山头，死去的人在你那里有面包吃，也有精选的蔬菜。快抬起头来迎接我吧，如同你对待至高无上的神一样。请你让我的骨关节复位，使我的肢体用得上力。让伊西斯神把我的心脏返还给我并使我的骨头尤其是我的头骨长结实，以便我能够戴上属于阿吞神的双王冠。判定正义与邪恶的天平达到了平衡的状态，在你那里行使权力的诸神对我感到满意。

第二座山头：

这里是拉－哈拉赫特的属地，处在拉神管辖下的芦苇地就在这个地方。我在这里有巨大的份额。芦苇地的围墙用铜铸造，围墙里的大麦长到七肘高，麦穗有两肘长，麦秆有五肘长；那里的小麦也长到七肘高，麦穗有三肘长，麦杆有四肘长。身高达七肘的死者复活以后与拉－哈拉赫特一起在这里收获大麦和小麦。

我知道如何到达位于芦苇地中间的那扇大门，拉神正是由此升到东方的地平线。这道门的南边是黑色的鹅群栖息的池塘，而这道门的北边是灰色的鹅群栖息的池塘。我是拉神圣船上的一名船员，我是这艘太阳船上一名不知疲倦的桨手。

我知道生长在那里的两棵绿松石质地的西克莫树，它们构成通向东方天空的一道大门，拉神正是从这两棵树中间穿越而后升上天空。

第三座山头：

这个山头上燃烧着熊熊大火，没有哪个渡船能够穿越它，但是所有想获得再生的死者都必须经过这个地方。啊，每一个想死而复活的人都必须经过的山头，还有你们这些低着头守卫这座火焰山的家伙，快给我开辟一条通道吧，这是奥西里斯为了我而向你们下达的命令。我是端坐在拉神额头并吐出火舌的眼镜蛇，我喷出的火舌让尼罗河两岸所有人的生命有了保障，因为它使得拉神免遭阿普菲斯的危害。

第四座山头：

啊，你这座神秘莫测的山头，你是支撑冥界苍穹的巨山，你的长度达三十万肘，而你的宽度也有一千肘。你的顶端横卧着一条身长七十肘长的巨蟒，它的名字叫“刀舌剑牙”，它专靠吞吃死者的肉体为生。我来了，我看清了我所要走的路，我屏住了气，我是个无所畏惧的男人。低下你的头，休想伤害我。我是拥有无限魔力的人，我的一双眼睛已经恢复了功能，我因此获得了战胜死亡的能力。这就是说，我业已死而复活。你这条趴在地上的蟒蛇，你所谓的力量不是全靠你所依附着的山头吗？我现在捉拿你，让你失去你的力量的源泉，我要让你体验到我的强大。我来这里是为了替拉神除掉障碍。当你被五花大绑的时候，沉入西山的拉神将同我一起穿越这座山头，这是众神早已在你我之间做出的判决。

第五座山头：

你这座难以逾越的山头，你以吞吃死者的身影为生，而得以通行的死者身高都达七肘。啊，你这座想死而复活的人都必须经过的山头，快打开门吧，以便我从你中间穿过，以便我能够到达我所向往的来世。这是冥界主宰奥西里斯所做出的决定。我曾经为神按时庆祝了新月节，也为他们及时庆祝了满月节。我此后要依靠我自身的魔力生存下去，荷鲁斯的眼睛会随时随处保护我，因为我像图特一样对它拥有支配权。不管是哪个神，还是哪个死去的人，只要他企图让这篇经文失去功效，他今天将葬身这个火的深渊。

第六座山头：

啊，由众神主宰的冥界，你对死者来说多么难以接近，所以显得更加神秘。掌管着进入冥界入口的神名叫“捕鱼者”。啊，我所向往的冥界，我已经来到了你的入口，我来这里的目的是看到生活在这里的诸神。你们这些神，当我接近你们的时候，把你们的脸蒙上，把你们的头巾摘下来，就如同你们对待你们的主神一样。我来这里是为了替你们准备各种糕点，那个“捕鱼者”不应对我下毒手，那个传播疾病的魔鬼也不许迫害我，那个专门从事抢劫的魔鬼不应当追踪我。我要靠你们供桌上的供品生存。

第七座山头：

啊，你这个长着芦苇却又冒着火焰的山头。你我之间隔着漫长的路程，可是我知道你那里有一条名叫雷拉克的蛇，它的身长达七肘，它靠吞吃死者的躯体生存，它的主业就是让死者身上的魔力失效。你这条藏在芦苇荡里的蛇，你这条张着血盆大口、眼睛射出火花的蛇，快缩回去吧，我要掐断你的毒牙，我要让你的毒液失效。不要靠近我，你的毒液已经无法再伤害我。快钻进地穴里吧，把你的火舌和毒液一同带走。你已经无法再危及到我，因为我已经把你的头砍断。

第八座山头：

啊，你这座堆满供品、周围流淌着无法逾越的激流的山头。你的流水声震耳欲聋，让人尚未靠近就已经胆战心惊。驻守你这座山头的神叫作“高不可及”。他警觉地注视四方，叫人无法接近。我是一只展翅在天空飞翔的鹰，我曾经在人间满足了阿吞的要求。啊，镇守山头的神，尝一尝我的厉害吧，领略一下我的权威吧。我不会被扭送到众神用来惩罚罪犯的屠宰场。他们不会把我驱逐出冥界，因为我将替他们掌管冥界北半部的事务。

第九座山头：

啊，你这座充满神秘色彩的山头，死去的人听到你的名字都不由得颤抖。除了全能的神以外，对于死者来说，即使他走进了你的入口，他也无法找到你的出口。即使一个普通的神对你都有几分畏惧感，何况一个无助的死者。你的入口由烈火构成，你喷出的火焰顿时让鼻孔窒息。除了全能的神以外，接近你的人都无法呼吸，只有全能的神在举行重大仪式时才得以登上你这座山头，除此之外，无人有权靠近你这座神秘的山头。啊，全能的神，我来到了你的领地，目的是成为你的一名随员。我要跟随你走进并走出这座山头。这座山头两边的门都为我敞开，我要在这座山头大口呼吸并享用那儿的供品。

第十座山头：

啊，你们这群蜷曲在这座山头上并寻机出击的眼镜蛇，你们这些专吃新鲜肉而不吃腐肉的毒蛇，你们这些专门阻挠死者复活的家伙。滚开，快钻进地穴里去，不要挡住我的去路。我手中的魔力不会被你们战胜，我的影子不会被你们抓住，我是替众神传信的秃鹰。我的身体散发出没药的馨香，有专人为我燃烧香料，有专人为我准备供品。引领我的是伊西斯女神，为我殿后的是涅芙狄斯女神。我是主宰天空的努特女神的儿子。蜷曲在我所要经过的路途上的眼镜蛇已经被除掉，主宰冥界的诸神，我来到了你们面前，快让我早点摆脱危险的境地，快赋予我永不失效的魔力吧。

第十一座山头：

啊，你这座名叫艾杜、横亘在通向冥界路上的山头。你把死者的躯体吞没，你致使死者无法起死回生，你叫死者有进无出。众神在你这里显得更加有神采，而死者接近你时早已吓破了胆。每个死者都在惊慌之中看不到神的面孔，所以也无法向他们求助。啊，你这座阻断通往冥界之路的山头，快让我穿过去吧。我是拥有超级魔法的人，我的威力可以与赛特抗衡。我的双脚将永远属于我。我来到了你的门口，荷鲁斯的眼睛为我提供保护，我原已衰竭的心脏现在已经恢复了生命力。我已经战胜了死亡，我要在天空和地面之间自由地穿行。我能够像一只隼一样腾空翱翔，我像尼罗河边的鹅一样充满了生气。我可以飞向我所向往的地方，我可以在任何我所喜欢的地方着陆。我的活动能力犹如一个神，我可以在供品地享用供品，我可以登上天空与那些星星为伍。玛阿特女神的大门为我敞开，通向冥界的道路已经为我开通。我已经制作了一架直达天空、接近众神之殿的长梯。我要成为他们当中的一员。我像一只鹅一样向天狼星尖叫，以便天上的神听到我的声音。

第十二座山头：

啊，你这座毗邻拉塞塔的山头，你的空气中充斥着火光，甚至神都很难靠近你，更何况一个祈求再生的僵硬无助的死者。蜷曲在这座山头上的眼镜蛇名字叫“毁灭者”。你这座叫作威内特的山头，我是所有死去的人当中最有资格获得再生权利的人。我要登上那些永不降落的恒星上面，我绝不会彻底死去，我的名字也绝不会消失。这座山头的神看见我以后会说：“他的身上散发着神的气息。”我要成为这些神当中的一员，我要与这些居住在威内特山头的神一起生活。我知道他们喜欢我，我将永远与他们在一起，同他们一起跟随冥界主宰奥西里斯享受永生。

第十三座山头：

啊，你这座浸泡在水里的山头，你的水同时又是火。没有哪个死去的人敢于接近你，你的水波就是火浪，你的空气就是燃烧着的火焰。你的水不仅不能解除干渴难耐者的痛苦，反倒能把他置于彻底的死亡。所有的人都怕提到你的名字，你的威力让他们不知所措。神和人都只能在远处观望你周边的水，虽然他们干渴却无法喝到河里的水，更不用说穿越它，因为这是一条流淌着火焰的河，这是一条燃烧着的河，而且河里又布满了荆棘。

愿我像那位守卫这座山头的神一样喝到这条河里的水，只有这个神才有资格靠这条河的水解渴。他守护着这条河，他怕其他神喝这条河里的水，他禁止死去的人从这条河里喝水。

啊，守卫这座山头的神，我来到了你面前，请赐予我支配这条河的魔力，让我也喝到这条河的水吧，正像你让众神之主奥西里斯畅饮这条火焰河中的水一样；滚滚河水为了奥西里斯的缘故流过来，各种谷物为了奥西里斯的缘故成熟，各种植物为了奥西里斯的缘故吐故纳新。既然你可以让他享受这一切，请让我也分享吧，让滚滚清水为我而流过来，让我有权支配新成熟的谷物，我是你的亲生儿子，永远永远。

第十四座山头：

啊，你这座名叫卡拉哈的山头，你是调节泛滥水的山头，你让布塞里斯不被水淹，但却能够得到足够的水。你是给每张嘴提供饮用水的山头，你负责众神的供品，那些死者的吃和喝也依靠你的双手来解决。在埃及南端掌管尼罗河水源的两条巨蛇引导泛滥水奔流到卡拉哈，尼罗河的水都要经过这座山头，不管是黑夜还是白昼。啊，你们这些在卡拉哈掌管尼罗河流量的神，为我开通一条水源吧，让生命之水源源不断地流到我这里，让我拥有充足的水，让我沐浴在清水之中，让我拥有足够的食粮，让我从你们的食物中分得一份，让我重新获得生命力吧，让我的心跳动起来，像你们这些居住在卡拉哈的神一样。我要与奥西里斯融为一体，享受你们为他所提供的各种食物，我绝不会与奥西里斯分开，永远不会。

【题解】

本经文描写了死者必须通过的14座山头，这些山头分布在冥界的不同地方。每座山头都由凶猛和充满魔力的鬼神把守，而且每座山头都控制着死去的人死而复活和复活后维持来世生活所需要的物品。死者有时试图通过说出某个山头及其守卫神灵的详细信息来获取通行证，有时则强调自身的魔力和所掌握的魔法，如借助自制的云梯，通过呈现为一只向天尖叫的鹅，以求守护山头的神灵因恐惧而打开门，有时又称自己是奥西里斯的儿子。生长在尼罗河谷的鹅因其繁殖力和尖叫声而被视为生命的主宰者，鹅也是阿蒙神的表现形式之一。关于芦苇地，请比较经文第106篇和第109篇。

第 150 篇

1. 这里是灯芯草地，它的主宰者是拉神。

2. 这里是把燃烧着的火焰一分为二的地方，这儿的神能够使死去的人获得供品。

3. 这儿是一座高山。

4. 这是获得了通行证从而复活了的死者得以居留的山丘。

5. 这里是冥界，这里的主宰神可以随意把鱼捕进罗网里。

6. 这个地方叫伊萨塞特。

7. 那些生命的期限已至的人聚集到这个地方，这里的神可以把天重新举起来。

8. 这是一个叫艾科尼的地方，这里的神专门等待时机捕获猎物。

9. 这是评判世间是非的神。

10. 这个地方叫艾杜，这里的神名叫天狼星。

11. 这个山丘叫威内特，守护此山丘的神专门毁灭死者的魂灵。

12. 这是把宽阔的水面一分为二的陆地，居住此地的神拥有无限的力量。

13. 这是叫作卡拉哈的山头，掌管此处的神名叫哈比。

14. 这是一条冒着火焰的河流。

15. 这里是美好的冥界。生活在此地的众神享受丰富的食物和清水。

【题解】

本经文与第 149 篇有密切的关系。经文第 149 篇详细地描写了死者在冥界需要通过的 14 座山头，并且叙述了死者不逾越这些山头誓不罢休的意志和决心。本经文非常简洁地列出死者需要通过的山头或者关卡的名字，然后提及相关神灵的名字、特征或状况。经文的目的显然是为死者确定所在位置和辨别方向提供指南。第 15 项说明死者已经顺利到达了目的地。

第151篇

为神秘的木乃伊面罩而写的经文。

木乃伊制作师、众神殿的管家阿努比斯在为死者准备和装饰棺材时说了如下的话："你有一张安详的面孔，你的眼睛没有看不见的东西。普塔－索卡尔让你筋骨结实、关节灵活，舒为你提供各种保护，你如同神一样拥有一张安详的面孔。"

你的右眼就是太阳神的夜行船，你的左眼就是太阳神的日行船，你的眼睑就是九神会集聚的地方，你的头盖骨就是阿努比斯，你的后脑就是荷鲁斯，你的手指头就是图特，你的鬈发就是普塔－索卡尔。

阿努比斯站在死者的棺材前，他把死者引向那条通往美好地方的道路，他把赛特阻拦在遥远的地方，他把赛特的帮凶踩在了脚下。阿努比斯把死者带到位于赫利奥波利斯的主神殿，以便死者像荷鲁斯一样在众神审判庭里赢得属于自己的权利。

伊西斯说："我来到了你身边，目的是为你提供保护。我将生命的气息送入你的鼻孔，那是来自创世神阿吞的清凉的北风。我已经让你的气管正常呼吸，由此你变成了永生的神灵。你已经战胜了你的敌人，你在由拉神主宰的天国成为一名胜者，你与众神为伍；你的眼睛明亮、你的脚步稳健。你就是战胜赛特走出审判庭的荷鲁斯。"

涅芙狄斯说："我曾经用我的胸怀拥抱我的哥哥奥西里斯，我现在来为你提供保护。你永远在我的保护之下。拉神听见了你的祈求。关于你与赛特之间的诉讼，众神都站在你的一边。挺起胸膛吧，你已经在诉讼中胜出。所有对你的诬陷已经不攻自破，普塔让你的敌人惨遭失败。你就是哈托的儿子荷鲁斯。曾经与你作对的家伙逃不掉应受的惩罚。你的头属于你自己，永远，永远，谁也别想扭断你的头。"

位于棺材四边的四块魔砖会对死者潜在的敌人说出如下的话：

"你这个手持套索企图扣留死者的家伙，我不会让你撒网。你休想攻击我，我要击败你。我会用套索抓住你，因为我是这个死者的护卫。”

应当在一块土制砖头上准确地刻写这段经文，然后对着砖头念诵书写在上面的文字。

“你这个遮着脸企图阻挡我的脚步的家伙，我站在杰德护身符后面，我守卫属于死者的杰德护身符。在举行最后审判的那一天，我会为这个死者提供保护。”

应当对着一块用彩陶制作的杰德护身符一字不差地念诵这段经文。

“我把飞沙挡在外边，以免它阻挡死者的去路。我用火炬照亮了西边的沙漠，我驱逐了那些企图熄灭火炬的家伙。我把这个死者的敌人引向了歧途，因为我是这个死者的保护者。”

应当准确无误地念诵这段经文。

众神殿的管家、在西边的山头上守护神圣墓地的阿努比斯说：“在这块墓地伺机祸害死者尸体的恶魔，我已经识破了你的阴谋，我已经准备好迎击你的进攻。我是这个死者的保护神。”

应当对着一尊按照纸草上的阿努比斯像用掺着香料的泥土制作的神像念诵这段经文。

在棺材盖的右上角，呈现为一只鸟的形状的死者的巴正在为死者祈祷。死者充满生机的巴说：“当拉神在西边的地平线降落时，我赞美他，并且为你（指死者）祈祷，日复一日。”

在棺材盖的左上角，呈现为一只鸟的形状的死者的巴正在为死者祈祷。获得再生资格并将在奥西里斯身边享受永生的死者的巴说：“当拉神从（东方）地平线升起时，我替你向拉神祈祷。”

死者对乌萨布提说：“听着，你们这些乌萨布提，当我被指派去做任何在来世必须完成的体力活的时候，诸如我不得不耕种或浇灌，或者在尼罗河东岸和西岸搬运沙石，你们应当争着说：‘我去干，我就在这里！’”

荷鲁斯的四个儿子所说的话：

库波思乃夫说：“我是你的儿子库波思乃夫。我来到了你身边，目的是为你提供保护。我已经把你的骨头拼接，我让你的肢体恢复了原来的功能。我给你带来了你的心脏并把它安放在你的躯体里属于它的地方。我让你的坟墓坚固无比，以便你在其中生存，直到永远。”

哈彼说：“我是哈彼。我来到了你身边，目的是为你提供保护。我已经把你的头和你的肢体拼合在一起，我替你打击你的敌人并征服了他们。我让你拥有属于你的脑袋，直到永远。”

杜阿木特说：“我是你所喜欢的儿子。我来到了你身边，目的是防止那个伤害过你的家伙再次加害于你。我会让你把这个家伙踩在脚下。”

伊姆塞特说：“啊，死去的人，我是你的儿子。我来到了你身边，目的是为你提供保护。我按照普塔神的命令，如同拉神所吩咐的那样已经把你即将入住的房子准备完毕。”

【题解】

本经文的目的是让停放在木乃伊制作坊的死者的尸体得到保护和恰如其分的处理，以便死者在冥界通过奥西里斯审判并最终获得再生。阿努比斯作为尸体和墓地的保护神成为本篇的中心人物，而伊西斯和涅芙狄斯作为保护棺材的两个女神也占据不可忽视的位置。在奥西里斯被谋杀和复活的神话里，这两位女神通过拼接奥西里斯被分尸的肢体碎块，然后又把奥西里斯复原的躯体制作成木乃伊并使用一系列魔法来促使他死而复活。在许多与墓葬相关的画面中，两位女神分别站在棺材的一边，不仅防止死者再次受到伤害，而且通过魔法使死者恢复生气。

放在棺材四边的四块砖头也是为了防止邪恶的力量溜进作坊里。死者与其巴之间的对话说明死者不死的魂灵与它需要附着的躯体之间已经建立了联系，为此后尸体留驻墓室，巴则自由穿梭在天地之间奠定了基础，而死者向乌萨布提发出的命令则表明死者到达来世以后可以从体力劳动中解脱出来，因为这些乌萨布提是死者忠实的仆人。荷鲁斯的四个儿子是保护死者内脏的神灵，库波思乃夫守护死者的肠子、哈彼守护死者的肺、杜阿木特守护死者的胃、伊姆塞特守护死者的肝。至此，死者进入墓室并开始来世路程的外部条件已经具备。

第 152 篇

本经文是为了让死者在来世拥有住所。

当死者的巴与其躯体结合在一起的时候，盖伯和其他众神灵，还有人们都欢呼起来。不论是当父亲的还是做孩子的，看见死者的仇敌受到严惩时，他们都为死者祝福。

阿努比斯答应死者，他将在来世获得一处住所。该住所的地基在赫利奥波利斯，它的周边到达卡拉哈。主宰莱托波利斯的神为这个住所勾勒了图纸，周围的居民为死者带来了饮食，献祭的祭司准备了各种供品。

奥西里斯对其随从们说："你们快去看那座属于这个已经获得再生资格的死者的房子。他今天来到了这里，他是你们当中的一名新成员。他是应当受到称赞的人，为他祈祷吧，让人们对他充满敬畏。你们已经看见我为他所做的一切。他已经获得了神性，他是你们当中的一员。"

南来的风给这个死者带来了用作祭品的小牛，北来的风为他带来了大麦。地面上即将成熟的小麦也供他尽情享用。奥西里斯已经向众神通报了这个死者的到来。

这个死者已经从左侧翻过身来躺在右侧。愿所有的人、所有的神和所有的魂灵看到这个死者的时候都称颂他。

【题解】

通过审判并进入奥西里斯的王国固然不易，但是考虑到已经死去的人的数量，在来世获得一个住所更加不易。本经文旨在让死者依靠众神的恩赐得到一个固定的住所。按照经文的解释，成为奥西里斯王国的一名成员之后，死者不仅有了属于自己的房子，而且享受固定的配给。"从左侧翻过身来躺在右侧"是古代埃及语中对死去的人复活的一种形象的描写，意即他具有活动身躯的能力。请比较经文第 47 篇。

第 153 篇　甲

本经文的目的是让死者逃脱罗网。

啊，你这个喜欢回头张望的家伙，你这个善于用手中的网一网打尽的家伙。啊，你们这些渔夫，不管你们是当父亲还是做孩子，你们这些在河道里随处撒网的人，不许你们拿手中用来捕捞精疲力竭者的撒网来罩住我，也不许你们拿用来捕获候鸟的罩网来扣住我。你们撒下的网的浮标朝向天，它的铅垂深入水下，而我从这张网的中心位置逃脱，然后像一只隼一样飞上天空；我从这张网的边缘逃脱，然后像一条鳄鱼一样潜入水里。我展翅飞到你们达不到的地方，你们这些长着看不见的手指头的渔夫。

我知道用来收网的卷轴的名字，它叫“索卡尔的大手指头”；我也知道用来收紧渔网的绳索的名字，它叫“沙士姆的大腿”；我也知道这张网的支撑杆的名字，它叫“伊西斯之手”；我也知道这张网所配的刀子的名字，它叫“伊西斯的屠刀”，伊西斯曾用它剪断荷鲁斯的脐带；我也知道这张网上的浮标和铅垂的名字，它们名叫“汝提的膝盖骨”；我也知道用来张开和收拢这张网的绳索的名字，它叫“阿吞的筋”；我也知道那个善于捕获猎物的渔夫，他的名字叫“来自埃塞布的精灵”；我也知道把捕获到的猎物拉到地面上来的那只胳膊的名字，它叫“在赫利奥波利斯的神殿于每月第十五天主持审判的神灵的手”；我也知道用来晾晒捕获到的鱼的河岸的名字，它叫“位于天国的、众神所在的河岸”；我也知道伸手拿鱼准备为众神烹煮的那个厨师的名字，他叫“把刀当作印章”；我也知道众神的厨师用来摆放供品的那张桌子的名字，它叫“让诸神满意的荷鲁斯的供桌”；我也知道布置供桌的那个神的名字，他叫“无人看得见、独处黑暗里的精灵”，获得再生的人赞美他，而尚未获得再生的人则惧怕听到他的名字。

我来了，我像一个神一样出现在这里，我要成为冥界的首领，我要乘坐太阳神的日行船和夜行船在冥界和天国之间飞上飞下。众神之主在主神殿里为我指定了一个位置。啊，站在来世入口处的渔夫，我来到了你面前，我手里拿着绳索，我的手里握着刀子。我的手握住屠刀。我要自由地进出这道门，我要尽情地走动，我要用我手里的网捕获我所需要的食物。

我知道缝合我的伤口的那根绳子的名字，它叫“奥西里斯的大拇指”；我也知道接合我的伤口的那两根手指的名字，它们叫“长在拉神手上的指头和长在哈托手上的指甲”；我也知道缝合我伤口的那根针上的线头叫什么名字，它的名字是“万物之主身上的筋”；我也知道用来收紧渔网绳索的名字，它叫“沙士姆的大腿”；我也知道这张渔网的支撑杆的名字，它叫“伊西斯的手”；我也知道渔网上的线条的名字，它们叫“众神之主的线条”；我也知道这张渔网的网线的名字，它叫“太阳的光线”；我也知道用这张网捕获猎物的那个渔夫的名字，他叫“拉神身边的精灵”和“盖伯身边的隐形者”。

啊，你这个张网捕鱼的渔夫，我也获取到了食物；啊，为奥西里斯效劳的屠夫，你吃的东西我已经吃过；啊，你这个倒着看、劫掠人心的家伙，你这个阻拦死者进入来世之门的家伙，还有你们这些在英塞特撒网捕鱼的渔夫，不管你们是当父亲还是做孩子，你们不应该用网套住我，你们不应该用打捞精疲力竭者的渔网和抓获候鸟的罩网扣留我或套住我。我知道这张渔网，我了解渔网顶部的浮标，也了解渔网底部的铅垂。

瞧，我来了。我的手里拿着绳索，我的手里握着网线；支撑杆在我的手里，刀子也在我的手里。我来了，我要穿过大门获取属于我的猎物，我要屠宰它，我要对它千刀万剐。我手里的绳索是沙士姆的大腿；我手里用来收网的卷轴名叫"索卡尔的手指"；我手里的支撑杆是伊西斯的一只手，我手里的尖刀是沙士姆使用的屠刀。

瞧，我来了，我要在太阳船上入座，我要飞过布满尖刀的湖，一直来到天国的北面。我已经听见了神的说话声，我要模仿他们的样子行事。我的卡因他们的缘故而强健。我吃他们赖以生存的东西。我要登上拉神为我特制的天梯，荷鲁斯和赛特双双伸出手来拉住我。

【题解】

对于居住在尼罗河两岸的古代埃及人来说，鱼构成他们食物的重要部分。撒网捕鱼是日常生活中司空见惯的事情，但是古代埃及人在想象去往来世的路和升入天空的可能性的时候，担心死者被渔网俘获，从而丧失复活的机会。古代埃及人从日常生活中用罩网捕鸟的事实，又联想到死者复活后升天时有可能被怀有敌意的神或者邪恶的敌人捕获。在本经文里，捕鱼者和猎鸟者都代表了试图阻挠死者到达来世的潜在的敌人。正如第 99 篇里面对艄公的死者一样，本经文里的死者也试图通过说出渔网的结构和部件、渔夫和厨师等人的情况来逃脱厄运。死者希望自己拥有隼一样直入云霄的能力和鳄鱼冲破各种封锁的力量。

第 153 篇　乙

本经文的目的是让死者逃脱渔网。

啊，你们这些专设陷阱的家伙，你们这些渔夫。不管你们是当父亲还是做孩子，你们难道不知道那张巨网的名字吗？它的名字叫“一网打尽”。难道你们不知道我了解这张巨网上网线的名字吗？它叫“伊西斯的筋”。难道你们不知道我了解拉动这张巨网的木架的名字吗？它叫“阿吞的腿”。难道你们不知道我了解这张渔网上线轴的名字吗？它叫“沙士姆的手指”。难道你们不知道我了解这张巨网支撑杆的名字吗？它叫“普塔的指甲”。难道你们不知道我了解附着在这张巨网上的刀子的名字吗？它叫“伊西斯的屠刀”。难道你们不知道我了解这张巨网上的铅垂的名字吗？它叫“天上掉落的矿石”。难道你们不知道我了解这张巨网上的浮标的名字吗？它叫“隼的羽毛”。难道你们不知道我了解撒这张巨网的渔夫的名字吗？他叫“猴子”。难道你们不知道我了解用来晾晒这张巨网的河岸吗？它叫“月亮之屋”。难道你们不知道我了解撒这张巨网的人的名字吗？他叫“住在天国东边的要员”。

你们不要吃我，不管是啃吃还是吞吃。我依靠我的臀部端坐，我咀嚼属于我的供品，我喝下属于我的饮品。我要长生不死，就像从原始混沌水升起的拉神一样。我的巴俨然一个神，我说出的话因此相当于神意。我最厌恶的就是胡作非为。

我是主持正义的奥西里斯，而拉神的食粮就是正义。我以公牛的形状祈祷，我以九神会的名义申诉。我的名字就叫作“永生不死”。我从原始混沌水中自我生成，我的名字叫夏帕瑞，就是自我繁殖的蜣螂。我是光明之主，我显现为东方地平线上的太阳神拉。我每日随着太阳在东方地平线上获得重生，在那里登上太阳船并占据属于我的位子。我的子孙们在我留下来的田地上耕耘，他们让我丰衣足食，从而远离粪便。我像舒一样吃饭，我像舒一样喝水，我像舒一样排便。我拥有同统治上下埃及的国王们一样的权力。我具有与孔斯一样的力量。

我能够拧断你们的脖子，我能够把你们捆绑在一起。

【题解】

本篇是上一篇内容的简化，因而其主题聚焦于渔网可能带来的各种危害上面。死者希望借助他所掌握的有关渔网的信息来摆脱捕鱼者的罗网。不同之处在于，本篇强调了死者的神性。死者不仅称自己是主持正义的奥西里斯和自我繁殖的蜣螂，而且把众多神的不同特质集合在自己身上。在结尾处，死者甚至以可能发生的肉搏战来警告那些撒网者。

第154篇

本经文的目的是防止死者的头和身子分离。

我的父亲奥西里斯，为了保护你的尸体我远道而来，希望你反过来也保护我的尸体。我的尸体绝对不能腐烂，因为我像夏帕瑞一样具有复苏的能力，我要像他一样永生不灭。

空气之主（指空气神舒）啊，让我的呼吸像你一样强有力，请让我端坐在你身边，让我像你一样永生不死。我是一个拥有属于自己的坟墓的人，让我进入永恒之国，让我与你和你的父亲阿吞在那里享受恒久的生命。我的尸体不会腐烂，因为我是获得永生权利的人。我没有做任何你所憎恶的事情，希望你的卡喜欢我，不要把我拒之门外，希望你能接纳我为你的一名随员，不要让我的尸体腐烂。我要像那些男神和女神一样永世长存，而绝不像动物和蛆虫一样死后尸体腐烂，直至彻底消失。

我的巴在我死后仍然自由活动，我的身躯也要在来世获得再生！我的肉体从肿胀中恢复原样，我的骨头不会脱节，我的肢体不会散架，我的肌肉不会腐烂，我的身体不会发出臭味，我的躯体上没有蛆虫，一个也没有。

舒看见了我，所有的男神和女神都看见了我；所有的鸟类和鱼类，所有的蛇和蛆虫，还有各种牲畜都认出了我，它们对我充满了敬畏。各种牲畜，所有的鸟类和鱼类，所有的蛇和蛆虫死后将不复存在，因为蛆虫迟早会取而代之。我不会受到任何蠕虫的伤害，我也不会遭受任何屠夫的伤害。众神之主啊，不要让我落入那些靠吃死者的尸体为生的害虫的手里，不要让它们靠近我，不要让它们像祸害别人的尸体那样对待我。我是跟随你的仆人，不要让它们加害于我。

我的父亲奥西里斯，你的肢体完好无损，你的肌肉不会腐烂，你的骨头不会腐朽、也不会脱节，你不会发出臭味，也不会头脚分离，你不会变成一堆蛆虫。我是夏帕瑞，我的肢体将永远发挥其功能，我的身体不会腐烂，也不会膀肿，我的头脚不会分离，也不会转化为一堆蛆虫。我永远不会消失，我将永远存在下去，直到永远。我会永生不死，我会永生不灭。我会安然无恙，我会完好无损。

我安全地从死亡中挣脱出来，我的躯体没有膀肿，我的内脏不会失去其功能。我没有遭受任何伤害，我的眼窝没有塌陷，我的头盖骨没有被敲碎，我的耳朵没有变聋，我的头与脖子紧紧地连在一起，我的舌头活动自如，我没有脱发，我的眉毛也没有掉落，我没有遭受任何暗算，我的身体不会消失，它会永世长存，它绝不会从这个国度消失。

【题解】

人死以后尸体开始腐烂，这是最正常不过的自然现象。但是，古代埃及人没有像古代印度人一样把焚烧尸体理解为加速灵魂转世的过程，也没有像古代两河流域传说中的英雄吉尔伽美什那样因看到死去的同伴身体长了蛆虫而承认命运的不可逆转性。相反，他们试图通过木乃伊制作技术并借助众神的保佑来防止尸体的腐烂。在本经文里，死者向奥西里斯（分尸后得以复活）、舒（空气神）、阿吞（创世神）和夏帕瑞（呈现为蜣螂，象征自我繁殖）几个与再生密切关联的神发出呼吁，有时甚至自称是这些神，强调自己与这些神一样的求生欲望和永生权利。

第 155 篇

本经文的目的是让死者得到一个叫作“杰德”的护身符的保护，该护身符应当放在死者的脖子下面。

啊，精疲力竭的奥西里斯，快站起来吧！你的后背属于你自己。啊，精疲力竭者，你的脊柱属于你自己，快转过身来吧，以便我给你喂清凉的水。瞧，我给你带来了杰德护身符，快站起来吧！

（附言：）应当对着一个镀金的杰德护身符念诵这篇经文。该护身符的内架用西克莫木制作，而且涂抹促使死者再生的植物浆液。下葬的那一天，这个护身符应当放在死者的脖子下面。一旦死者的脖子下面摆放了这个护身符，那么他在新年伊始之际便会获得再生，从而成为奥西里斯随行队伍当中的一员。这是真正的灵丹妙方，业已经过无数次的验证。

【题解】

“杰德”是古代埃及象形文字中“坚固”或“稳定”（$\underline{d}.d$）一词的中文音译词，该词的象形符号呈现为一个模仿人的脊柱而成的柱子。人死后骨节脱落，别说复活，即使借助外力也很难移动逐渐腐烂的尸体。古代埃及人相信，奥西里斯遭遇分尸的厄运，但是他的尸体经过木乃伊制作过程恢复原样，而且借助这个类似柱子的护身符战胜死亡重新站立起来。在文中，长子（有时由诵经祭司代劳）呼唤自己的父亲翻过身，因为他不仅带来了支撑他软弱无力的躯体的护身符，也拿来了让他获得生气的清凉的水。

在古代埃及，死者的家属有义务在其祭日或者其他宗教节日祭奠他。死者的长子把各种食物放在墓室里的供桌上，其中包括清凉的水和食品。献祭的儿子请求父亲转过身来享用他带来的食物，其情境与本经文完全相似。毫无疑问，本经文的原型是举行祭奠的儿子对其父亲的呼唤。

第156篇

本经文是为了让死者获得叫作“伊西斯结”的护身符的保护。该护身符应当用红色的玉制作，并且放在死者的脖子下面。

伊西斯，你的血属于你，你的魔法属于你，你的魔力属于你。这个护身符是用来保护这位尊贵的死者，请你保护他，不要让他遭受任何形式的伤害。

（附言：）应当对着一个用红色的玉制作的伊西斯结念诵这篇经文。这个作为护身符的伊西斯结应当用西克莫木做架子，上面涂抹促使人再生的植物浆液。下葬的那一天，该护身符应当放在死者的脖子下面。做到了这些，伊西斯的魔力就会保护死者的尸体，伊西斯的儿子荷鲁斯会为此而高兴。对于死者来说，不管他想上天还是入地，没有哪条路不向他开放。这是真正的灵丹妙方，业已经过无数次的验证。不要让任何人看见，这是一个绝无仅有的妙方。

【题解】

根据古代埃及神话，太阳神拉为了保护怀孕的伊西斯和她的胎儿荷鲁斯，在伊西斯的胎盘里放置了一个具有保护作用的结，一方面是为了防止赛特把处在胎儿状态的荷鲁斯置于死地，另一方面是为了不让伊西斯来月经，以免她流产。文中说伊西斯将拥有她自己的血，原因就在于此。念诵者借助经文向伊西斯祈祷，希望她像保护荷鲁斯一样保护死者。

与下一篇一样，本经文最初很有可能被用来保护孕妇及其胎儿，然后才被引用到丧葬领域。死者在此被视为像荷鲁斯一样等待降生的胎儿，因此后者所需的护身符和咒文对他也必不可少。从这个意义上说，《亡灵书》确实是经过兼容并蓄而成。

第 157 篇

本经文与置于死者脖子上的金质秃鹰雕像有关。

伊西斯为荷鲁斯选择了一个可以藏身的地方，并且在那里把荷鲁斯抚养成人。伊西斯希望儿子荷鲁斯统治原来属于奥西里斯的尼罗河两岸土地。荷鲁斯终于成为一个战无不胜的勇士。他的威力和威望让人肃然起敬。伊西斯是荷鲁斯最有力的保护神，她不允许任何有害物靠近荷鲁斯。

（附言：）应当在一座金质秃鹰雕像上刻写本经文，然后对着这座雕像念诵本经文。在举行葬礼的那一天，这座雕像应当作为护身符放在尸体边。这是一篇非常灵验的经文。

【题解】

本经文简要地讲述了伊西斯如何在险境中哺育荷鲁斯，并且等到儿子长大成人以后帮助他替父报仇，夺回被赛特篡夺的王位。经文表达了希望伊西斯接纳这个死者为自己的儿子的意愿。女神伊西斯通常呈现为人的形状，但是偶尔也以秃鹰的形象出现。本文显然是为了凸显秃鹰展开双翅保护雏鹰的意象。

展开双翅的鹰是王权保护神的象征，所以这一形象经常出现在王座上。在丧葬领域，古代埃及人把做着保护姿态的鹰刻画在墓室入口或者棺材面壁上，表示死者时刻受到凶猛和警觉的老鹰的保护。本经文可谓这一图像的文字说明。

第158篇

本经文与一条放在死者脖子上的金项饰相关。

啊，我的父亲，我的兄弟，还有我的母亲伊西斯，让我获得活动身体的自由吧。看看我，盖伯见了我都会恩准我活动的自由。

（附言：）应当对着写有这篇经文的金项饰念诵本经文，而该项饰应当在葬礼那一天放在死者的脖子上。

【题解】

放在死者脖子上的金项饰应当起到保护作用，保证他能够说出他想说的话。可以判断，死者最大的愿望就是逃脱永远成为一具僵尸的厄运。他把自己装扮成奥西里斯家庭的一名新成员，希望奥西里斯、伊西斯和荷鲁斯这三个各具特异功能的神让他获得活动的能力。作为其理由，死者称盖伯——奥西里斯和伊西斯的父亲——看见他以后也会满足他的这个要求。

第159篇

本经文与放置在死者脖子上的一个用绿长石制作的呈莎草形状的护身符相关。

啊，你这位刚刚从神庙走出来的女神，你的声音在两座神庙之间回荡。你所拥有的权力和魔力不亚于你的父亲，而你的父亲是众神之母所生的强壮的公牛。快接受这个生前曾经为你做过大事的人为你的随从吧！

（附言：）应当对着一个用绿色的长石制作的莎草形护身符念诵这篇经文，该护身符应当放在死者的脖子上。

【题解】

本经文是为了保证死者复活后嗓子依然能够发挥正常功能而编写的。经文呼吁一个没有被指名的女神接受死者为其一名随从，不过从描写女神洪亮的嗓音在神庙之间萦绕的细节判断，经文的主要目的是让死者复活时重获说话的能力，以便及时和充分地把自己的愿望和要求表达出来。

第160篇

把一个用绿长石制成的呈莎草形状的护身符戴在死者身上。

“我是用绿色的长石制成的莎草状护身符。我没有链绳，图特神亲自用手举着我，图特厌恶任何有害的东西。”

只要这个护身符完好无损，那么我（死者自称）就会安然无恙；只要这个护身符不受损害，那么我也就不会遭受任何灾祸；只要这个护身符不遭破坏，那么我也就不会遭厄运。

图特会说出如下的经文："欢迎你来到这里，你是赫利奥波利斯的一名长老，你是布托的首领。舒在位于布托的施内姆找到了你，你的名字叫'绿松石'。你在众神殿里有一席之地，阿吞对你明亮锐利的眼光无比满意，所以，死者的四肢不会受束缚。"

【题解】

在本经文的附图上，图特神赐予死者一个呈莎草形状的护身符，而莎草状的符号在象形文字里表示"旺盛"的意思。在经文第一段里，被拟人化的护身符以第一人称强调自己与图特神的特殊关系。在接下来的文字里，死者把护身符的不可摧毁性与自己死而复活的必然性联系在一起，并且试图通过排比句加重这种关联性。最后一段文字描写了相关护身符不同凡响的身世。主神之一的舒在施内姆发现了这个护身符，它被称为赫利奥波利斯的长老和布托的首领。有了如此神通广大的护身符的保佑，死者完全可以对死后复活确信不疑。

第161篇

本经文的目的是打通一条通往天国的路，这条路是由图特在他接近太阳光盘时为奥西里斯开通的。

乌龟已经死去，拉神将会永生。死者的躯体已经入葬，他的骨肉已经粘连在一起。乌龟已经死去，拉神将会永生，安卧在棺材里的人安然无恙，棺材里的他已经变成了奥西里斯。乌龟已经死去，拉神将会永生。库波思乃夫已经把乌龟置于死地，而变成奥西里斯的死者则获得了重生的权利。乌龟已经死去，拉神将会永生；奥西里斯的肢体伸展开了，成为奥西里斯的死者伸展开了他的肢体。

（附言：）假如把本经文刻写在棺材上面，棺材的主人就等于拥有了通往天国的四条路径，一条乘北风而上，它属于奥西里斯；一条乘南风而上，它属于拉神；一条乘西风而上，它属于伊西斯；一条乘东风而上，它属于涅芙狄斯。来自四面的风都会在属于各自的通道为死者效劳。

这篇经文无人知晓，它是一个绝密。陌生人绝对不应该得知这篇经文，即使你（指死者）的父亲、你的儿子都不能知道这篇经文。除了你之外，任何人都不能了解这篇经文，因为它是一个不可泄露的秘密。

【题解】

死者希望借助风登上天国。经文首先以排比的修辞手法宣告太阳神战胜其死敌乌龟，先后四次的胜利意味着通向天国的四条道路全部被打通。不仅如此，掌控四条通道的四个神分别从不同的通道协助死者乘风到达天国。

与我们中国人不同，古代埃及人把乌龟视为太阳神的敌人，反而把蜣螂描写成长生和自我繁殖的象征物。生活在不同自然和社会环境中的人在探讨同一人生课题的时候能够发展出各具特色的象征符号。

第 162 篇

本经文是为了在冥界促成火光。

啊，你好，你这个拥有无限权力的神。你头戴王冠，王冠上饰有两根高大的羽毛。你手握连枷，你是力量的象征，你是光明的来源。你随心所欲地改变模样，你的色彩变幻无穷。你生来就具有神性，你敢于在九神会发号施令。你脚步有力，步伐敏捷。你无所不能，你善于帮助需要帮助的人，你把陷入绝境中的人拯救出来。我向你呼唤，快来帮助我吧！我知道你的名字，你叫“潘哈卡加合”，你也叫“宜尤里塞林巴提”，“狮子和绵羊的尾巴”是你的名字，“卡萨提”也是你的名字。我赞美你的名字，希望你能听到我的声音。当拉神置身位于赫利奥波利斯的冥界的时候，你在那里点燃火炬。愿你像我在世时一样对待我，不要忘记我，我是你的随从。请你在我的头边燃起一把火炬吧，因为我是安卧在赫利奥波利斯的我的主人的巴。快来帮助我吧，我是你的随从。

（附言：）应当对着一个呈母牛形状的金质小雕像念诵本经文。雕像应当放在死者的脖子部位，此外，在一张崭新的纸草上画一头母牛，然后把它放在死者的头下。当太阳落下山时，死者的周边将燃起火焰，照得冥界如同白昼。该死者在冥界如同神一样大踏步行走，他绝不会在任何一个冥界的大门遭到拒绝。当你把这座表现女神的母牛雕像放到死者的脖子上面的时候，你应当说如下的话：“啊，众神之中最为神秘的神，这是你的儿子的尸体，请你让他在你的国度安然无恙。”

这是需要绝对保密的经文，不要让任何人看见它，因为它一旦被人看见就会失效。假如谁知道这篇经文并守口如瓶，他就会永生不死。本经文的题目叫“隐秘神庙的女主人”。

【题解】

母牛在古代埃及不仅象征丰产，而且预示生命的延续和循环。主掌天空的努特为女神，她后来与哈托融合，因此天空经常被想象成一头母牛的躯体。古代埃及人想象，在西天降落的太阳被努特女神吞入腹部，经过一夜的孕育以后，获得新生的太阳在东方地平线升起。本经文的目的是让死者得到呈母牛形状的女神的保护。文中列举了这个女神的若干名字，其用意就是把呈现为母牛形状的女神全部纳入死者所呼吁的范围里。

第 163 篇

本经文是从其他铭文选取然后加进《亡灵书》的，它的作用是防止死者的尸体在冥界腐烂，防止在冥界监禁死者的鬼神吞噬死者的巴，防止死者因在世时的过错而遭受控告，保证死者的骨肉不长蛆虫，也不受那些专门在冥界糟蹋死者尸体的鬼神们的危害，保证他自由活动，随心所欲地做他想做的事。

死者不会在冥界的任何大门遭到拒绝。他将在那里有吃、有喝，并且像在世时一样通过肛门排便。不会有任何人在那里控告他，他的敌人的所有阴谋都将不攻自破。如果一个人活着的时候使用这篇经文，他即使有过错也不会被传令官发现。这篇经文会防止死者在冥界遭受砍头的厄运，他也不会受到赛特手中尖刀的伤害，他也不会被投入监狱。他会走进审判庭并被判无罪。他在冥界不必因为担心再犯错而恐惧不已。

（附言：）应当对着一条长着两条腿的蛇、太阳圆盘和两只牛角念诵本经文。此外还要对着两只象征荷鲁斯的眼睛的神圣眼睛模型念诵这篇经文，两只眼睛分别有两条腿和两个翅膀；其中一只眼睛的瞳孔处画着一个高举双臂的人，他长着贝斯的脑袋，头顶有两根羽毛，而此人的后背则呈一只隼的样子。应当用一种由没药、葡萄酒、上埃及的绿岩和来自埃及西部的水配制的颜料，在一块用来包裹死者尸体的绿布条上绘制这幅画。

【题解】

本经文在新王国之后才逐渐成文，相对于大部分新王国时期的经文，它的题目和附言显得冗长，而正文部分很短。除了表达死者在冥界获得足够的食物，而且不受到任何人控告和诬陷的愿望以外，正文特别提到了一个人在人世时可以借助此经文逃脱传令官的耳目，即使他确实犯了罪过。这或许是新王国没落以后埃及动荡的社会状况对民众的伦理和来世观念产生深刻影响的结果。

另外，这篇经文也证明了古代埃及人的来世与今世多么相像。对古代埃及人来说，无论在今世还是在想象中的来世，遵守道德规范均为达到目的的首要前提，但是在临界点上，忽视这些规则的例子也偶尔出现，应当说是人之常情。

第 164 篇

应当对着一个拥有三个头的穆特女神画像念诵本经文。三个头当中第一个头呈现为狮子的头，戴着饰有羽毛的头冠；第二个头呈现为一个戴着双王冠的人头；第三个则呈现为饰有羽毛的秃鹰头；女神长着狮子的爪子并展开翅膀。这幅画像应当用没药、新鲜香料和墨水配制的颜料在一块红色的布条上绘制。女神的前后各画一个侏儒，侏儒分别长着两个头，一个是鹰头，另一个是人头，头上都插着羽毛，两个侏儒都举着双手。

用这块画着女神头像的布条遮盖死者的胸脯，他会因此而在冥界成为神中之神。他永远不会遭到拒绝。他的肉体和骨关节就像活着时一样。他在清澈的河水边畅饮，他在芦苇地获得一块地，天空中有一颗星将属于他。他在冥界将不会受到毒蛇和害虫的侵袭。他的巴将不会遭到监禁，他将像一只鸟一样自由活动，绝不会被蛆虫糟蹋。

【题解】

如同第162篇和第163篇一样，本经文也是新王国以后才形成的。严格地说，本篇并非真正的经文，而只是对制作木乃伊过程中一道程序的说明，那就是用一块画有穆特女神和两个侏儒像的布条包裹死者的胸部，以便这块被赋予魔力的布块保护死者的尸体不受有害物的侵蚀。因为防止尸体腐烂是保证一个人死后复活的最基本前提，完成了经文所描写的步骤，死者才有可能喝水、吃东西，然后像天上的星星一样永远放出生命的火花。

我们可以从以上三篇和接下来的一篇经文中看出新王国时期《亡灵书》演变的一个方面。这个时期的埃及人把通常为死者举行的包括葬礼在内的各种仪式用文字的形式记录下来，然后把它纳入《亡灵书》。这样做不仅是为了安慰死者，同时也是为了以魔术的手法阻止或吓退企图祸害死者的各种邪恶力量。

第165篇

本经文的目的是保证荷鲁斯的眼睛不受伤害，保证死者的尸体不腐烂，保证他有水喝。

应当对着一个高举双手的神像念诵这篇经文。这个神头上饰有羽毛，他的双腿叉开，其间有一个象征永恒的蜣螂。此外还要画一个人像，他长着人头，两个胳膊下垂，左右两个肩膀上各有一个羊头。神像和人像要用天青石、树胶和水配制的颜料画在一块布上，然后把这块布放在死者的心口，但是不要让那些在冥界作恶的魔鬼知道。死者将会因此得以从清澈的河里喝水，像天上的星星一样穿梭在天地之间。

【题解】

与上一篇经文一样，本篇也属于木乃伊制作过程中一道工序的操作指南。用一块画有神像的布盖住死者的心口旨在保护他不受邪恶势力的侵犯，尤其是心脏被取出来以后，心口处有一个缝合的口子，此处被认为是极其重要却又极易遭受伤害的地方，木乃伊制作师通常在缝口处放置一个蜣螂形状的护身符。蜣螂和羊头在古代埃及都象征再生和繁殖。

第166篇

本经文与枕头相关。

沉睡的死者，燕子会把你唤醒，它们会让你抬起头来。快起来吧，抖落掉你身上所遭受的伤害和所承受的诅咒。普塔神已经打倒了你的敌人，伤害过你的家伙终于咎由自取。

你是荷鲁斯，你是哈托的儿子，你全身喷射火舌，你就是火本身。你的头曾经被砍断，但是你重新获得了属于你的头，而且你今后将永远拥有它，谁也不能再把你的头夺走。

【题解】

燕子作为候鸟，在古代埃及人来世观念里象征失而复得和死而复活。本经文希望如同昏睡者一样的死人随着回归的燕子的叫声苏醒过来（可参考经文第86篇）。尸体腐烂的结果往往是身首分离，而古代埃及人相信这是某种敌对力量加害于死者的后果（可参考经文第3篇和第43篇）。为了避免这种可怕的情况发生，古代埃及人给死者提供一种神奇的枕头。本经文除了书写在纸草上面以外，更经常地见于木制、石制的枕头上。

这样的枕头成为古代埃及随葬品中不可或缺的内容。

第167篇

本经文的目的是让死者拥有乌扎特眼睛。

图特神已经把乌扎特眼睛领回来。虽然拉神曾经让乌扎特眼睛执行毁灭人类的任务，但是图特后来按照拉神的意愿平息了乌扎特女神的怒火，图特消除了女神的愤怒。

假如我安然无恙，那么乌扎特眼睛也将安然无恙；假如乌扎特眼睛安然无恙，那么我也会安然无恙。

【题解】

被称作“乌扎特”的眼睛或女神在古代埃及与两个极为重要的神话相关。在其中的第一个神话里，荷鲁斯为了夺回被篡夺的王位与篡权者赛特做殊死搏斗，不幸一只眼睛被对手弄瞎，后经图特医治而痊愈。从此，荷鲁斯那只复明的眼睛象征一个儿子献给其父亲最珍贵的礼物，或者一个生者提供给死者最富有生命力的供品，因为这只眼睛同时还标志神奇的复原功能。第二个神话讲述的是拉神因人们谋反而派遣其女儿哈托毁灭人类。后来拉神产生恻隐之心，让图特使用计谋停止哈托对人类的杀戮。古代埃及人有时把月亮和太阳说成是拉神的两只眼睛，哈托作为拉神的女儿与月亮联系在一起，而月亮的圆缺又与荷鲁斯眼睛受伤和痊愈相联系。本经文引用这两个神话，意在强调死者具有荷鲁斯的眼睛的痊愈能力，他的生命也会像月亮圆缺一样不断地重复。

第168篇

本经文的目的是让死者到达他所要去的地方。

与奥西里斯一起居住在最隐蔽处的九神会，你们这些长生到永远的神，我来到了你们面前。快为我打通道路吧，让我穿过你们所掌控的关卡。我知道你们的名字，我也了解你们所处的那个隐蔽之处的秘密。

永生不死的奥西里斯，我来到了你和那些与你一起处在隐蔽之处的诸神面前。你们保护死者的巴，你们审判死者，你们判定正义和邪恶。你们这些九神会的成员，你们这些身处神秘的地下隐蔽处的神，你们有权剥夺人的气息。

要对着死者的小雕像念诵这篇经文，雕像要用棕榈木雕刻而成，然后把它与九神会诸神的雕像一起作为随葬品献给死者。死者会像那些神一样充满活力，他会成为他们当中的一员。他不会在通往来世的路上遭拦截，而是一路畅通。

（以下是守护冥界关卡的诸神的名字：）

把守第八道沟壑的神保护死者的巴，但是他们会首先裁定哪些人是正义的，哪些人是邪恶的。

把守第九道沟壑的神长着看不见的身躯，他们能够堵塞人的呼吸道。

把守第十道沟壑的神更加变幻莫测。尽管他们尖声大叫，但你无法知道他们的用意。

把守第十一道沟壑的神用手捂住自己的嘴，他们对其掌握的秘密守口如瓶。

把守第十二道沟壑的神有权力召集其他神，他们有能力让一幅图获得所画物所拥有的原动力。

【题解】

这篇经文受到了起初刻写在王陵墓壁上的铭文的影响。按照新王国时期王室的来世观念，王陵狭长的墓道相当于太阳在夜间12个小时所穿行的冥界。拉神在众随从尤其是奥西里斯的帮助下乘坐太阳船，每个小时越过一个沟壑，至黎明时分到达东方地平线。本经文希望普通的死者也能够像死去的国王那样登上太阳船，在众神的保护和帮助下顺利穿越12道沟壑并在黎明时分升入天国。

第169篇

本经文与支起棺架时举行的仪式相关。

死去的人，你是一头狮子，你如同保护奥西里斯的荷鲁斯，因此你像神一样有权利呼气和欢呼。你会获得呼吸的权利，你将有权利喝水，你将有权利转过身来躺在右侧，你将有权利再转过身去躺在左侧。

盖伯打开你的双眼，让你那双失去原有功能的眼睛重见天日，他让你弯曲的双腿伸展开来。你那颗从母腹中获得的心脏已经被放回你的腹腔，作为备用而制作的心脏也已经在它应当所在的地方。你的巴可以升入天国，你的身躯安卧在墓室里，你的胃肠可以享受面包，你的喉咙可以喝水，你的鼻子可以呼吸沁人心脾的空气。先于你死去的人欢迎你的到来，他们替你打开你的棺材的盖子，他们让你的肢体复位并恢复原来的功能，你由此可以躺卧在垫子上面。

你克服种种困难登上天国，为你搭建的天梯就在拉神身边。你随心所欲地从你身旁的溪流中取水，你迈开双腿随意走动，你绝不会倒立着走路。你走出墓室，墓口的墙体不会坍塌，因为它受你的地方神的保护。

你是洁净的，你处于洁净状态。你的前身是干净的，你的后身也同样干净；你的肢体用盐和泡碱处理过，你的身躯经过香料的熏沐，你的躯体用阿庇斯圣牛所喝的奶汁清洁过，也用特奈米特女神酿造的啤酒清洗过；泡碱已经把你身上的污秽清除干净。

拉神的女儿泰芙努特喂养你，她用她父亲曾经用来喂养过她的食物喂养你。你被埋葬在奥西里斯安卧的山谷里，你在那里吞吃甜点，那是属于奥西里斯的供品；供桌上面属于你的三块面包来自拉神，供桌下面属于你的四块面包来自盖伯。你曾经的邻里乡亲为你奉献这些供品，供你享用的食品源源不断。

你以拉神的身份走出墓室，你如同拉神一样不可抗拒：你可以任意活动你的双脚，你任何时候都可以自由活动你的双脚，直到永远；你不会被审判，你不会遭到阻拦，你不会被监视，你不会被监禁，你不会被送进用来关闭谋反者的房间；你的脸不会被沙子掩埋；你没有犯过任何过错，没有针对你的控告。

你以完备的状态走出墓室，穿戴好你的衣服和凉鞋，手里拿着权杖，还有你所拥有的所有武器，以便你能够敲碎你的敌对者的脑袋。你将拧断这些敌人的脖子，是这些家伙导致了你的死亡。他们当中没有哪个胆敢靠近你，因为主审的神已经就你的命运做出了预判，他说你在审判的那一天一定能通过。

隼为你长鸣，尼罗河水面的鹅为你尖叫。拉神替你打开了通往天国的两扇门，到达地面的道路也已经打通，因为你的魔力无限，你的名字含有惊人的威力。你的巴指引你走上通向来世的路，它让拉神心满意足，它也让审判庭的诸神无可指责。这些神会为你把通往冥界的路与通往天国的路连接在一起，他们会保证你行程的安全，你的巴把你引到你的卡所在的地方。

来自上下埃及的众神对你说："你战胜了那些企图加害于你的人。你的生命必将维持下去，因为你的巴安然无恙，你的躯体也保存完好。你已经看见了火炬，你已经呼吸到生命的气息。虽然你身处冥界，但是你能够看到一切；虽然你要接受审判，但是你不必担心被吞吃，因为你生前曾经为国王效劳。魔法之神图特是你的保护神，文字之神司莎特也会保佑你，洞察秋毫的西艾将守护你的肢体。"

牧牛人为你挤奶牛的奶汁，服侍神牛女神的女仆也听候你的吩咐。你用帕和岱普的圣水沐浴，那里的神赐予你所有的恩惠。你看见了天国之主拉神的信使图特，你有权随便出入众神议事的柱廊。所有的神都站在你的一边，属于你的卡与你一起欢呼胜利。你的心将永远伴随着你，你的旺盛的生命力来源于你美好的容颜，九神会让你心中充满了感激。

莱托波利斯为你提供四种面包，赫摩波利斯为你提供四种面包，赫利奥波利斯也为你提供四种面包，这些面包都来自主宰上下埃及的女神们的供桌。天空的繁星把你从沉睡中唤醒；赫利奥波利斯的诸神为你主持正义，你手里握着众神做出的判决书。你的双腿不会迷失方向，你的肢体将永葆活力。

阿比多斯的主神奥西里斯的连枷供你使用，因为你曾经为他敬献了供品；每当瓦格节日来临，你未曾让众神供桌上的器皿中缺少饮食。你的饰物用纯金打造，你得体的衣服用上等亚麻布制作。尼罗河泛滥水的波浪触及到你的胸膛，这一生命之水将给你带来比刻写在供桌上的供品单更为丰盛的物品。你来到刀湖旁边畅饮，掌管来世的诸神保证你的衣食住行。

你离开墓室随众神升上天空，你与这些神一起为拉神带去玛阿特。你走近住在天国的九神会，你的处境此后与九神会的成员无异。你的食物包括来自叙利亚的鹅肉，孟斐斯的主神普塔也因你而可以享用叙利亚鹅肉。

【题解】

如题头的文字点明，装有死者尸体的棺材此时已经被放在棺材架上，接下来要把棺材运到位于尼罗河西边的墓地。本经文是为了保证死者复活后应有尽有而编写，经文就死者的来世生活方式和生存状态描绘了极为富足和安逸的景象。经文从死者在神的帮助下睁开双眼开始，循序渐进地叙述了他恢复生命的体征，坦然地走出墓室并享受清水和空气，随心所欲地登天入地，从众神那里获得各种上等的供品，甚至与这些神为伍做伴的丰富多彩的场面。尤其是有关死者的巴引导死者的躯体到达死者的卡所在地的细节，它无疑是一具尸体恢复生前所有机能的最形象和简洁的表达形式。

经文特别强调了供死者享用的食物的数量、品种、产地、奉献者。字里行间渗透着把死者比作神，甚至神中之神的用意，比如文中提到了来自拉神的三种面包和来自盖伯的四种面包。请比较第 52 篇有关荷鲁斯为奥西里斯敬献的四种面包和图特为奥西里斯送来的三种面包。显然，经文中的死者被视为奥西里斯，而七这个数字与许多其他经文一样表达“无所不包”的含义。虽然身为孟斐斯的创世神，普塔只能借助死者才得以吃到来自叙利亚的鹅肉，死者可以支配的供品的多样化和珍贵程度不言而喻。

第 170 篇

本经文的目的是把棺架支起来。

我让你重新拥有肉体，我让你的骨骼复位，我让你的肢体恢复功能。快把你身上的尘土抖落干净吧！你已经变成了年幼的荷鲁斯，抬起头来吧，看你眼前的诸神；把手伸向东方吧，那是你所向往的洁净的地平线所在的地方，你将在那里受到欢迎和欢呼，你也将在那里获得足够的供品。荷鲁斯会扶你站起来，他会像在木乃伊制作坊搀扶奥西里斯一样对待你。

啊，死去的人奥西里斯，你已经获得了新生。负责把死人的尸体制作成木乃伊的阿努比斯促使你拥有重新活动的能力，他让你筋骨结实、关节灵敏，他让你换上了崭新的衣服；普塔－索卡尔为你拿来了神庙里的器皿，图特亲自为你带来了写着众神判决的纸草卷，他会帮助你把手伸向东方地平线，那里是你的卡想去的地方。在那个决定生死的夜晚，奥西里斯为了让你重生而竭尽全力。现在，白色王冠保留在你的头上，施塞姆为你准备了最好的禽肉。

啊，死去的人奥西里斯，快从棺架上坐起来吧，以便你走出墓室。拉神会让你走近坐在太阳船船头的玛阿特女神。啊，死去的人奥西里斯，众神之父阿吞会让你直起腰板儿，他会让你活到永远永远。啊，死去的人奥西里斯，科普特斯的敏神也为你撑腰，在棺架周围守护你的诸神为你祈祷。啊，死去的人奥西里斯，愿你安心地走向你的永恒之屋，那座将会相伴你至永远的坟墓，那个属于你的长生之地。当你躺在棺木里来到帕和岱普的时候，那里的神欢迎你的到来；你在那里获得最靠前的位置，你被赋予无比的力量。你躺在高高的棺架上，公牛在前面牵拉，众神在后面护卫。

你自己就是一个神，你能自我孕育生命，你的生命力不亚于其他神，你的光彩超过了那些已经获得重生的人，你的权利远大于刚刚死去的人。

啊，死去的人奥西里斯，来自白色都城的普塔会搀扶你起来，他会把你的位置安排在众神的前面。啊，死去的人奥西里斯，你是伊西斯的亲生儿子荷鲁斯，普塔造就了你，努特哺育了你。你像拉一样在东方地平线放出光芒，照亮上埃及和下埃及。众神齐声对你说："欢迎！"快来到你的永恒之屋吧，以便你目睹属于你的各种随葬品。命运之神瑞内奴泰特搀扶你，就像她对待荷鲁斯一样；她曾经与阿吞一起在九神会那里为荷鲁斯争得权利。"啊，努特！我是奥西里斯的儿子，我是他的遗腹子，我生下来便没有了父亲，我是个天真无邪、从没有犯过错误的人！"

【题解】

本篇是死者的儿子在为父亲举行与来世相关的一系列仪式时念诵的经文。第一段描写了儿子（有时则是扮演儿子角色的祭司）想办法让呈现为木乃伊形状的父亲的尸体获得生气的场面。面对已经僵硬并被布条包裹得严严实实的父亲的尸体，儿子称其为荷鲁斯，意指他像早晨的太阳一样具备了转生的条件，并且安慰父亲，太阳神荷鲁斯会在地平线等候他的到来。

古代埃及人通常称所有死去的人为奥西里斯，希望死者能够像这位死而复活的神一样战胜死亡。第二段开头，儿子称自己的父亲为奥西里斯，告诉他来自埃及各地的神都会以各自特殊的方式帮助他赢得重生。在第四段，儿子强调自己的父亲获得了神性，再生的力量超过了死去已久和去世不久的人。在第五段，儿子进一步描述死者如何借神的躯体复活，同时催促父亲赶快去东方地平线等待与太阳一起开始新的生命。为了进一步强化父亲不可否认的重生资格，儿子声明命运女神和创世神阿吞会为其父亲做主。最后，儿子让其父亲以第一人称声明自己就是奥西里斯的儿子荷鲁斯，不仅以此强调自身的神性，而且希望主持审判的奥西里斯手下留情；除了强调奥西里斯与荷鲁斯之间的亲情之外，死者也没有忘记提及荷鲁斯生下来就变成一个单亲孩子之事实。对于这样一个没有享受过父爱，况且又没有任何过错的儿子，作为主审官的奥西里斯怎能拒绝他进入来世。

第171篇

本经文的目的是让死者获得干净的衣服。

阿吞、舒和泰芙努特，盖伯和努特，奥西里斯和伊西斯，赛特和涅芙狄斯，哈拉赫特和哈托，你们这些居住在大神庙里的神，还有来自底比斯的夏帕瑞和蒙特，卡纳克的主神阿蒙；大九神会和小九神会，原始混沌水里的男女诸神；来自鳄鱼城的鳄鱼神索白克，还有来自许多其他地方并拥有别称的鳄鱼神；居住在埃及南部的神和居住在埃及北部的神，还有天上的神和地下的神，把你们所拥有的洁净的衣服给这个清白的死者吧，让他获得重生的条件，把他身上任何污秽都清除干净吧。让这件洁净的衣服属于这位死者，让他永远穿上这件洁净的衣服，请把他身上任何污秽都清除干净。

【题解】

这里强调的洁净有两方面的含义。一是指死者的尸体经过了处理，具备了防腐的能力；二是指死者生前没有犯任何罪过，从而能够顺利通过审判。经文以诵经祭司的口吻祈求埃及各地的神为相关死者提供干净的衣服，以便由众神给予的衣服能够清除死者身上可能残留的污秽，从而保证他的尸体不会腐烂。此外，这些神也是来世审判庭的成员，他们满足死者的要求实际上意味着他们承认死者在肉体和伦理道德方面具备了进入来世的各项条件。从另外一个角度考察，经文祈求这些神清除死者身上的污秽无异于要求他们对死者有所宽容。

第172篇

本经文是为死者在冥界站起身来而念诵的诗文的开头部分。

我浑身擦遍了盐，我咀嚼了泡碱，我呼吸了香料的味道，我听见了为我祝福的经文，我已经成为洁净的人，我的洁净程度超过了白鸟的羽毛，也超过了河水中鱼的鳞片；我比保存泡碱的仓库还干净，我已经达到了重生所需的洁净程度，我具备了复活的条件。我赢得了普塔的恩宠，住在白色都城的普塔保佑我，每个男神都保佑我，每个女神都保护我。我可以像一条平缓的河流一样安静，也可以像急流的波涛一样不可阻挡；我可以像众神居住的神庙一样宽敞，也可以像普塔竖起的高柱一样挺拔，以便迎接早晨的第一缕阳光。我为普塔神竖立了一根柱子，为他奉献了一个罐子。

“瞧，人们为你悲伤，人们为你祈福。你不会死去，你会具备魔力，你会获得气力。抬起头来吧，以便你获得重生。你会战胜与你敌对的人，你的敌人已经被打败，普塔让你的敌人的阴谋落空，你战胜了你的敌人，你把他们掌握在你的手心里。你随意发号施令，人们唯命是从。你赢得了重生，来世审判庭的男神和女神已经宣布你无罪。

“当你向北航行的时候，你的头发涂抹了膏油，像一个西亚妇女的发辫，你的脸像月亮一样发出光泽。你的上身由天青石制成，你的头发比深夜里星球上的门扇还要乌黑。拉照亮你的脸颊，你的脸色如同黄金，你的两个眉毛如同伊西斯和涅芙狄斯两个姐妹，荷鲁斯使得你的眉毛像天青石一样乌黑。你的鼻子能够呼吸空气，进出你鼻孔的空气像天上的风一样不会间断，你的两只眼睛能够看见巴库山，你的睫毛会永远伴着你，你的眼睑由真正的天青石构成，你的眼圈涂上了胭脂，你的双颊丰满无比，你的嘴唇为你说出真实的话，它们向拉汇报玛阿特，它们让诸神的心感到满意。你的牙齿如同陪伴赛特和荷鲁斯的那条毒蛇的牙齿；你的舌头说出让人喜悦的话语，你的声音比芦苇荡里的鸟儿们的尖叫声还有穿透力。当你在西边的沙漠奔走的时候，你的上下颚活动自如，你的胸脯紧贴心脏。

“你的脖子挂满了饰物，它们由黄金和白银打造。你的胸饰硕大无比，你的咽喉就是阿努比斯，你的脊椎骨由两条眼镜蛇支撑，你的脊柱上镀上了黄金和白银，你的肺就是涅芙狄斯，你的脸则像尼罗河水面一样平滑，你的臀部由玉髓构成，你的双腿自由地走动，你坐在属于你的位置上，诸神让你的眼睛复明。

“你的食管由阿努比斯保护；你的整个身躯都镀上了黄金；你的胸脯由光玉髓构成，荷鲁斯又在上面镶嵌了天青石；你的两个肩膀像上釉的陶器一样闪闪发亮，你的两个胳膊位于它们应当所在的地方；你的心无比快乐，你的胸腔由两个威严的女神保护；你的关节随着星星的闪亮而活动。当你安息的时候，天空是你的身躯，而你的肚脐就是那颗冉冉升起的晨星，它给冥界带来光亮，它给人带来充满生机的供物，它向图特神祈祷，愿图特神做出公正的审判。图特已经在你将永生的那个地方确认了一个位置。活着的人为你悲伤，他们因你的死去而哀哭。

“你的两只胳膊犹如尼罗河泛滥季节的两条河沟，你的膝盖用黄金包裹着，而你的胸部长出了预示新生的幼苗；你的两个脚掌稳稳地立在地上，你的脚趾把你引向美好的路途；你的两只手多么像置于支架上的两个壶，你的手指犹如由黄金打制的麦穗，而你的指甲则用火石打造，它们像锋利的刀一样，可以用来对付妄图伤害你的家伙。活着的人为你悲伤，他们因你的死去而哀哭。

“当你躺在棺架上的时候，你已经脱去了厚厚的衣服，换上了纯亚麻布衣服。供桌上摆放着牛腿，你的心脏已经被放回到了木乃伊当中，拉神的祭司给你准备了走出墓穴时所穿的衣服。你在织布女神泰特亲手编织的桌布上用餐；你吃掉一条牛腿，然后再啃一根肋骨。拉把你让进他所居住的宫殿，他让你成为一个尊贵的人。你用索卡尔精心制作的银盆洗脚。你吃了一张来自众神祭坛的饼，祭司们给你端来各种食物，你吃用锅烤制的面包，你大口地咀嚼你供桌上的洋葱；仆人们为你准备食品，赫利奥波利斯的诸神给你送来了专供他们食用的供物，原来存放在赫利奥波利斯大房子里的禽肉和鱼肉现在成了你的佳肴。你抬起头，然后又抬起脚，努特向你伸出了双手。拉神的儿子奥里昂对众神之母努特说：‘把他托起来吧，我已经把他带到了你这里。让我们在今天这个重要的日子使他复活，让他身后的年轻人都记住他的名字。’快站起来吧，你（指死者）的家眷正在为你念诵祷文。活着的人为你悲伤，他们因你的死去而哀哭。

“阿努比斯为你缠绕亚麻布条，那是他专门为他所宠爱的人而准备；为神服务的最高祭司给你穿衣服。你站起身来，来到圣湖洁净身体；你然后在赫利奥波利斯的圣所准备供品，为的是让居住在那里的神得到满足。你用精巧的水罐给拉敬献清水，然后再给他呈献两大罐牛奶。快站起来吧，以便你在神的供桌上摆放供品，以便你在圣湖边洗脚。快走出墓室，以便你能越过‘母亲的支柱’的头和乌帕瓦特的肩膀看到天上的太阳神。太阳神已经为你开通了路途，以便你能看到东方地平线，你将在这个神圣的地方欢度永恒的生命。活着的人为你悲伤，他们因你的死去而哀哭。

“你在拉神的注视下分得供品。你的上身完好无损，你的下身也恢复原样，因为荷鲁斯和图特为你做了安排。他们呼唤你去赫利奥波利斯，以便你在那里获得重生并在离众神不远的地方安身。你具有从你的父亲奥西里斯那里领取供品的特权，你每天都穿洁净的亚麻布衣服，你可以大踏步出入众神殿的大门。活着的人为你悲伤，他们因你的死去而哀哭。

“你会得到足够的空气，你的鼻子将会吸入生命之气，你的鼻翼充满了生命的气息。你会得到一千只鹅和五十筐美味和洁净的供品。你的敌人业已被打败，他们已经不复存在。”

【题解】

本经文以排列的形式描述了死者享受新生必须经过的几个阶段。死者在开头部分以第一人称宣布自己所具备的复活的条件，尤其强调了自身所拥有的超人的品质和能力。在接下来的文字里，经文希望并宣称死者获得神才具备的特质，以便彻底战胜死亡这个敌人。关于死者身体各个部分与不同神之间的等同关系，可以参考第42篇。“赫利奥波利斯的大房子”指位于赫利奥波利斯的拉神神庙。

黄金、天青石和光玉髓等物品因它们不生锈、放出光亮和颜色特别等因素而与长生联系在一起。文中提到的所谓死者的“胸部长出了预示新生的幼苗”与“植物奥西里斯”仪式有关。在这个仪式里，祭司把一个被视为奥西里斯的人形的容器装满泥土，然后播下种子，若干时日以后长出来的青青幼苗被理解为植物神奥西里斯的复活。

第173篇

本经文是献给奥西里斯－孔塔门提的颂歌。他是神中之神，他是阿比多斯的主宰者，他是掌管永恒的时间和无穷的生命的君主，他是拉塞塔无比崇高的神。

我赞颂你，众神之主，
你是独一无二的神，你的食粮是玛阿特。
你的儿子在向你呼唤：
“我来到了你面前，目的是向你请安。
我给你带来了玛阿特，我把玛阿特送给了九神会，
让我成为九神会的一员吧，
因为我打败了所有你的敌人，
我让你在人间的供桌上供品不断。”

荷鲁斯走进他父亲奥西里斯所在的地方，
他看见了他，他向他致意；
荷鲁斯走出停尸间，
拉宣布他（指荷鲁斯）为永恒之主和冥界主宰。
拉与荷鲁斯相互拥抱，
荷鲁斯由此获得了在冥界再生的权利。

啊，奥西里斯，我是你的儿子荷鲁斯！
　　我来这里是为了看到你的面容。
啊，奥西里斯，我是你的儿子荷鲁斯！
　　我来到你这里，我已经把你的敌人打败。

啊，奥西里斯，我是你的儿子荷鲁斯！

我来这里是为了把困扰你的病魔根除。

啊，奥西里斯，我是你的儿子荷鲁斯！

我来这里是为了把伤害过你的人处死。

啊，奥西里斯，我是你的儿子荷鲁斯！

我来到你这里，我惩罚了那些妄图谋反的人。

啊，奥西里斯，我是你的儿子荷鲁斯！

我来到你这里，我给你抓来了赛特的帮凶。

啊，奥西里斯，我是你的儿子荷鲁斯！

我来到你这里，我给你带来了上埃及的统治权，我已经统一了上埃及和下埃及。

啊，奥西里斯，我是你的儿子荷鲁斯！

我来到你这里，我在上埃及和下埃及确认了你应该得到的供品。

啊，奥西里斯，我是你的儿子荷鲁斯！

我来到你这里，我已经耕种了属于你的田地。

啊，奥西里斯，我是你的儿子荷鲁斯！

我来到你这里，我已经灌溉了河岸的土地。

啊，奥西里斯，我是你的儿子荷鲁斯！

我来这里是为了替你耕种河岸的土地。

啊，奥西里斯，我是你的儿子荷鲁斯！

我来这里是为了替你修建沟渠。

啊，奥西里斯，我是你的儿子荷鲁斯！

我来这里是为了替你开挖田里的垄沟。

啊，奥西里斯，我是你的儿子荷鲁斯！

我来到你这里，我屠杀了那些反叛你的人。

啊，奥西里斯，我是你的儿子荷鲁斯！

我来到你这里，我已经屠宰一头小牛并把它制作成供品。

啊，奥西里斯，我是你的儿子荷鲁斯！

我来到你这里，我已经在你所拥有的世间的供桌上摆满了供物。

啊，奥西里斯，我是你的儿子荷鲁斯！

我来到你这里，我给你带来了……

啊，奥西里斯，我是你的儿子荷鲁斯！

我来到你这里，我为你宰杀了……

啊，奥西里斯，我是你的儿子荷鲁斯！

我来到你这里，我宰杀家畜作为献给你的牺牲。

啊，奥西里斯，我是你的儿子荷鲁斯！

我来到你这里，我宰杀鸭鹅作为献给你的祭品。

啊，奥西里斯，我是你的儿子荷鲁斯！

我来到你这里，我已经缚住你的敌人，而且用的是他们自己的绳子。

啊，奥西里斯，我是你的儿子荷鲁斯！

我来到你这里，我把你的敌人扔进了大水桶里。

啊，奥西里斯，我是你的儿子荷鲁斯！

我来到你这里，我从阿斯旺给你带来了清凉的水，以便你的心从中获取生气。

啊，奥西里斯，我是你的儿子荷鲁斯！

我来到你这里，我给你带来了各种新鲜的植物。

啊，奥西里斯，我是你的儿子荷鲁斯！

我来到你这里，我已经在世间确认了你应得的供物，你的供物与拉神一样多。

啊，奥西里斯，我是你的儿子荷鲁斯！

我来到你这里，我已经在帕用黄色的小麦为你制作了面包。

啊，奥西里斯，我是你的儿子荷鲁斯！

我来到你这里，我已经在岱普用浅色的大麦为你酿造了啤酒。

啊，奥西里斯，我是你的儿子荷鲁斯！

我来这里是为了在冥界的田园种植大麦和小麦。

啊，奥西里斯，我是你的儿子荷鲁斯！

我来这里是为了收获田园里的大麦和小麦。

啊，奥西里斯，我是你的儿子荷鲁斯！

我来这里是为了让你永生。

啊，奥西里斯，我是你的儿子荷鲁斯！

我来这里是为了让你重新拥有你的巴。

啊，奥西里斯，我是你的儿子荷鲁斯！

我来这里是为了让你重新获得生命的力量。

啊，奥西里斯，我是你的儿子荷鲁斯！

我来这里是为了让你……

啊，奥西里斯，我是你的儿子荷鲁斯！

我来这里是为了让你……

啊，奥西里斯，我是你的儿子荷鲁斯！

我来这里是为了让每个人都对你怀有感恩之心。

啊，奥西里斯，我是你的儿子荷鲁斯！

我来这里是为了让每个人都对你充满敬畏感。

啊，奥西里斯，我是你的儿子荷鲁斯！

我来这里是为了让你的双目重见光明，让你重获头冠上的两根羽毛。

啊，奥西里斯，我是你的儿子荷鲁斯！

我来这里是为了祈求伊西斯和涅芙狄斯赐予你永生。

啊，奥西里斯，我是你的儿子荷鲁斯！

我来到你这里，我已经妆饰了属于你的荷鲁斯的眼睛。

啊，奥西里斯，我是你的儿子荷鲁斯！

我来到你这里，我给你带来了荷鲁斯的眼睛，以便你的脸借助它重见光明。

【题解】

本经文的附图为我们正确理解经文的动机和结构提供了可靠的依据。在画面的中心部分可以看到死者正在向端坐在神龛里的奥西里斯祈祷，而画面的底部则是死者献给奥西里斯的牺牲。经文的绝大部分文字垂直书写，只有第二段内容呈现为横向，它点明死者以荷鲁斯的身份走进奥西里斯所主宰的木乃伊制作坊，而离开的时候被拉神宣布为永恒之主和冥界主宰，即奥西里斯本人。这句话简要地概述了奥西里斯神话中父子联合起来延续生命的理念，即死去的父亲奥西里斯到冥界获得再生以后成为掌管来世的君主，而留在人世的荷鲁斯行使王权，等到寿终正寝以后来到冥界也成为奥西里斯，而他在人世哺育的儿子成为又一个荷鲁斯。永恒的人生在这里借助两个层面得以成为现实，一是单个生命体的死而复活，二是血脉通过传宗接代得以延续。

第 174 篇

本经文的目的是让死者自由地进出天国的大门。

“你（指死者）的儿子荷鲁斯已经为你伸张正义。当你从冥界走出并准备进入天国的时候，那些守护天国的鬼神见到你手中的尖刀便颤抖不已。你是个贤明的人，你由盖伯生育。九神会赋予你各种特质，荷鲁斯给了你明亮的眼睛，阿吞许诺你高龄。居住在西方的神和居住在东方的神都对此满意，他们高兴众神会又多了一个成员。”

“我瞧，我看见了我所处的冥界。我想办法侧过身躺卧。满足我的要求吧，我憎恶睡眠，因为它使得我浑身无力。我在帕拥有属于我的面包，我将在赫利奥波利斯获得一根权杖。荷鲁斯令人为我做了这一切，因为我是他的父亲。至于风暴之神赛特，他被禁止对我施加暴力，阿吞将做我的后盾。听我说，你们这些了不起的神灵，我由九神会生养：莎合玛特孕育了我，殊西姆泰特生育了我，我成为闪出亮光和飞跃天空的一颗星星，一颗每天为拉神送来天边产品的星星。我借助秃鹰和眼镜蛇女神的帮助来到了有我一席之地的场所，我来到了天国的门口。

“你们两个凶恶的门卫，听我说，向这里的主宰——不管他叫什么名字——通报我的到来，我是以不可抗拒的力量浮出水面的荷花。你们这些洁净的人，快一点在靠近天国之主的地方为我准备一个居所，我来自冥界，我在那里消除了混乱，让秩序回归原处。我穿上了大洪水夜晚曾经由眼镜蛇女神守护的衣服。我呈涅弗吞的形象出现，成为拉神鼻尖上的一朵荷花。拉神每天早晨从东方地平线升起，我与其他神一样用拉神的阳光沐浴全身。

“我借助西艾的力量重获我的卡，我与我的心脏结为一体。西艾是掌管圣书的神，他的位置在拉神的右侧。我现在来到了属于我的地方，我与我的卡在一起。我要在这里像西艾一样让后来的人与他们的心脏结合，我要成为西艾本人，然后掌管圣书，站立在拉神的右侧。你们这些需要我的保护的人，我来宣告守护红色亚麻布的女神的决定。我是拉神右侧的西艾，我有权决定冥界的一切事务。”

【题解】

经文的第一段如同一纸判决书一样宣布死者已经具备了进入由拉神掌管的天国的资格，甚至说死者将成为九神会的一名新成员。在第二段和第三段，死者以第一人称向众神和门卫陈述了自己的身世、身份和在世时的所作所为，特别把自己比作荷花和经常呈荷花形状的涅弗吞。西艾是表现拉神大智大悟的纯粹理念性的神，涅弗吞是表达生命循环概念的呈荷花形状的神的名字。最后一段文字表达了死者希望伴随拉神并替他行使权力的愿望。

本经文起初把重点放在死者如何呈一颗星星离开冥界。由于在象形文字里“星星”与“大门”发音相同，本经文在流传过程中把重心转移到死者如何进入天国的大门，也就是说把离开冥界视为想当然的事，或者已经完成了的程序。本篇可以被视为理解古代埃及宗教铭文在历史长河中演变过程的极佳例子。对于《亡灵书》的编纂者来说，只要是对死者转世有益的观念，多多益善，所以来者不拒。

第175篇

本经文的目的是让死者避免在冥界遭受第二次死亡。

阿吞对图特说：“图特，这到底是怎么回事？努特的孩子们怎么搞的？他们相互争吵、企图谋反；他们干了许多罪恶勾当，引起了极大的愤怒；他们使用暴力，让很多人遭不幸。他们搅乱了我创世时规定的秩序。快给我一个行之有效的良方。”图特回答说：“你不能面对这些罪恶无动于衷，你应当缩短他们的寿命，减少属于他们的年月，因为他们在暗地里破坏了你创造的美好世界。”

“图特，我手里拿着属于你的调色板，我为你准备好了调制颜料所用的水。我与那些在暗地里干罪恶勾当的人毫无关联，我不应当因此而受惩罚。”

奥西里斯：“阿吞，我现在要下地狱，这算是怎么回事？那里没有水，那里没有空气，那是个深不见底、漆黑一团、没有边缘的地方！”

阿吞：“你将在那里无忧无虑地生活。”

奥西里斯：“但是在那个地方没有任何快乐可言。”

阿吞：“你在那里没有水、空气和快乐，但是我却给了你永恒，虽然你没有面包和啤酒，但是你却拥有安宁。”

奥西里斯：“还能看到你的脸？”

阿吞：“我不会让你遭受痛苦。”

奥西里斯：“但是其他神为何都在那艘拥有百万席位的太阳船上获得一个位置？”

阿吞："你的位子属于荷鲁斯。"

奥西里斯："他在那里具有最高的权利吗？"

阿吞："他将继承你在神界的位子，世间的王位也将归他所有。"

奥西里斯："那好吧，让每个神看到其他神的面容，让我看到你的面容吧！那么我的寿命有多长？"

阿吞："你将在那里度过一百万年，然后又一个百万年，长达几百万年的时光。然后，我将毁灭我所创造的一切，这个世界将回归原始混沌水的状态。只有我和你存活下来。那时的我转生为一条蛇，没有任何人、任何神能够认出我。瞧，我为你安排得多么美妙，你的境地好过其他所有的神。我让你主宰冥界，让你的儿子荷鲁斯统治人世。荷鲁斯在人世行使王权，为众神建造庙宇，但是我在百万人之舟上为他预留了一个位置。"

奥西里斯："赛特有别于其他神，他的巴也将进入冥界吗？"

阿吞："我已经下令，他的巴将被禁止走出百万人之舟，以免他惊吓和伤害其他神。"

啊，奥西里斯，请你为我做你的父亲拉为你所做的一切，以便我在世间享受长生，以便我的后代健康长寿，以便我的仆人们为我祭祀，以便我的坟墓里的香火不断。愿我的敌人统统遭到捆绑，并且由殊尔克特监视他们。我的父亲拉，我是你的儿子。当荷鲁斯继承我在世间的位子并享受今生的时候，请你再次赐予我生命、幸福和健康吧。赐给我与那些获得重生的人一样长的寿命吧！

居住在赫拉克利奥波利斯的人发出了呼叫，他们沉浸在欢乐之中。奥西里斯显得像拉一样伟大，他保住了自己的王位，他拥有统治尼罗河两岸的权力。九神会对这个结果表示满意，而赛特则陷入极度悲伤。

奥西里斯对阿吞说："万神之主阿吞，当赛特看到我的神性犹如你的神性的时候，让他在我面前颤抖吧。但愿所有的人都想从我这里获福，包括高贵的人和普通的人，包括神和获得再生的先人，但愿他们向我致敬。你提高和扩大了我的威望，你让他们对我充满了敬畏感。"拉满足了奥西里斯的所有愿望。这时赛特低着头、弯着腰来到奥西里斯面前，他已经看到了拉所采取的措施。他的鼻孔流出了鲜血，拉把赛特鼻子流出的血加以掩埋。赫拉克利奥波利斯的掘土节便由此而来。奥西里斯戴上了阿特夫王冠。王冠发出的亮光使其他神惊恐不已，但是它放出的热量却烫伤了奥西里斯的头皮。当拉赶往赫拉克利奥波利斯看望奥西里斯的时候，他发现他坐在自己的屋子里，他的头因烫伤鼓起了大包。拉把奥西里斯头上的包捅开，从中流出的血和脓积聚成一个池子。拉对奥西里斯说："瞧，从你的头流淌出来的血和脓形成了一个池子。"赫拉克利奥波利斯的那个圣湖便由此而来。奥西里斯问拉："我还健康吗？我的脸还会恢复正常吗？戴上这个王冠以后，我的威望到底有多大的提升？"拉回答说："你的脸和你的头皮都会复原。从此以后，你的威力无与伦比，你的权威无人敢怀疑。我特意为你起了一个绝妙的名字，这个名字将留存万年之久。"这就是哈拉萨菲斯湖（意为"荷鲁斯所居住的湖"）得名的由来，同时也说明了它为何在赫拉克利奥波利斯具有如此神圣地位的原因。奥西里斯重新戴上了象征权力和威望的阿特夫王冠，献给奥西里斯的供品不计其数，包括无数的面包和啤酒，由牛和禽类构成的牺牲，还有许多美味和洁净的供物，数量甚至超过了他身上的精子数。奥西里斯获得了生命的原动力，种类繁多的供品让他获得了生殖力。拉对奥西里斯说："你做得很好，从来没有谁能够像你这样完成奇迹。"奥西里斯说："我的嘴说出的话迅即变成实物，当一个拥有无限指挥权的国王真是妙不可言。归你所有的远古圣地因我而生，并且会永远存在。"这就是"赫拉克利奥波利斯"这个名字的由来。

奥西里斯对拉说："只要我的儿子，伊西斯所生的荷鲁斯坐在王座上，你的威望将无与伦比，你的权威将无人敢怀疑。但愿我像荷鲁斯一样健康长寿，但愿我像荷鲁斯一样长生不老，但愿我们的寿命达百万年，数百万年。"

（附言：）应当对着用天青石制作的荷鲁斯小塑像念诵这篇经文。不管是活人还是死者，只要他把荷鲁斯塑像挂在脖子上，然后再念诵这篇经文，那么佩戴者将享受极大的保护。他将受到活着的人、死去的人和众神的喜爱，他不会遭受任何一个神的暴力，他不会受到任何恶魔的纠缠。这是真正的灵丹妙方，业已经过无数次的验证。

【题解】

本经文的开篇部分以拉与图特之间的对话形式简要地复述了古代埃及有关拉神因人们相互残杀和试图对抗太阳神的统治权而决定毁灭人类的神话故事。作为掌管文字的智慧神，图特建议拉神缩短人的寿命。只有两句话的第二段似乎是后加进去的，死者向图特申辩自己与那些邪恶的人未曾同流合污。

接下来是阿吞与奥西里斯之间的对话。从对话中可以看出，第一段所说的人们相互残杀实际上指赛特试图篡夺奥西里斯王位的阴谋。被谋杀的奥西里斯只能来到阴湿、漆黑的冥界。虽然这里并不是理想的生存之地，但是作为补偿，奥西里斯得以把人世的位子传给儿子，而自己所获得的第二次生命将持续数百万年。赫拉克利奥波利斯是位于中埃及的一座重要城市，其名称在象形文字的意思是“王子之地”。

经文里没有晦涩的逻辑，也没有冠冕堂皇的道德说教，但是很明显，古代埃及人在此试图探讨人为何必死，神为何能够长生不死，人死后能否复活，再生的人又能活多久，来世生活会是什么状况等重大和严峻的问题。关于神毁灭人类以及哀叹人生苦短和死后万事休的文学体裁在古代两河流域的《吉尔伽美什史诗》和古代以色列人的《传道书》中都有所反映。不同的是，古代埃及人在明知来世绝不存在的情况下依然以令人惊叹的恒心和力度为来世做准备，可谓知其不可而为之。

第176篇

本经文的目的是避免在来世遭受第二次死亡。

东边对我来说是一个忌讳，我说什么也不想去那个吞噬死者尸体的地方。千万不要把神所厌恶的东西当作供品给我。我决意作为一个洁净者进入来世。上下埃及统一的那一天，万神之主拉会当着奥西里斯的面赐予我行各种魔术之力。

（附言：）不管是谁，只要他知道了这篇经文，他就一定会获得再生，他不会在来世遭受第二次死亡。

【题解】

这里所说的东边指清除邪恶势力和惩罚有罪者的地方。拉神在太阳从东方地平线升起之前与企图阻挡太阳运行、破坏宇宙和人世秩序的黑暗势力做最后的较量。各种鬼神，如阿普菲斯和赛特的帮凶以及生前犯下罪过的死人都在这个被比喻为巨大屠宰场的地方受到清算，即遭遇第二次死亡，从而永远和彻底失去再生的机会。

第 177 篇

本经文的目的是促使死者在来世站立起来，让属于他的巴永远跟随他。

啊，努特，这位死者在世时埋葬了他父亲的尸体，现在他在人间留下了荷鲁斯。他身上长着如同秃鹰的翅膀，他的两个翅膀如同荷鲁斯的双翅。他已经与其巴结合，他已经用各种魔力武装了自己。他要在天国获得一席之地，他要与天上的繁星为伍，他要与天边孤独的星星做伴。

瞧，他变成了奥西里斯，他已经不再是普通的死者。他具有生存的力量，他拥有维持生命的供品。他与其他死者不同，他将永远与他们有区别。瞧，他变成了奥西里斯，他的巴长着如同野牛的双角。他是一头公羊，他由一头白色的母羊孕育，由四只母羊共同喂养。长着天青石眼睛的荷鲁斯正在向你们走来。他那发出红光的眼睛和不可抗拒的力量将会保护你们。他的力无人能抵挡，他的信使和他的仆人飞在他的前后。四边的山脉伸出了欢迎的手。他来到了众神所在的地方，他要与那些神平起平坐。

你将在众神面前获得再生，因为他们向你伸出了欢迎的双手，你会成为他们当中的一员。快走到他们居住的地方，然后打开大门。当你出现在他们面前的时候，他们会赐予你恩惠，因为你的威力可与盖伯匹敌。他们进入大厅通报你的到来，然后出来引导你入内。你可以与大厅内统帅两列神的敏相媲美。你的兄弟站在你后面，你的朋友也站在你后面。你不会死，你不会毁灭，你在人世时的所作所为被后人所纪念，也不会被众神忘记。

【题解】

本经文的一部分内容在比《亡灵书》早一千多年的《金字塔铭文》中就已经出现过。经文的目的是让死去的人复活以后呈鸟类的形状升入天空，成为群星当中的一个。一个人活着的时候孝敬和赡养父辈，成家立业和生儿育女这些符合社会习俗的行为构成死而复活和进入天国享受永生的重要条件。在第二段里，经文列举了该死者与众不同之处，至关重要之处就是，他成为奥西里斯，因此得到荷鲁斯的保护。此外，这一段与第一段前后呼应，强调了生育男性后代的重要性。经文在第三段改变了人称，以第二人称再一次声明死者将顺利进入天国，同时又把他在世时的乐善好施作为获得回报的前提。

第178篇

本经文的目的是让死者的尸体站立起来，让他的眼睛睁开，让他的耳朵恢复功能，让他原来被放在他身体右侧的头复位。

请接受这只荷鲁斯的眼睛，倾听这段祈祷文吧，它会让你所需物品的名字成为实物。死去的人听到这段经文都会抬起头来。吞下这只来自赫利奥波利斯的眼睛以后，他们的胸腔会变得洁净。该死者的手指能够驱除奥西里斯身上的脏污，他（指死者）的嘴因此不再感到干渴。你们这些吃饱了肚子的神，你们这些心满意足的神，这位死者绝不应当忍受饥饿，他也不应当忍受干渴。他得到了哈的救助，哈保证他不会再忍饥受饿。

你们这些掌管食物和饮品的神，快给这个死者面包和啤酒吧。拉已经许诺给他食品，他把他（指死者）交给你们是为了让你们今年提供给他足够的食粮。给他分装大麦和小麦，以便他得到面包和啤酒。他（指死者）是一头强壮的公牛，他应当在神庙里享受五次膳食，其中三次来自天国拉的供桌，而其他两次则来自九神会在人世的神庙。这位死者仰望拉，他向他望去。他（指死者）的气色一天比一天好，因为他凭借舒和伊西斯的命令获得了永生的权利。作为拥有永生权利的人，他成为众神会的一员，他们（指众神）赐予他面包和啤酒，他们每遇节日就为他准备各种美味和洁净的食物。这个死者拥有属于他自己的供物，呈现为荷鲁斯的眼睛的供物已经拿来，属于他的供物已经用船运过来，这些供物都属于他这个能够看到神的脸庞的人。他拥有水，属于他的牛腿已经烤制完毕，奥西里斯特意为他索要了四抔水。舒亲自为他规定了膳食，其中包括面包和啤酒。参加过审判的神都为他准备食物，他们当中有出生于远古大洪水时期的图特和来自边远沙漠的乌帕瓦特。

死者的嘴是洁净的，因为九神会用香料熏过他的嘴；他的嘴里的舌头也绝对洁净。死者最为厌恶的是粪便，他憎恶尿液如同憎恶赛特。啊，拉神和图特神，你们这两个横跨天空的神，快把这个死者带上吧，以便他吃你们所吃的，喝你们所喝的东西，住在你们所住的场所，支配你们所支配的，去你们所去的地方。这个死者的居所由灯芯草编制而成，他吃的食物来自众神的供桌，他喝的葡萄酒来自拉的供桌。他像拉一样横跨天空，他像图特一样升入天空。

这个死者所厌恶的事情就是挨饿，他坚决不想挨饿；他所厌恶的事情就是忍受干渴，他坚决不想忍受干渴。永恒之主下令为他提供充足的食物。他想在傍晚时分受到母神的孕育，然后在黎明时分降生。他是太阳神的随从，他在晨星升起之前出现，他会给众神带来早餐。荷鲁斯给奥西里斯带来了供品；这个死者靠奥西里斯所吃的食物维持生命，奥西里斯吃什么，他就吃什么，奥西里斯喝什么，他就喝什么。他的食物包括一条牛腿和烤制的面品。这个死者已经转生为奥西里斯，他在阿努比斯那里受宠。

啊，死去的人，这就是你在世时的形象，你又一次焕发青春，你每天都在返老还童。你的双眼已经睁开，为的是看到东方升起的太阳。太阳神在早餐时间赐予你面包，以便你一直到晚上感到饱足。荷鲁斯为你提供保护，他击碎了你的敌人的颌骨；他守候在你的敌人退却时所经过的门口，迫使你的敌人束手就擒。啊，死去的人，你现在可以放心地进入大厅，因为那里再没有你的敌人。称量你的心脏的天平左右平衡，因为你的行为无可指责。冥界的主宰神奥西里斯看到了称量的结果。

他（指死者）被引领到奥西里斯面前，他看到了这位神中之神。他（指奥西里斯）向他（指死者）的鼻孔吹入生命之气，他（指死者）就这样彻底战胜了一切敌人。

啊，死去的人，你平生憎恶说假话！在那个让人流泪的夜晚，掌管供物的诸神让你止住哭泣，他们赐予你甜蜜的生命，因为记录审判结果的图特对你满意，九神会赞成图特的判定，你由此战胜了你的敌人。啊，死去的人，努特展开双翅拥抱你，她是你的保护神；她让你成为主神随队的成员之一，从此以后再没有与你作对的敌人，因为她保护你免受任何伤害；她称自己为慈母，你被接纳为她的长子。

啊，你们这些为拉神做前导并规定和调整时间的神，给这位死者开路吧，以便他随着奥西里斯——上下埃及的主宰和永恒之主——的队伍穿越生死交界处。作为涅弗吞的随从，该死者以荷花的形象出现在从东方地平线升起的拉神的鼻尖上。获得了神性的死者以洁净的状态与诸神为伍，他可以沐浴在太阳神的光亮之中，直到永远。

【题解】

本经文旨在保证死者在来世享受再生时物质上一应俱全。荷鲁斯的眼睛在这里代表最为珍贵和能够自我复原并变换样式的供品。经文声称死者的配给由拉神亲自过问，而且只要荷鲁斯为奥西里斯带来供品，他就能够分享它们，甚至说空气神舒亲手为死者搭配膳食。凡此种种一方面反映了古代埃及人对复活后因没有食物而遭受第二次死亡的担忧，另一方面也表达了他们借助生前曾经侍奉过的神的恩惠活下去的愿望。涅弗吞是象征再生和青春的神，其表现形式经常为一朵荷花或绽放的荷花中的人头。这里把太阳神拉清晨时分冲出地平线比作获得再生的涅弗吞浮出水面。

第179篇

本经文的目的是离开昨天并进入今天，每个死者尤其是他的各个器官需要本经文。

昨天我被宣布死亡，但是我今天原路返回，我恢复了从前的模样，虽然像一个从树丛中跑出来的人一样蓬头垢面，虽然像一个丢失了权杖的人一样不知所措。我是个曾经拥有过王冠的人，我曾经是奈赫布卡乌的帮手。我是个极易火冒三丈的人，我的眼睛不会遭受伤害。我昨天死去，但是今天回到了这个世界。快给我让开路，你们这些为众神之主守门的家伙。

我要趁着白昼向我的敌人出击，我要制服他们。一旦他们落入我的手掌之中，没有谁能够解救他们。我要在来世审判庭彻底打败他们。他们将落入我的手心，因为诸神的权杖向他们挥去；他们将落入我的手心，就像他们掉进鳄鱼的嘴一样。快给我让路，我要惩罚我的敌人，我要把他们握在我的手心里，没有谁能够解救他们。他们将在奥西里斯的审判庭彻底败给我，孔塔门提会把他们的头交给我。在判决尘埃落定的那天，我随时准备出击，我的手里握着快刀，我绝不会让别人把刀抢走。快给我让路，我是记录审判结果的书吏；我的木乃伊裹布曾经在椰枣酒中浸泡。我的供物原来属于红色王冠，而红色王冠现在已经归我所有。

我要趁着白昼向我的敌人出击，我要抓住并制服他们。他们必将落入我的手心，没有谁能够解救他们，他们将在审判庭彻底败给我。我要在属于瓦姬特女神的供桌上吞噬他们，我要像凶猛的莎合玛特女神那样制服他们。我有能力以各种形式显现，我拥有所有神的显形魔力，我可以呈他们的形象自由出入。

【题解】

本经文的主题是与敌人进行殊死的搏斗。死者没有指明这个让他恨之入骨的敌人是谁。从狭义上说，这个或这群敌人就是企图阻止他复活的人甚至神；而从广义上说，这个敌人就是死亡本身。是死亡这个可恨的敌人使得死者在人间的美好生活戛然而止，同样是死亡这个强大的敌人可能会导致死者为复活而做的所有准备付之东流。在《亡灵书》的大部分经文里，死者以极其谦卑的口吻向神祈祷，希望他们赐予他再生的机会，而在本篇中，死者称自己已经获得新生，说他想通过大门只是为了惩罚自己的敌人。死者把自己形容为容易发怒的人、握着快刀的人、像狮子女神莎合玛特一样的人，把自己比作鳄鱼，希望这些都能够发挥震慑作用。

第 180 篇

本经文的目的是让死者在白昼飞出墓室并向拉神祈祷，让他歌颂主宰冥界的诸神；目的是为死者称职的巴指明通往来世的道路，让它畅通无阻，让它大步回到其主人那里；目的是让死者以活生生的巴的形状自由进出墓室。

拉神进入冥界时转换成冥神奥西里斯的样子。啊，奥西里斯，你是独一无二的神，你是冥界充满神秘和魔力的神。你是隐而不见、不可摧毁的巴，你是永生和永恒之主。虽然你身处冥界，但你的面容是多么安详，你的儿子荷鲁斯因而感到心满意足。你把属于你的统治权交给他，你让他（指荷鲁斯）夜间出现在冥界，继承了王位的他此时显现为一颗巨星。他了解冥界的地形，他要视察冥界的状况，他是拉神的儿子，他由创世神阿吞生育。啊，奥西里斯，虽然你身处冥界，但你的面容多么安详。你的儿子统治尘世，而你拥有冥界的王座。你佩戴高大的王冠，你是神中之神，你的处所隐秘和安全。你是行使审判权的神，众神审判庭的最终判决由你下达。啊，奥西里斯，虽然你身处冥界，但你的面容多么安详，你所处的地方多么安静。千真万确，虽然你身处冥界，但你的面容多么安详。哭丧者因为你的死亡而披头散发，她们因你的死亡而捶胸顿足；她们呼唤你的名字，她们哭天喊地，她们泪流满面，但是你的巴欢喜不已，因为你获得了再生。

拉神的巴进入冥界以后依然光彩夺目，沉睡在阴沟里的（众多死人的巴）向他欢呼，他们欢迎他来到冥界，他们为拉神的巴和奥西里斯的巴结为一体而感到庆幸。

啊，奥西里斯，我是你的神庙里的忠实仆人，我是有权进入你的神龛的祭司。你赐予我属于你的统治权，你促使我继承你的王位，你让我进入冥界，像一颗巨星照亮冥界；我了解冥界的地形，我要视察冥界的状况，我是拉神的儿子，我由创世神阿吞生育。我来到了冥界，我要战胜沉沉黑夜，我要闯入漆黑的夜，然后再从中脱颖而出。塔台南伸出双手迎接我，然后把我高高托起来。

你们这些得到我所敬献的供品的神，请你们也向我伸出双手，请你们引导我走出黑夜，我知道相关的经文。你们这些得到我所敬献的供品的神，请你们像歌颂拉神一样歌颂我，请你们向我欢呼，如同你们向他欢呼，请你们像敬仰奥西里斯一样敬仰我。我按照拉神的安排为你们提供了持久的供品，以便你们的供品源源不断。我是他的代理人，我是他在人间的继承人。为我开辟一条路吧，我已经从西边的入口进入冥界。我已经让奥里昂握紧他的权杖，我还让那个拥有秘密名字的神系紧他的头套。

看看我吧，你们这些得到我所敬献的供品的神，指给我通向来世的道路吧！瞧，我已经满足了获得再生的条件，我掌握了应当了解的秘密。请你们不要让我落入束缚死者的绳套之中，也不要让我被捆绑在柱子上。你们不应当把我捆绑在你们身边的柱子上，你们不应当把我交给惩治所，因为我是奥西里斯的继承人，我应当在来世得到属于我的头冠。你们瞧，我的体内流着你们的血，我曾经让我的父亲复活和站立。看看我吧，请你们为我的到来而欢呼。瞧，我是个尊贵的人，我拥有变换形态的能力。请你们为我的巴开辟一条路，请你们抬扛我的棺架，请你们让我在美好的来世留驻，请你们让我在你们中间获得一个位子，愿你们为我开辟一条路，然后把你们手中的门闩开启。

啊，拉神，你是整个世界的主宰，你是引导所有的巴走向来世的统帅，你是众神的首领。我是你所管辖的通往来世大门的门卫，我引导那些有权转世的人进入来世。我是拥有无限权力的、独一无二的人，我看管这扇大门，我甚至安排众神的位置。我的居所在来世，我跟从诸神视察来世，我可以走到来世的尽头。我对我在来世的处境感到满意，因为我曾经跟随众神的巴备足了来世所需的供物。我是拉神的护卫，我是神秘的贝努，必要时我可以进入来世，需要时我可以飞上天空。我在天国拥有一席之地，我在那里跟随拉神穿越天空。我应得的供品在天国，在那块太阳穿越的地方；属于我的食物在人世，在那块芦苇地上。我像拉神一样穿过来世，我像图特一样行使审判权。我尽情地游走，我尽兴地跑来跑去。我的身份威严，但是我的特质隐秘不可测，因为我兼具拉和奥西里斯两个神的特性。

我有权支配居住在来世的诸神的祭品，我为死去的人提供牺牲。我的心脏有力地跳动，我有能力击败我的敌人。啊，你们这些身处拉神周围并跟随他的巴周游的神和获得再生的人，请你们把我引入来世吧，就像先前有其他神和其他人把你们引入来世一样。你们是拉动太阳船穿越天国和来世的纤夫，我是应当受保护的巴。

【题解】

与第127篇一样，本经文也是通过改编太阳神颂歌而成。这些太阳神颂歌首先出现在底比斯国王谷里的王陵墓壁上，此处实为王室来世观念影响非王室人员的又一例证。经文的第一段和第二段描写了阳界的主神拉与冥界的主神奥西里斯结合的令人（尤其是死者）兴奋不已的时刻。古代埃及人相信，昏睡在冥界的死者，甚至包括奥西里斯，都等待着夜行的太阳通过它的光亮和温暖唤醒他们，而完成了白昼巡游任务的拉神已经疲劳和衰老，他必须在奥西里斯主掌的冥界进行休整和孕育新的力量。随着奥西里斯死而复活和拉完成返老还童的步骤，僵卧在冥界的死者赢得再生，他们接下来的最大愿望就是跟随东升的太阳冲出冥界，享受阳光和空气。死者以第一人称向拉、奥西里斯和其他掌管冥界各个关卡钥匙的神发出呼吁，希望他们允许他自由出入天国和冥界。

第181篇

本经文的目的是让死者走进由奥西里斯主持的审判庭，走近那些指引死者进入来世的诸神，走近那些大小关卡前的门卫和信使。本经文会让死者呈现为一个充满活力的巴，以便他向奥西里斯祈祷并成为审判庭里的重要成员。

奥西里斯，你是冥界的主宰；奥西里斯，你是那个神秘和隐蔽之地的君主。你的出现犹如拉神那样辉煌。瞧，他（指拉神）来了，其目的是为了看到你，为了看到你美好的面容以后欢呼。

他头顶上的太阳光盘就是你的太阳光盘，
他放出的光芒就是你的光芒，
他的王冠就是你的王冠，
他的伟大就是你的伟大，
他的升起就是你的升起，
他的美好就是你的美好，
他的权威就是你的权威，
他的馨香就是你的馨香，
他的活动范围就是你的活动范围，
他的位置就是你的位置，
他的王位就是你的王位，
他的遗产就是你的遗产，
他的首饰就是你的首饰，
他的来世就是你的来世，
他的隐秘就是你的隐秘，
他的财产就是你的财产，
他的智慧就是你的智慧，
他的与众不同就是你的与众不同，
他需要的保护就是你需要的保护。

他不应当死，恰如你不应当死，

他没有与任何人结下仇，正如你没有与任何人结过仇，

他不应当遭遇不公，好比你不应当遭遇不公，永远永远。

啊，奥西里斯，你是努特的儿子，你佩戴插着两根长羽毛的王冠，你拥有双王冠。你是由九神会任命的君主，你的权威来自阿吞。不论是人还是神，不管是有福的还是该死的，他们都对你充满了畏惧。你拥有对赫利奥波利斯的统治权，你在布塞里斯受到崇拜，你的威望及至东边地平线和西边地平线上的两个山头，你是在拉塞塔令人畏惧的神。你为王宫里的人留下了美好的回忆，你以充满尊严的气质出现在阿比多斯。你在九神会面前战胜了敌人，即使最伟大的神对你也有畏惧感；整个世界都向你弯下腰，即使万神之主也要起身迎接你。你是冥界诸神之首领，你是天国统治权的分享者；你有权力支配活着的人和死去的人。你在卡拉哈让千万人获得再生，居住在天国的人也禁不住向你欢呼。你在赫利奥波利斯获得最精美的供品，人们在孟斐斯为你制作供品，居住在莱托波利斯的人为你准备夜宵。

你是伟大的神灵，你的生命力被叫作“强大”。你的儿子荷鲁斯保护你，他驱除了遗留在你身上的所有污秽。你的肉体已经痊愈，你的肢体已经复位，你的骨头已经长好，你的心脏已经回到胸腔。啊，奥西里斯，快站起来吧！我伸出的双手将搀扶你，我让你站起来享受永恒的生命。盖伯为你擦掉你嘴角的灰尘，九神会充当你的护卫，以免你的敌人溜进来世。你的母亲努特在你身上展开了双翅，以便你不受任何伤害，她永远是你的保护者。你是伟大的神，你有众多的亲属：你的两个妹妹伊西斯和涅芙狄斯来看望你，她们赐予你生命、幸福和健康，还有各种好运。她们呼唤你的名字，因为你深得她们的喜爱，她们用各种魔法为你唤来各种供品，每个神都给你带来属于他们的食物，他们为你祈求永恒的生命。

奥西里斯，你的出现多么辉煌。你赢得了再生，你充满了活力。你的躯体永世长存，你的面容如同阿努比斯一样不可抗拒。拉神因你的再生而高兴，为你美好的形象而感到满意。你居住在盖伯特意为你准备的圣洁的地方。当你每日乘坐太阳船环绕天地的时候，你在西天拥抱你亲爱的儿子荷鲁斯。保护拉神的魔法属于你，图特拥有的魔力守护着你，伊西斯妙手回春的魔力遍及你的肢体。啊，奥西里斯，你是神圣之地的君主、冥界的主宰。你是永恒之主，我来到了你面前。我的心诚实无比，我的手无比洁净。我为你——造物主——呈献供品，我让你尽情享用它们。我来到了你所在的地方，我在人世行了善。我把你的敌人像屠宰牛羊一样宰杀。我在你的供桌上摆放丰盛的供品，以便你的巴从此汲取力量，以便跟随你的众男神和女神都

能分享。

（附言：）谁若是知道了这篇经文，他就不会遭受任何不公和暴力；不管他想进入来世还是想从中出来，他都不会在门口遭到拒绝；他会从主司来世的神那里得到面包、啤酒、牛肉和禽肉，以及所有其他美好的食物。

【题解】

本篇是献给奥西里斯的一首赞歌。呈现为诗歌的段落把奥西里斯与拉等同起来，从而在强调奥西里斯原有的冥界主宰者特征的基础上赋予他主导阳界的特性。第二部分有三个层面的内容：其一，奥西里斯作为远古贤明的国君和主持来世审判的主神在埃及各地受到普遍崇拜；其二，奥西里斯是天神努特和地神盖伯的长子，他遭受不幸以后，众神形成一个联盟把他从死亡之中唤回，并且为他提供各种保护；其三，复活的奥西里斯所拥有的第二次生命永无止境，而且他的权力由有限的人世转到无限的神界。经文的结尾道出了死者如此赞美和歌颂奥西里斯的真正用意，他希望奥西里斯接纳他为随从人员，以便他也在来世享受永生。

第 182 篇

本经文的目的是让奥西里斯永世长存，即借助图特的魔力让他这个毫无生机的死者重获生命之气，当奥西里斯的敌人企图乔装打扮进入来世的时候，把他拒之门外。本经文会为身处冥界的死者提供保护、帮助和支持，因为本经文由图特亲自撰写，因为图特的手里永远掌握着阳光。

我是最优秀的书吏图特。我心灵手巧，我的头上佩戴双羽王冠。我拒绝有罪的人，我记录每个人的德行；我憎恶谎言和恶行，我手中的笔是保护神中之神的武器；我是法律的制定者，我的话语能够让尼罗河两岸恢复秩序。我是玛阿特之主，我为神的缘故创造了玛阿特。我按照玛阿特的原则评判是非，我让有理的弱者战胜无理的强者；我给不幸的人提供保护，以便他不至于丧失他的财产。

我驱除了黑暗，我驱散了乌云。当奥西里斯获得再生的时候，我让他呼吸到甜蜜和充满生气的北风。我让拉神在秘密的冥界深处一个隐蔽的地方与奥西里斯融为一体，以便来世诸神的首领奥西里斯的心重新跳动。我让那些获得再生的死者重新发出声音，我让他们呼唤奥西里斯这个冥界主宰和努特儿子的名字。

我是图特，我深得拉神宠爱。拉神是力量的源泉，魔力的拥有者，他是指挥百万人之舟的舵手，他造就了我并赐恩惠于我。我是图特，我是法律的制定者，我让尼罗河两岸井然有序。拉神在其神龛里发出的命令由我来执行；我禁止暴力行为，我调解争执双方，我判决民众当中的各种罪过。我是图特，我让奥西里斯战胜其敌人。我是图特，我是智慧之神。我宣告清晨的来临，我准确无误地预示未来的时光；天国、人世和冥界都在我的执掌之下，天国的神也从我这里获得维持生命所必需的食粮。身处隐蔽处的奥西里斯也因我所念出的魔咒而获得生命之气，他依靠我战胜他的敌人。

啊，奥西里斯，我来到了你隐蔽而神秘的国度。你是支配冥界的公牛，我让你拥有永恒的生命，我让你的肢体万古不朽。我用双手给你捧来了护身符。我的护身符就是你的护身符，一日复一日。你拥有生命，你享受安全；你是冥界的君主，你是天国的分享者；你战胜了你的敌人，你的卡时刻保护你；阿特夫王冠属于你，白色王冠由你支配；你双手紧握权杖和连枷；你拥有无限的权力，你手中的权力没有尽头，你深得各个神的喜爱，所有的神都希望与你融为一体。奥西里斯，你将万世永存。

孔塔门提，我呼唤你。你赋予一切以新的生命，你适时返老还童，你吐故纳新的能力绝无仅有。你的儿子荷鲁斯是你坚强的后盾，因为他继承了阿吞的王位。威内菲尔，抬起头向天空望去吧！你将在努特的腹部延续你的生命。即使你离开她的躯体以后，她与你仍然联系在一起。愿你的心存留在属于它的地方，愿它恢复从前的功能；愿你的鼻子长久地呼吸到生命和幸福，以便你像拉神一样长生、重生和再生，一日复一日。你是真正伟大的神，因为你战胜了真正强大的敌人。奥西里斯，你的生命永无止境。

我是图特，我让荷鲁斯满意，我让怒不可遏的荷鲁斯和赛特和解。我来这里是为了消除他们的怒火，我调停了他们的争端，我消除了荷鲁斯遭受的一切不公。我是图特，我在莱托波利斯准备了夜宵；我来自布托，我为获得再生的人带来了牺牲和面包。我处理了奥西里斯的肢体；我让它们痊愈，让它们散发出馨香。我是图特，我今天来自卡拉哈。我准备好了渡船，我系紧了缆绳，我用船把东边和西边连成一线。我端坐在高高的座位上，我的名字就叫“高高在上的人”。我以乌帕瓦特的名义开辟了道路，我让奥西里斯赢得了赞美和跪拜。奥西里斯将永世长存。

【题解】

在经文的前三段，表现为图特的死者以第一人称描写了他作为拉神的宰相和奥西里斯审判庭的书记员所拥有的权力和创世的业绩。第四段和第五段实际上是死者说给奥西里斯听的祷告，他交叉使用威内菲尔（*Wn-nfr*）和孔塔门提（*Ḫntjw-jmn.t*）这两个奥西里斯的别名。威内菲尔在象形文字里的意思是“永世长存”，表达了奥西里斯死而复活的特性，而孔塔门提的意思为“西边的第一位”，强调了奥西里斯审判死人并赋予他们新生的权力。两个名字表现了奥西里斯所具备的永生和死而复活的双重特性。

在最后一段，死者再一次以图特的形象出现。他简明扼要地列举了自己曾经调解荷鲁斯与赛特之间冲突的成就，作为书吏神记录和发放供品的职能和权力，作为医药神疗治奥西里斯伤病的医术，帮助太阳神掌握圣船方向的功劳，以及替奥西里斯开辟通向来世之路的勇气。乌帕瓦特是与沙漠关系密切的冥神，他的名字在象形文字中表示“开路者”之意。

本经文的附图中间是一具置放在棺材架子上面的尸体，虽然这是死者的尸体，但是它被刻画成奥西里斯的模样，而且木乃伊的左右两边画着守灵的伊西斯、涅芙狄斯以及荷鲁斯的四个儿子。此外，木乃伊的上方和下方有更多手握尖刀利器或象征再生的动物（表现为蛇和蜥蜴）的神灵。显然，经文旨在为死者争取与奥西里斯一样的待遇。

第183篇

向奥西里斯祈祷，为他唱赞歌，在他面前跪拜。来到奥西里斯所主宰的隐蔽而神圣的世界，得到他的保佑。

努特的儿子，我来到了你面前。奥西里斯，你是永恒之主。我跟随图特而来，我因他所做的一切而欢欣不已。他让你的鼻子呼吸到催生的气息，他为你呈献了生命和幸福。奥西里斯，你是隐蔽而神圣国度的主宰，图特让你的鼻子呼吸来自阿吞、充满生机的北风；他让阳光落在你的心胸，他为你照亮了被黑暗笼罩的路途；他借助魔法消除了附着在你的肢体上的毒瘤。为了你，他让荷鲁斯与赛特和解；为了你，他消除了争端、防止了反叛。他让荷鲁斯和赛特两个对手和好，受你统治的尼罗河两岸处在和平之中；他驱散了他们（指荷鲁斯和赛特）心中的怒火，两个人得以重修旧好。

你的儿子荷鲁斯在九神会赢得了属于自己的权力，你的王位现在归荷鲁斯所有，他佩戴着由眼镜蛇守护的王冠统治整个世界。荷鲁斯现在拥有盖伯的王座，原来属于阿吞的权倾天下的职位也由他继承，这些都是你的父亲普塔－塔台南所做的安排，众神把普塔－塔台南的命令仿照转让财产时的做法刻写在铜板上。赛特则被安排做空气神舒的帮手，他的任务是把尼罗河的水提到天空，以便埃及以外的地方也能耕种作物，使得那些地方也能收获埃及所拥有的各种果实。对天国和人间拥有决定权的诸神把统治人世的权力托付给荷鲁斯并充当他的后盾，荷鲁斯所做出的决定因此得以即刻成为现实。

啊，神中之神，你现在可以心情舒畅，因为你所有的愿望得到了满足。埃及的两个部分重现和平，整个国家在你的掌控之中：所有的神庙运转良好，所有的城市和诺姆秩序井然。人们向你呈献神圣的祭品，为你祈求永久的供物；人们为你念诵颂歌，给你的卡送来了清凉的水，他们甚至为那些跟随你的业已获得再生的死者带来了供品；人们为那些死者的巴带来了糕点他们把糕点分成两份然后再在上面喷洒清水。你起初制定的所有规章制度依旧有效力，一切都按照你的意愿维系和发展。

啊，努特的儿子，快复活过来吧，像万神之主一样不断焕发青春，让生命之火永不熄灭。你的父亲拉让你的肢体永不腐烂，九神会为你高唱赞歌；伊西斯站在你的身边，她与你永不分离，她会制服所有你的敌人；埃及和埃及以外的人都期盼着再次看到你慈祥的面容，就像他们期待东方地平线上升起的旭日一样。

你复活了，你重新坐在属于你的高高的台座上，远近的人都得以再次看到你慈祥的面容。你的父亲盖伯把他的王位让给了你，是他让你恢复了原来的容貌；你的母亲努特让你得以重生，她生养了五个神，但是她让你成为五神之首，她让你拥有白色王冠，她使得你在尚未降生之前就手握权杖和连枷。你复活了，你的头上戴着属于拉神的阿特夫王冠；诸神纷纷赶来为你致意，当他们看到你与拉神平起平坐的时候，他们心中充满了对你的敬畏感。生命属于你，食物由你支配。我为你奉献玛阿特，愿你接纳我为你的随从之一，正如我在世时服侍你一样；愿我的巴听到你的呼唤，愿我的巴时刻都在你的身边。

我从我的故乡孟斐斯来到了你这里。孟斐斯是整个国家最美好的诺姆，那里的主神是玛阿特的拥有者，一切美食和珍宝的所有者。所有地方的人都向往孟斐斯：居住在上埃及的人顺流而下，居住在下埃及的人借助船帆和船桨逆流而上，目的是给沉浸在节日中的孟斐斯贡献礼物，因为这是神向他们发出的命令。住在孟斐斯的人从来不说："如果……该有多好啊！"一个能够在孟斐斯为其主神做事的人是多么地幸福啊，因为这位神会赐予他长寿，让他享受高龄，然后在这个隐蔽而神圣的地方获得一个能够满足各种需求的墓葬。我手里捧着玛阿特来到了你面前，我的心里不存半句谎言。我把玛阿特敬献给你，因为我知道它是你借以维持生命的食物。我平生未曾犯下任何罪过，我从未让任何人的财产受到损失。

我是图特，一个心灵手巧的书吏。我是正义之主，我消除了所有的不公；我是公正的书吏，我憎恶任何不公的事情。我的笔替万神之主行正义，我是法律的制定者，我的话让尼罗河两岸恢复秩序。我是图特，我是维护公正的神，我让受欺压的义人战胜其对手，我保护不幸的人并让他拥有其财产。我消除了黑暗，驱散了乌云。当威内菲尔在他母亲的躯体脱胎换骨以后获得新生的时候，我让他呼吸到了生命之气，我让他尝到了北风带来的甜蜜气息；我促使他到达这个隐秘的地方，以便他虚弱的心脏重新跳动，以便他——努特的儿子——战胜死亡，赢得再生。

【题解】

本篇与第182篇有许多相似之处。经文先是描写了主掌智慧和医药的图特医治遭受致命伤害的奥西里斯，最终使后者死而复活，然后以死者的口吻叙述了荷鲁斯得以继承王位，荷鲁斯和赛特重归于好，埃及的两个部分恢复和平等喜讯，呼唤死去的奥西里斯从昏睡中苏醒过来。

从第六段可以看出，书写本经文的纸草卷来自孟斐斯。死者不仅赞美自己的家乡，而且也称颂该城的主神普塔。索卡尔和塔台南是孟斐斯拥有悠久历史的冥神，他们后来与普塔构成三合一的复合神，又因它们与墓地和墓葬相关，有时也与奥西里斯融为一体。"如果……多好啊！"是埃及语中一个常用的句式，表示极度的欲望。孟斐斯的居民从来不使用它，意为他们"心满意足"。

经文的最后一段是死者对奥西里斯的表功，他把自己说成是图特，把图特为奥西里斯所做的一切据为己有，以此希望奥西里斯有所回报。威内菲尔与孔塔门提一样起初是阿比多斯与来世相关的一个神的名字，他后来被奥西里斯取而代之，他的名字遂成为奥西里斯的别称。

第184篇

本经文的目的是让死者守候在奥西里斯身边。

（正文几乎没有保存下来。）

第185篇

本经文的目的是歌颂奥西里斯，在他面前膜拜，用他喜欢的东西让他满意，对他说出玛阿特。

伟大的神，我向你致意。你是慈祥的君主，你是永恒的主宰；你是承载百万人的夜行船的舵手，你以光辉的形象出现在承载百万人的日行船上。天国的神和在冥界获得再生的人都向你欢呼，因为你是让大人物和小人物都获得新生的了不起的神；不管是有福的人还是该死的人心中对你都充满了畏惧感。蒙迪斯在你的威力之下，赫拉克利奥波利斯懂得你的权威，你的塑像被供奉在赫利奥波利斯，你在所有神圣的地方以不同的形象显现。

我怀着一颗纯洁的心来到你面前，我从来没有想过撒谎。请你允许我与那些获得再生的人为伍，让我跟随你自由自在地在尼罗河上逆流而上，然后再顺流而下。

【题解】

本经文首先表达了死者跟随奥西里斯享受永恒的生命的愿望。日行船指的是太阳神白日飞越天空时乘坐的圣船，而夜行船则是太阳神穿过冥界时乘坐的圣船。“百万人”在这里暗指死后获得再生的芸芸众生。从第一段后半部分开始，经文描写了奥西里斯在埃及全境都被奉为生死之主的情况。死者在开篇表达了跟随奥西里斯在天地间穿梭的愿望，结尾处的文字反映了死者希望在尼罗河上来回航行，以求享受坐落在各地的奥西里斯神庙里的供物的心理。

第186篇

歌颂西山的女主人哈托女神。

我来到了你这里，目的是看到你慈祥的面容。让我统领你的随行队伍，让我超过所有以往的大人物吧，因为在我身上没有发现任何罪过和弱点；让我得到充足的供物，让我成为在冥界拥有一席之地的人，让我的好名声在人世永驻。

【题解】

作为主司爱情和婚姻的女神，哈托在古代埃及受到普遍的崇拜。在底比斯，哈托女神被奉为主掌尼罗河西岸绵延山脉即官吏墓和王陵所在地的保护神。本经文的附图表现呈母牛形状的哈托从长满芦苇的山崖走出来，旁边还画着一座坟墓的入口。哈托的两个角之间夹着太阳圆盘，再生的寓意和意象在这里非常明显，即死者躺卧着的墓室实际上处在哈托的怀抱里。居住在底比斯的古代埃及人希望躺卧在西边崇山峻岭中的死者在女神的躯体里孕育新生命，然后随着东升的太阳破壳而出。

第187篇

本经文的目的是顺利到达九神会所在的地方。

跟随拉神的九神会，我向你们致意。我来到你们面前，因为我是拉神的随从。为我开辟一条路吧，让我成为你们当中的一员。我没有做任何使得你们拒绝我的事情。

【题解】

位于赫利奥波利斯的以拉（有时为阿吞）为首的九神会无疑是古代埃及最重要的神系，其中包括空气神舒、地神盖伯、天神努特，还有奥西里斯神话里的正反主人公。统治阳界的拉和主宰冥界的奥西里斯两个神一起表达了古代埃及人关于返老还童和死而复活的双重来世期盼。

第188篇

本经文的目的是让死者的巴自由活动，在人世建造房屋，白昼时代表其主人到那里逗留。

阿努比斯说："不要担心，你已经达到了再生的条件，就像那只神圣的眼睛。你拥有巴和影子，你将在冥界与它们重见。"不管我走到冥界的什么地方，希望我都能够找到我的影子和我的巴。但愿我保持原来的形体和原来的本质，但愿我继续拥有原来的能力，以便我的巴得以在我真实的形体上着落。我已经万事俱备，我甚至获得了神性。愿我像拉神一样放出光芒，像哈托一样闪亮。

愿我的巴和我的影子随意地走动，它们可以站立，也可以坐下，然后回到我所处的墓室。我是奥西里斯的崇拜者之一，我要像其他崇拜者一样在白昼走出墓室参加奥西里斯的节日，然后在夜间回归墓室。

【题解】

按照古代埃及人的来世观念，巴、卡和影子都在死者复活过程中发挥各自的作用，尤其是巴和影子借助它们自由活动的特性实现僵卧在墓室里的死者无法亲身完成的诸多愿望。死者希望复活后回到自己所熟悉的人间，但是这一点只能依靠属于死者的巴来完成。理想的状态便是，死者的躯体安卧在墓室，而他的巴在人间拥有一处房子。巴在白昼离开墓室来到位于人世的房屋，享受其主人在人世时的一切快乐，等到夜晚时返回墓室与其主人团聚。如同第190篇所说，它向自己的主人讲述所有在日光下发生的事情。

第189篇

本经文的目的是避免死者倒着走、吃粪便的情况发生。

这是我所憎恶的，是我的忌讳。我绝不会吃它。我憎恶粪便，我不会吃它。我不会被赃物绊倒，它们也不会落在我身上；我不会用我的手指摸它们，也不会用脚趾碰它们。

众神和各种魔鬼将问我："到了那个地方以后，你借助什么存活？"等我到了那个地方以后，我将依靠人们送给我的七种面包活命，四种是属于荷鲁斯的，三种是属于图特的。"你在哪里获得吃饭的位置？"众神和各种魔鬼会问我。我将在哈托的西克莫树下就餐，我会把一部分食物分给女神的舞女们。我在布塞里斯拥有土地，赫利奥波利斯生长着属于我的庄稼。我的面包由白色的面粉制作，我的啤酒用黄色的大麦酿造。我父亲和母亲的仆人和佣人为我效劳。

啊，你们这些门卫，你们这些为奥西里斯看门的家伙，快给我开门吧，快让我的路途畅通无阻！我要去我应当去的地方，我要像一个活生生的巴一样一路向前，而不受我的任何敌人的阻挠。我憎恶粪便，我绝不会吃它。我绝不会倒立着走路。去往赫利奥波利斯路途上的脏污，快远远地离开我，我是一头公牛，我拥有属于我的位置。

我呈隼的形状腾空而起，我像一只鹅一样发出尖叫声，我落在尼罗河泛滥水当中一个小岛上的西克莫树上。栖身在这棵树上或树下的不是凡人，而是神。我憎恶，我憎恶，我不会吃我所憎恶的东西。我憎恶粪便，我绝不会吃粪便；我的卡憎恶粪便，粪便绝不能进入我的躯体；我不会用手摸它，我不会用脚踩它。假如我倒立着身子，不会拿容器为你们献祭，不会触摸你们的石磨，不会去属于你们的泉眼旁取水，甚至不会靠近你们。

那个不会数数的家伙问我:“你想在冥界获得再生，那么你到底靠什么维持生命?”我吃用深色的大麦制成的面包，我喝用浅色的大麦酿制的啤酒。我还将获得来自供品地的四种面包，它们是众神对我的奖励，我还将拥有来自赫利奥波利斯的四种面包，这些将成为我的配给。

那个不会数数的家伙又问我：“谁给你拿来这些东西？你在哪里吃这些食物？”我将在用香料擦拭我的牙齿的那一天，坐在洁净的河岸享用这些食物。我不会吃粪便，我不会用手摸它，我不会用脚踩它。

那个不会数数的家伙又问：“你想在冥界获得再生，那么你到底靠什么维持生命？”我依靠七种面包维持我的生命，四种来自荷鲁斯神庙，三种来自图特神庙。

“谁给你拿来这些东西?”那个不会数数的家伙问道。荷鲁斯的奶妈和赫利奥波利斯的两个女厨师为我送来这些面包。“你在哪里吃它们?”我将在一棵阔叶树的树枝下，在众神的欢呼声中吃这些面包。那个不会数数的家伙说:“你天天靠着别人的东西活命?”我回答他：我在芦苇地耕种属于我的那块地。

“谁替你保管这些供品?”那个不会数数的家伙问道。我回答他：国王的两个公主替我保管这些供品。“谁替你种植那些粮食?”天上的主神和地上的主神。赛斯的主宰者阿庇斯圣牛会为我打场，北半天的君主赛特会为我把粮食收入仓库。

啊，你们这些调转着头、蒙着脸的神，你们憎恶邪恶，你们担心弄脏了你们的脸。我没有在巴库山头充当赛特的帮凶。我与其他清白的死者做伴，目的是为奥西里斯挖掘存放清水的池子，目的是让奥西里斯的心保持跳动。没有哪个活着的人指责我这个死去的人。

【题解】

本经文是为了保证死者在来世有足够的食品，以免他在迫不得已的情况下吞食粪便，从而导致他倒立着行走，即陷入一个黑白颠倒的境地。经文的第一段和第二段与第52篇类似，重点强调死者食物的来源有多种，不同地方的神为他准备不一样的食物。供品地是古代埃及人想象的一个位于天空的地方，那里种植和堆放以拉神为代表的天神们需要的供品；芦苇地是位于冥界的一个类似供品地的岛屿，那里的土地用来生产以奥西里斯为代表的冥神们需要的供品。据称每个通过审判的死者在那里获得一块土地。“不会数数的家伙”只出现在本经文中，可能描写一个过分较真及至刁难死者的神。

第190篇

本篇的宗旨是让死者在拉神的心中留下印象，让他在阿吞那里拥有权力，让他在奥西里斯身边荣耀，让他在孔塔门提主宰的地方应有尽有，让他在九神会前面争得权利。

应当在每月初使用这篇经文，即在每月的第六天和庆祝瓦格节日、图特节日、奥西里斯生日、索卡尔节日的时候，以及在庆祝哈克尔节日的夜晚。

本经文讲述的是冥界的秘密和通向来世的秘密入口，讲述如何劈开山脉、如何飞跃山谷。这个秘密无人知晓，但是对死者来说不可或缺。有了它，他才能迈开步伐，并且最终完成旅程。这篇经文能够让死者重获听力、重见天日，让他与众神在一起。

你使用这篇经文时不能让任何人看见，除非他是你真正的亲信和诵经祭司；你不能让别人看见，更不能让一个外来的仆人看见它。你应当在一个用亚麻布搭建，并且画满星星的棚子里使用它。

不管哪个死者，只要为他诵读这篇经文，他的巴就会走出墓室并来到人世，他的巴就能够来到神界与他们为伍，而且绝不会被拒之门外。这些神会迎接它、承认它，它回到墓室以后会向其主人讲述在阳光下发生的一切。本经文不愧为货真价实的秘密，卑鄙的小人绝对不应当窥视它。

【题解】

严格意义上说，本篇并非经文，而只是与殡葬相关仪式的说明性文字，比如第133篇和第148篇涉及的仪式。文中所说的离开墓室指的是呈鸟的形状的死者的巴。第三段中的第三人称指代为死者举行仪式的儿子或者代劳的祭司。本经文的附图表现死者站在一个放置若干神像的神龛前祈祷。

名词解释

阿比多斯（Abydos，*ȝbḏw*）：位于上埃及的一座历史名城和宗教圣地。根据早王朝时期形成的神话传说，远古时期贤明的国君奥西里斯被谋杀后葬在阿比多斯。影响最为广泛的祭祀活动是每年在这里上演表现奥西里斯战胜赛特的大型宗教剧。许多国王也在此为奥西里斯建造神庙、为自己建造祭殿，不少有条件的官吏把自己的雕像或者纪念碑放置在上演宗教剧时抬着奥西里斯雕像的游行队伍经过的道路两旁。该城的主神原来叫孔塔门提，意为“安息在西天的死者之首”。

阿庇斯（Apis，*Ḥpw*）：主要在孟斐斯受崇拜的圣牛。古代埃及人相信，阿庇斯是普塔神在世间的表现形式，有时被称为“普塔之子”。 它通过发布神谕在普塔神与其崇拜者之间起到中介作用。每当一头阿庇斯牛死亡，盛大的葬礼成为普塔神崇拜中心孟斐斯甚至整个埃及的大事，寻找新的阿庇斯圣牛的工作也随即开始。据说选择阿庇斯牛的重要标准之一是，它必须通体黑毛，只有在额头处有一小块三角形的白色毛发，或者身体左侧或右侧有一块呈月牙形的白毛。

阿凯尔（Aker，*ȝkr*）：冥界神明之一，主要掌管冥界东西两边与地平线的交界处，通常呈现为一对背对背的狮子或斯芬克斯形象。在太阳神神话里，阿凯尔为进入冥界的太阳神拉开启大门，据说他能够治愈遭受毒蛇和毒虫咬伤的人。在制服阿普菲斯的过程中，阿凯尔也起到关键作用。

阿坎（Aken，*ʿqn*）：冥界看管渡船的神。《亡灵书》里的经文把他描写为一个嗜睡的神，艄公马哈夫需要不停地把他从昏睡中喊醒，以便得到把死者摆渡到对岸所需的渡船。

阿马麦特（Ammt，*ʿmmjt*）：来世审判庭里等待吞吃死者心脏的怪物，其名字本身就表示“吞吃（*ʿm*）死者（*mwt*）”的意思。它长着鳄鱼头、猫爪和河马的臀。这个令人恐怖的怪兽又被称为“死亡之主”。《亡灵书》中表现来世审判的附图表现阿马麦特蹲坐在称量死者心脏的天平边，一旦一死者被判有罪，那么他的心脏就会被它吞吃，从而永远丧失重生的机会。

阿努比斯 (Anubis，*Jnpw*)：呈豺狗形状或者长着豺狗头人身的神。相传他曾经把被赛特谋杀的奥西里斯的尸体制作成木乃伊，使得后者的尸体得以保存并最终获得再生。在《亡灵书》里，他的主要功能表现为把死者的尸体加以处理并制作成木乃伊。他的另外一个重要职责是在来世审判庭称量死者的心，并且把称量的结果报给书吏神图特。阿努比斯也被视为墓地的保护神。古代埃及的墓室壁画经常表现阿努比斯蹲在沙漠墓地旁的沙丘守护坟墓的形象。

阿普菲斯（Apophis，*ʿȝpp*）：呈巨蟒状的魔鬼，为拉神的死敌。当拉神指挥太阳船（即百万人之舟，白昼时被称为“日行船”，晚间时叫作“夜行船”）经过冥界的时候，他把大量的水吸进自己的腹中，致使太阳船因河水水位大减而搁浅。船上的神和获得再生的死者齐心协力，迫使阿普菲斯吐出腹中的水，太阳船才得以转危为安。每个死者最大的愿望之一就是乘上太阳船并参加制服阿普菲斯的行动，因为战胜这个象征死亡的巨蟒意味着生命有了保障。

阿特夫（Atef，*ȝtf*）：通过在白色王冠上附加两根羽毛而成的头冠，有时还饰以太阳光盘、牛角、羊角或眼镜蛇。古代埃及国王在举行隆重的仪式时佩戴此王冠。

阿吞（Atum，*Tmw*）：古代埃及的创世神，赫利奥波利斯九神会的主神。据称他从名叫努恩的原始混沌水中浮出，站在露出汪洋大海的第一块土丘上创造了宇宙万物和人。阿吞有时与拉等同，有时这两个神与夏帕瑞（或者哈拉赫特）一起代表太阳在一天中的三个不同阶段：夏帕瑞代表早晨的太阳，拉呈现为中午的太阳，阿吞则是晚上的太阳。在《亡灵书》第175篇中，整个世界，包括神、人都遭到毁灭即恢复到原始混沌水以后，只有阿吞和奥西里斯呈蛇的形状得以生存。

昂赫（Anch，*ʿnḫ*）：象形文字中表示生命的符号，它的形状如同一个英文大写字母T上放置一个圆球。有些学者认为，它实际上是标志水和空气的两个符号合成的结果，其赋予生命和创造生命的含义再清楚不过。在墓室壁画或纸草画面上，神把手中的生命符号贴近死去的国王或普通人的鼻子，表示神赐予人新生。昂赫符号构成古代埃及人佩戴的护身符和放入墓室的陪葬品的最常见模型。

奥里昂（Orion，*Sꜣḥ*）：指猎户座。古代埃及人认为，猎户座在清晨时分被冥界吞并，但是它具有重新升入天空的能力。在来世想象中，死去的国王（后来推及到普通人）以猎户座的形状进入冥界。因为猎户座与天狼星之间的关系，该星座的出没也与尼罗河水位的涨落，即奥西里斯的死而复活联系在一起。死者希望死后能够像猎户座一样具有活动自由，随心所愿地出入墓室。

奥西里斯（Osiris，*Wsjr*）：古代埃及最为重要的植物神，呈现为一个木乃伊状的人形。在二维和三维艺术中，奥西里斯的皮肤呈绿色或者黑色，表明他与植物和尼罗河谷肥沃的土地相关。偶尔呈白色，表示他被缠裹成木乃伊状，即进入了孕育新生命的阶段。根据传说，奥西里斯是远古时统治埃及的国王，后被赛特谋杀并分尸；伊西斯在埃及各地寻找到奥西里斯尸体的碎块，通过把它们加以拼接并制作成木乃伊使奥西里斯复活。按照古代埃及人的来世想象，每个人都有死后像奥西里斯一样战胜死亡并复活的潜能。在《金字塔铭文》里，祭司说拉神不会把死去的国王交给奥西里斯，甚至到了中王国时期，古代埃及人仍然担心死者到了冥界以后遭受奥西里斯的屠夫们的宰杀，或者被奥西里斯的渔夫们捕捞。可见，奥西里斯成为主宰生死的神经历了一个漫长的过程。

巴（Ba，*bꜣ*）：古代埃及人来世观念中对人的本质的一种称呼，它象征人死后继续生存的精气和可以自由活动的特质，因此一般表现为一只长着人头的鸟。古代埃及人相信，一旦人死后尸体得到处理并得以保存，他的巴白日离开墓室重见阳光、享受新鲜空气和清水，夜间回到墓室与主人团聚。但是，埃及人同时也担心巴会一去不复返，墓室供桌上的祭品不仅是为了复活的死者享用，同时也是为了唤回再生不可或缺的巴。在古代埃及人的宗教观念里，许多呈现为动物的神实际上只不过是各个相关神所拥有的巴的表现形式。

巴斯塔特（Bastet，*Bꜣstt*）：显现为一只猫或者长着猫头或狮子头的女神，主司爱情和生育，以及音乐和舞蹈，因此手里经常拿着摇铃或象征生命的昂赫符号。巴斯塔特经常被称为拉神的女儿。她的崇拜中心是位于尼罗河三角洲的布巴斯提斯（Bubastis，意为巴斯塔特的房子），现代名字泰尔－巴斯塔（Tell Basta）显然也保留着该女神的痕迹。公元前一千年之前，巴斯塔特主要以母狮的形象出现，此后则更多地呈猫的形状。

贝比（Babi，*bꜣbjj*）：一个表现为狒狒的非常凶恶的神。他以人的内脏为食，同时能够防御来自毒蛇的危害。埃及人认为他主宰黑暗，而且控制通向天空的大门，甚至想象他的阳具就是禁闭这道大门的门闩。因此在有关死者复活以后重获性交能力的经文中，死者的阴茎被比作贝比，有些经文称死者穿越冥界的渡船桅杆由贝比的阳具制作。

贝努（Benu，*bnw*）：与赫利奥波利斯的主神拉密切相关的圣鸟，长相类似凤凰，有时被说成是太阳神拉的巴。在古王国时期呈现为黄色的鹡鸰，后来则由头顶长着两根长长羽毛的鹭代表。这种圣鸟经常被描写为“自我生成”。显而易见，*bnw* 这个名称与象形文字中表示“太阳升起”的词 *wbn* 同根。古代埃及人在这种鸟的转生与太阳的循环往复之间画上了连线。

贝斯（Bes，*Bs*）：古代埃及最重要的家庭保护神。他躯体短粗，两腿弯曲，长着特别大的耳朵和稀疏的胡子。他以这种怪异的形象驱邪镇恶，模仿他的小雕像成为孕妇和婴儿经常佩戴的护身符。他虽然长相丑陋，但是天性善良，经常吐着长长的舌头，手里握着表示昂赫的象形符号，或者手拿一把尖刀，目的是驱赶危及孕妇和胎儿的鬼怪。

布巴斯提斯（Bubastis，*Pr-bꜣstt*）：位于尼罗河三角洲的一座城市。布巴斯提斯是希腊人对古代埃及“巴斯塔特的房子”（Per-Bastet）一词的译名。考古学家在此发现了古王国时期神庙建筑的遗迹和埋葬猫木乃伊的巨大墓地，猫被认为是巴斯塔特女神的表现形式。

布塞里斯（Busiris，*Ḏdw*）：尼罗河三角洲的一座古城。在象形文字中由两个杰德柱子表示，或者干脆被称为“奥西里斯的房子”（*pr-Wsjr*）。杰德柱子一般被解释为奥西里斯的脊椎骨，象征被谋杀的奥西里斯重获生命。两个称呼都显示了该城与奥西里斯之间源远流长的关系。随着奥西里斯神话在王权和来世观念中占据重要位置，布塞里斯成为在奥西里斯崇拜方面仅次于阿比多斯的宗教圣城。古代埃及人希望，即便在世时不能到布塞里斯朝圣，死后也要借助巴的形态飞临布塞里斯并接受奥西里斯的恩赐。

布托（Buto，*Pr-Wꜣḏjt*）：希腊语对古代埃及尼罗河三角洲重要宗教城市帕尔－瓦姬特（意为“瓦姬特的房子”）的称呼。该城由帕（*P*）和岱普（*Dp*）两部分构成。根据古代埃及传统，早期统一的国家形成之前，布托与上埃及的希拉孔波利斯相对抗。统一的国家形成以后，布托和希拉孔波利斯分别成为埃及南北两个相对应的重要城市，各自的主神——呈眼镜蛇形状的瓦姬特女神和呈秃鹰形状的拿禾泊特女神——成为王冠的保护神，分别保护象征下埃及的红色王冠和象征上埃及的白色王冠。

刀湖（*mr nḫꜣ*）：顾名思义就是布满尖刀的水面，是古代埃及人来世想象中太阳神驾驭的圣船必须经过的一处河道的名字。渡过这段危险的河道以后，圣船才接近更加难以航行的阿普菲斯巨蟒所在的河段。有时这一区域又被称为“火湖”。

盖伯（Geb，*Gb*）：古代埃及地神，在赫利奥波利斯的九神会中表现为空气神舒和湿气女神泰芙努特的儿子。盖伯的配偶是天神努特，他们一起生育了两对兄妹夫妻，即奥西里斯和伊西斯，赛特和涅芙狄斯。在有关荷鲁斯与赛特争夺王位的神话故事里，盖伯作为父王协助拉判决王位之争，传说中诸神为此而举行审判的建筑物被称为“主神殿”或“盖伯的大厅”。

供品地（*sḫt jꜣrw*）：供品地是以拉神为首的天国诸神所需供品的生产地。根据《亡灵书》有关章节的描述，供品地位于天上汪洋大海之中。进入奥西里斯王国的死者如果幸运的话，他可以搭乘由拉神驾驭的圣船来到供品地并享受比冥界丰富得多的各种各样的供品。《亡灵书》第110篇不仅把供品地说成是物质上应有尽有的地方，而且强调那里没有争斗、没有暴力，因此也没有悲伤和眼泪，其叙述模式让人想起了《旧约》当中的先知们所描述的未来太平盛世。

哈比（Hapi，*Ḥꜥpj*）：尼罗河神。古代埃及人把尼罗河一年一度的泛滥归功于哈比。与此相关联，丰足、繁殖和再生都得益于该神。哈比一般呈人形，头上长着水草，胸脯和腹部都隆起，作为富足和再生力的象征。在《亡灵书》里，象征尼罗河周期性泛滥这个不可阻挡的自然现象的哈比表达了死者随着泛滥水来临像植物一样复苏的愿望。古代埃及人把泛滥水位的高低以“大哈比”和“小哈比”来加以描写。

哈克尔（Haker，*Hꜣkr*）：与奥西里斯神话相关联的宗教节日。多数学者认为该节日在泛滥季节的第一个月。不过关于节日的内容，有的学者认为，该节日纪念伊西斯为其被谋杀的丈夫哀悼，而其他学者则认为，古代埃及人在该节日里庆祝荷鲁斯战胜赛特。

哈拉赫特（Haracht，*Ḥr ꜣḫtj*）：古代埃及太阳神之一，在象形文字里的意思为“地平线上的荷鲁斯”，强调太阳初升时的生气。有时与最重要的太阳神拉结合成为“拉－哈拉赫特”。原来呈现为隼的荷鲁斯之所以与太阳联系在一起，其主要原因是古代埃及人关于太阳借助一双翅膀升空和在天空飞行的联想。后来又出现了荷鲁斯的右眼是太阳，他的左眼为月亮的说法。

哈托（Hathor，*Ḥwt-Ḥr*）：古代埃及主司音乐、舞蹈和繁殖的女神。在有关太阳的神话里，哈托被说成拉的女儿和荷鲁斯的配偶，她的名字在象形文字里就表达“荷鲁斯的庙”

之意。哈托因此也被视为天神，她此时呈现为一头母牛，四条腿分别指向东、南、西、北。与此相关，哈托又成为掌管埃及周边的山脉、沙漠的女神，获得了诸如“西克莫树女主人”、“西天的女主人”等称呼。

荷花（*sšn*）：古代埃及有两种荷花，一种是叫作 *Nymphaea lotus* 的白色荷花，另一种是被称为 *Nymphaea caerulea* 的蓝色荷花。古代埃及人赋予后者以神性，因为它在夜间沉入水里，而且其花瓣此时闭合，而当太阳在早晨升起时，它浮出水面，花瓣绽开，似乎随着太阳的升落完成生命的循环。因为这个原因，太阳有时被称为“巨大的荷花”，不少壁画表现一朵盛开的荷花把太阳顶出水面。象征再生的神涅弗吞表现为一个戴着荷花头冠的人形，或者被刻画成头上生长一支荷花。一个人从荷花花瓣中现身是墓室壁画常见的题材，表达他的生命像荷花一样周而复始。古代埃及人相信，呼吸荷花的馨香也能促使人年轻和充满生命力，手握荷花或者把荷花贴近鼻孔也是墓室壁画和浮雕不可或缺的主题。

荷鲁斯（Horus，*Ḥr*）古代埃及最重要的神灵之一。在有关太阳的神话里，荷鲁斯与阿吞、拉一起表现处在不同时段的太阳，阿吞为夜间的太阳，拉表现为中午时分的太阳，而荷鲁斯则代表早晨的太阳。在奥西里斯神话中，荷鲁斯又被说成是奥西里斯的遗腹子，并且长大以后在母亲伊西斯的帮助下为被谋杀的父亲报仇。两种神话起初都被用来为王权服务，意在强调王权的神性和父位子传的合法性。在《亡灵书》里，死者经常把自己说成荷鲁斯，以此来说明他为奥西里斯已经做和将要做的一切，确定他进入奥西里斯王国的权利和必要性，同时强调他成为太阳神的一名随从的理由。根据被神化的王权观念，在位的国王等于荷鲁斯，而他死后则成为奥西里斯主掌冥界。这种生为荷鲁斯、死后变成奥西里斯的死而复活的来世观念很快普及到各个阶层。

荷鲁斯之子（*msw Ḥr*）：保护四个葬瓮的神，他们分别是伊姆塞特、哈彼、杜阿木特和库波思乃夫。这四个神起初呈人形，新王国时期，其中三个神的头转化为动物头。伊姆塞特继续呈人形，保护人的肝；长着狒狒头的哈彼保护人的肺；杜阿木特长着狗头，他的职责是保护人的胃；长着隼头的库波思乃夫看管人的内脏。与此相关，保存上述内脏的四个容器的盖子经常呈现为人头、狒狒头、狗头和隼头。

赫拉克利奥波利斯（Herakleopolis，*Nn-njswt*）：位于埃及中部的一座古城，其名称在象形文字里意为“王子之地”。该城的主神名叫“哈里斯夫”（*Ḥrj-š.f*，意为“湖面上的神”）。希腊人把哈里斯夫与自己的神赫拉克勒斯等同，因而称这座城市为赫拉克利奥波利斯（即赫拉克勒斯之城）。根据古代埃及神话，奥西里斯和荷鲁斯都在这个城市加冕称王。在《亡灵书》中显现为魔鬼的奈赫布卡乌也在赫拉克利奥波利斯受到崇拜。

赫利奥波利斯（Heliopolis，*Jwnw*）：位于今开罗北郊的一座古城，其主神就是古代最重要的太阳神拉，希腊人因此称它为“赫利奥波利斯”（意为“太阳城”）。据称城中有一块叫作“本本”的石头，呈柱形，顶端则为尖形，据称清晨升起的太阳放射的第一缕光即落于此。该石头与标志生命循环的贝弩鸟一样被视为太阳神拉的圣物。后来的方尖碑即由“本本”石头演变而来。由中王国谢索斯特斯一世竖立的一块方尖碑至今屹立在此。

赫摩波利斯（Hermopolis，*Ḫmnw* 或 *Pr-Ḏḥwtj*）：位于尼罗河西岸的中埃及城市。在象形文字中，*Ḫmnw* 的意思是“八”，其原因是传说中有八个原始神在赫摩波利斯创造了宇宙万物，而 *Pr-Ḏḥwtj* 则表示“图特的房子”，可以看出图特成为赫摩波利斯的主神在时间上要晚一些。因为图特是智慧神，而且在来世审判中担任重要角色，赫摩波利斯在《亡灵书》中占据重要位置，许多篇章声称是在这里的图特神庙中发现的。

护身符（*sꜣ*）：在象形文字中，护身符一词与表示“保护”的名词同根。古代埃及人不仅在世时佩戴据称拥有各种神奇功能的护身符，而且人死以后，把他生前使用过的护身符作为陪葬品，也有许多坟墓出土的护身符是专门为了陪葬而制作的。这些当作陪葬品的护身符有很多放在缠裹尸体的亚麻布层之间。古代埃及护身符的样式很多，从神像到象形符号，材料也从木头到黄金不一而足。《亡灵书》提到的护身符多数与复活和复原相关，如蜣螂、荷花、昂赫象形符号、荷鲁斯的眼睛和象征奥西里斯脊柱的杰德柱子。不少经文的目的是让这些护身符发挥预想的功效，其中不少经文起初就刻写在特定护身符上面。

杰特（Djet，*ḏ.t*）：在象形文字里，“杰特”表示永恒之意，它强调的是线性的永恒，表达奥西里斯遭遇了死亡的厄运以后借助神力和魔力复活并由此得以享受永恒的生命。与此相关，诸如“主宰杰特的国君”、“杰特的拥有者”等短语成为对奥西里斯的固定称呼。古代埃及人希望拥有奥西里斯所代表的死而复活后的永恒，同时也希望获得拉神所代表的不断返老还童的永恒。

九神会（Ennead，*Psḏt*）：所谓九神会是赫利奥波利斯以阿吞为首的神系。根据这个神话，阿吞在浮出原始混沌水的第一座土丘上创造了宇宙，他造就的第一对男女神分别为空气神舒和湿气神泰芙努特。这一对神生育了地神盖伯和天神努特，盖伯和努特养育了两对夫妻神，即奥西里斯和伊西斯，赛特和涅芙狄斯。《亡灵书》中的不少经文试图用“两个九神会”来涵盖所有的神。奥西里斯主持的审判庭旨在确定哪些死人具备进入来世的条件，而以九神会为主要成员的审判庭则判决原来属于奥西里斯的王位归属权。在两个审判庭胜诉都含有战胜死神的寓意。

卡（Ka，*kȝ*）：古代埃及人用卡来表达一个人潜在的生命力。表示卡的象形符号呈现为一个人一双高举的胳膊，为死者准备的供品经常被说成是“献给死者的卡”，负责献祭的祭司被称为“卡的仆人”。古代埃及人相信每个人生来都有一种附着在身体，但又具有相当个性的精气。在表现创世神造人的壁画或浮雕上，可以看到两个一模一样的人形，其中一个就是卡。这个极富生命力的精气在其主人的今生只起到潜在的作用，而当主人死去时它便开始发挥其作用。死者的尸体得以保存是卡赖以生存的前提。像活着的人一样，卡在来世需要吃喝。只有尸体、巴和卡三者的有机结合才能让死去的人复活。古代埃及人对死亡的一种委婉称谓便是“去见自己的卡”。 常人只有一个卡，而神灵和国王拥有若干个卡。

开口仪式（*wpt rȝ*）：旨在促使死者恢复生命力的仪式。因为人的嘴兼具呼吸、吃喝、说话等至关重要的功能，在把制作成木乃伊的死者的尸体放入棺材间之前，祭司把一个被认为具有魔力的类似刀一样的器物放在死者的嘴所在的部位，同时念诵相关的经文，希望死者的嘴由此重获生前的所有功能，以便他的躯体获得生命。古代埃及人相信，死者的嘴恢复各项功能以后，其他的器官会随之发挥各自的机能。

凯姆尼斯（Chemmis，*ȝḫ-bjt*）：一个位于三角洲的神秘地方，有些经文称它是一个游动的岛屿。在奥西里斯神话里，伊西斯通过魔力与奥西里斯尸体结合后怀荷鲁斯，为了逃避赛特的追踪而躲在这个地方生下儿子并把他抚养成人。据称伊西斯和荷鲁斯母子受到布托的主神瓦姬特的帮助，这一点与古典作家有关凯姆尼斯位于布托附近的描述相吻合。在《亡灵书》里，凯姆尼斯被描写成死者魂绕梦牵的地方，因为它在古代埃及人来世观念里成为死者拥有庇护所和在母神伊西斯帮助下获得再生的代名词。

科普特斯（Coptos，*Gbtw*）：上埃及的一座古城。从宗教角度来说，科普特斯的重要意义在于它是与多产和繁殖相关的敏神的崇拜中心，敏经常被称为“科普特斯的主宰”。此外，该城曾经是古代埃及人开采东部沙漠上的矿产和通过红海进行贸易时的重要陆上通道的起点。与此相关，敏也被视为远足者的保护神。

可努姆（Khnum，*Ḫnmw*）：古代埃及创世神，据称他用陶轮造人，因而成为陶工和其他工匠的保护神。崇拜中心为埃及南部尼罗河第一瀑布附近的阿斯旺。与其造物的特征相关联，可努姆经常被刻画成长着象征繁殖的羊头的人形。因为公山羊和巴在象形文字里都发 *bꜣ* 的音，所以古代埃及人把可努姆说成“拉神的巴”，借此强调拉神不断地更替生命的能力，表达了古代埃及人在构建来世时巨大的联想力。《亡灵书》还称可努姆是管理信使的神灵。在有关诸神充当接生婆的神话故事里，可努姆赐予新生儿健康。

孔斯（Khons，*Ḫnsw*）：底比斯神圣家庭的三位成员之一，他的父母分别是阿蒙和穆特。孔斯这个名字在象形文字中表示“漫游者”之意，显然与他作为月亮神的身份相关。同样与此相关，他最有特色的饰物就是头冠上的月牙。在新王国时期，孔斯被视为能够帮助陷入困境者并善于医治疑难病症的神。

孔塔门提（Chontamenti，*Ḫntjw-jmn.t*）：在阿比多斯受到崇拜的冥神，经常呈现为胡狼的样子。他的名字在象形文字中表示“位于西边的长者”，表示他保护墓地和保佑死者的特性。奥西里斯成为阿比多斯的主神以后，“孔塔门提”成为奥西里斯的修饰语或别称。

拉（Re，*Rᶜ*）：古代埃及最重要的太阳神，有时与阿吞融为一体。太阳在古代埃及象征生命的创造者和生命力的提供者。古代埃及人相信拉神白昼时乘坐日行船在天空巡视人间，夜间则乘坐夜行船完成生命的返老还童过程，同时让那些僵卧在阴间的死者获得阳光和食物，从而得以复活或者至少是短暂的苏醒。在《亡灵书》的经文中，夜行船经过奥西里斯居住的地方时，死者最大的愿望就是搭乘太阳船穿过冥界，然后到达东方地平线焕发新生。拉驾驭的圣船因此被称为“百万人之舟”。

拉塞塔（Rasetjau，*R-stꜣw*）：原来指古王国时期位于萨卡拉的墓地。因为萨卡拉附近有众多的马斯塔巴、金字塔等王陵，有些经文把拉塞塔视为进入冥界的入口，更多的经文把拉塞塔当作奥西里斯所在的来世的代称。

来世审判（*wḏᶜ-rjjt*）：在古代埃及，第一中间期末就出现了死后转生必须首先通过由神主持的道德评判的观念。在《亡灵书》中，古代埃及人把这一概念以文字和图画的形式加以扩展和细化。奥西里斯是审判庭的主神，另外有来自埃及各地的 42 个神充当陪审。死者的心脏被放在天平的一边，另一边则放有象征真理和公正的、被称为“玛阿特”的羽毛，或者真理和公正概念被拟人化的玛阿特女神雕像。图特把称量结果报告给奥西里斯，如果天平保持平衡，证明死者无罪，可以进入来世；如果心脏的重量超过羽毛，证明他生前有罪，他的心被守候在旁边的怪兽阿马麦特吞吃，他因此彻底失去重生的机会，古代埃及人称此为“第二次死亡”。根据《亡灵书》的描写，众神举行审判的地点位于冥界与来世之间，古代埃及人称这个审判庭为“双重正义之厅”（*wsẖt m3ʿtj*）。

莱托波利斯（Letopolis，*Sẖm*）：该城是呈现为隼的荷鲁斯在下埃及最为重要的崇拜中心。除了荷鲁斯以外，哈托也是该城居民信奉的神灵，而且这个哈托被称为拉神的眼睛，因此与保护荷鲁斯的女神瓦姬特联系在一起。故此，希腊人把瓦姬特与自己的女神勒托（Leto）相联系，称呼这座城市为莱托波利斯（即勒托之城）。《亡灵书》第 86 篇说奥西里斯的左肩膀被赛特扔在莱托波利斯。

芦苇地（*J3rw*）：古代埃及人对来世当中盛产各种庄稼的一个地方的称呼。从《亡灵书》相关的篇章判断，芦苇地应当位于冥界靠近东方地平线的地方。此地是居住在奥西里斯王国的神和获得再生的人所需供品的来源地。那里出产的大麦和小麦不仅个头比人世的高，而且麦穗也特别饱满。这个呈现为一个岛的富饶之地由铜铸的围墙保护。通过了来世审判以后进入来世的死者可以乘坐由神摆渡的渡船到达那里，并且与众神一起收获和享用各种谷物。

玛阿特（Maat，*M3ʿt*）：玛阿特是古代埃及包括秩序、真理、正义等含义的概念。它经常由一个名叫“玛阿特”的女神或一根羽毛加以体现。在《亡灵书》所描写的来世审判庭中，放在天平一边的死者的心脏必须与另一边几乎没有重量的羽毛保持平衡，以此证明心脏的主人生前没有罪过。玛阿特有时被称为太阳神拉的女儿，奥西里斯又被称为玛阿特之主，由奥西里斯主持的来世审判庭经常被叫作“双重正义（即两个玛阿特）之厅”，一是强调参与审判的神不会放过死者的任何过错，另一方面也暗指死者与玛阿特女神一样清白。

麦尼维斯（Mnevis，*Mr-wr*）：麦尼维斯是被认作太阳神拉的表现形式的一种牛的名字。这种牛最大的特点是全身乌黑。经过严格筛选后被确认为麦尼维斯的牛被供养在拉神神庙旁边，死后被制作成木乃伊得到厚葬。这种牛的知名度仅次于被视为普塔神显灵的阿庇斯圣牛。王朝后期，拉神的祭司们托麦尼维斯圣牛之名发出神谕。考古学家在今开罗东北部的古代赫利奥波利斯遗址发现了麦尼维斯圣牛的墓地。

梅斯荷娜特（Meskhent，*Msẖnt*）：古代埃及保护产妇的女神。她头上戴着由两块产妇分娩时用来垫脚的砖头构成的头冠，有时则以一个表示母牛子宫的符号或者一把接生时用来切断婴儿脐带的刀作为修饰，据称该女神能够保证孕妇顺产，也有权决定新生儿日后的生平。所以，《亡灵书》中的一些经文说她在来世审判庭里站在天平的旁边，并且判定死者在世时的操行，而她的评语对 42 个判官和奥西里斯下最终的判决具有导向性。

蒙迪斯（Mendes，*Pr-B3-nb-Ḏdt*）：位于三角洲的一座古城。该城的主神是一个呈羊的形状、名字叫巴耐布哲德（*B3-nb-Ḏdt*）的神，城市名字在象形文字中意为“巴耐布哲德的房子”。公羊在古代埃及象征丰产，又因公羊与表示精气的巴同音，《亡灵书》经常提到来自蒙迪斯的巴，希望死者像它们那样能够主宰生命。

孟斐斯（Memphis，*Mn-nfr*）：位于今开罗西南的古代埃及重要城市，早期统一国家的都城。古代埃及人称此城为“白墙之城”或者“普塔的神庙”。孟斐斯这个称呼则源于第六王朝一个国王建造的金字塔的名字，即 *Mn-nfr*（意为“永远完好”），后来人们用它来指代整个孟斐斯地区。孟斐斯的主神是普塔，阿庇斯圣牛被视为普塔的显灵。附近的墓地拉塞塔在《亡灵书》里被视为受到普塔、索卡尔、奥西里斯等神保护的、死后复活的人理想的居住地。

敏（Min，*Mnw*）：古代埃及丰产神，他经常被刻画成一个拥有硕大且坚挺的阳具的神。据传敏不仅确保耕作的农夫获得好收成，而且当他出远门时提供保护，因此后来又被视为猎人和游牧者的保护神。莴苣与敏具有特殊的关系，原因部分是因为莴苣让人想起敏勃起的阳具，同时也源于古代埃及人关于莴苣促进生殖力的传统。

母亲之柱（Pillar of His Mother，*jwn mwt.f*）：在神话层面上形容伊西斯与荷鲁斯之间的母子关系，在王权领域指代在位国王与其王子之间的关系，而在来世方面，死者希望得到伊西斯等与来世相关的神尤其是女神的保护，以便复活以后像荷鲁斯一样回报母亲的生养之恩。

木乃伊（Mummy，*sʿḥ*）：该词源于阿拉伯语“mumiya”一词。对其意思有两种解释。根据其中一种说法，“mumiya”意为“沥青”。古代埃及人在处理尸体并用亚麻布包裹尸体的时候使用许多泡碱、松脂等物质。经年之后，亚麻布变成黑色，犹如浸透了沥青，名称由此而来。另一种观点则认为，中世纪时期的埃及人认为呈木乃伊的尸体可以入药，所以把木乃伊碾碎，其粉末被称为“mumiya”。古代埃及人从历史初期就试图以人工的方式防止尸体腐烂，但是相对保存完好的、最早的木乃伊来自第五王朝。新王国时期，木乃伊制作技术成熟，并且出现了把内脏装入容器单独保存的习俗。脏器由一个从肚脐眼到左髋骨之间切开的口子拿出来。脑浆则用一根钩子从鼻孔伸进脑壳以后掏出来。

穆特（Mut，*Mwt*）：穆特是底比斯神圣家庭的成员之一，为阿蒙的配偶和孔斯的母亲。该女神的名字在象形文字里与“母亲”一词同根。古代埃及人相信，死者被放入棺材，而后葬在墓室相当于回到了母腹。穆特赋予死者新生的意象显而易见。

拿禾泊特（Nekhbet，*Nẖbt*）：上埃及重要历史名城的主神。这座城市在象形文字里被称为拿禾泊（*Nẖb*），女神的名字显然意为拿禾泊的女主人。该城位于尼罗河东岸，与西岸的希拉孔波利斯（*Nẖn*）形成姊妹城市，从而与下埃及的布托相对应，而布托则分别由叫作帕和岱普的两个城区构成。

那拉夫（Naref，*Nꜣrf*）：以德国埃及学家塞德为首的一些人认为那拉夫是对附属于赫拉克利奥波利斯的墓地的称呼。根据他们的理解，因为赫拉克利奥波利斯被认为是奥西里斯和荷鲁斯加冕的地方，所以在奥西里斯神话中扮演重要角色的神如伊西斯和涅芙狄斯都在此地受到崇拜并有相关的宗教节日和庆典。根据《亡灵书》第175篇，碎土节的庆祝地点就在那拉夫。也有一些学者认为，那拉夫是神话中荷鲁斯与赛特决战的地方，具体位置可能在阿比多斯或者布塞里斯。

纳合赫（*nḥḥ*）：古代埃及人有两个描写永恒的概念，其中一个叫“纳合赫”，它的本义是永远循环，表示太阳的晨升夜落和昼夜的不断更替，它强调的是轮回式的永恒；另一个则与奥西里斯死后享受永生相关，叫作“杰特”。《亡灵书》中的许多经文试图用纳合赫这个概念来表达人的生命像太阳一样循环往复、永不中断的愿望。

奈赫布卡乌（*Nḥbw-kꜣw*）：处于冥界的一个魔力无穷的神，他的名字表示“拥有众多卡的神”之意。《金字塔》铭文称他为蝎子女神瑟尔姬丝的儿子，因此魔术、毒蛇、水和火都奈何不了他。在《亡灵书》里，死者一方面惧怕他的威力，另一方面又希望得到他的保护。

耐特（Neith，*Nt*）：位于三角洲西部赛斯城的主神，主司战争。她经常佩戴象征下埃及的王冠，双手交叉拿着盾和箭。在古代埃及殡葬习俗中，耐特是保护葬瓮的四个女神之一，装有死者胃的容器处在她的保护之下。

涅弗吞（Nefertem，*Nfr-tm*）：孟斐斯主神普塔的儿子，他的名字在象形文字里表示“阿吞是伟大的神”或“完美者”之意，显然他与普塔之间的父子关系在时间上很晚。涅弗吞的表现形式为一个头上饰有荷花的人形或者从一朵荷花中浮现的人头，他象征生命的循环和不老的青春。

涅芙狄斯（Nephthys，*Nbt-ḥwt*）：赛特的妻子、赫利奥波利斯九神会成员之一。她的名字在象形文字里表示“房子的女主人”。奥西里斯被赛特谋杀后，涅芙狄斯帮助伊西斯找寻奥西里斯的尸体，又同伊西斯一起为被害者奔丧。在与殡葬相关的经文里，她保护装有死者肺的葬瓮。古代埃及人相信安卧在棺材里的死者的头部受到该女神的特殊守护，而死者的脚部则处在伊西斯的保护之下。在来世审判庭里，涅芙狄斯与伊西斯一起站在端坐于王座上的奥西里斯后面。

努恩（Nun，*Nnw*）：古代埃及创世神话里象征万物之源的原始混沌水。据称，创世神就是站在浮出这片被称为“努恩”的汪洋大海上的第一座土丘上造物的。埃及人相信，作为生命之源，努恩具有让生命更新和重复的巨大潜能，因此，他们认为太阳西落和死者入葬都是回到努恩。在表现太阳获得再生的画面上，运行到夜间第十二个小时的太阳被努恩用两只胳膊举起，仿佛它在远古时候第一次生成时一样浮出水面。许多大神庙围墙里的圣湖即象征所有生命的来源努恩。

努特（Nut，*Nwt*）：在赫利奥波利斯神话里，努特是主掌天的女神。她生育了奥西里斯和伊西斯、赛特和涅芙狄斯两对兄妹配偶。古代埃及人相信，作为奥西里斯的母亲，努特像一口棺材接纳被埋葬的儿子。有一篇经文说，驾崩的国王去见叫作“椁”的努特，国王离开人世是为了拥抱叫作“棺材”的努特，死后的国王安卧在叫作“墓室”的努特的身躯里。虽然努特在神谱里充当太阳神阿吞的曾孙女，但是在来世观念中，她被想象成胸怀众多天体的天空，每天在西边降落的太阳也被想象成进入了努特的躯体，以便第二天清晨以崭新的形象脱胎而出。

帕的精灵（*bȝw nw P*）：帕是位于尼罗河三角洲的古代埃及早王朝时期重要城市布托的组成部分。在后期的传统中，曾经在这里行使过王权的君主们死后成为天上不落的星星，担当保护下埃及的重任。在《亡灵书》里，不少经文祈祷死者或者死者的巴像这些死后成精的君王一样在天空放出生命的火花。

普塔（Ptah，*Ptḥ*）：孟斐斯的主神。如同奥西里斯一样，普塔也呈现为一具木乃伊的样子。在孟斐斯的创世神话里，普塔被认为是造物主，他通过说出被造物的名字来使之变成实体，而且确立了包括玛阿特在内的所有概念。普塔与索卡尔一起被视为孟斐斯地区保护死者和墓地的神，有时加上奥西里斯形成复合型的超级冥神。普塔与莎合玛特和涅弗吞构成三合一的神圣家庭。

蜣螂（*ḫprr*）：蜣螂把卵包裹在由泥土或粪土构成的球状物里，等到时机成熟幼仔便“破壳而出”。古代埃及人看到蜣螂滚动球状体和幼仔破壳的现象，由此认为蜣螂具有自我繁殖的能力，并且进一步想象太阳也有可能由类似蜣螂的强大动物在后面推动它运行，而且在这个运动过程中自我更新。象征早晨太阳的神夏帕瑞的名字与蜣螂源于同一词根。表现蜣螂的象形符号成为古代埃及最普遍的护身符、陪葬品的模型。

汝提（*Rwtj*）：这个名字在象形文字中表示“两头狮子”之意，他们最初的崇拜中心是位于三角洲的塔莱姆（*Tȝ-rmw*）。后来，太阳在东方地平线升起时两边的山头被想象成两头狮子，与此相关，太阳神的第一对孩子舒和泰芙努特也被称为汝提。

瑞内奴泰特（Renenutet，*Rnn-wtt*）：古代埃及哺乳女神，她的名字即表示“哺育”、“喂养”之意，经常表现为一个哺育婴儿的妇女，有时也被刻画成一条蛇或者长着蛇头的女子的模样。到了王朝后期，瑞内奴泰特逐渐转化成命运女神，她预见一个人的未来并确定他的寿命。希腊化、罗马时期，该女神与伊西斯融为一体。

赛奈特棋（*snt*）：古代埃及一种棋的名字。棋盘呈长方形，上面共有 30 个方格，每个棋手拥有 5-7 个棋子；两个对手通过掷骰子来决定每个人可以如何移动各自的棋子。根据规则，每个棋手可以跳吃对方的棋子，并且以此来把自己的棋子迁移到原来属于对方的领地。《亡灵书》第 17 篇的附图表现死者正在下赛奈特棋，没有被刻画的对手其实就是死神，下棋战胜死神意味着征服死亡，因此，赛奈特棋成为许多墓室里不可缺少的陪葬品。

赛斯（Sais，*Sȝw*）：位于尼罗河三角洲西部的一座城市，为第二十六王朝的都城，其主神名叫耐特。第二十六王朝也因此被现代学者们称为赛斯朝代，中王国时期的文学作品、宗教铭文和艺术品在这段时间经历了一次短暂然而大规模和影响深远的复兴，产生于新王国时期的《亡灵书》也在此时得到广泛传播和编辑。

赛特（Seth，*Stẖ*）：原本是上埃及的一个地方神，统一的国家形成以后，赛特经常代表被征服和被统一的那一部分国土。因此，在众神殿里成为象征沙漠、风暴等消极因素的神灵。他是奥西里斯的谋杀者和王位篡夺者。在《亡灵书》的绝大多数经文里，赛特被等同于死神，所有危害生命和阻碍死者复活的因素或力量都被说成是赛特捣鬼的结果，战胜了他就等于征服了死神，而在少数经文里，赛特帮助太阳神战胜大蟒蛇阿普菲斯，其用意在于借助以毒攻毒的方式来解决死亡问题。

沙伊（Shai，*Š3j*）：古代埃及象征命运、决定一个人寿命的神灵。他经常呈现为人形。在表现称量死者心脏的《亡灵书》相关篇章的附图上，沙伊是陪审团的成员之一。

莎合玛特（Sachmet，*Sḫmt*）：以孟斐斯为崇拜中心的狮子女神，与普塔和涅弗吞形成神圣家庭。她的名字在象形文字里表示“可怕”、“凶猛”之意。在《亡灵书》里，死者希望得到这位女神的保护，同时希望她无情地惩罚试图与自己作对的神、鬼或者人。

审判庭陪审的神：在奥西里斯主持的来世审判庭里，有42个神充当陪审官。一方面，他们的数量与古代埃及42个诺姆相对应，另一方面，他们集合了古代埃及人所能想象的所有在通往来世路上威胁或阻碍死者的鬼怪。他们的名字清楚地表达了这一点，如“吞噬影子的家伙”、“粉碎骨头的家伙”、“吞吃肠子的家伙”、“双头狮”等。那个名叫“向后看的家伙”的神在通往来世的巨大水域上掌管渡船，他千方百计拒绝死者搭乘渡船的请求。

施塞姆（Shesmu，*Šsmw*）：古代埃及主掌橄榄油和葡萄酒的神，他的名字意为“挤榨者”。在《棺材铭文》里，施塞姆显现为一个像榨葡萄汁一样让死者粉身碎骨的魔鬼神。在《亡灵书》的经文中，该神主要以正面形象出现，如为死者提供食物。

舒（Shu，*Šw*）：古代埃及空气神。在表现创世的画面上，可以看到舒站在地神盖伯上面，用双手托起天神努特。在《金字塔铭文》中，国王自称要借助舒的骨头（当作天梯）升上空中，有的铭文又说死去的国王要在舒的圣湖（可能指云和雾）清洁躯体。《亡灵书》的个别篇章描写了舒率众随从在屠宰牲畜的案板上让死者彻底失去生存可能性的情节，反过来，得到舒的保护的死者免受毒蛇的攻击。

司莎特（Seshat，*Sš3t*）：古代埃及主司文字的女神，“司莎特”一词在象形文字里的意思就是“女书吏”、“女书写者”。在一些经文里，司莎特被视为图特的妻子，加上她本来就承担记录、称量等职责，古代埃及人相信她在一个人死后能否获得再生的问题上起着不可忽视的作用。

碎土节（*ḫbs tꜣ*）：所谓碎土节起初与播种季节的开始相关，因此与作为植物神的奥西里斯联系在一起。随着奥西里斯神话的传播，该节日的内涵也随之变化，庆祝活动逐渐具有战胜赛特的象征意义。如《亡灵书》第 18 篇提到了“在那个碎土节流血的夜晚，奥西里斯战胜了敌人赛特”，而第 175 篇则说，拉神在赫拉克利奥波利斯判定奥西里斯胜诉，并且要求赛特承认奥西里斯为胜者。赛特不从，作为报应，他大流鼻血，拉神挖土把赛特的血予以掩埋。后来，碎土意味着埋葬奥西里斯的尸体，象形文字中的 *ḫbs tꜣ* 演变为 *smꜣ tꜣ*（字面意思为“与泥土成为一体”）。如同播下的种子即将发芽破土一样，这一仪式象征下葬入土的奥西里斯不久会复活。

索白克（Sobek，*Sbk*）：主要在法尤姆地区受到崇拜的鳄鱼神。对生活在尼罗河两岸和三角洲的古代埃及人来说，鳄鱼一方面构成巨大的威胁，经常与赛特联系在一起，另一方面它也暗示了把生的机会和权力掌握在自己手里的可能和必要性。

索卡尔（Sokar，*Skr*）：孟斐斯的墓地保护神，呈现为长着鹰头的人形。因为是主司墓葬的神，他经常被等同于奥西里斯，又因为他被视为膏油的制造者和石匠的保护神，所以他与普塔神关系密切。中王国时期，出现了普塔－索卡尔－奥西里斯三合一的复合神，反映了人们把所有与来世相关的神都转化成自己保护力量的愿望。

塔台南（Tatenen，*Tꜣ-ṯnn*）：该词在象形文字中表示“沃土”之意，该神起初象征尼罗河泛滥水退却时留下的厚厚的腐殖质，显然与生命的轮回相关。表现塔台南的雕像因此经常着绿色，表示他促使植物发芽和吐绿的潜能，据称象征奥西里斯复活的杰德柱子是由塔台南创造的。塔台南后来则被视为普塔的一种表现形式，突出该神作为创世神赋予万物以生命的特征。

塔乌瑞特（Taweret，*Tꜣ-wrt*）：古代埃及保护孕妇和婴儿的女神，她的名字在象形文字中意为“伟大的女神”。因为她的作用在于驱逐或吓走可能危害妇婴的魔鬼，塔乌瑞特呈现为一头有孕的河马，却长着狮子的胳膊和腿，以及孕妇丰满的乳房和鳄鱼的尾巴。她经常被刻画成蹲坐的样子，两个前爪紧握一个表示“保护”的象形符号。塔乌瑞特的雕像是居室，尤其是产房中必不可少的供奉物。这些雕像也作为护身符放置在墓室里。

太阳船（Solar Bark）：古代埃及人沿尼罗河而居，船只成为他们最为重要的交通工具。他们想象太阳也借助船只白昼时穿越天空，到了夜晚则在冥界穿行，这两艘圣船分别被称为日行船（*mꜥnḏt*）和夜行船（*msktt*）。太阳神乘船日升夜落被视作返老还童的过程。

古代埃及人来世观念中的重要内容是搭乘太阳船，并且借助太阳的再生力量复活。作为乘坐太阳船的权利，《亡灵书》的不少篇章称说死者将在太阳船上充当一名桨手。

泰芙努特（Tefnut，*Tfnt*）：空气神舒的配偶，象征自然界的湿气。舒和泰芙努特构成赫利奥波利斯九神会的第二代神，泰芙努特有时被称为太阳神拉的眼睛。在有关太阳神眼睛的神话故事里，冬季太阳直射线的南移被解释为泰芙努特与其父亲之间的争吵，导致女神出走，舒费尽周折把泰芙努特从遥远的努比亚带回埃及。

泰特（Tait，*Tȝjjt*）：织布女神，据称她曾帮助伊西斯把被杀的奥西里斯的尸体包裹成木乃伊，因此她在奥西里斯神话里占据重要位置。古代埃及人相信制作木乃伊时所需的布条和死者在来世复活以后所穿的衣服都来自泰特。

天狼星（Sothis，*Spdt*）：古代埃及人把预示尼罗河泛滥的天狼星奉为神灵。每当现今公历的六月底至七月初，消失一段时间之后的天狼星在黎明时分出现在天空的东北边，若干天之后泛滥水如期而至，古代埃及的新年由此开始。赞美她的诗歌说她“带来了新年和泛滥水”。该女神呈现为一个女子，头上饰有标志她身份和功能的星形符号。古代埃及人相信，帮助太阳神驾驭圣船的 12 个神（被称为永不陨落的星）每天夜晚浸入被叫作努恩的原始混沌水，而在冥界，这些完成生命循环过程的神又被称为“奥西里斯的随从”，它们包括天狼星、猎户座等。

图特（Thot，*Ḏḥwtj*）：古代埃及智慧神，经常表现为长着鹮头的人形，有时以狒狒的形象出现。古代埃及人相信文字、医药、魔术都由图特发明。在奥西里斯神话里，图特帮助伊西斯拯救奥西里斯，医治荷鲁斯被赛特弄瞎的眼睛。在来世审判庭，图特记录称量死者心脏的结果并向奥西里斯汇报。

瓦姬特（Wadjet，*Wȝḏjt*）：三角洲宗教中心布托的主神。瓦姬特一词在象形文字里的意思是“绿色的蛇”，有可能表示该女神表现形式之一的眼镜蛇的颜色，也有可能指女神崇拜地三角洲的特征。在奥西里斯神话里，年幼的荷鲁斯在三角洲一个隐蔽处成长，除了其母亲伊西斯的照料以外，他还得到了这位女神的保护。瓦姬特与上埃及拿禾泊的主神拿禾泊特一起构成保护王权特别是王冠的两位女神，因为这个缘故，王冠上经常饰有眼镜蛇和秃鹰头像。随着王室来世观念的广泛传播，普通人也希望死后受到原来被王室专有的神灵们的保护。

乌帕瓦特（Wepwawet，*Wp-wꜣwt*）：古代埃及墓地保护神，呈现为一只胡狼的模样，有时与阿努比斯融为一体。他是阿西尤特的主神，他的名字在象形文字里表示“开路者”之意，表示他保护并引导死者顺利到达冥界。有的铭文甚至说乌帕瓦特为太阳船鸣锣开道。

乌萨布提（Ushabti，*Wšbtj*）：指古代埃及人作为随葬品放置在墓室的小雕像，最早出现在中王国时期。乌萨布提在象形文字中的意思是“回答”。按照古代埃及人的来世观，死者在冥界复活以后需要做一些繁重的体力劳动。这些小雕像的任务就是当其主人呼唤它们的时候应声去代为完成各种劳役。根据每个乌萨布提不同的职能，古代埃及艺术家们对它们的刻画也有所区别。有的乌萨布提手持种地用的工具，有的则肩背篮子，而且它们的身上刻写着它们在来世所应承担的工作，还有诸如“我会随叫随到”之类的文字。

乌扎特（Udjat，*Wḏꜣt*）：乌扎特这一名词在象形文字里表示“完好”之意，起初专指荷鲁斯那只没有受伤的眼睛，后来也指那只被赛特弄瞎、经过图特医治以后复明的眼睛。“乌扎特”、“乌扎特眼睛”和“荷鲁斯眼睛”三个名词实际上是同义词，都描写荷鲁斯为了替父报仇、夺回王位而同赛特搏斗时付出的代价以及从拉神和图特那里得到的补偿。被称为“乌扎特眼睛”的模型此后成为常见的护身符，古代埃及人在世时佩戴这类护身符，制作木乃伊时把它们放在死者身体的要害部位，或者作为随葬品放进墓室里。

西艾（*Sjꜣ*）：象征太阳神拉所掌握的知识和所具备的智慧的神，他经常伴随拉，比如跟随他出现在日行船和夜行船上，手拿写着文字的纸草。

西克莫树（sycamore，*nht*）：适于在埃及炎热和干燥的气候中生长的树。中王国时期一篇为国王歌功颂德的文学作品中的主人公名叫“属于西克莫树的人”（*s-nht*），可见古代埃及人用这种树作为身份认同的重要标志。这种树可口的果实和树荫都象征着生气和生机，在《亡灵书》许多篇章里，死者的最大愿望之一就是离开墓室，然后在西克莫树下乘凉、享用供品或畅饮清凉的水。墓室壁画经常表现一个象征生命的女神从一棵西克莫树的繁枝茂叶中向一个干渴的人提供清水，甚至让他吮吸其乳汁。主司爱情和婚姻的哈托女神被称为“西克莫树女主人”。

希拉孔波利斯的精灵（*bꜣw nw Nḫn*）：希拉孔波利斯是位于上埃及的一座城市的名字。按照古代埃及传统，希拉孔波利斯（经常与拿禾泊成为一体）与位于下埃及的布托（分为帕和岱普两个部分）分别为统一的国家形成之前的南北两个中心。历史时期，这两个早期城市国家的统治者被奉为神，人们相信他们变成神灵以后保护原来处在各自势力范围的上埃及和下埃及。在《亡灵书》里，这些升天的国君被描写成天空中不落的恒星，因此，死后复活并升天而后变成一个星体构成了来世理想的一部分。

夏帕瑞（Chepri，*Ḫprjj*）：长着蜣螂头呈现为人身的神。夏帕瑞一词在象形文字里即表示“生成”之意，也可以指代蜣螂。该神主要表现太阳每天获得新生的本质，尤其代表早晨的太阳，因而有时与阿吞等同，有时又与荷鲁斯融合在一起。对于支付得起的古代埃及人来说，用各种宝石制作、然后镶嵌黄金等金属的蜣螂构成了今世和来世都不能缺少的陪伴物。

伊西斯（Isis，*Jst*）：古代埃及象征贤妻良母的女神。伊西斯的名字在象形文字中最根本的要素是象征王座的符号，表明了她在确保王座在其丈夫与其儿子之间顺利传承过程中所起的重要作用。在奥西里斯神话里，伊西斯寻找被谋杀的丈夫的尸体并使其复活，同时抚养儿子荷鲁斯长大成人，然后帮助他从赛特手里夺回被篡夺的王位。古代埃及壁画和雕塑中极为常见的主题之一就是伊西斯怀抱显现为婴儿的荷鲁斯。有些经文把替奥西里斯哀伤的伊西斯比喻成一只鸢，并且描画伊西斯展开双翅保护丈夫的情景，称她震动双翅生成的气流促使奥西里斯获得了生机。与此相关，有时完全显现为人形的伊西斯展开双翅做出要保护奥西里斯的姿态。许多护身符也被相信与伊西斯有关，所谓的“伊西斯结”是由表示生命的昂赫符号加上一个绳结构成的象形符号，该绳结被解释为伊西斯的腰带，它在象形文字里发“提特”的音。许多呈现为提特形状的护身符用红色的玉制作，而这个红色又与伊西斯的血联系在一起。

葬瓮（Conopic Jars）：所谓葬瓮指的是古代埃及人用来保存死者内脏的容器。他们把死者的尸体制作成木乃伊时把肝、肺、胃和肠子拿出来经过处理以后放入单独的容器内。肝、肺、胃和肠子分别由伊姆塞特、哈彼、杜阿木特和库波思乃夫保护。这四个神经常被称为荷鲁斯之子。古王国时的葬瓮只是简单的石罐。到了中王国时期，这些罐子都有一个顶端呈人头状的盖子。新王国时期，盖子干脆模仿容器内脏器的相关保护神的头，即人头、狒狒头、狗头和隼头。后来，伊西斯、涅芙狄斯、耐特和瑟尔姬丝四个女神分别成为装有肝、肺、胃和肠子的四个罐子的保护神。新王国之后，上述四种内脏处理以后重新被放回死者的胸腔内，不过，许多墓室里仍然有四个容器，因为人们希望继续享受原来八个神所提供的保护。

哲德霍尔（Djedefhor，*Ḏd.f-Ḥr*）：第四王朝第二任国王胡夫的儿子，被后世视为贤明和充满智慧的王子。从古代埃及流传下来的最早的说教文托这位王子的名而撰写，哲德霍尔在文中劝告儿子及早结婚和生子，并且要求儿子不要忘了为来世做准备，说出了如下富有哲理的话：“要建好你在墓地的住所（即坟墓），那是你去往西天的驿站。死亡令我们沮丧，生存令我们快乐。但是不要忘了，用石头建成的墓室却是为了永生。”《亡灵书》第 30 篇、第 64 篇、第 137 篇和第 148 篇据称是这位王子在位于赫摩波利斯的图特神庙里发现的。

参考文献

Allen, T. G., *The Book of the Dead or Going Forth by Day: Ideas of the Ancient Egyptians Concerning the Hereafter as Expressed in Their Own Terms*, Chicago: University of Chicago Press, 1974.

Allen, T. G., *The Egyptian Book of the Dead: Documents in the Oriental Institute Museum at the University of Chicago*, Chicago: University of Chicago Press, 1960.

Altenmüller, H., "Die Vereinigung des Schu mit dem Urgott Atum. Bemerkungen zu CT I 385d-393b," in: *Studien zur altägyptischen Kultur* 15, 1988, 1-16.

Altenmüller, H., "Auferstehungsritual und Geburtsmythos," in: *Studien zur altägyptischen Kultur* 24, 1997, 1-21.

Altenmüller, H., "Zum Ursprung von Isis und Nephthys," in: *Studien zur altägyptischen Kultur* 27, 1999, 1-26.

Altenmüller, H., "Die Nachtfahrt des Grabherrn im Alten Reich. Zur Frage der Schiffe mit Igelkopfbug," in: *Studien zur altägyptischen Kultur* 28, 2000, 1-26.

Andrews, C., *Amulets of Ancient Egypt*, London: British Museum Press, 1994.

Angenot, V., "Discordance entre texte et image. Deux exemples de l'Ancien et du Nouvel Empire," in : *Göttinger Miszellen* 187, 2002, 11-22.

Assmann, J., *Sonnenhymen in thebanischen Gräbern*, Mainz: Philipp von Zaber, 1983.

Assmann, J., *Maat. Gerechtigkeit und Unsterblichkeit im alten Ägypten*, München : Verlag C.H. Beck, 1990.

Assmann, J., *Ägypten. Eine Sinngeschichte*, München : Carl Hanser Verlag, 1996.

Baines, J., "Interpretations of Religion: Logic, Discourse, Rationality," in: *Göttinger Miszellen* 76, 1984, 25-54.

Baines, J., "Practical Religion and Piety," in: *Journal of Egyptian Archaeology* 73, 1987, 79-98.

Barguet, P., *Le livre des morts des anciens Egyptiens*, Paris : Éditions du Cerf, 1967.

Barta, W., "Zur Stundenanordnung des Amduat in den Ramessidischen Königsgräbern," in: *Bibliotheca Orientalis* 31, 1974, 197-201.

Barta, W., "Funktion und Lokalisierung der Zirkumpolarsterne in den Pyramidentexten," in: *Zeitschrift für Ägyptische Sprache* 107, 1980, 1-4.

Bidoli, D., *Die Sprüche der Fangnetze in den altägyptischen Sargtexten*, Glückstadt: Augustin, 1976.

Bonnet H., *Reallexikon der ägyptischen Religionsgeschichte*, Berlin: Walter de Gruyter, 1952.

Brunner, H., "Die Unterweltsbücher in den ägyptischen Königsgräbern," in: G. Stephenson (ed.), *Leben und Tod in den Religionen: Symbol und Wirklichkeit*, Darmstadt: Wissenschaftliche Buchgesellschaft 1980, 215-228.

Brunner, H., "Vom Sinn der Unterweltbücher," in: *Studien zur altägyptischen Kultur* 8, 1980, 79-84.

Bryan, B., "The Disjunction of Text and Image in Egyptian Art," in: (ed.), *Studies in Honor of William Kelly Simpson*, vol. 1, Boston: Museum of Fine Arts 1996, 161-168.

Buck, A. de., *The Egyptian Coffin Texts*, 7 vols., Chicago: Oriental Institute Press, 1935-1961.

Budge, E. A. W., *The Book of the Dead: an English Translation of the Chapters, Hymns, etc.*, London: K. Paul, 1901.

Budge, E. A. W., *The Book of the Dead: Facsimiles of the Papyri of Hunefer, Anhai, Kerasher, and Netchemet with Supplementary Text from Papyrus of Nu*, London: British Museum, 1899.

Clère, J. J., "The Collection of 'Book of the Dead' Papyri in the Brooklyn Museum," in: *The Brooklyn Museum Annual* 9, 1967-1968, 88-91.

Faulkner, R., *The Egyptian Book of the Dead*, London: British Museum, 1994.

Feucht, E., "Verjüngung und Wiedergeburt," in: *Studien zur altägyptischen Kultur* 11, 1984, 401−417.

Fitzenreiter, M., "Totenverehrung und soziale Repräsentation im thebanischen Beamtengrab der 18. Dynastie," in: *Studien zur altägyptischen Kultur* 22, 1995, 95-130.

Gesterman, L., "Zu den spätzeitlichen Bezeugungen der Sargtexte," in: *Studien zur altägyptischen Kultur* 19, 1992, 117-132.

Gestermann, L., "Die 'Textschmiede' Theben – Der thebanische Beitrag zu Konzeption und Tradierung von Sargtexten und Totenbuch," in: *Studien zur altägyptischen Kultur* 25, 1998, 83-99.

Göbs, K., "Zerstörung als Erneuerung in der Totenliteratur. Eine kosmische Interpretation des Kannibalenspruchs," in: *Göttinger Miszellen* 194, 2003, 29-49.

Gödicke, H., "About the Hermeneutics of Pyramid Texts: Pyr. Spell 439," in: *Studien zur altägyptischen Kultur* 18, 1991, 215-232.

Grieshammer, R., *Das Jenseitsgericht in den Sargtexten*, Wiesbaden: Harrassowitz, 1970.

Grunert, S., "Nicht nur sauber, sondern rein. Rituelle Reinigungsanweisungen aus dem Grab des Anchmahor in Saqqara," in: *Studien zur altägyptischen Kultur* 30, 2002, 137-151.

Hermsen, E., *Die zwei Wege des Jenseits: Das altägyptische Zweiwegebuch und seine Topographie*,

Freiburg: Vanderhöck & Ruprecht, 1991.

Hodel-Hönes, S., *Life and Death in Ancient Egypt. Scenes from Private Tombs in New Kingdom Thebes*, Ithaca: Cornell University Press, 2000.

Hornung, E., *Das Amduat. Die Schrift des verborgenen Raumes*, 2 vols., Wiesbaden: Harrassowitz, 1963.

Hornung, E., "Zur Bedeutung der ägyptischen Dekangestirne," in: *Göttinger Miszellen* 17, 1975, 35-37.

Hornung, E., *Das Buch der Anbetung des Re im Westen (Sonnenlitanei)*, 2 vols., Basel & Genf: Ägyptiaca Helvetica, 1975-1976.

Hornung, E., *Das Totenbuch der Ägypter*, Zürich & München: Artemis, 1990.

Hornung, E., *Die Nachtfahrt der Sonne. Eine altägyptische Beschreibung des Jenseits*, Zürich & München, Artemis, 1991.

Janák, J., "Journey to the Resurrection. Chapter 105 of the Book of the Dead in the New Kongdom," in: *Studien zur altägyptischen Kultur* 31, 2003, 193-210.

Jong, A. de., "Coffin Texts Spell 38: The Case of the Father and the Son," in: *Studien zur altägyptischen Kultur* 21, 1995, 141-157.

Kanawati, N., "The Living and the Dead in Old Kingdom Tomb Scenes," in: *Studien zur altägyptischen Kultur* 9, 1981, 213-225.

Kessler, D., "Die kultische Bindungen der Ba-Konzeption," in: *Studien zur altägyptischen Kultur* 29, 2001, 139-186.

Koch, K., "Erwägungen zu den Vorstellungen über Seelen und Geister in den Pyramidentexten," in: *Studien zur altägyptischen Kultur* 11, 1984, 425-454.

Lapp, G., "Der Sarg des JMNJ. Mit einem Spruchgut am Übergang von Sargtexten zum Totenbuch," in: *Studien zur altägyptischen Kultur* 13, 1986, 135-147.

Lapp, G., "Die Papyrusvorlagen der Sargtexte," in: *Studien zur altägyptischen Kultur* 16, 1989, 171-202.

Lapp, G., "Die Spruchkomposition der Sargtexte," in: *Studien zur altägyptischen Kultur* 17, 1990, 221-234.

Lepsius, K. *Das Totenbuch der Ägypter nach dem hieroglyphischen Papyrus in Turin mit einem Vorworte zum ersten Male Herausgegeben*, Leipzig: G. Wigand, 1842.

Lloyd, A. B., "Psychology in the Ancient Egyptian Cult of the Dead," in: W. K. Simpson (ed.) *Religion and Philosophy in Ancient Egypt*, New Haven: Yale Egyptological Seminar, 1989.

Maravelia, A., "Cosmic Space and Archetypal Time: Depictions of the Sky-goddess Nut in Three Royal Tombs of the New Kingdom and Her Relation to the Milky Way," in: *Göttinger Miszellen* 197, 2003, 55-72.

Milde, H., *The Vignettes on the Book of the Dead of Neferrenpet*, Leiden: Netherlands Instituut voor het Nabije Oosten, 1991.

Mostafa, M. F., "Eine aussergewöhnliche Totengerichtsszene im Grabe des Mehu (TT 257) in Theben," in: *Studien zur altägyptischen Kultur* 16, 1989, 235-243.

Munro, I., *Untersuchungen zu den Totenbuchpapyri der 18. Dynastie. Kriterien ihrer Datierung*, London : Kegan Paul International, 1988.

Munro, I., *Die Totenbuch-Handschriften der 18. Dynastie im Ägyptischen Museum Cairo*, Wiesbaden: Harrassowitz, 1994.

Myśliwiec, K., "Die Parallele von Atum und Re-Harachte," in: *Studien zur altägyptischen Kultur* 10, 1983, 297-306.

Naville, E., *Das ägyptische Totenbuch des XVIII. Bis XX. Dynastie, aus verschiedenen Urkunden zusammengestellt*, Berlin: A. Asher, 1886.

Reymond, E. A. E., "Two Versions of the Book of the Dead in the Royal Scottish Museum in Edinburgh," in: *Zeitschrift für Ägyptische Sprache* 98, 1972, 125-132.

Rossiter, E., *The Book of the Dead: Papyri of Ani, Hunefer, Anhai*, New York: Miller, 1979.

Rössler-Köhler, U., "Das eigentliche Zweiwegbuch," in: *Göttinger Miszellen* 192, 2003, 83-97.

Saleh, M., *Das Totenbuch in den Thebanischen Beamtengräbern des Neuen Reiches. Texte und Vigneten*, Mainz: Philipp von Zabern, 1984.

Shafer, B. E. (ed.), *Religion in Ancient Egypt. Gods, Myths, and Personal Practice*, Ithaca: Cornell University Press, 1991.

Shorter, A. W., "The God Nehebkau," in: *Journal of Egyptian Archaeology* 21, 1935, 41-48.

Stadler, M. A., "War eine dramatische Aufführung eines Totengerichts Teil der ägyptischen Totenriten?" in: *Studien zur altägyptischen Kultur* 29, 2001, 331-348.

Uranic, I., "Book of the Dead Papyrus Zagreb," in: *Studien zur altägyptischen Kultur* 33, 2005, 357-371.

Verhöven, U., "Eine Marburger Totenstele mit Anruf an die Lebenden," in: *Studien zur altägyptischen Kultur* 31, 2003, 307-315.

Wells, R. A., "The Mythology of Nut and the Birth of Ra," in: *Studien zur altägyptischen Kultur* 19, 1992, 305-321.

Westendorf, W., "Uraus und Sonnenscheibe," in: *Studien zur altägyptischen Kultur* 6, 1978, 201-225.

Westendorf, W., "Das Ende der Unterwelt in der Amarnazeit, oder: Die Erde als Kugel," in: *Göttinger Miszellen* 187, 2002, 101-111.

Wiebach-Köpke, S., "Die Begegnung von Lebenden und Verstorbenen im Rahmen des thebanischen Talfestes," in: *Studien zur altägyptischen Kultur* 13, 1986, 263-291.

Wiebach-Köpke, S., "Standorte, Bewegungen, Kreisläufe. Semantische Betrachtungen zur Dynamik der Sonnenlaufprozesse im Amduat und Pfortenbuch," in: *Studien zur altägyptischen Kultur* 24, 1997,

337-366.

Wiebach-Köpke, S., "Motive des Sonnenlaufes in den Totenbuch-Sprüchen des Neuen Reiches," in: *Studien zur altägyptischen Kultur* 25, 1998, 353-375.

Wiebach-Köpke, S., "Die Verwandlung des Sonnengottes und seine Widdergestalt im mittleren Register der Nachtstunde des Amduat," in: *Göttinger Miszellen* 177, 2000, 71-82.

Zabkar, L. V., "Some Observations on T. G. Allen's Edition of the Book of the Dead," in: *Journal of Near Eastern Studies* 24, 1965, 75-87.

译名对照

阿比多斯 Abydos
阿庇斯 Apis
阿凯尔 Aker
阿坎 Aken
阿肯那顿 Akhenaton
阿马麦特 Ammt
阿蒙荷太普三世 Amenhotep III
阿蒙－拉 Amun-Re
阿尼 Ani
阿努比斯 Anubis
阿佩鲁 Aperu
阿普菲斯 Apophis
阿特夫 Atef
阿吞 Atum
《埃及志》*Description de l'Égypte*
埃塞布 Ashebu
艾伯尔 Iber
艾杜 Idu
艾科尼 Ikeni
艾肯提 Ikenti
艾玛尤 Imau
艾塞德 Ished
艾斯德 Isde
安海裔 Anhai
安太奥波利斯 Antaiopolis
昂赫 Anch
奥里昂 Orion
奥西里斯 Osiris
奥西里斯－孔塔门提 Osiris-Chontamenti
奥西里斯－斯帕 Osiris-Sepa
巴 Ba
巴尔圭 Barguet
巴奇 Budge
巴斯塔特 Bastet
巴斯提 Basti
贝比 Babi
贝克特 Bequet
贝肯努 Bekenu
贝努 Benu
贝斯 Bes
本本 Benben
比布鲁斯 Byblos
波德舒 Bedshu
布巴斯提斯 Bubastis
布塞里斯 Busiris
布托 Buto

岱普 Dep

登 Den

底比斯 Thebes

第一中间期 First Intermediate Period

杜阿木特 Duamutef

盖伯 Geb

古王国 Old Kingdom

《棺材铭文》*Coffin Texts*

哈比 Hapi

哈彼 Hapi

哈克尔 Haker

哈拉赫特 Haracht

哈拉萨菲斯 Harsaphes

哈马玛特 Hammamat

哈瑟普特 Hatshepsut

哈托 Hathor

荷鲁斯 Horus

赫布 Hebu

赫拉哈 Cheraha

赫拉克利奥波利斯 Herakleopolis

赫利奥波利斯 Heliopolis

赫曼 Hemen

赫摩波利斯 Hermopolis

胡夫 Khufu

胡内菲尔 Hunefer

杰德 Djed

杰特 Djet

《金字塔铭文》*Pyramid Texts*

九神会 Ennead

卡 Ka

卡凯努 Khakenu

卡拉哈 Cheraha

卡萨提 Kharsati

开口仪式 Ritual of Opening the Mouth

凯布耐特 Chebenet

凯姆肯 Kemkem

凯姆尼斯 Chemmis

科普特斯 Coptos

可努姆 Khnum

克索伊斯 Xois

肯克赫特 Kenkhehet

孔斯 Chons

孔塔门提 Chontamenti

库波思乃夫 Qebehsenuef

库赛 Kusae

拉 Re

拉美西斯九世 Ramses IX

拉美西斯六世 Ramses VI

拉美西斯时期 Ramesside Period

拉塞塔 Rasetjau

莱托波利斯 Letopolis

雷拉克 Rerek

雷姆瑞 Remre

卢克索 Luxor

玛阿特 Maat

麦尼维斯 Mnevis

麦瑞特 Meret

曼卡乌拉 Menkaure

梅斯荷娜特 Meshkent

梅斯帕特 Messepet

蒙迪斯 Mendes

蒙特 Month

孟斐斯 Memphis

敏 Min

母亲之柱 Pillar of his Mother

木乃伊 Mummy

穆特 Mut

拿禾泊特 Nekhbet

那拉夫 Naref

纳波合博 Nebeheb

纳德比特 Nedebit

纳迪飞特 Nadjefet

纳合赫 Neheh

奈赫布卡乌 Nekhbukau

耐特 Neith

尼泽福特 Nedjefet

涅弗吞 Nefertem

涅芙狄斯 Nephthys

努恩 Nun

努特 Nut

帕 Pe

帕的精灵 Bau of Pe

帕斯拉 Pasera

潘哈卡加合 Penhaqahagaher

普塔 Ptah

普塔－索卡尔 Ptah-Sokar

普塔－塔台南 Ptah-Tatanen

汝提 Ruti

瑞梅斯 Remes

瑞内奴泰特 Renenutet

撒嫩 Sanen

萨卡拉 Saqqara

塞克塞克 Seksek

塞库 Sekhu

塞目 Sam

塞奴特 Senut

塞提一世 Seti I

赛福提 Sefetj

赛奈特棋 Senet

赛斯 Sais

赛特 Seth

瑟尔姬丝 Selkis

沙士姆 Sheshmu

沙伊 Shai

莎合玛特 Sachmet

莎尤 Shau

舍提特 Shetit

施内姆 Shenemu

施纽 Shenu

施塞姆 Shesmu

殊西姆泰特 Shesemtet

舒 Shu

司莎特 Seshat

索白克 Sobek

索卡尔 Sokar

塔克姆 Takem

塔纳内特 Tanenet

塔台南 Tatenen

塔乌瑞特 Taweret

泰芙努特 Tefnut

泰特 Tait

坦得拉 Dendera

特奈米特 Tenemit

提尼斯 Thinis

图特 Thot

托勒密王朝 Ptolemaic Dynasty

瓦格 Wag

瓦姬特 Wadjet

威内菲尔 Wennefer

威内特 Wenet

温昔 Wensi

乌努特 Unut

乌帕瓦特 Wepwawet

乌萨布提 Ushabti

乌斯 Uas

乌扎特 Udjat

西艾 Sja

西尤特 Siut

希拉孔波利斯 Hierakonpolis

希拉孔波利斯的精灵 Bau of Hierakonpolis

锡阿 Sia

夏帕瑞 Chepri

伊姆荷太普 Imhotep

伊萨塞特 Iseset

伊塞尤姆 Iseum

伊沙赛弗 Ichesesef

伊莎德 Ished

伊西斯 Isis

伊希 Ihy

宜尤里塞林巴提 Iuriuiaqrsainbaty

英塞特 Inset

尤提奈特 Utjenet

哲德霍尔 Djedefhor

哲尔 Djer

《亡灵书》原文图片[①]

Kapitel 1

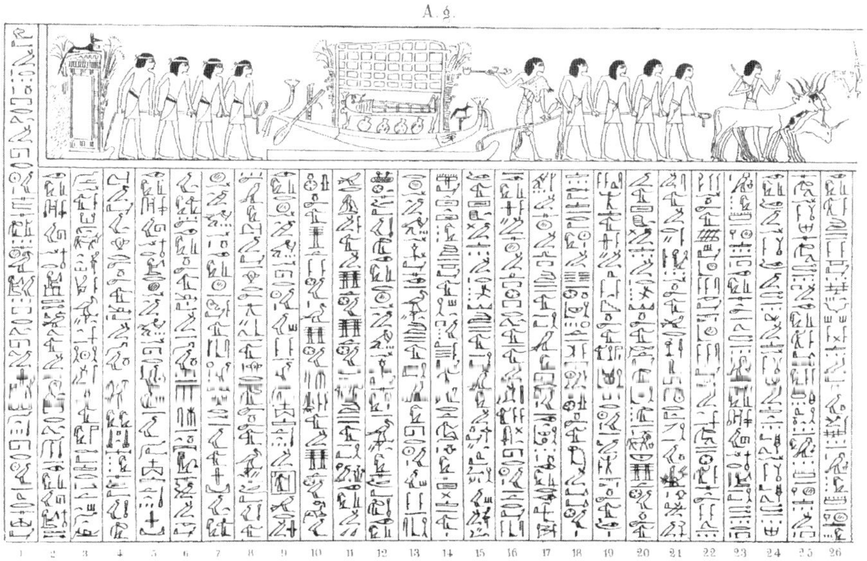

① 图片来自瑞士埃及学家爱德华·纳威尔编辑的《第十八至第二十王朝的〈埃及亡灵书〉》。图片中的德文“Kapitel”意为“篇”。

Kapitel 1

Kapitel 1

P. e.

L. a.

P. j.

P. e.

C. d.

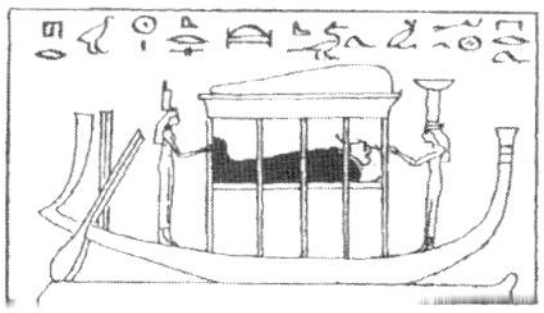

A. a.

D. a.

L. e.

Kapitel 1.

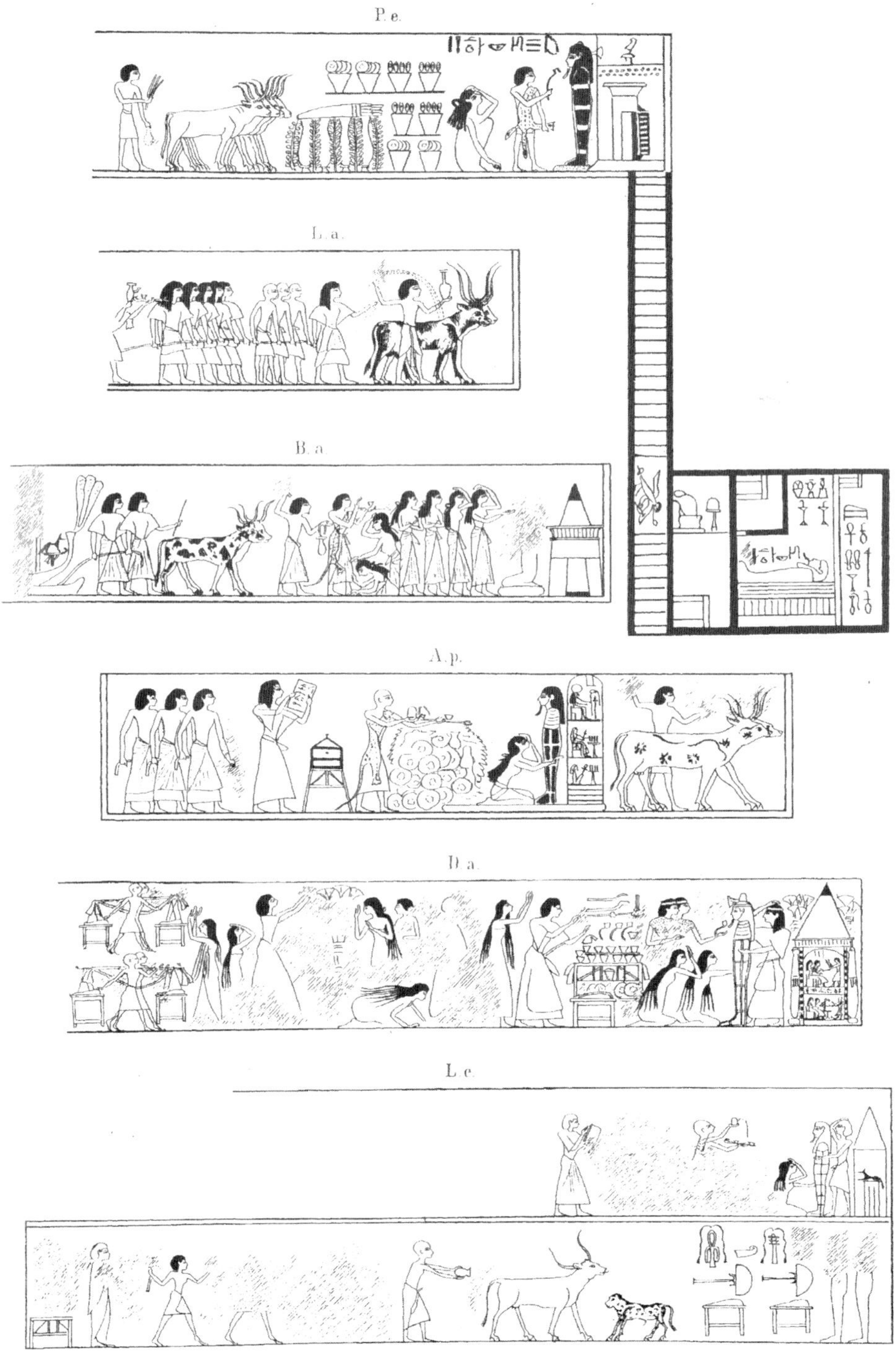

Kapitel 1 B.

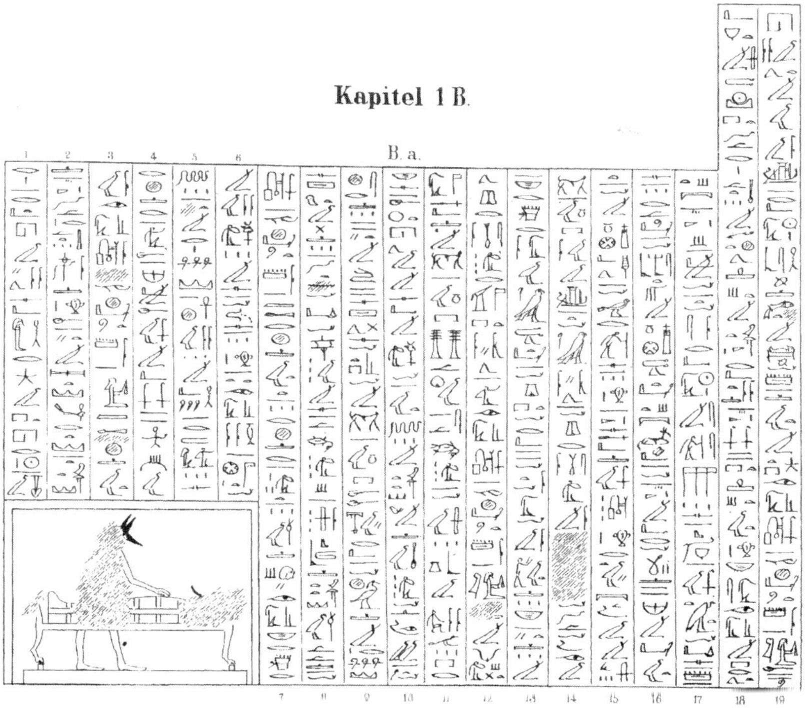

Kapitel 2 & 3.

A. e.

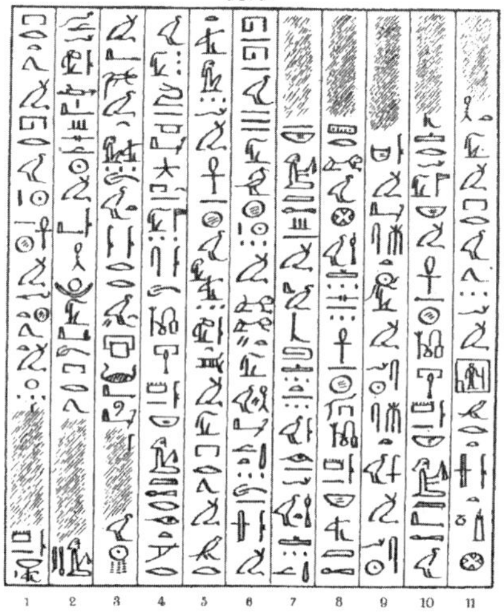

Kapitel 2.

P. f.

Kapitel 5.

A. a.

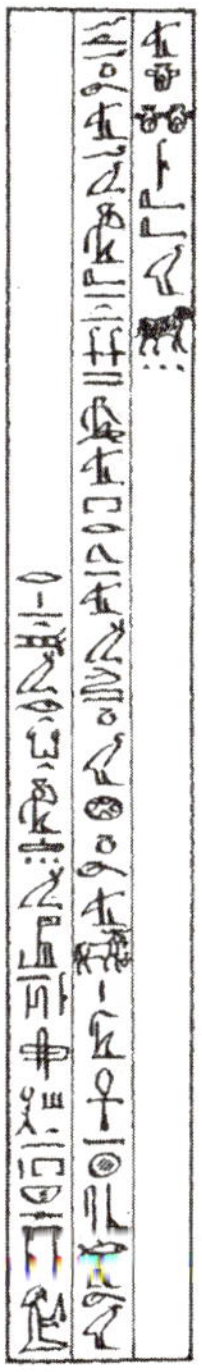

1 2 3

P. d.

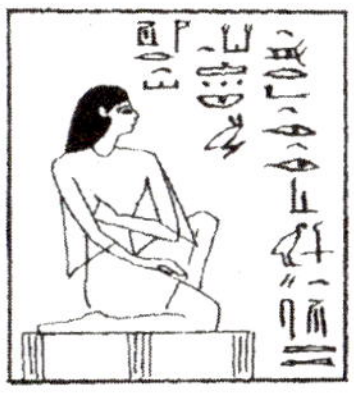

Kapitel 6.

A. a.

1 2 3 4 5 6

A. e.

Kapitel 7.

C. a.

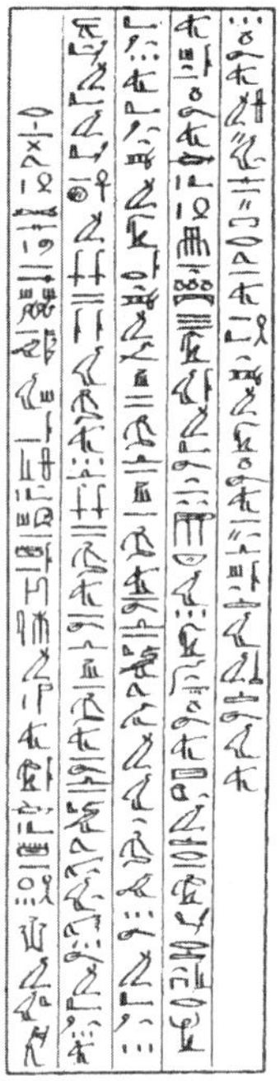

1 2 3 4 5

P. e.

Kapitel 8 & 9.

P. b.

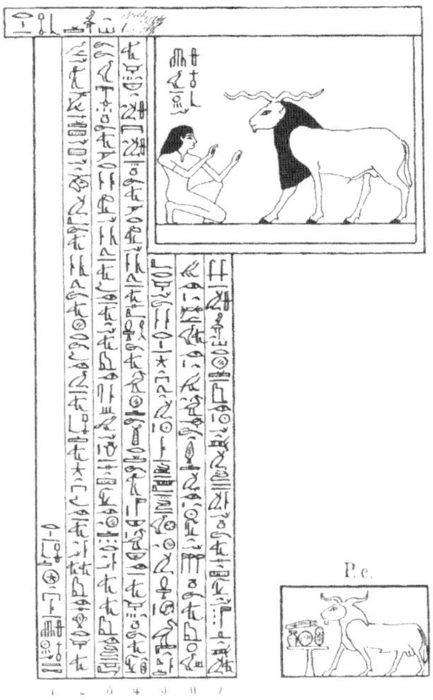

P. c.

(cf. 73)

Kapitel 12.

P. a.

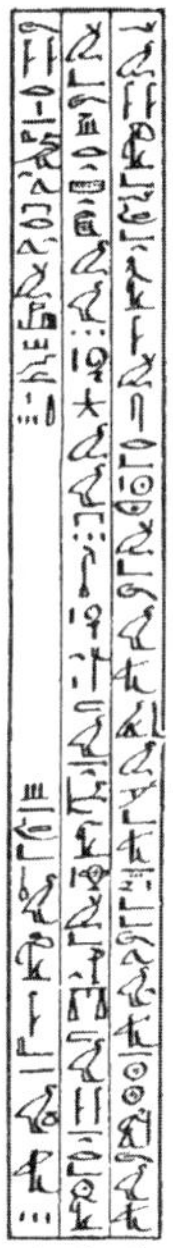

1 2 3

(cf. 120.)

Kapitel 13

P. a.

1 2 3

(cf. 121.)

Kapitel 14.

C.a.

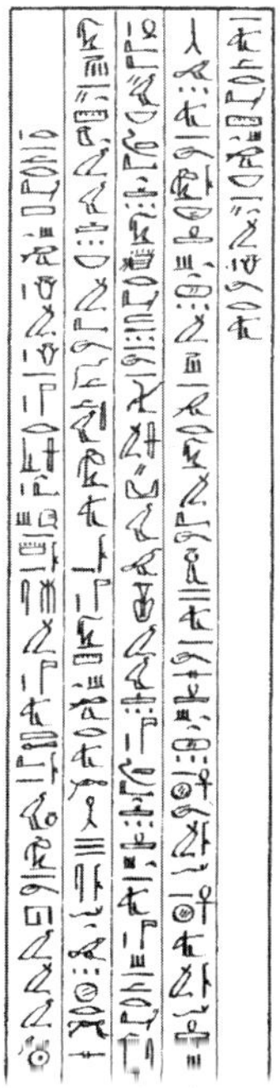

Kapitel 15 A I.

La

Kapitel 15 A II.

I. a.

Kapitel 15 A. III.

Kapitel 15 A. IV.

B. a.

Kapitel 15 B. I.

B. a.

Kapitel 15 B. II.

Kapitel 15 B. III.

B. a.

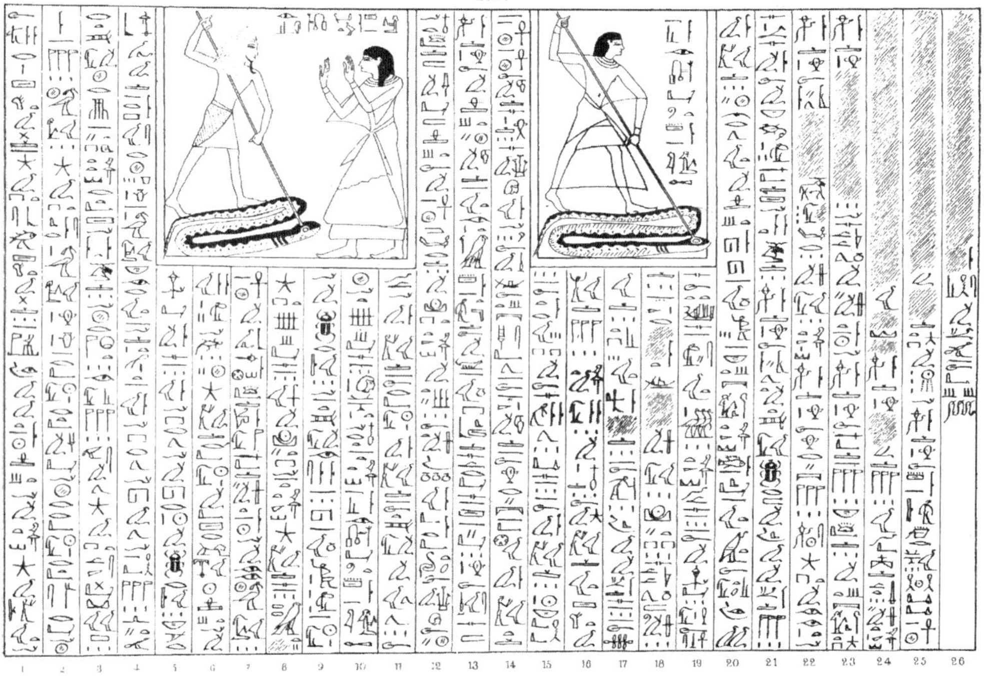

L. a.

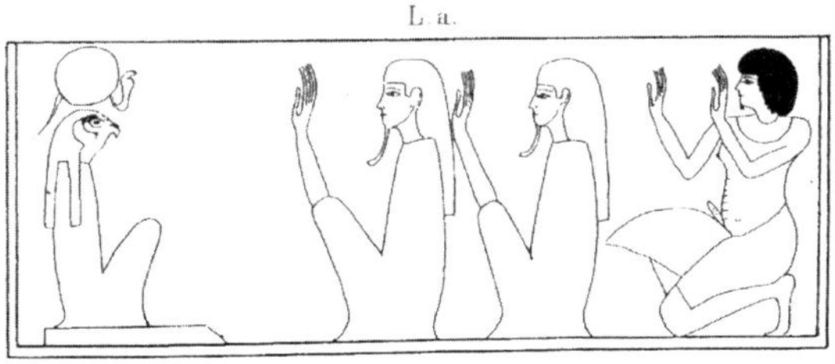

Kapitel 16 A.

A. g.

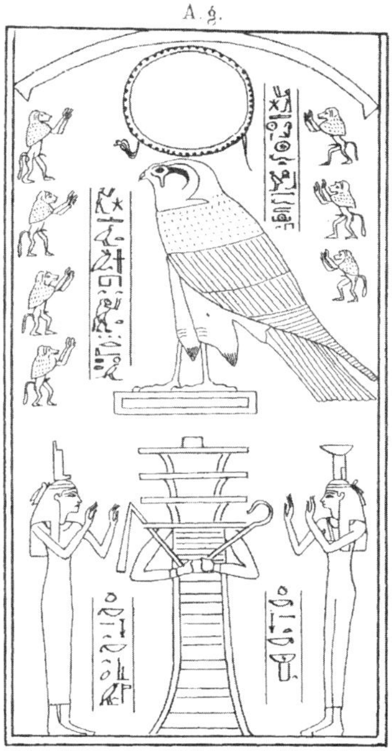

B. a.

L. a.

Kapitel 16 B.

D. a

L. a.

Kapitel 17.

A. a.

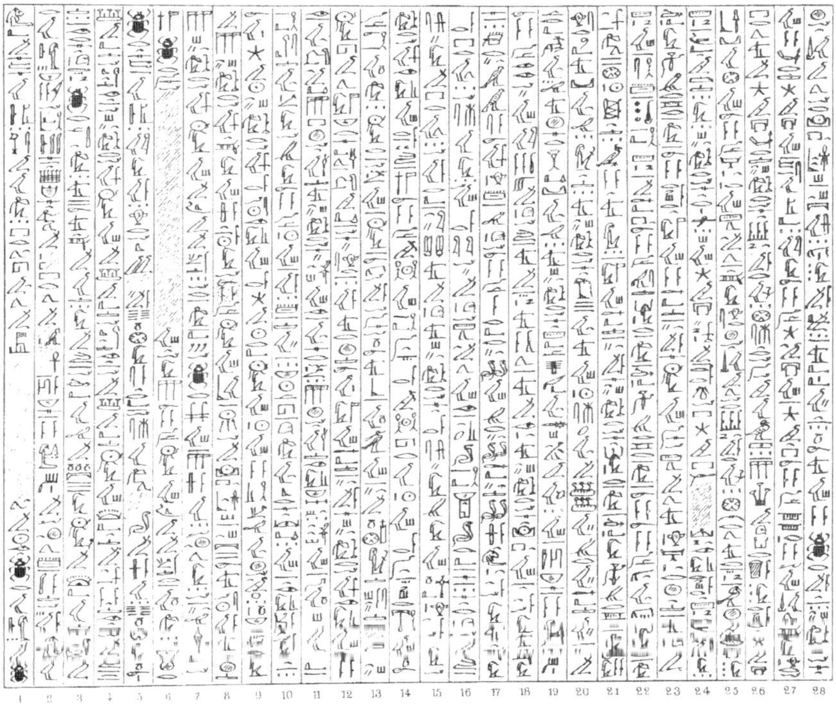

Kapitel 17.

A. a.

Kapitel 17.

A. a.

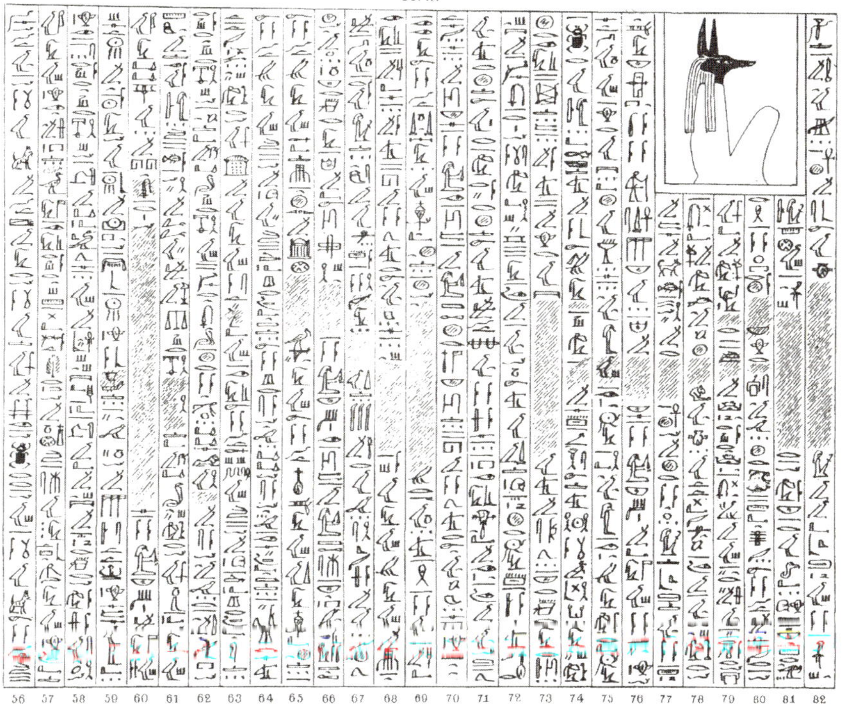

Kapitel 17.

A a.

83 84 85 86 87 88 89 90 91 92 93 94 95 96 97 98 99 100 101 102 103 104 105 106 107 108 109

Kapitel 17.

D. a.

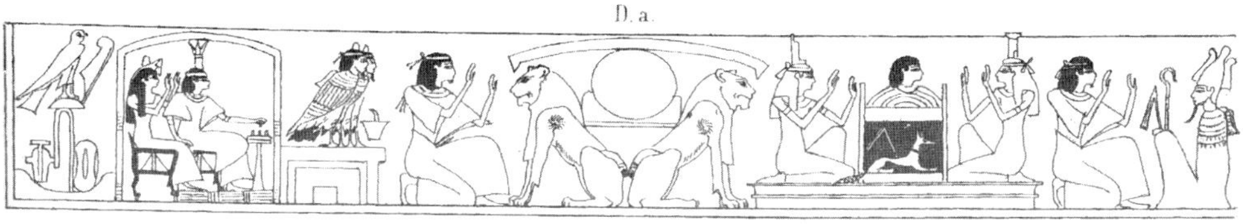

L. a.

A. g.

B. b.

B. a.

A. p.

Kapitel 17.

D. a.

L. a.

A. g.

B. b.

B. a.

A. p.

Kapitel 17.

D. a.

L. a.

A. g.

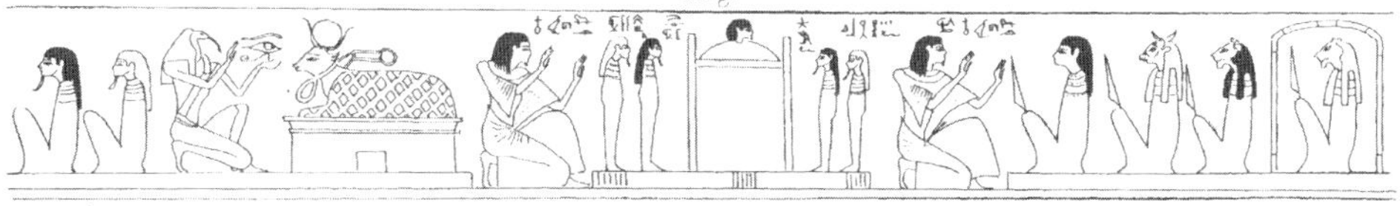

B. b.

B. a.

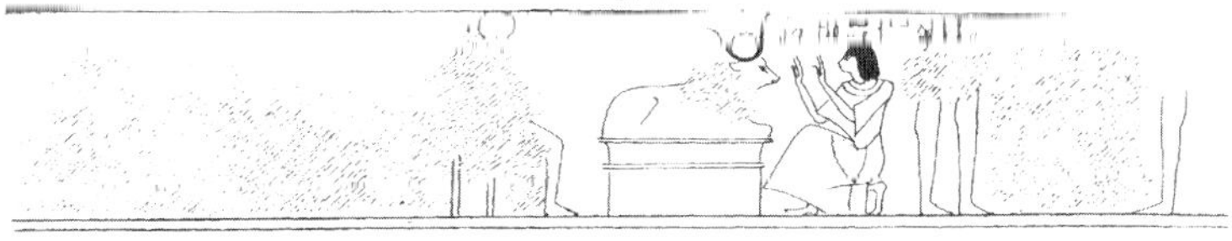

A. p.

Kapitel 17.

D. a.

L. a.

A. g.

B. b.

B. a.

Kapitel 18

A. a.

I. k.

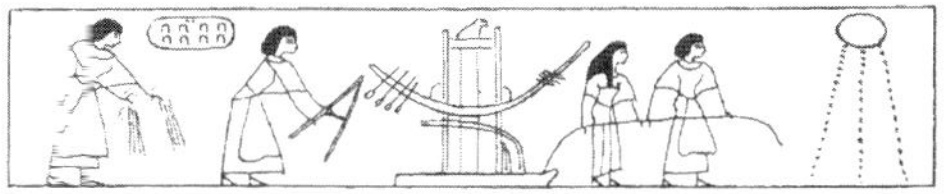

Kapitel 20.

A. a

Kapitel 22

A. a

P. c.

P. d.

Kapitel 23.

A. a.

1 2 3 4 5 6 7 8

Kapitel 24.

P. e.

1 2 3 4 5 6 7 8 9 10 11

Kapitel 25.

C a.

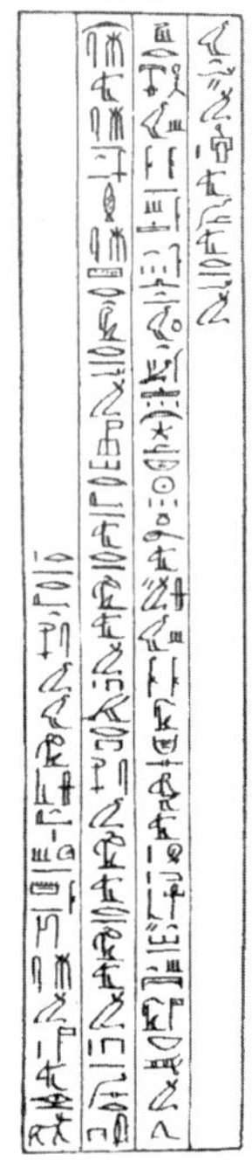

A x.

Kapitel 26.

A. a.

P. d.

H. a

P. e.

Kapitel 27.

C. a

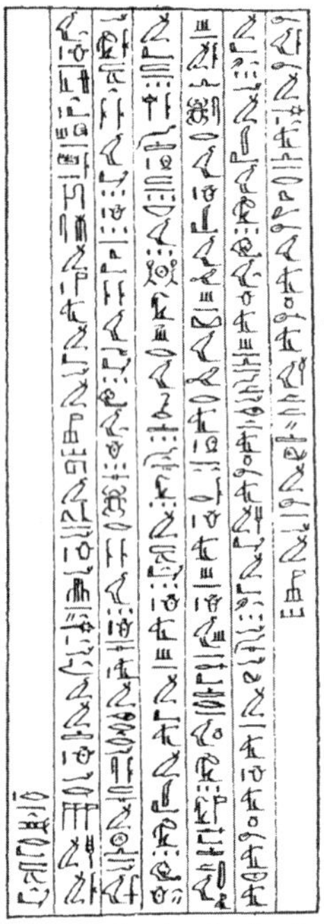

1 2 3 4 5 6 7

P. e.

B. a.

P. c.

Kapitel 28.

P. h.

1 2 3 4 5 6 7 8

A. x.

P. c.

Kapitel 29 A.

I. ġ.

7 6 5 4 3 2 1

Kapitel 29. B.

B. a.

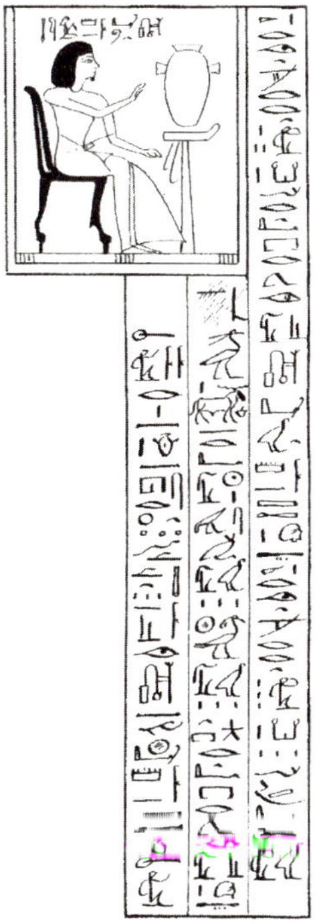

1 2 3

Kapitel 30 A.

C. a.

A. x.

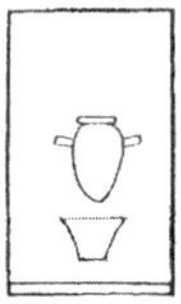

P. c.

L. b.

Kapitel 30 B.

A. a.

1	2	3	4	5	6	7	8	9	10	11

A. e.

P. d.

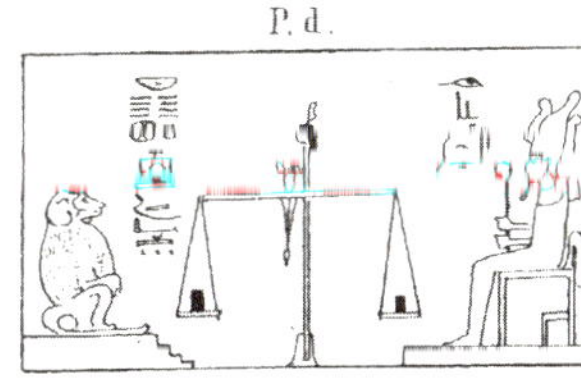

P. b.

B. a.

P. e.

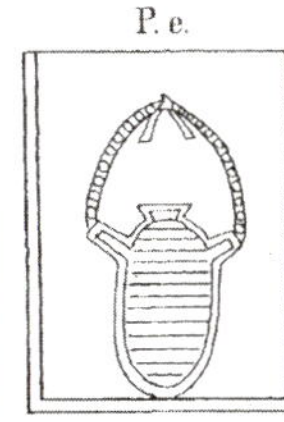

Kapitel 31.

C a

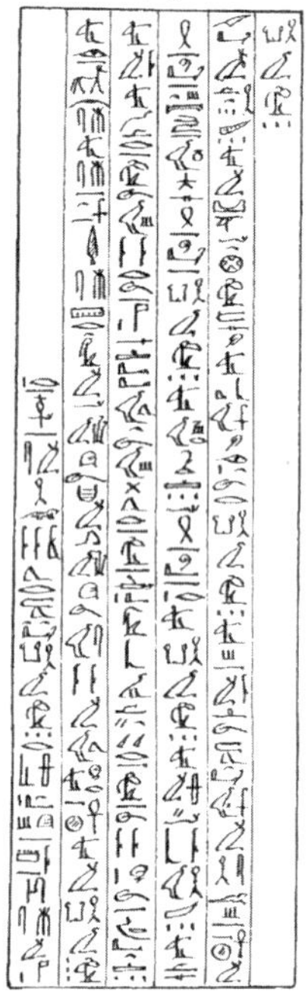

1 2 3 4 5 6

P e.

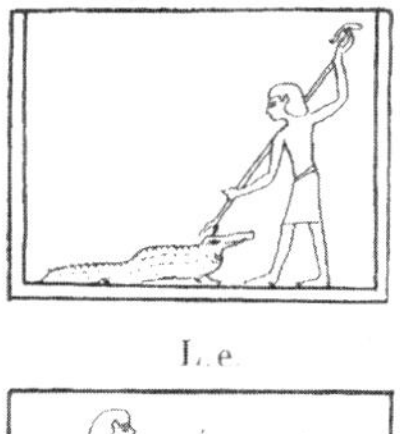

L e.

Kapitel 32.

B. a.

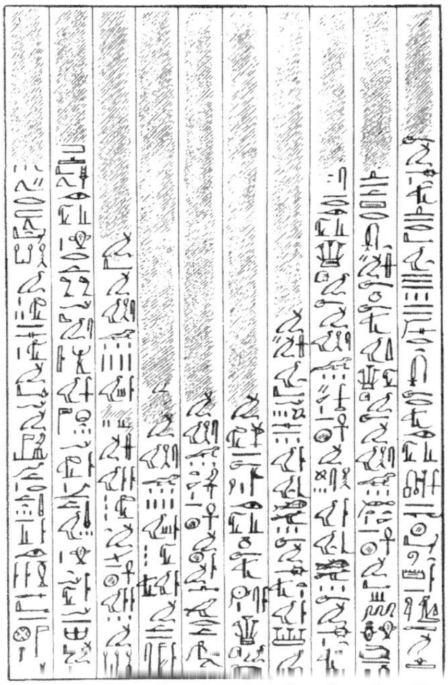

1 2 3 4 5 6 7 8 9 10

Kapitel 33.

C. a.

1 2

P. e.

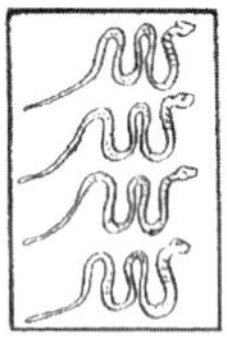

L. e.

Kapitel 34.

C. a.

1 2 3

Kapitel 35

C. a.

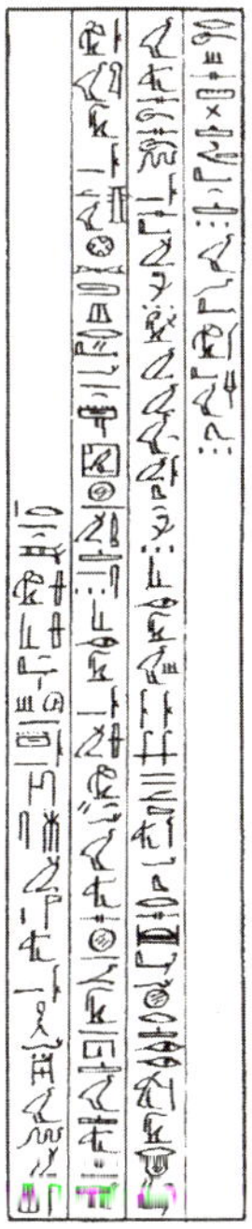

1 2 3 4

A. x.

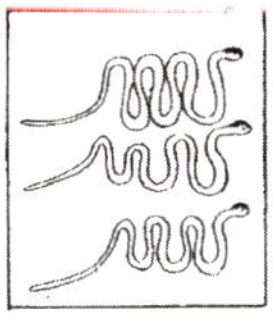

Kapitel 36.

B. a.

1 2 3

L. e.

Kapitel 37.

C e.

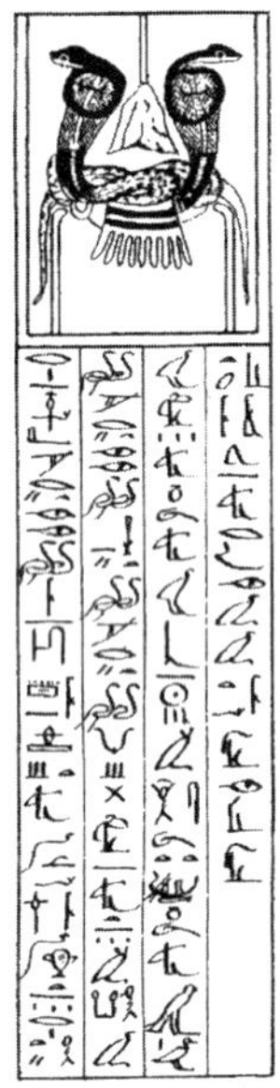

1 2 3 4

Kapitel 38 A.

C.a.

1 2 3 4 5 6 7 8 9 10

P.j.

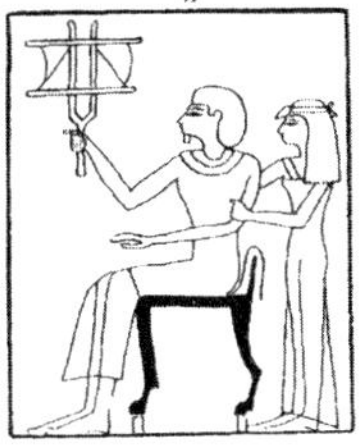

A.c.

L.b.

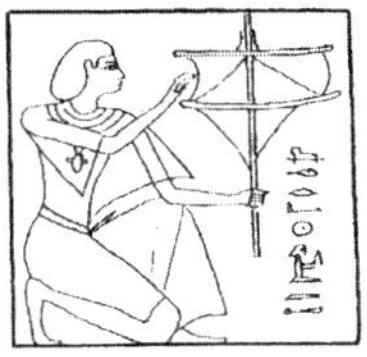

Kapitel 38 B.

A. p.

1 2 3 4 5 6

Kapitel 39

C. a.

P. b.

Kapitel 40.

L.b.

L.e.

Kapitel 41.

A. a.

P. b.

Kapitel 42.

C. a.

Kapitel 42.

P. b.

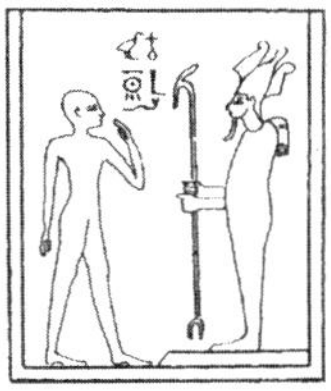

P. d.

A.q.

P. p.

C. c.

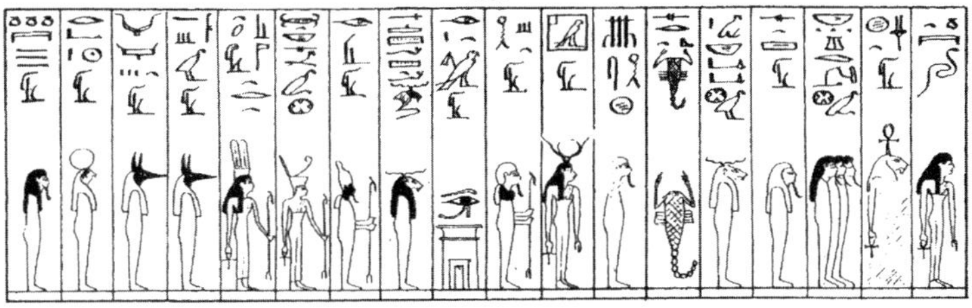

A. x.

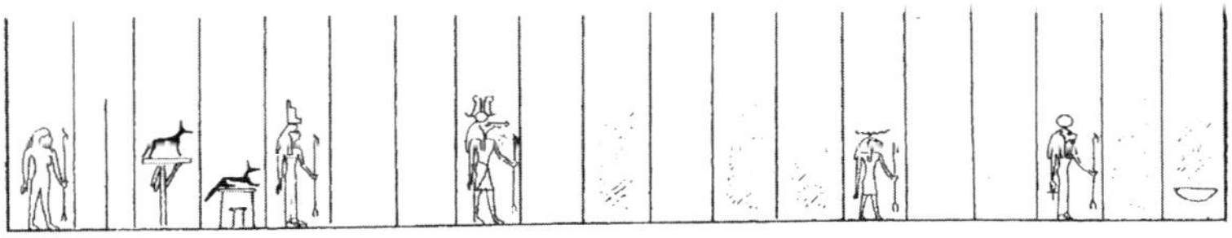

P. e.

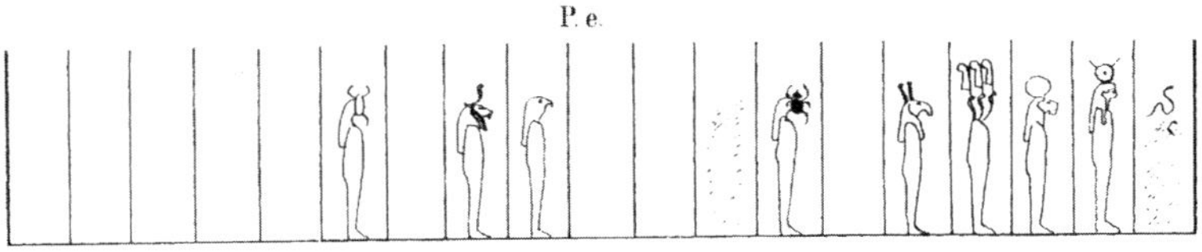

Kapitel 43.

C. a.

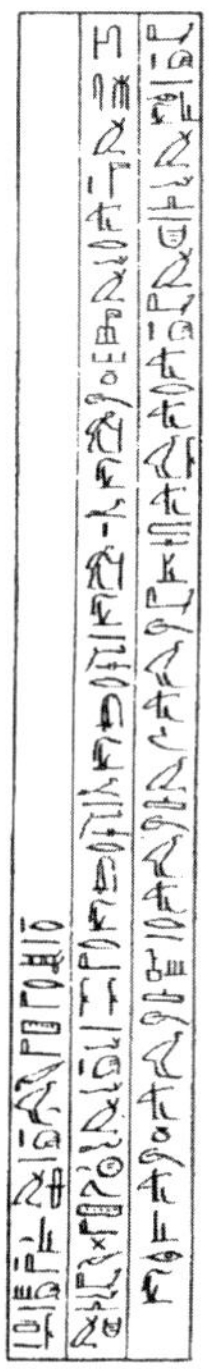

1 2 3

Kapitel 44.

P. h.

1 2 3 4 5

Kapitel 45.

C. a.

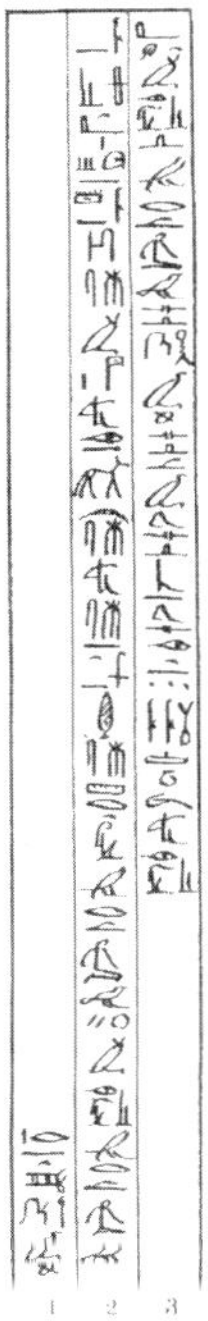

Kapitel 46.

A. a.

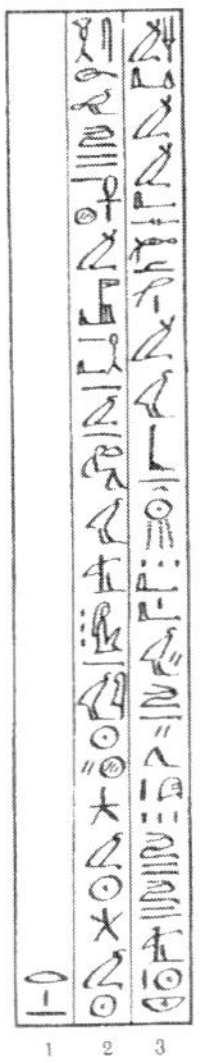

Kapitel 47.

A. a.

1 2 3

Kapitel 48.

A. a.

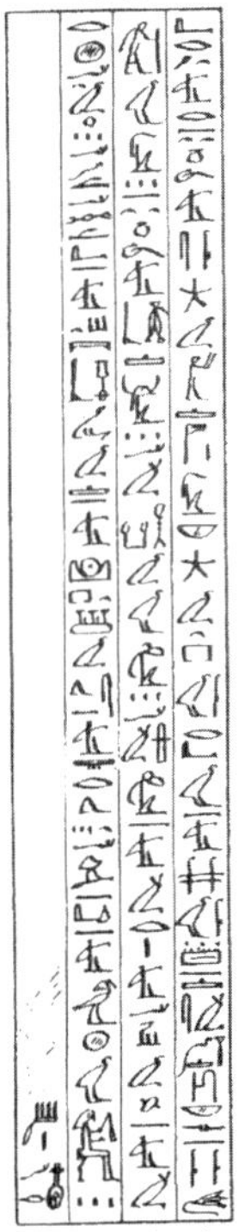

1 2 3 4

Kapitel 50

A. a.

A. e.

Kapitel 53.

L.b.

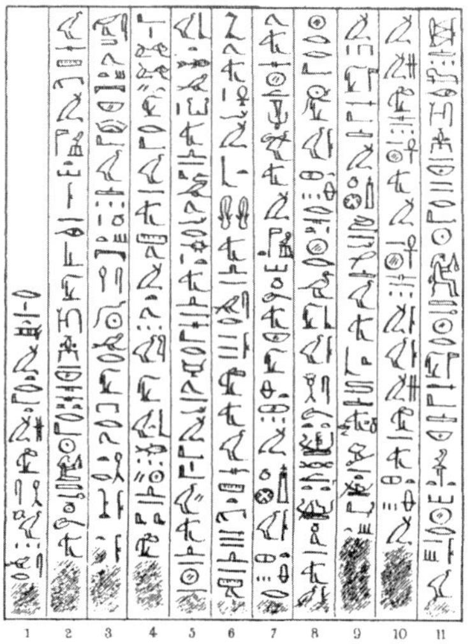

Kapitel 54.

P. a.

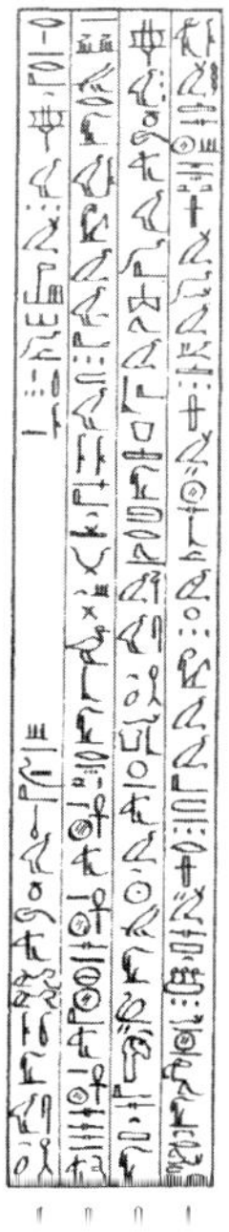

Kapitel 55.

P. a.

P. p.

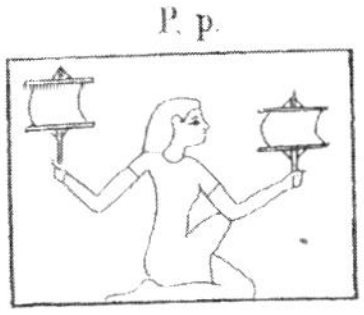

Kapitel 55 mit 38 B.

L. b.

Kapitel 56.

A. a.

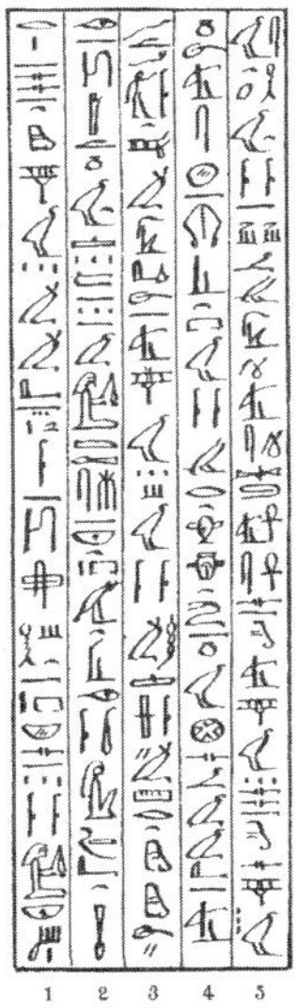

A. i.

A x.

Kapitel 57.

P. b.

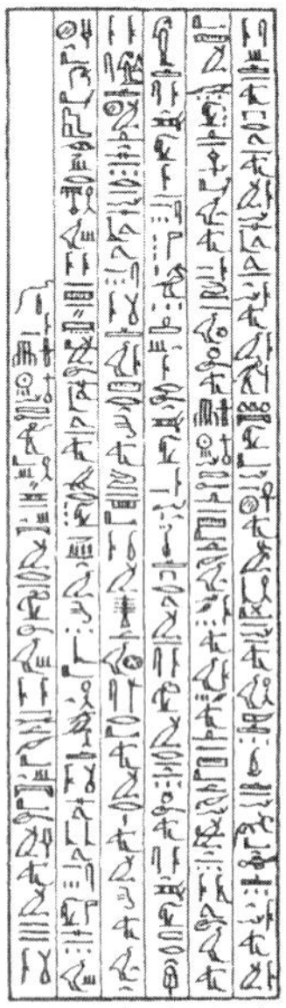

1 2 3 4 5 6

A. p.

Kapitel 59.

B. a.

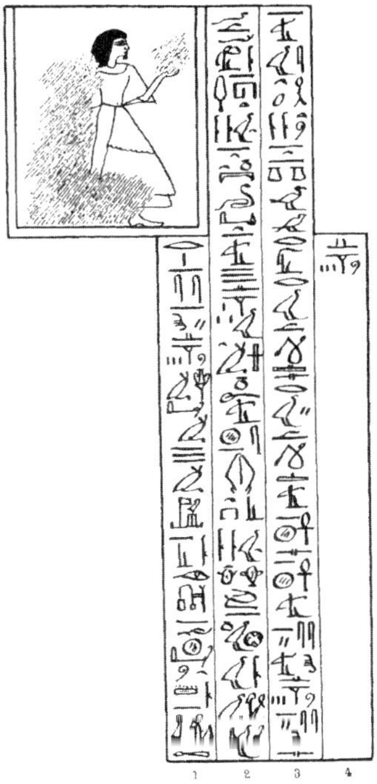

Kapitel 61. 60. 62.

P. b.

Kapitel 62.

A. a.

A. x.

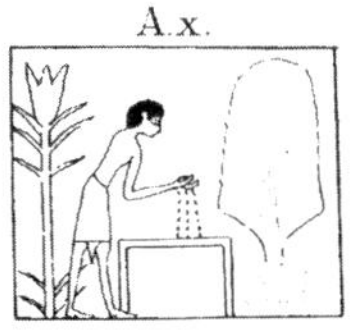

Kapitel 61.

P. d.

Kapitel 60.

P. f.

Kapitel 63 A.

P. e.

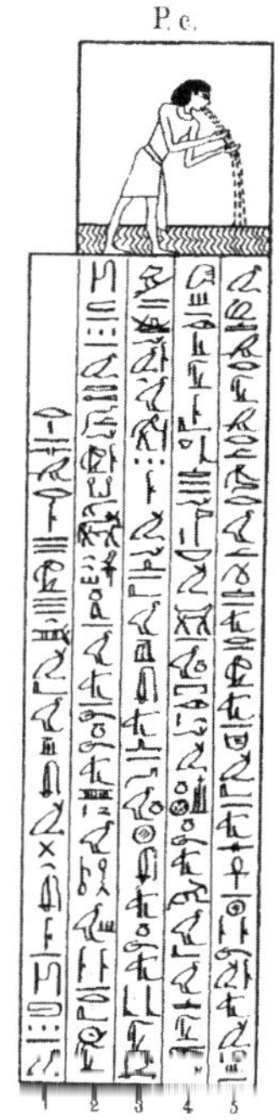

P. d.

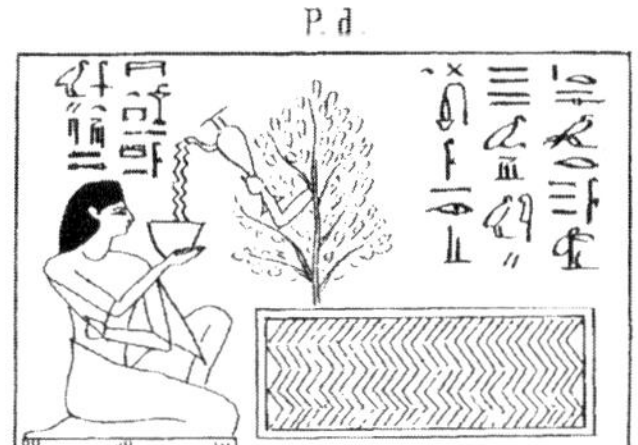

Kapitel 63. B.

C. e.

A. e.

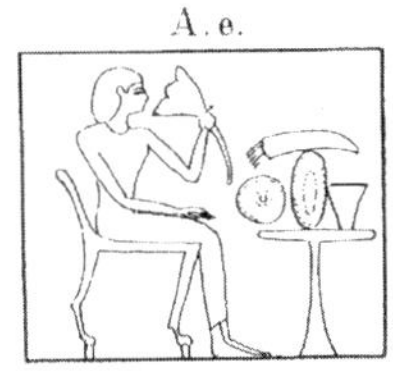

A. x.

Kapitel 64.

A. a.

P. b.

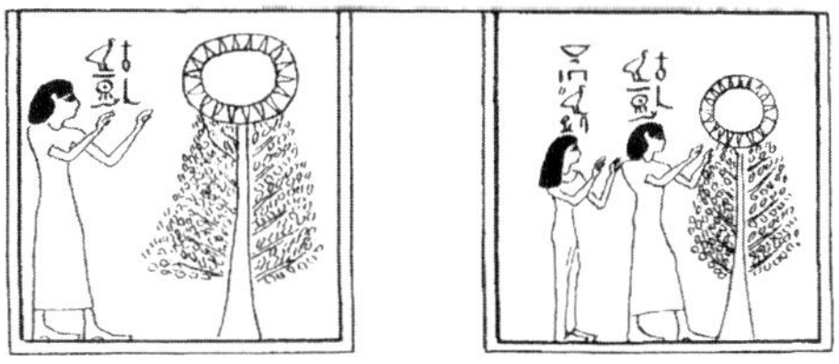

Kapitel 64.

A. a.

27 28 29 30 31 32 33 34 35 36 37 38 39 40 41 42 43 44 45 46 47 48 49 50 51 52

C. a.

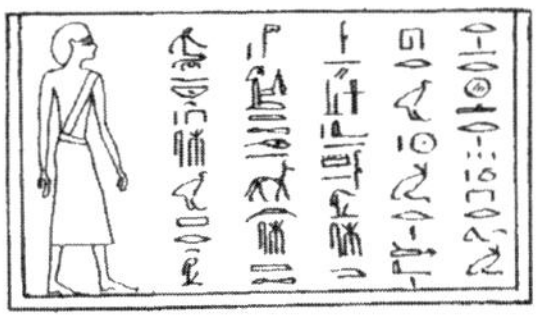

P. e.

Kapitel 65.

C. a.

1 2 3 4 5 6 7 8 9 10 11 12 13 14 15 16

P. b.

Kapitel 66.

P. f.

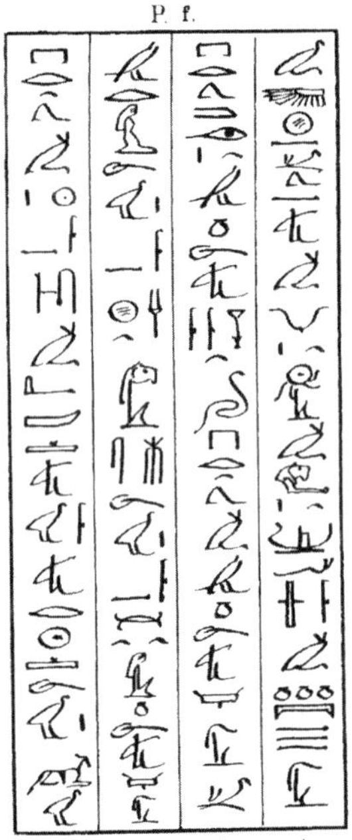

Kapitel 67.

P. b.

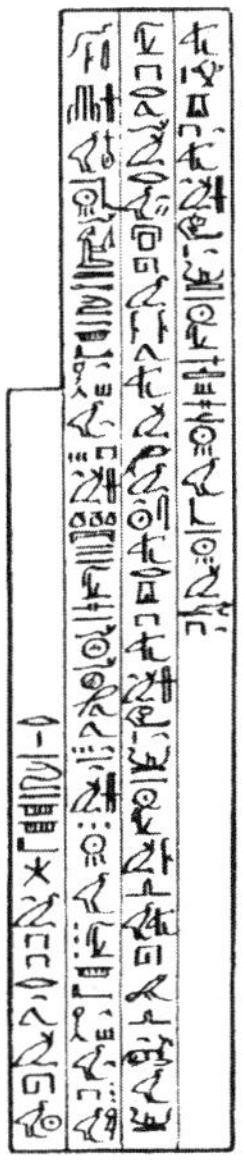

1 2 3 4

Kapitel 68.

C. a.

1 2 3 4 5 6 7 8 9 10 11 12 13 14

P. b.

C. d.

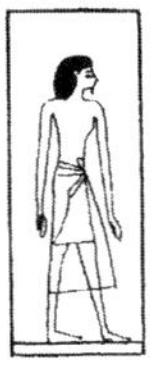

P. e.

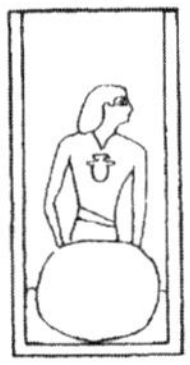

Kapitel 69.

C. a.

Kapitel 70.

C. a.

1 2 3 4 5

Kapitel 71.

A. a.

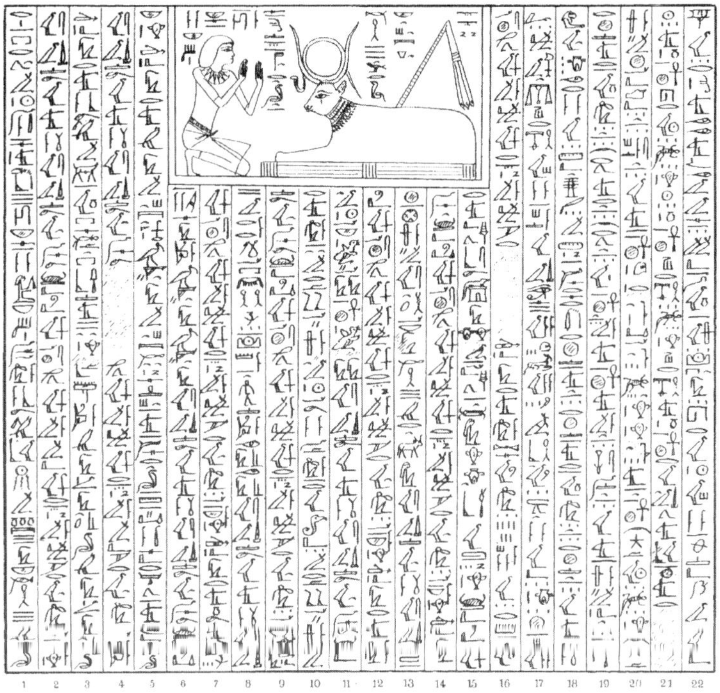

P. b.

P. c.

Kapitel 72.

C. a.

A.x

P. b.

A. a.

B. a.

Kapitel 74.

C. a.

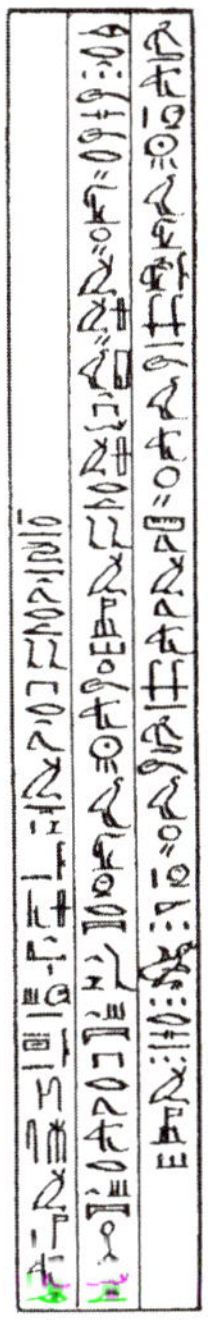

1 2 3

P. e.

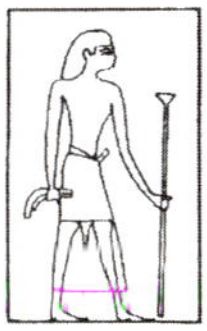

P. f.

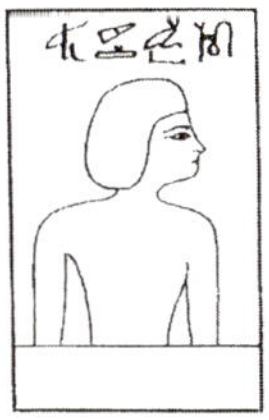

Kapitel 75.

P. b.

P. f.

Kapitel 76.

A. a.

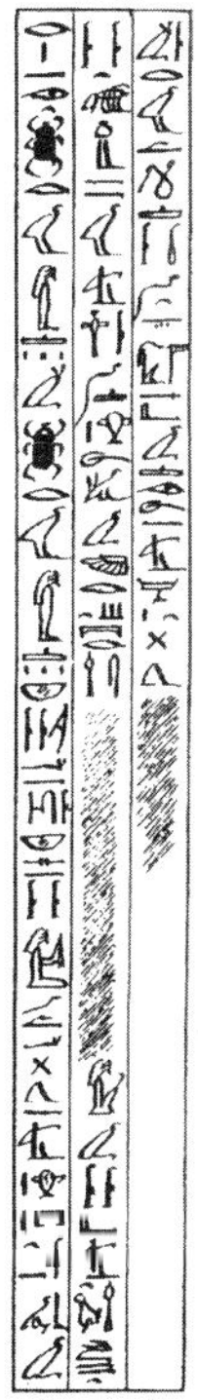

1 2 3

Kapitel 77.

C.a.

1 2 3 4 5 6 7

P.a.

P.e.

Kapitel 78

P. b.

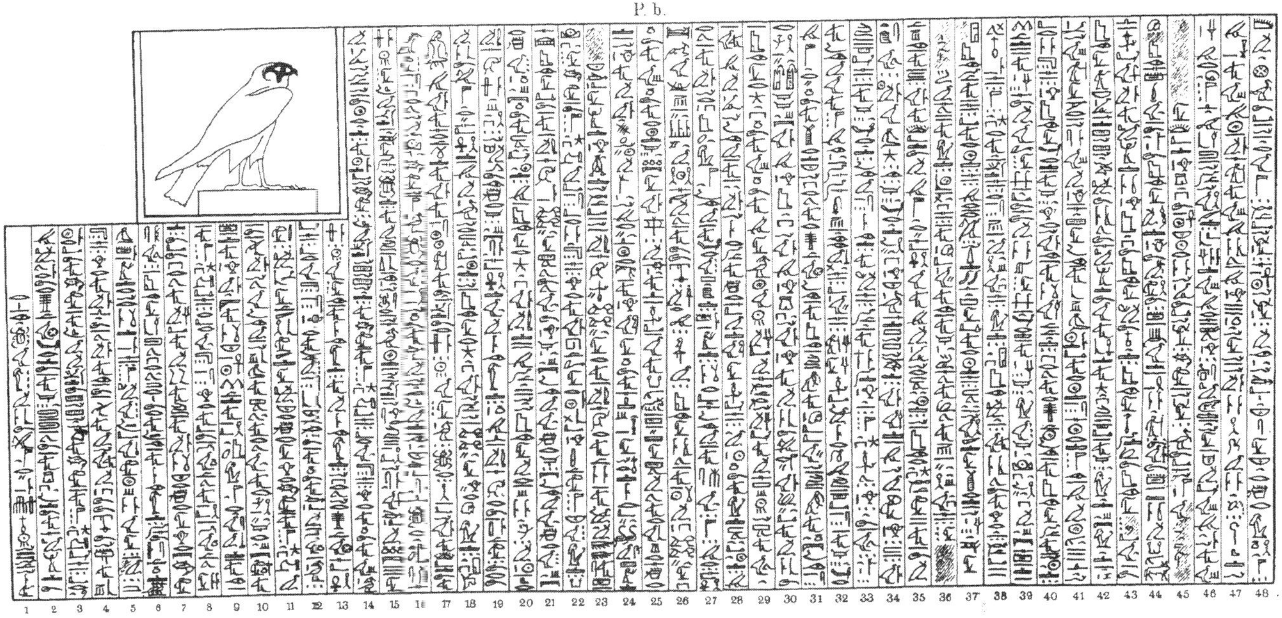

P. a.

Kapitel 79

P. d.

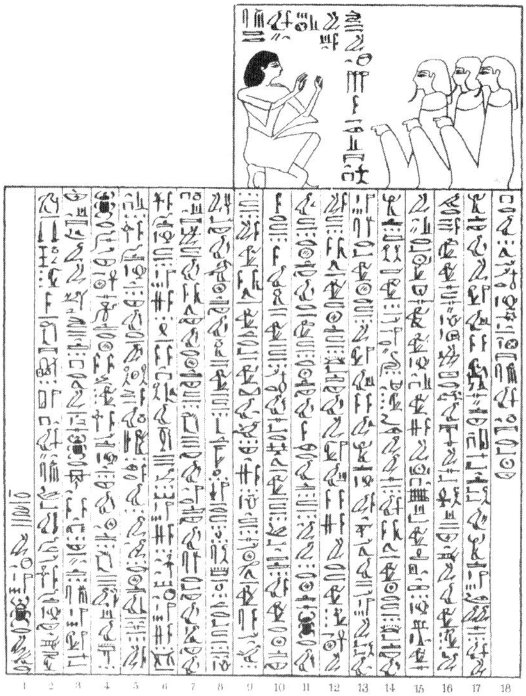

P. e.

L. a.

Kapitel 80.

P. a.

Kapitel 81 A.

A.a.

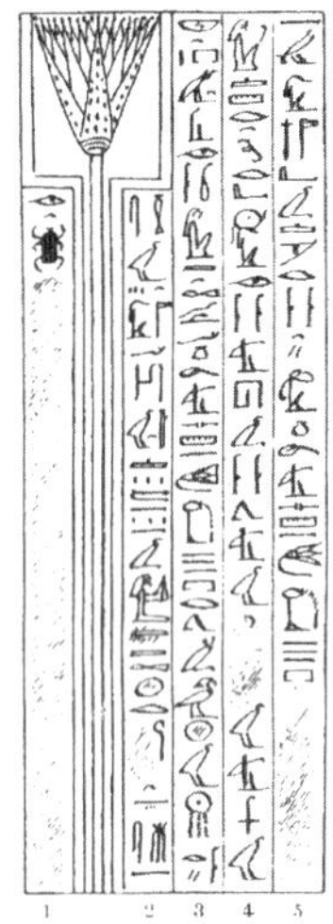

B. a.

P. j.

Kapitel 81 B.

L. e.

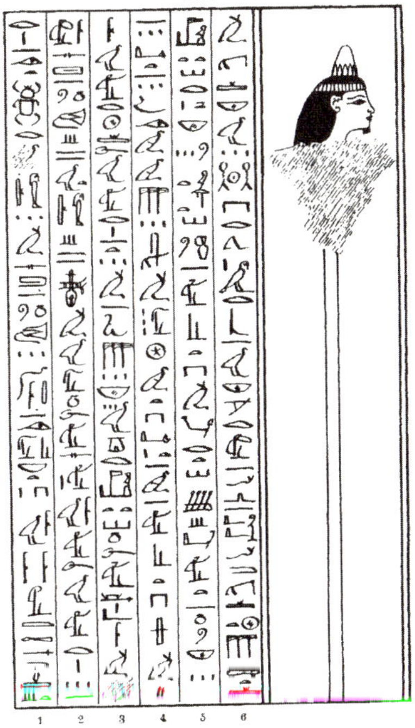

Kapitel 82.

C. a.

1 2 3 4 5 6 7 8 9 10 11 12

P. b. P. e. A. x.

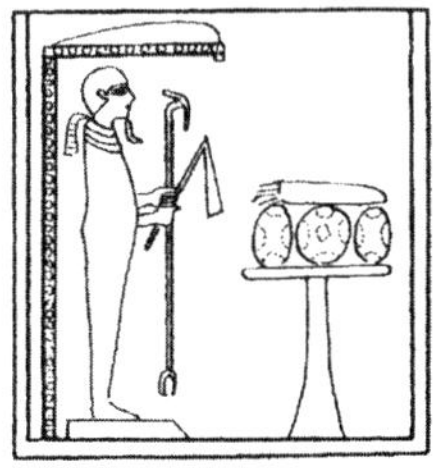

P. a.

Kapitel 83.

C. a.

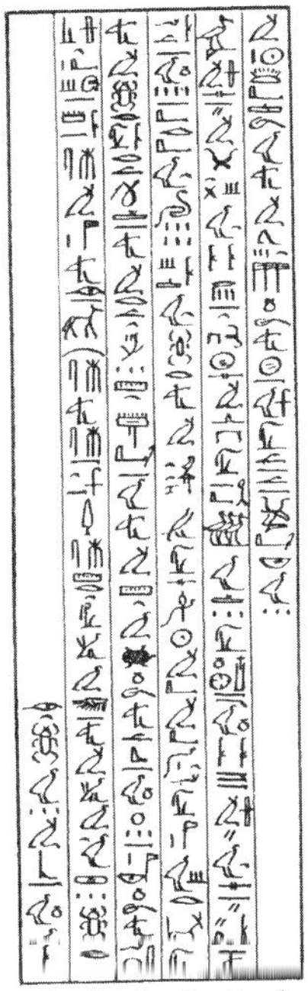

1 2 3 4 5 6

B. a.

P. f.

Kapitel 84.

C. a.

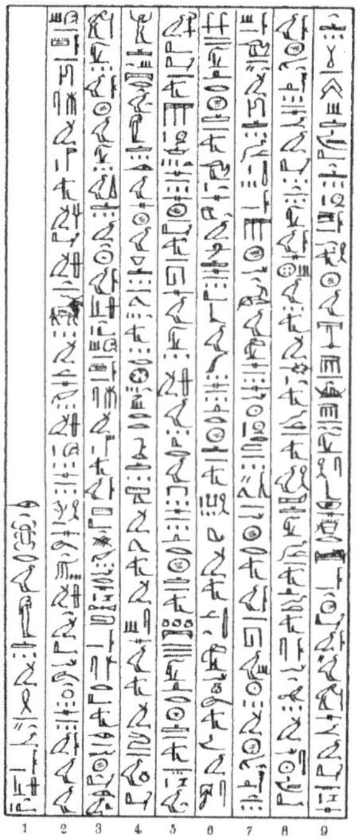

B. a.

Kapitel 85.

C.a.

A.a.

P.a.

P.b.

P.c.

Kapitel 86.

C. a.

A. a

L. a.

Kapitel 87

B. a.

P. e.

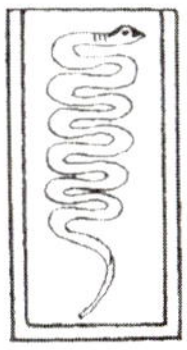

L. a.

Kapitel 88.

A. a.

1 2 3 4 5

P. e.

L. a.

Kapitel 89.

A. a.

P. d.

C. e.

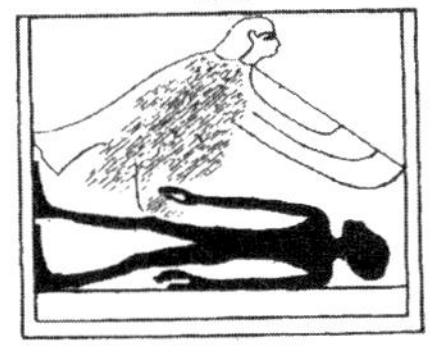

Kapitel 90

F. a.

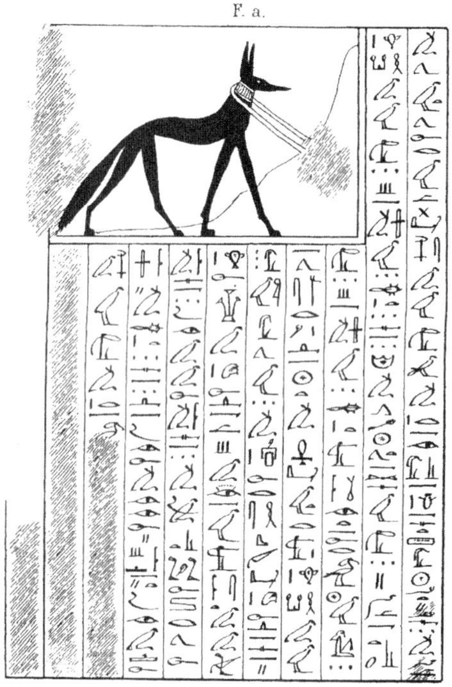

Kapitel 91.

C. a.

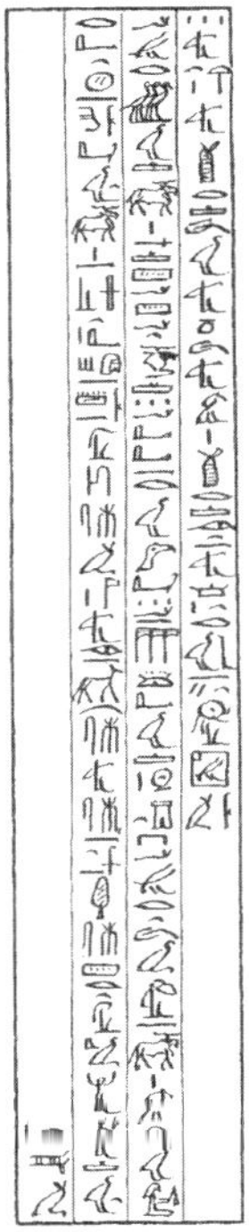

1 2 3 4

P. e.

P. e.

Kapitel 92.

A. a.

1 2 3 4 5 6 7 8 9 10 11 12 13

A. p.

C. e.

P. e.

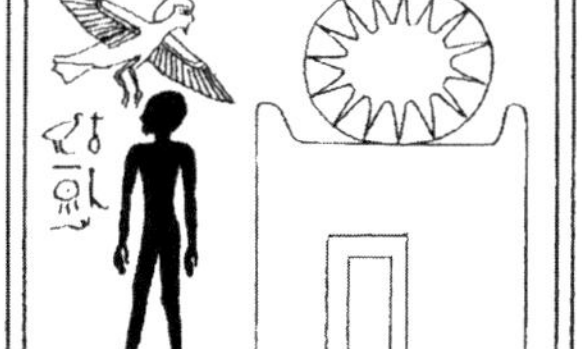

Kapitel 93.

C. a.

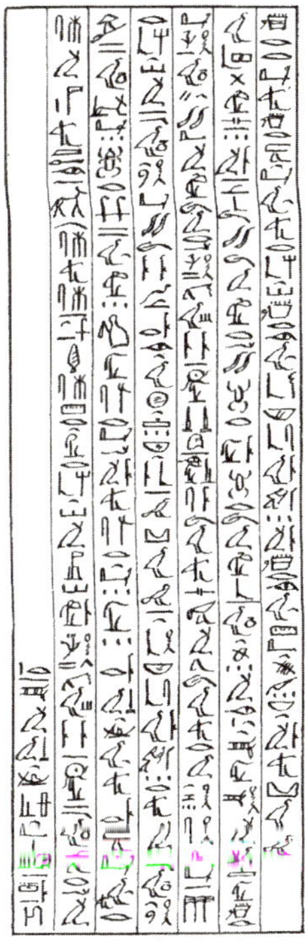

1 2 3 4 5 6 7

P. b.

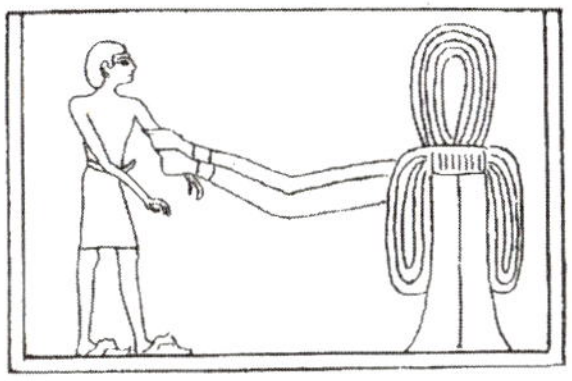

Kapitel 94

A. e.

P. f.

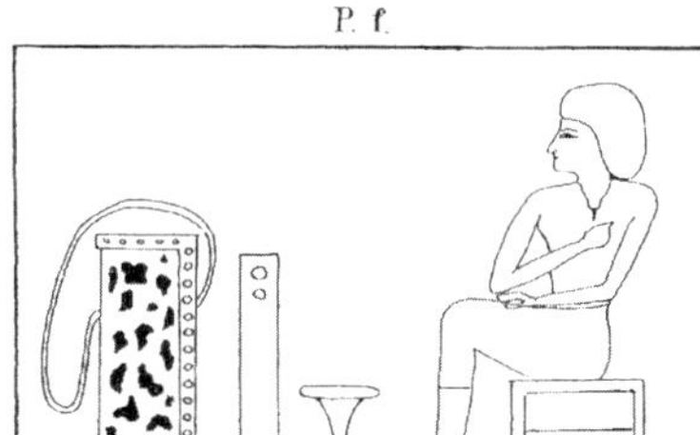

P. b.

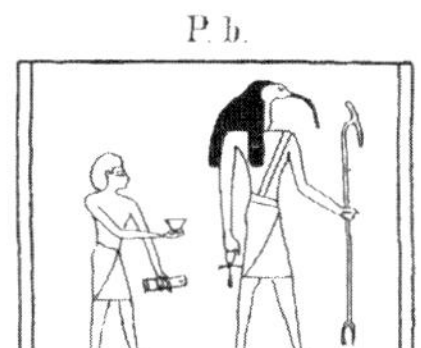

Kapitel 95.

P. c.

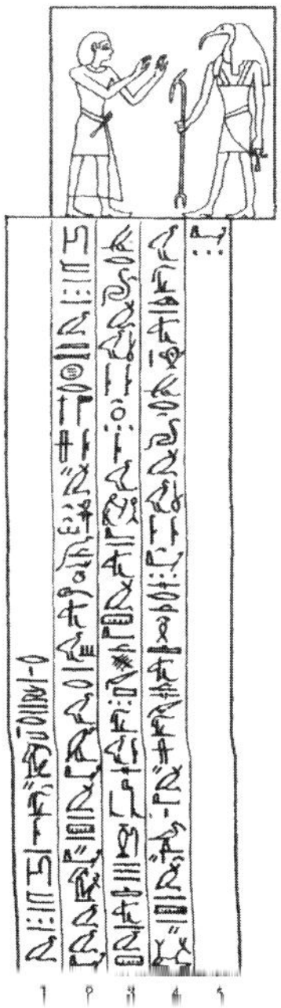

A. d.

B. a.

Kapitel 96 & 97.

A. a.

A. a. bis.

Kapitel 98.

A. b.

1 2 3 4 5 6 7 8

Kapitel 99.

(Einleitung.)

P. b.

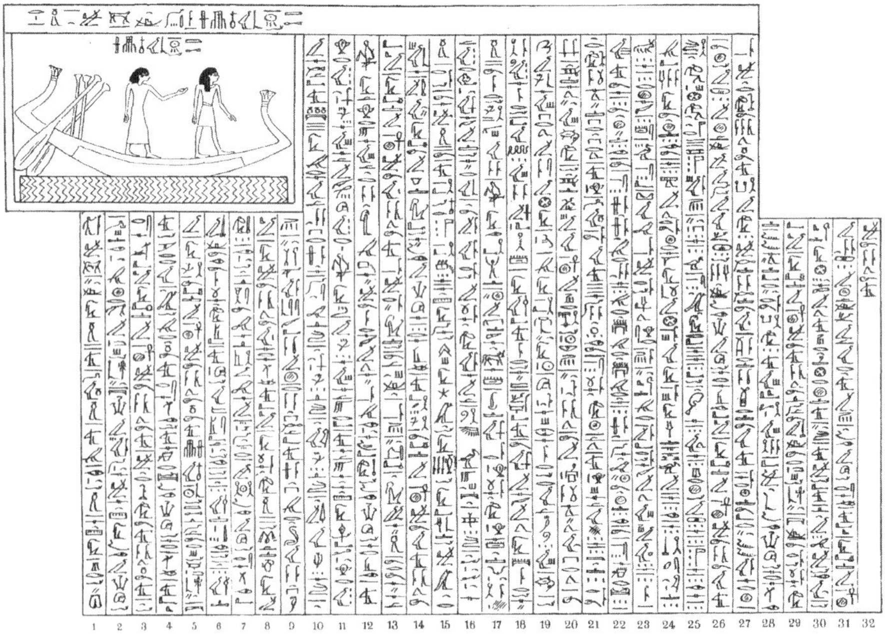

Kapitel 99.

A. a.

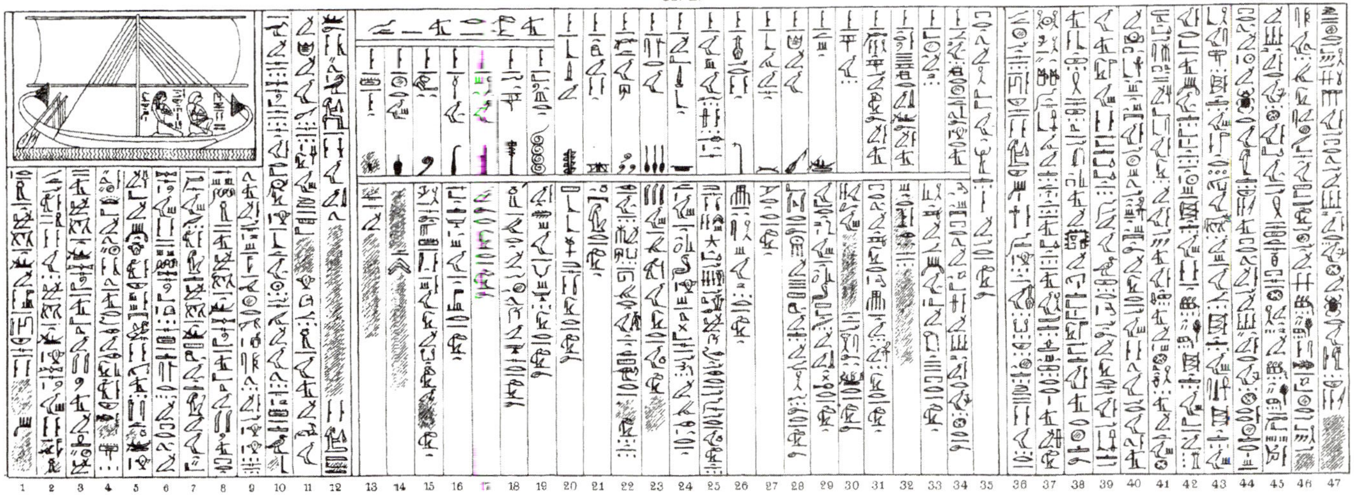

Kapitel 99.

P. b.

P. c.

P. e.

A. x.

A. e.

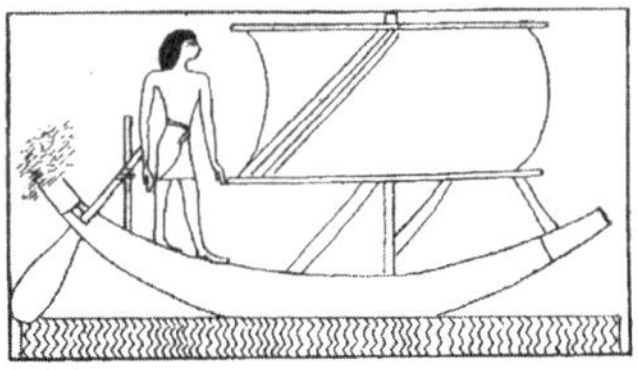

I. k.

L. a.

B. a.

Kapitel 100.

P. b.

C. e

P. e

1 2 3 4 5 6 7 8 9 10

B. a.

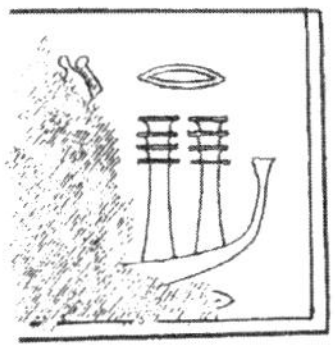

P. e

(cf. 129.)

Kapitel 102.

A.x.

C.a.

P.e.

P.a.

Kapitel 103.

A. a.

Kapitel 104.

A. a.

Kapitel 105.

P. d.

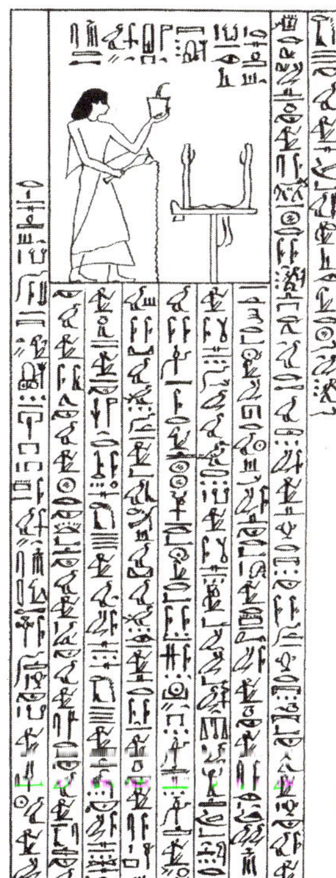

1 2 3 4 5 6 7 8 9

P. e.

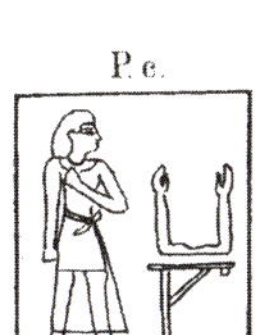

A. a.

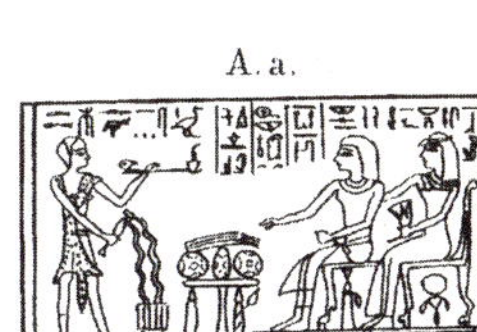

Kapitel 106.

A.a.

1 2 3 4 5

A.c.

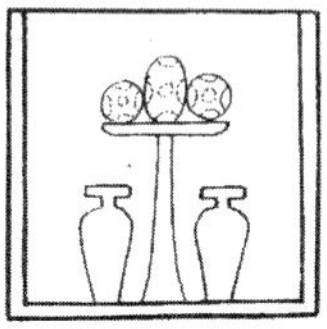

Kapitel 108.

A. a.

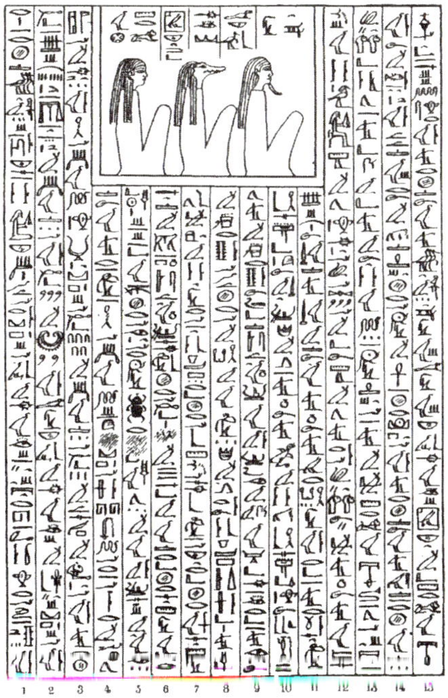

(*cf.* 111.)

B. a.

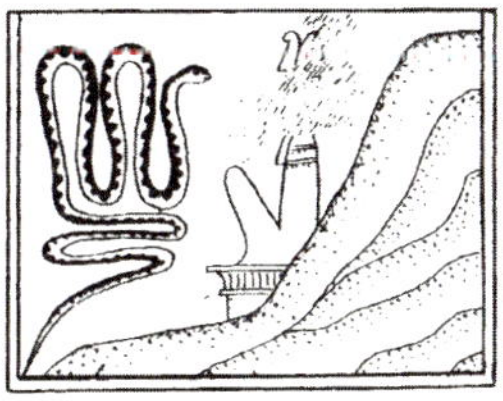

L. e.

Kapitel 109.

A. a.

P. e.

L. e.

Kapitel 110.

(Einleitung.)

A. a.

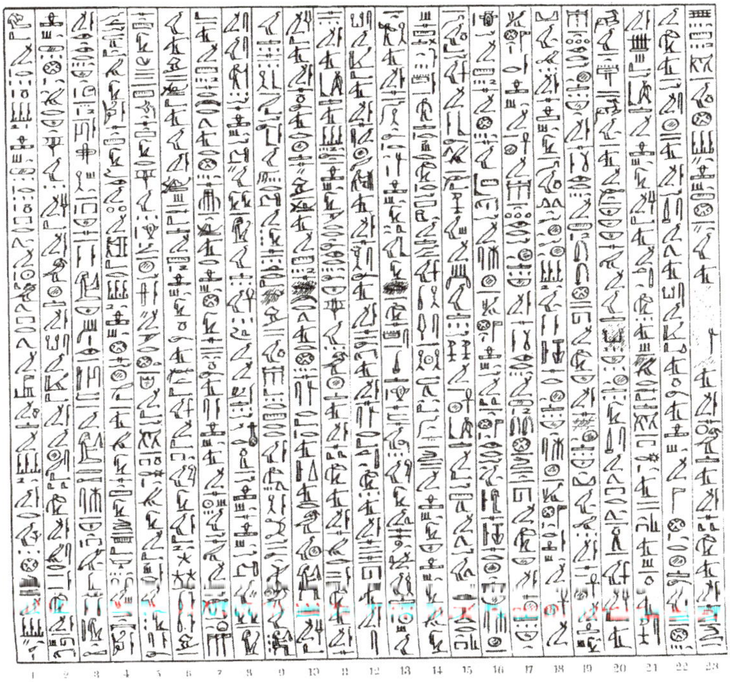

1 2 3 4 5 6 7 8 9 10 11 12 13 14 15 16 17 18 19 20 21 22 23

Kapitel 110

(Einleitung)

A. a.

Kapitel 110.

(Die Elysischen Gefilde.)

A. a.

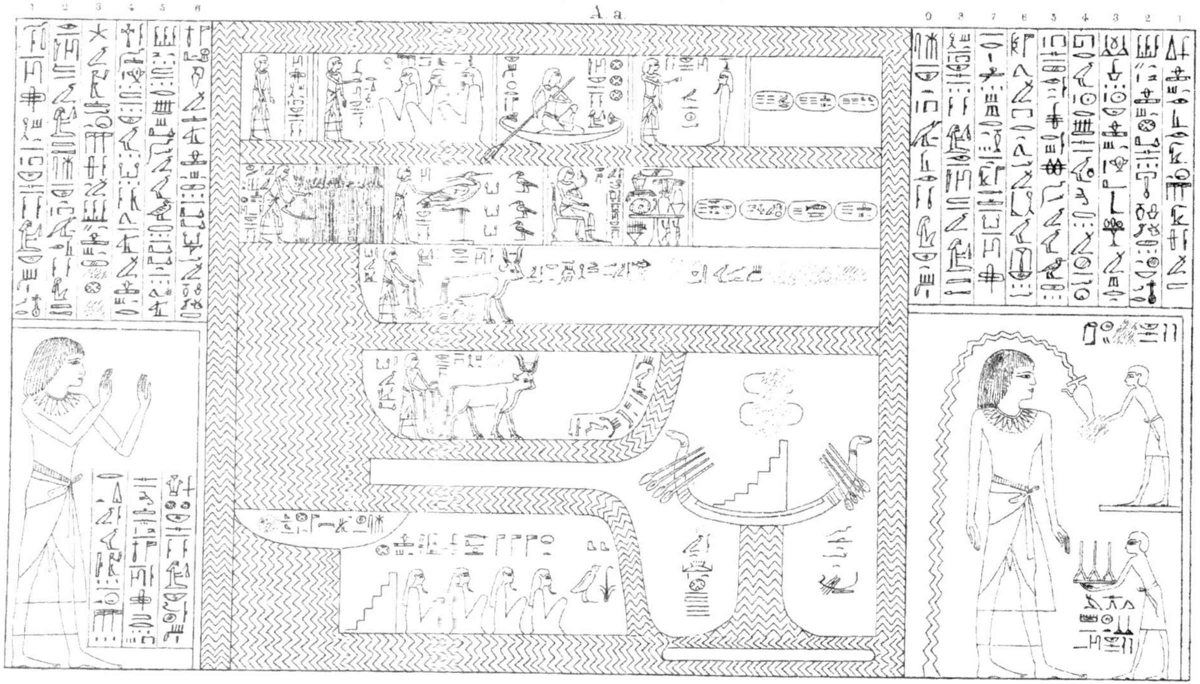

Kapitel 112

A. a.

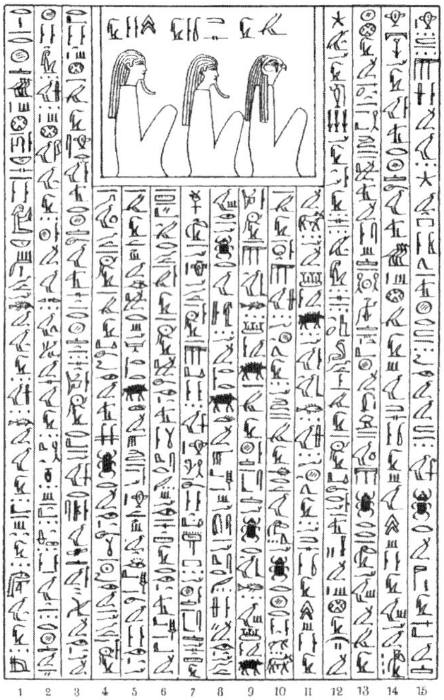

Kapitel 113.

A. a.

1 2 3 4 5 6 7 8 9 10 11 12 13

A. e.

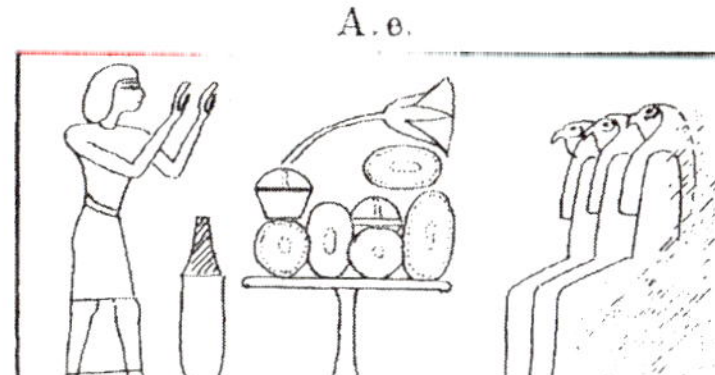

Kapitel 114.

A. a.

Kapitel 116.

C. a.

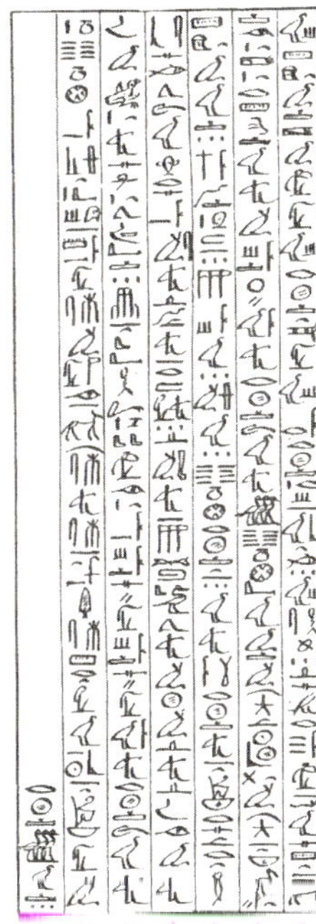

P. e.

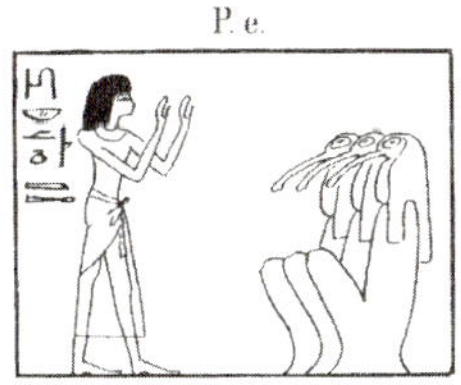

P. f.

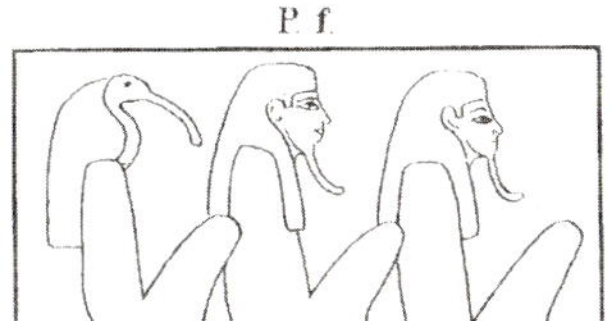

Kapitel 117.

C. a.

1 2 3

A.,a.

A.i.

Kapitel 118.

L b.

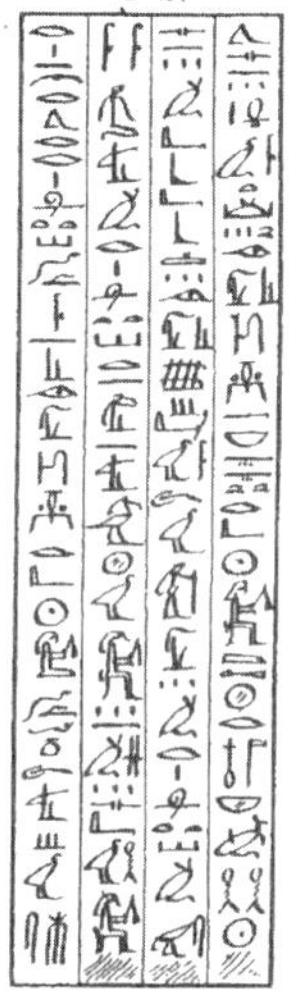

1 2 3 4

A.i.

Kapitel 119.

C. a.

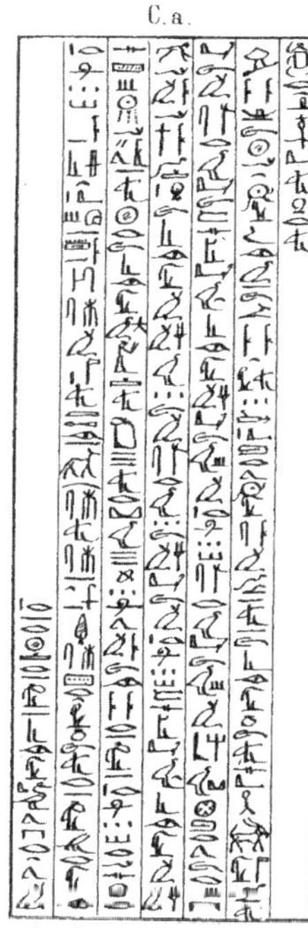

P. j.

L. b.

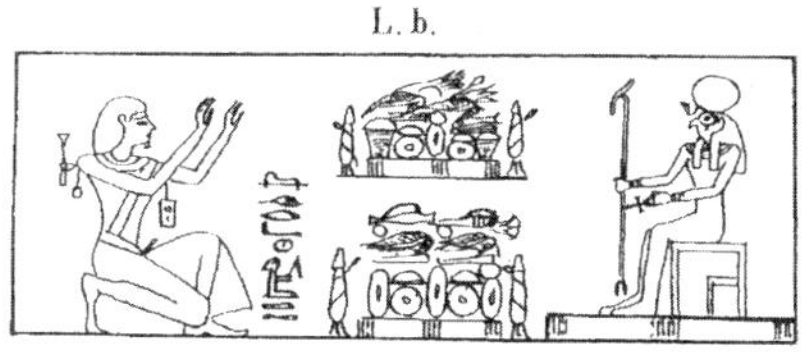

Kapitel 123.

P. a.

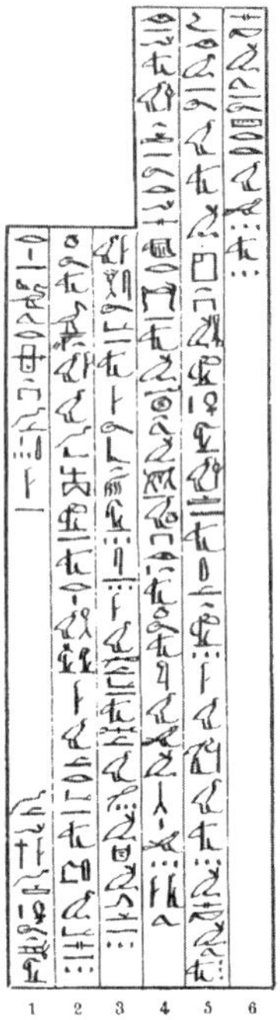

(cf. 139.)

A. w.

A. x.

Kapitel 124.

A. x.

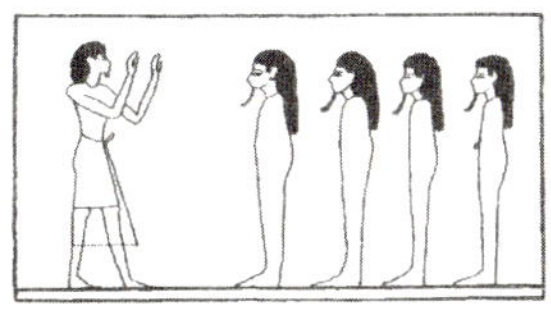

C. a.

P. j.

Kapitel 125

(Einleitung.)

A. a.

P. e.

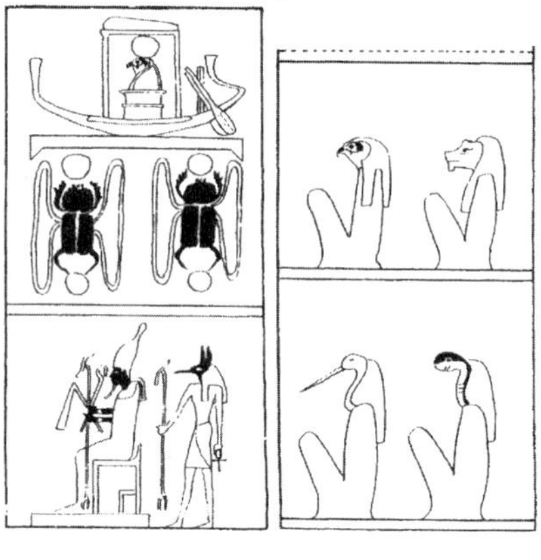

P. b.

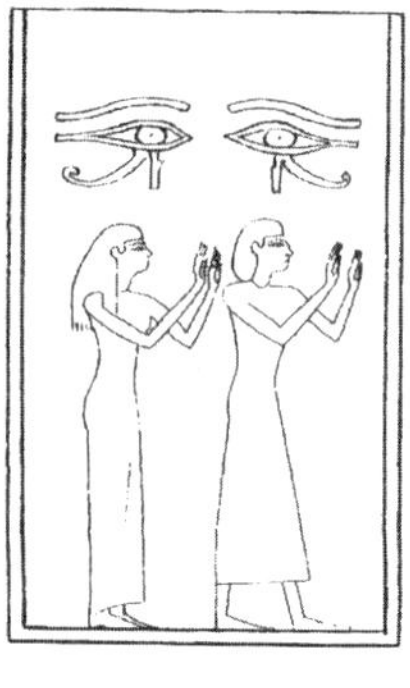

Kapitel 125.

(Confession.)

A. a.

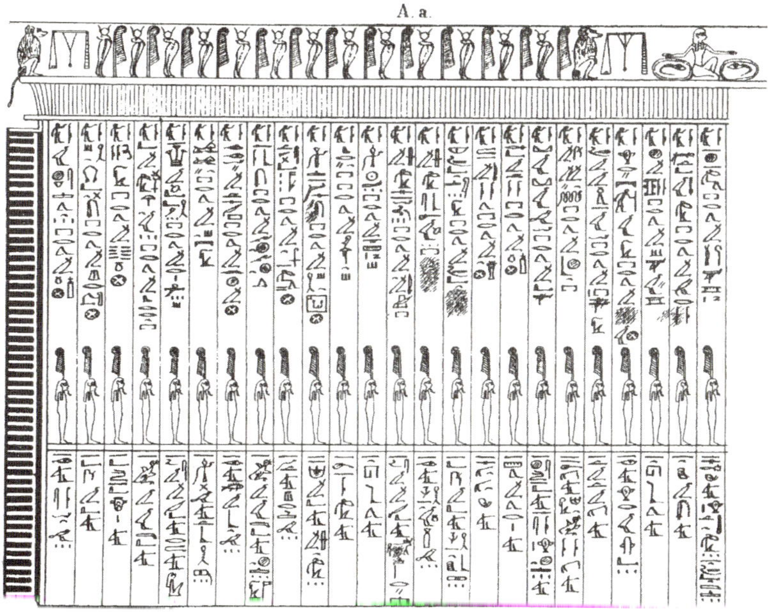

Kapitel 125.

(Confession.)

A. a.

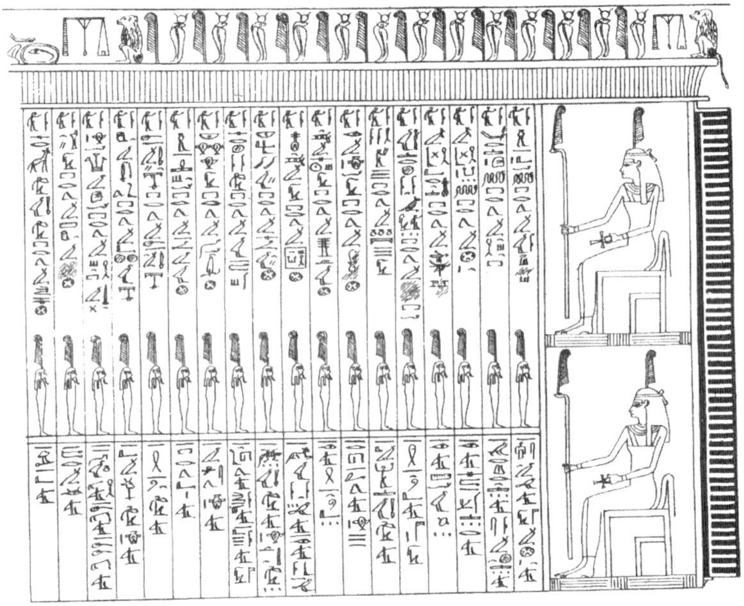

Kapitel 125.

(Psychostasie.)

A. g.

L. a

P. f.

P. b.

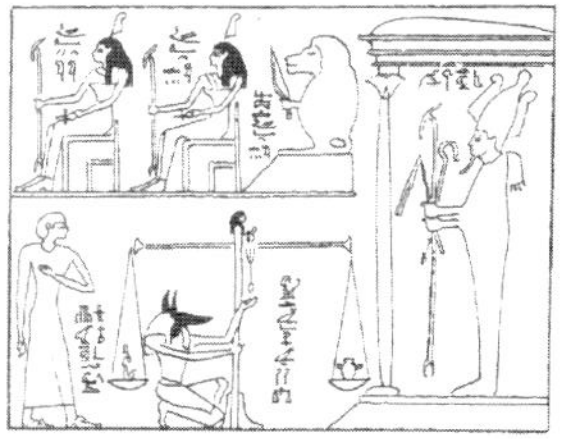

P. a.

P. e.

P. e.

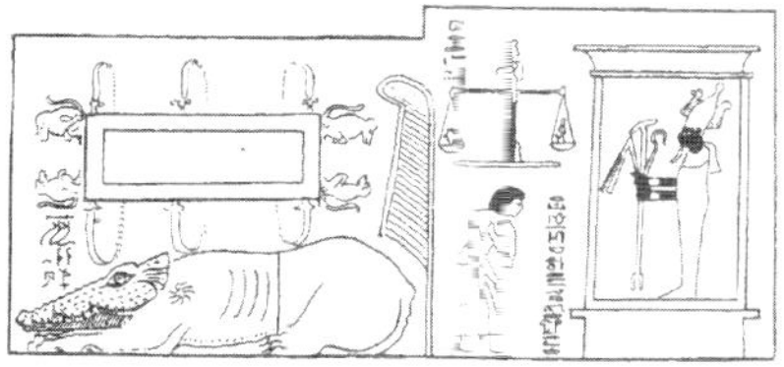

Kapitel 125.

(Schlussrede.)

A. a.

Kapitel 125.

(Schlussrede.)

A. a.

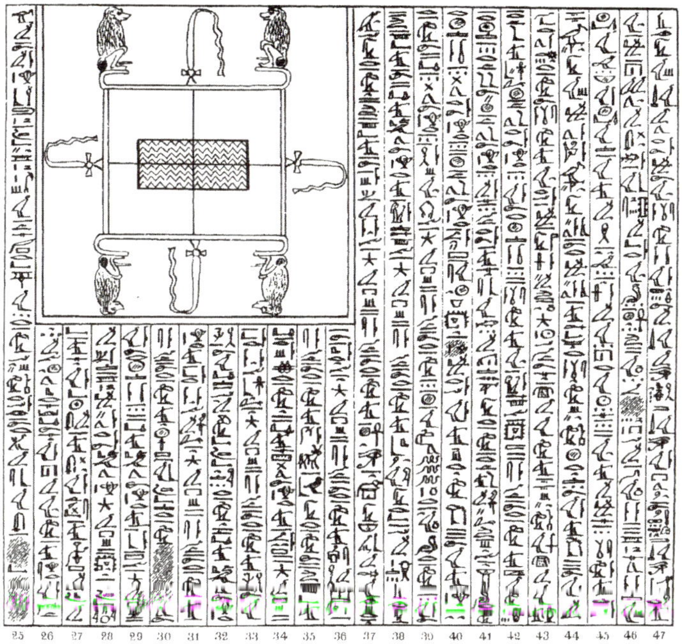

Kapitel 125.

(Nachschrift.)

P. b.

1 2 3 4 . 5 6 7 8 9 10

Kapitel 126

A. b

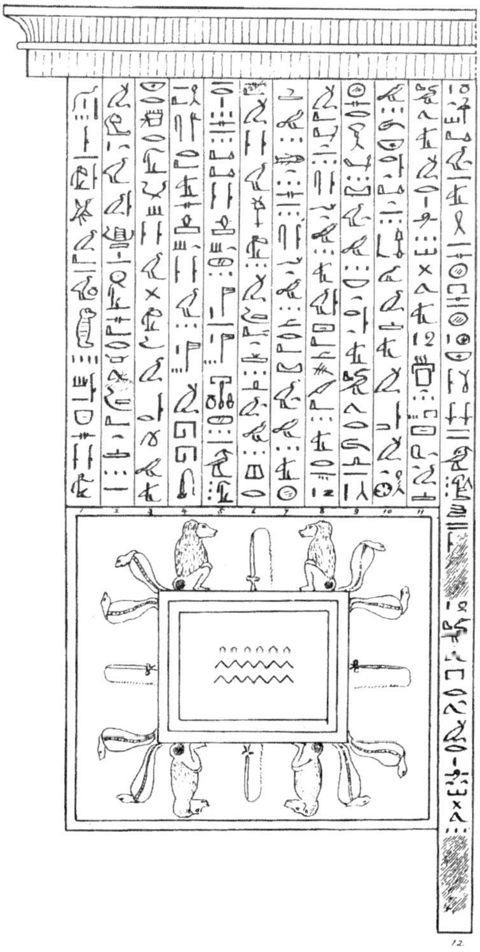

Kapitel 127 A.

T. d.

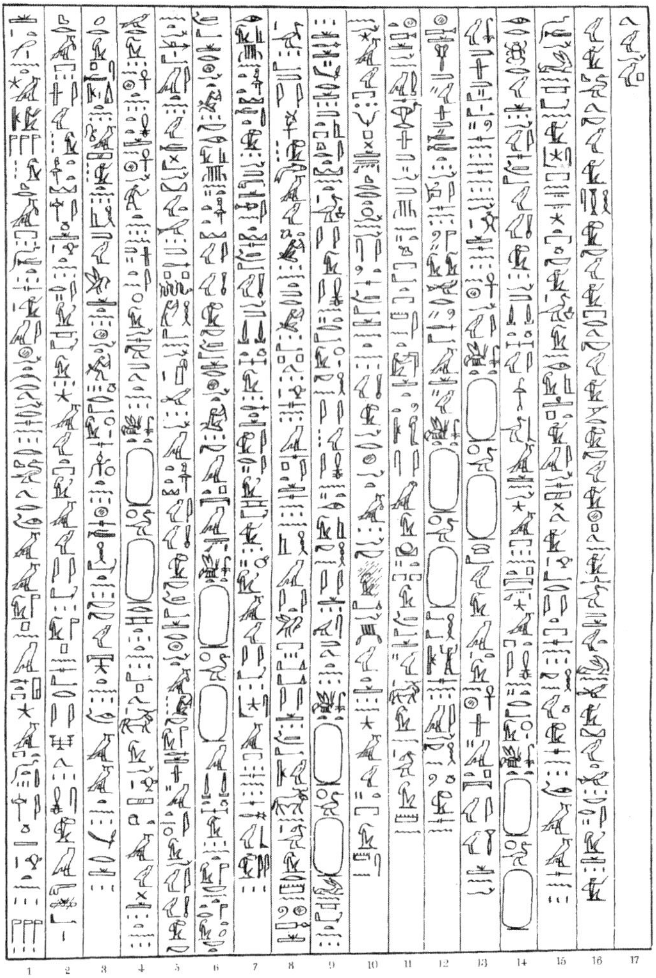

1 2 3 4 5 6 7 8 9 10 11 12 13 14 15 16 17

Kapitel 127. B.

I k.

1 2 3 4 5 6 7 8 9 10 11 12 13 14 15 16 17 18 19 20 21 22

Kapitel 130.

L e.

Kapitel 130.

L. c.

47 46 45 44 43 42 41 40 39 38 37 36 35 34 33 32 31 30 29 28 27 26 25

Kapitel 132.

A. e.

P. e.

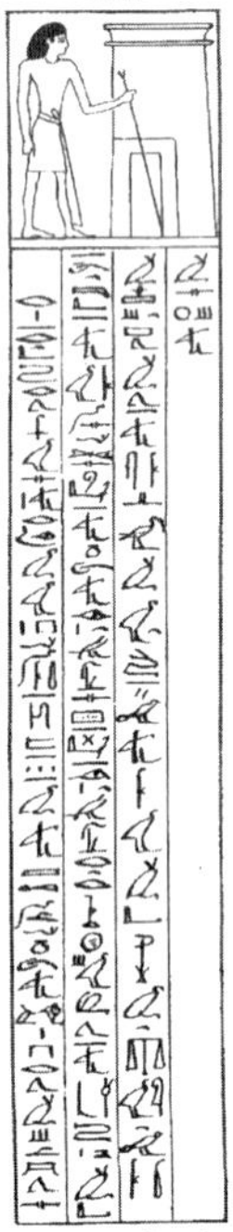

1 2 3 4

A. x.

Kapitel 133.

A. a.

A. x.

Kapitel 134

A. a.

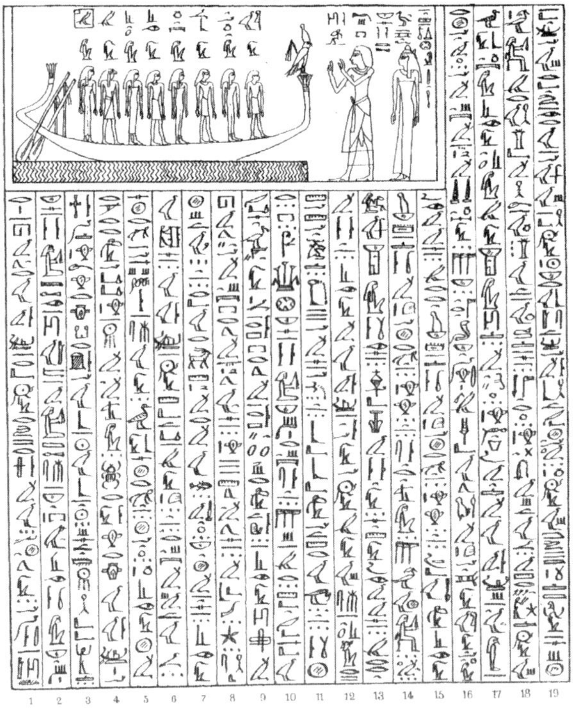

1 2 3 4 5 6 7 8 9 10 11 12 13 14 15 16 17 18 19

Kapitel 136 A.

A. a.

L. a.

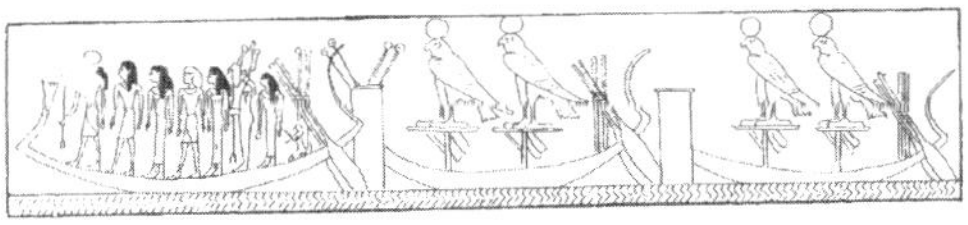

Kapitel 136. B.

A. a.

1 2 3 4 5 6 7 8 9 10 11 12 13 14 15 16 17 18 19 20 21 22 23

A. b.

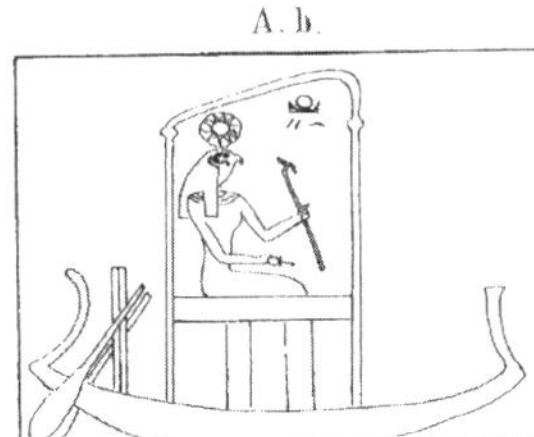

Kapitel 137 A.

A. a.

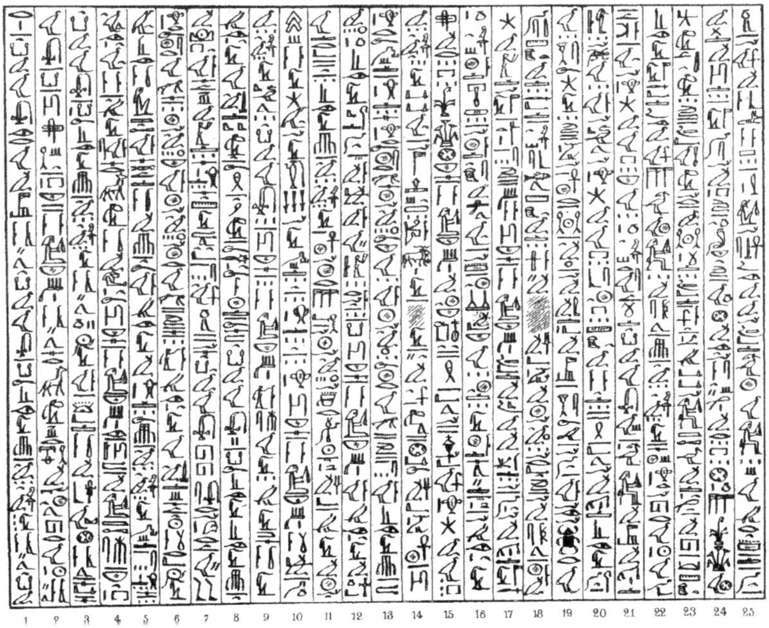

1 2 3 4 5 6 7 8 9 10 11 12 13 14 15 16 17 18 19 20 21 22 23 24 25

B. a.

Kapitel 137 B.

A. a.

B. a.

Kapitel 138.

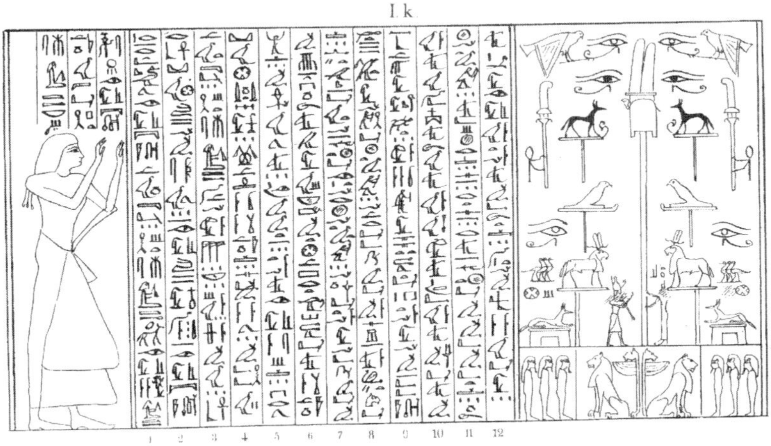

Kapitel 141 - 143

C. e.

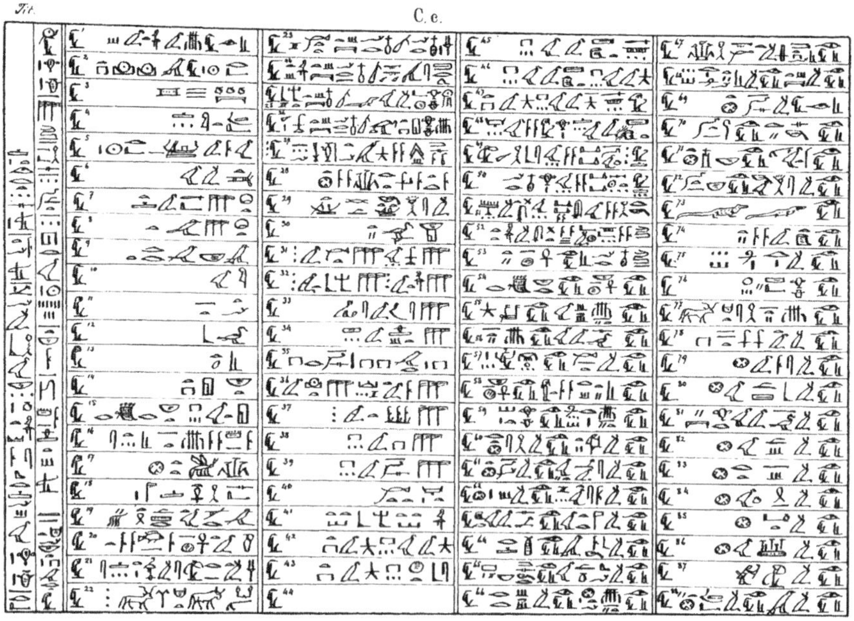

B. a.

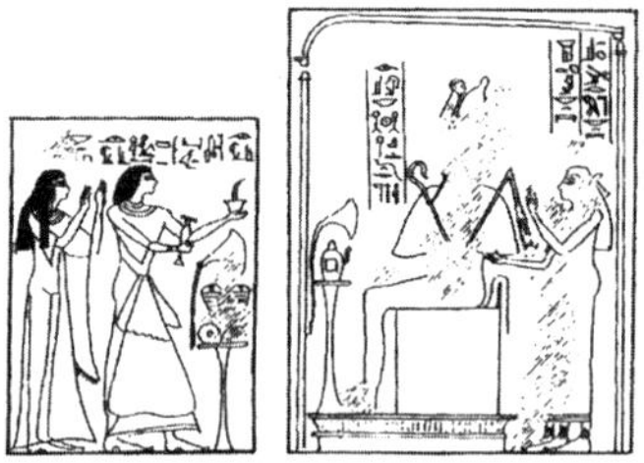

L. d.

L. d.

Kapitel 144.

A. x.

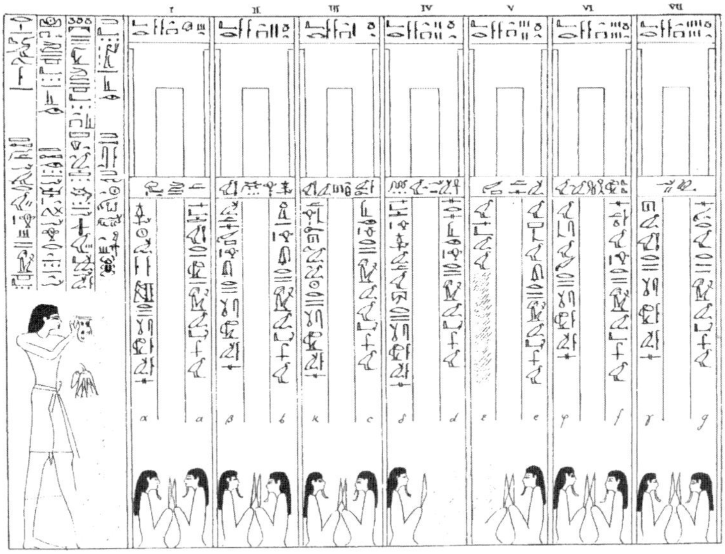

P. e.

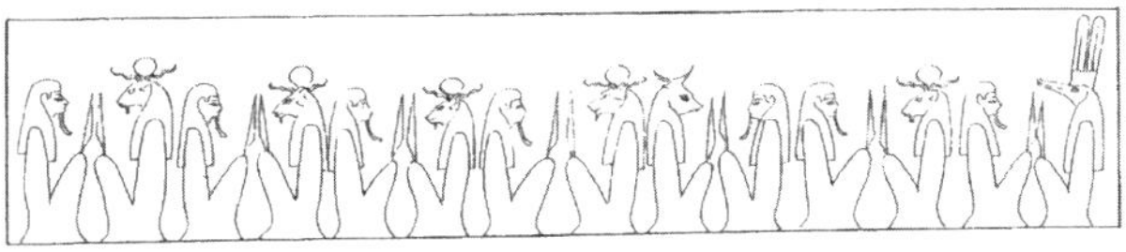

C r

A. b.

I. k.

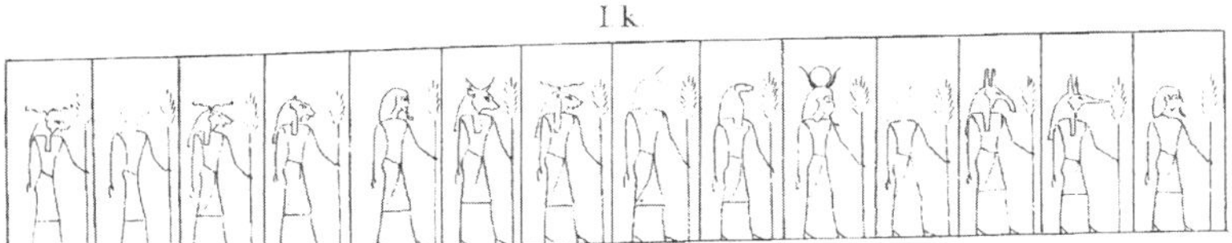

Kapitel 144. 146. u. Ueberschrift zu 148.

A. a.

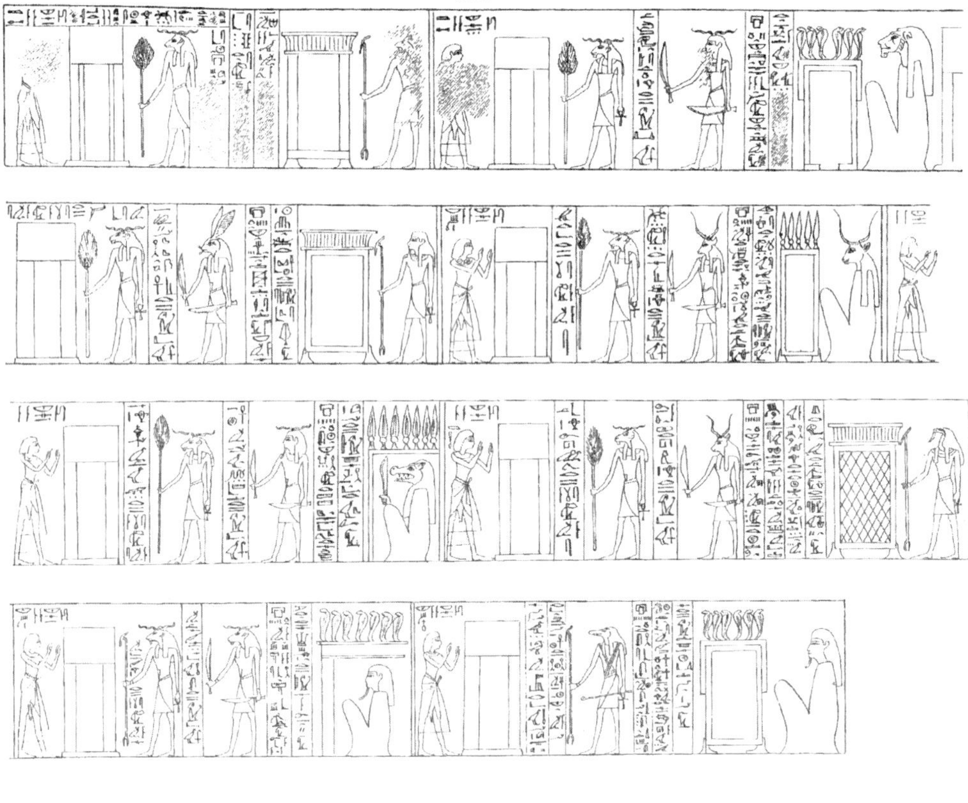

Kapitel 145 A.

T. e.

Kapitel 145. A

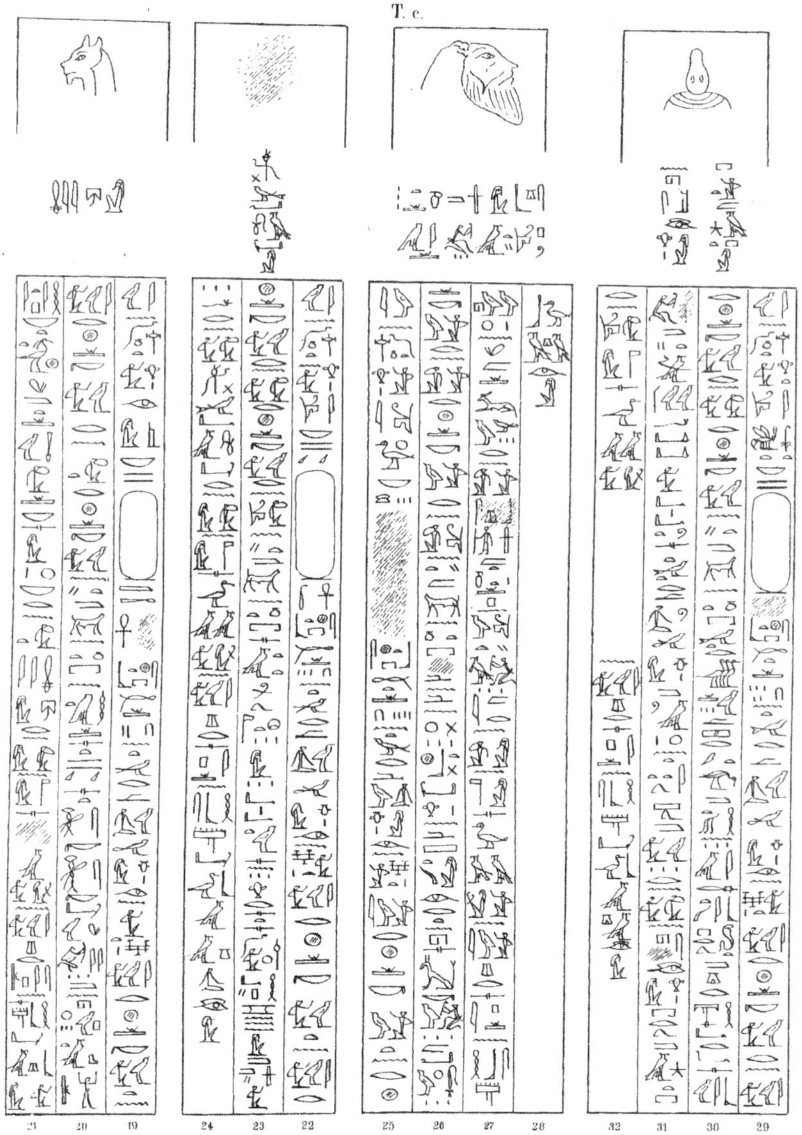

Kapitel 145. A

T. e.

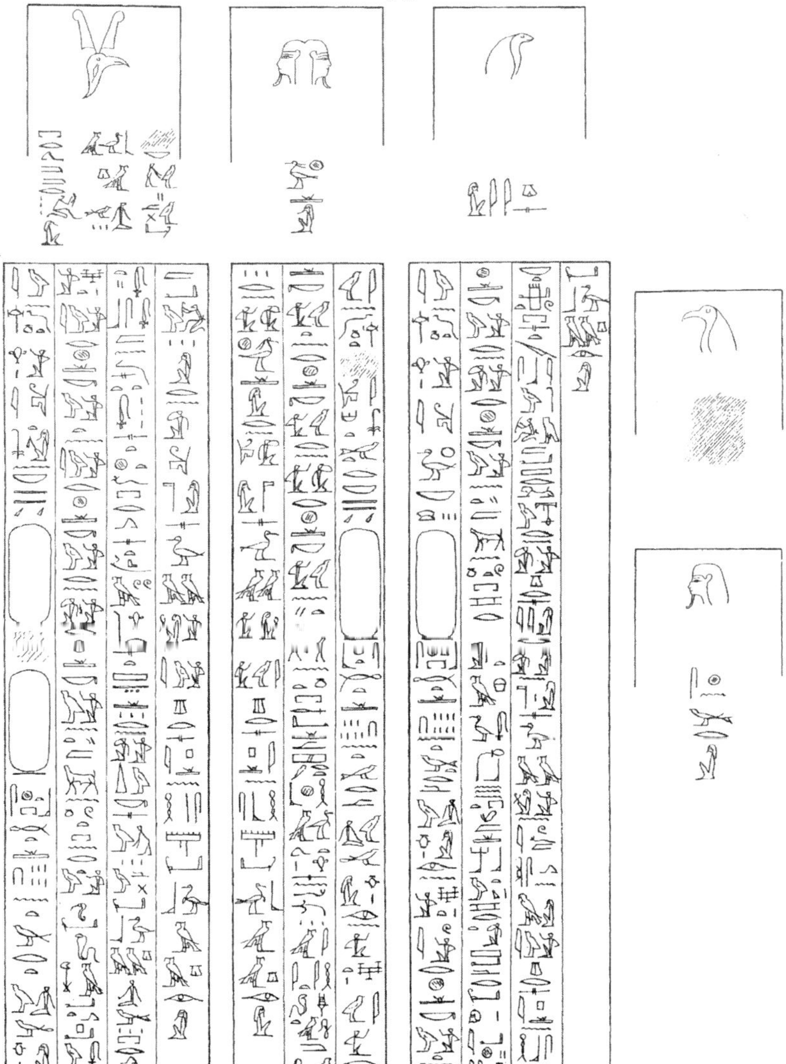

33 34 35 36 37 38 39 40 41 42 43

Kapitel 145 B.

P. 8.

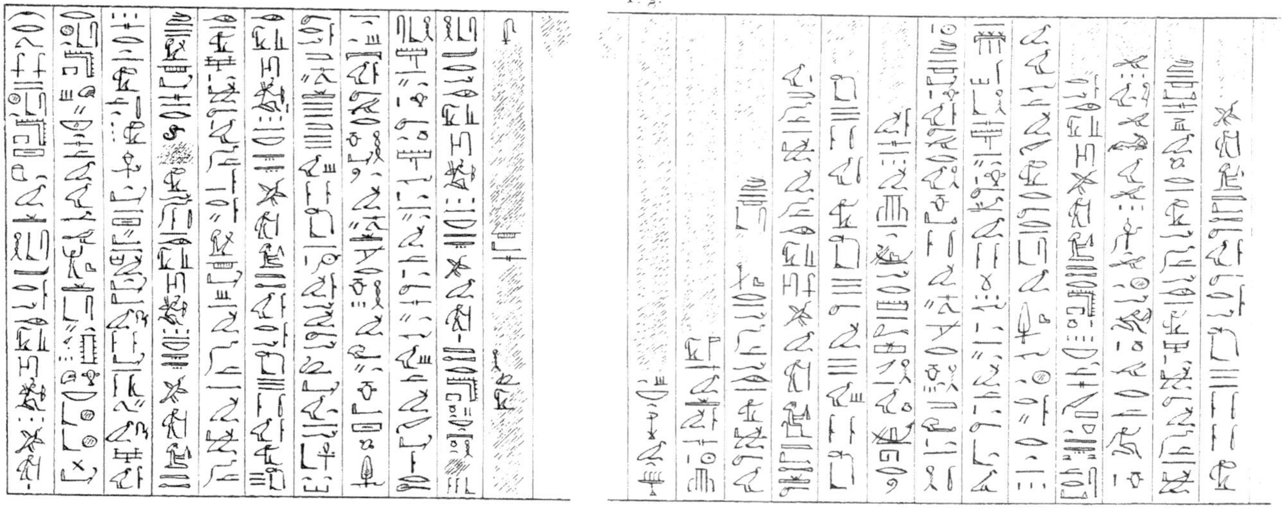

Kapitel 146.

L. e

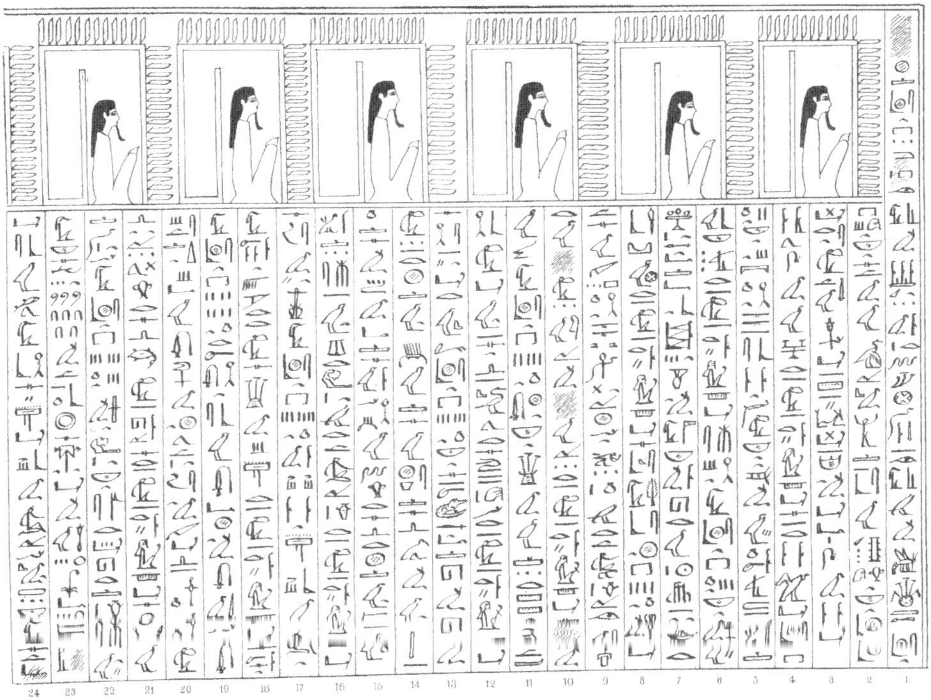

Kapitel 146.

L. e

Kapitel 146.

L. e

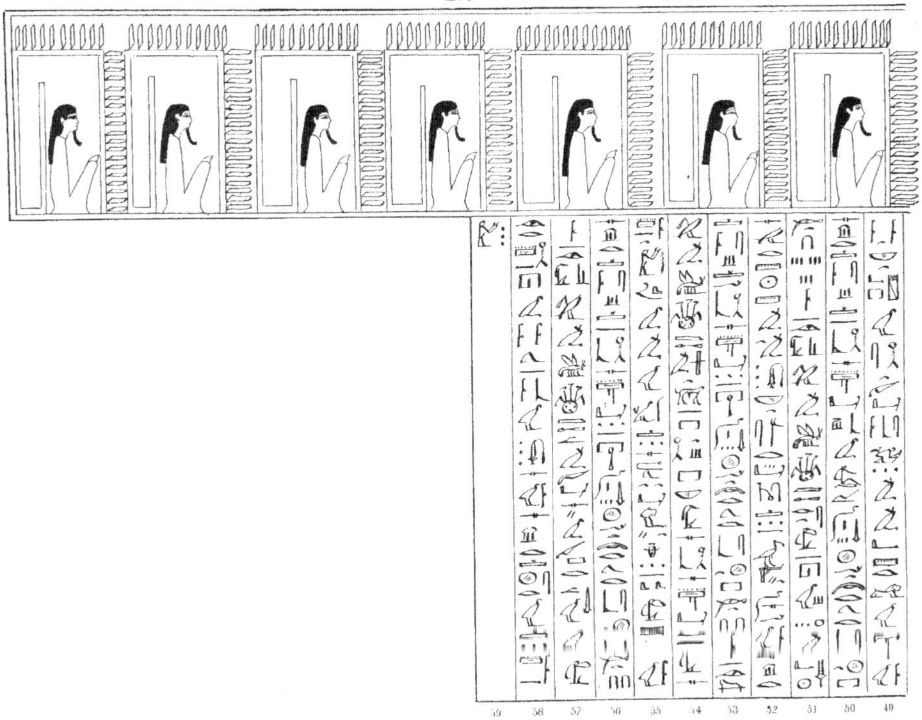

Kapitel 146.

P. c.

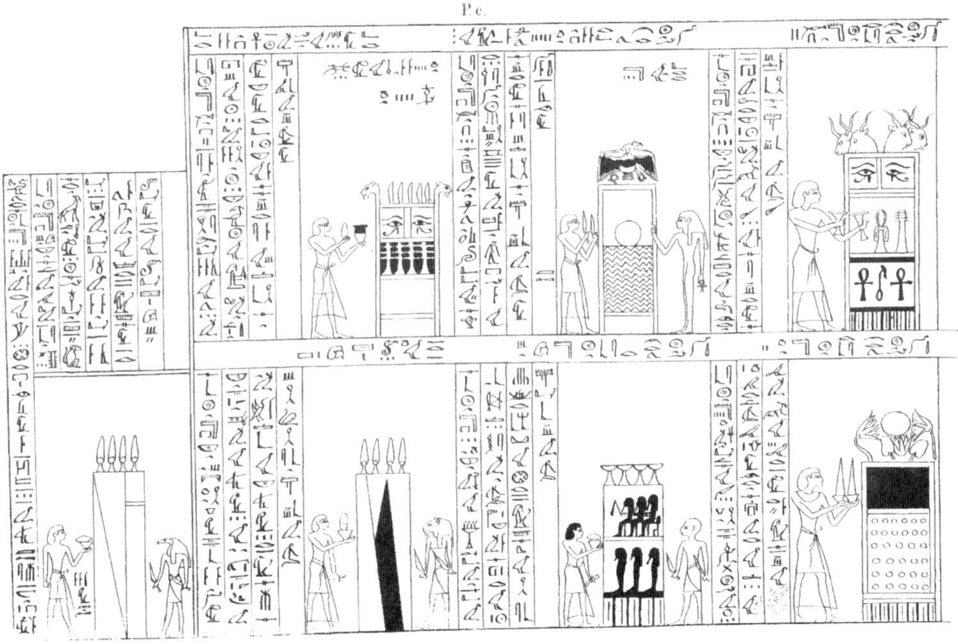

Kapitel 146

Pe

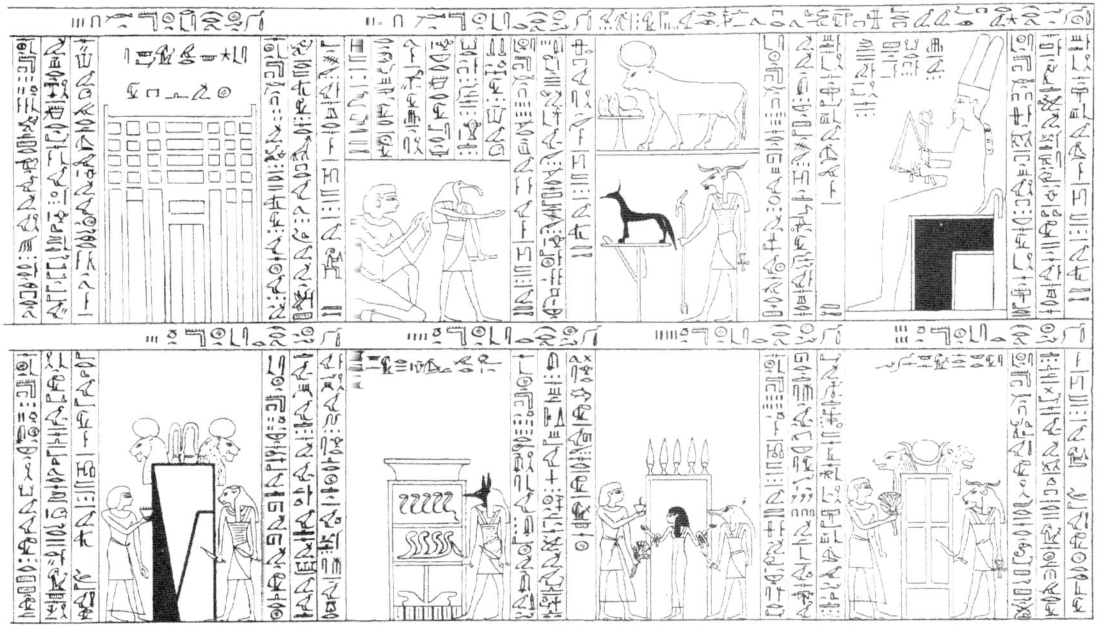

B. a.

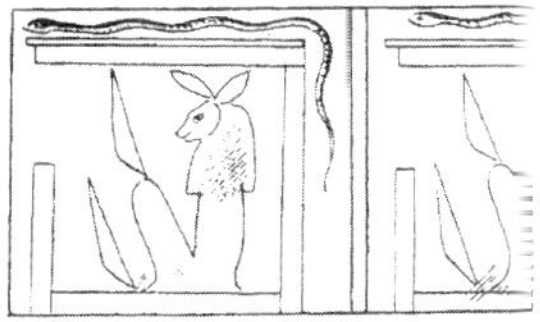

P. a.

L. a.

Kapitel 147.

L.e.

P.e.

Kapitel 147

L.e.

Kapitel 148.

A. a.

P. c

L. a.

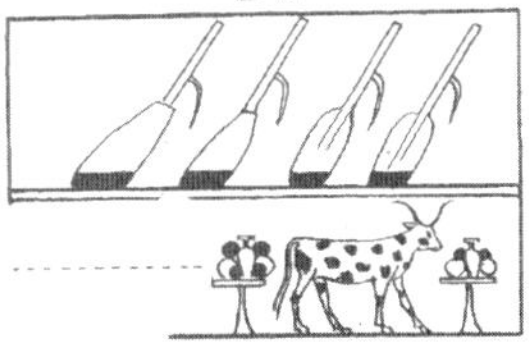

P. b.

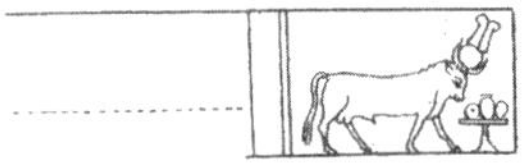

B. a.

Kapitel 149

A. a.

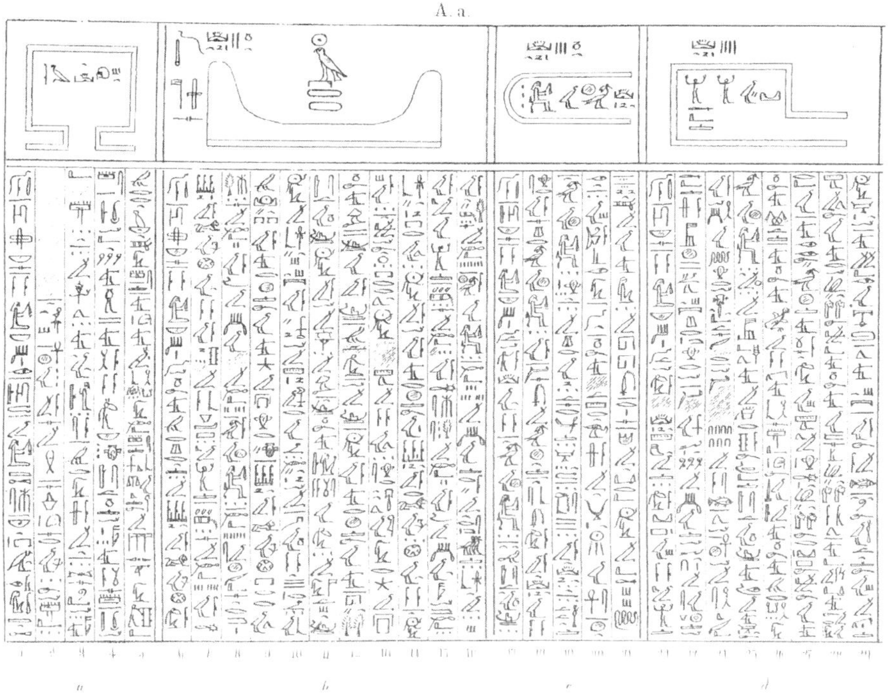

Kapitel 149

A a

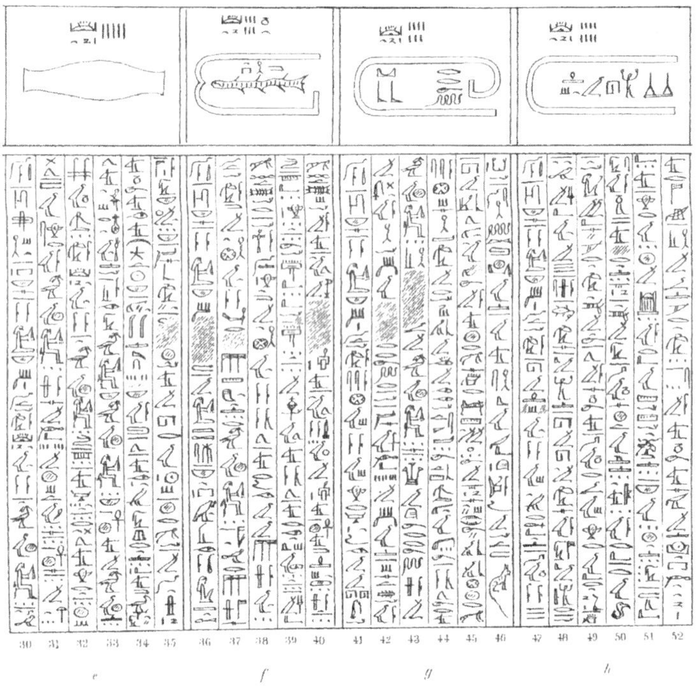

Kapitel 149.

A. a.

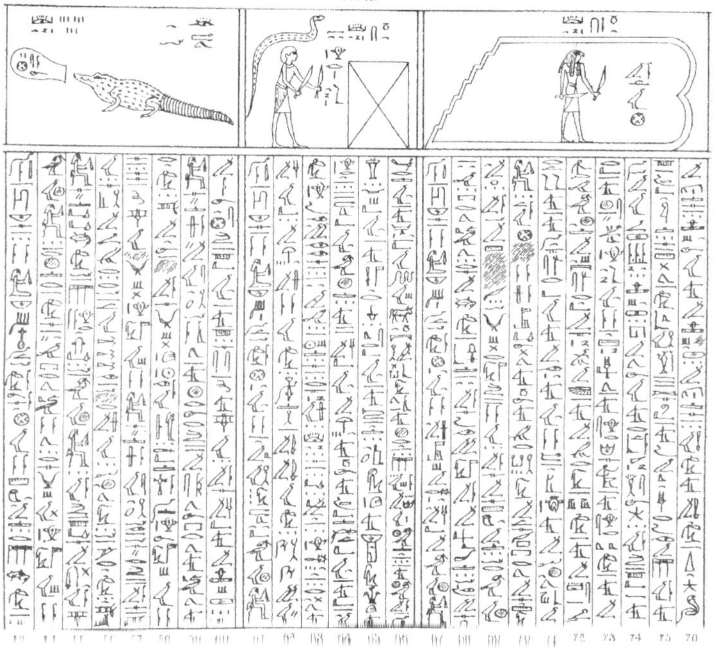

Kapitel 149.

A. a.

Kapitel 150.

A. a.

Kapitel 151.

A. f.

Kapitel 151. a bis

A. a.

1 2 3 4 5 6 7 8 9 10 11

Kapitel 151. a. ter

A. a.

1 2 3 4 5 6 7 8 9

Kapitel 152.

P. b.

I. k

Kapitel 153. A.

P b.

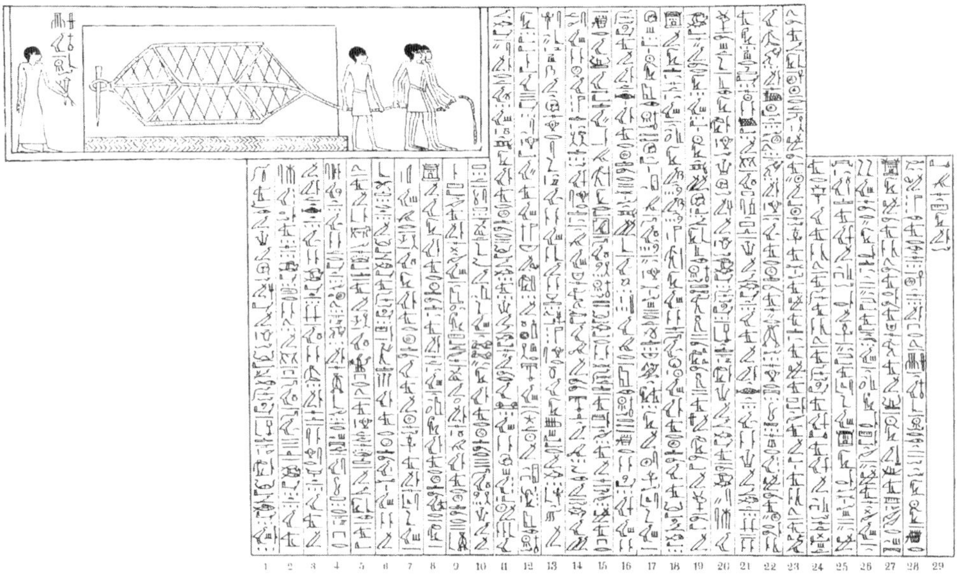

A. a.

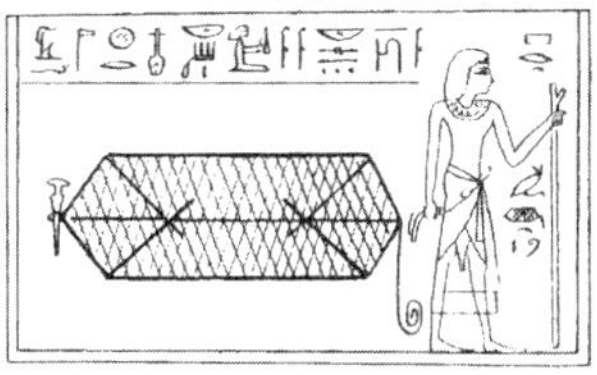

Kapitel 153 B.

P. b.

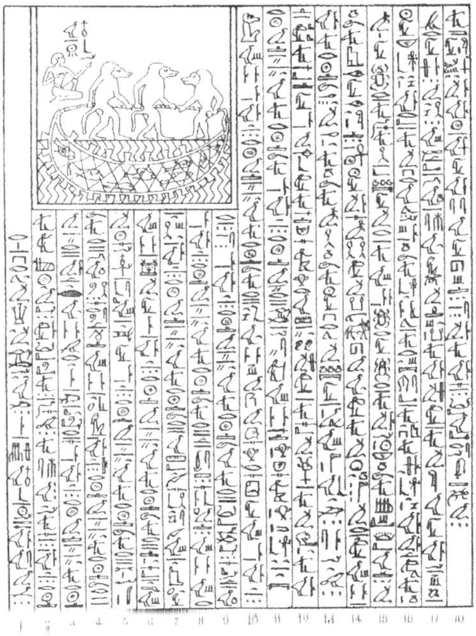

Kapitel 154.

C. b.

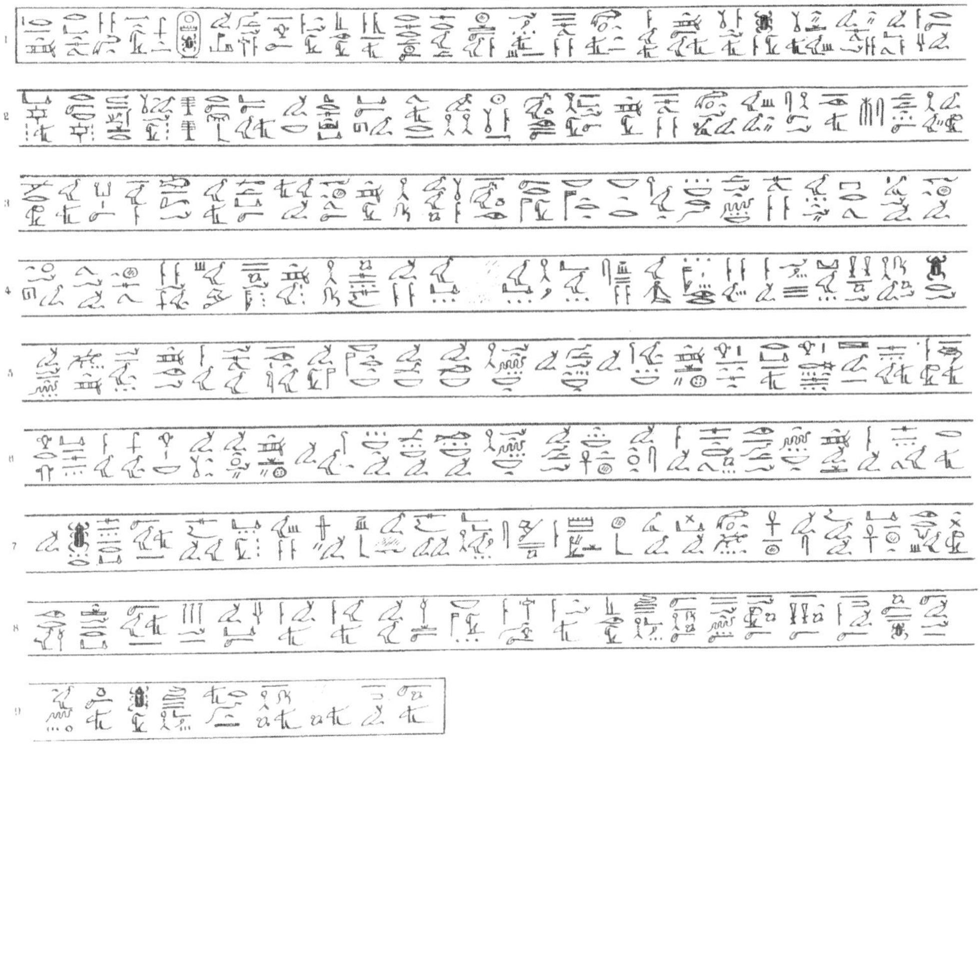

Kapitel 155.

A.a.

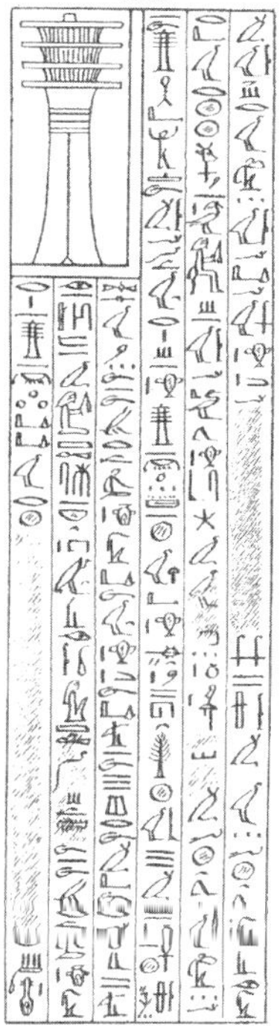

1 2 3 4 5 6

Kapitel 156.

A.a.

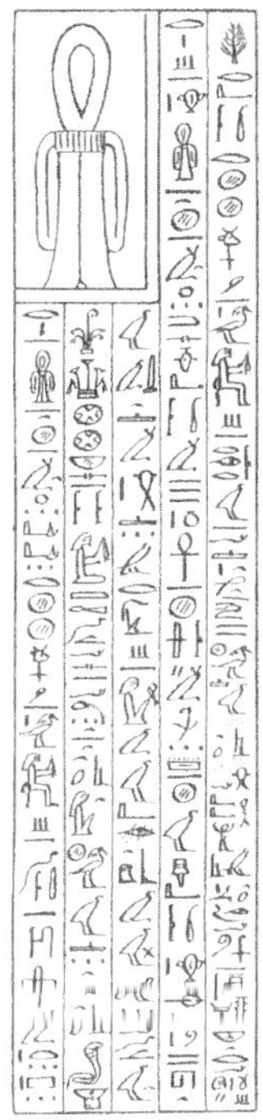

1 2 3 4 5

Kapitel 151, 156, 155.

P. b.

Kapitel 160

A. a.

Kapitel 161.

P. b.

Kapitel 166.

A. a.

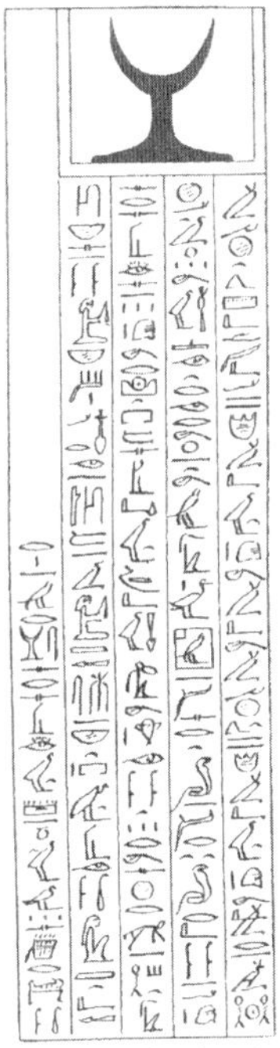

1 2 3 4 5

Kapitel 167

A. a.

Kapitel 168. A.

A. f

Kapitel 168. B.

B. d.

Kapitel 168. B

B. d.

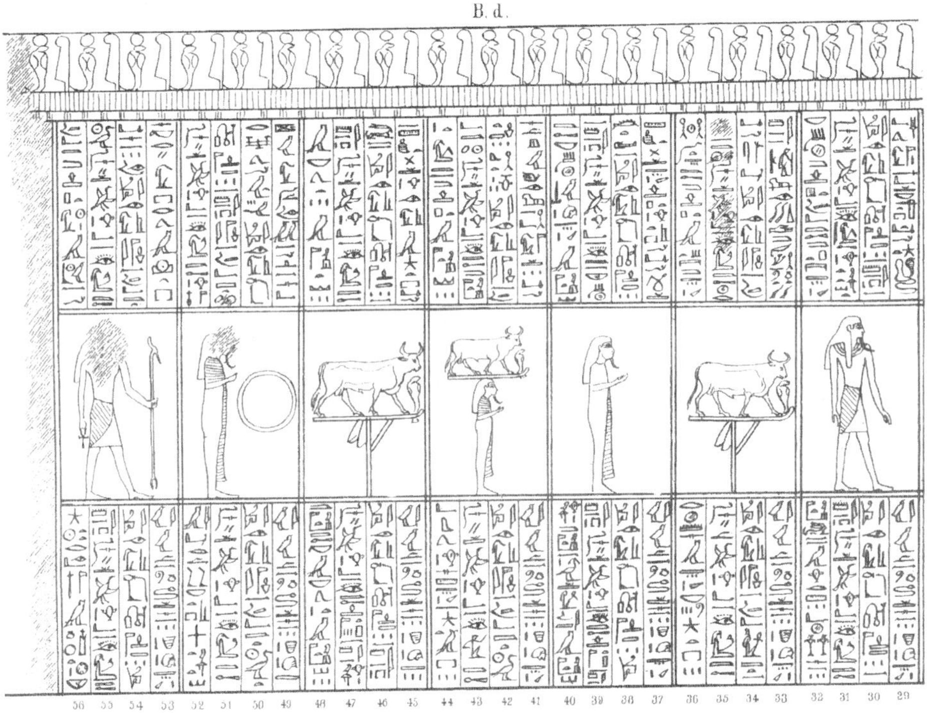

56 55 54 53 52 51 50 49 48 47 46 45 44 43 42 41 40 39 38 37 36 35 34 33 32 31 30 29

Kapitel 169.

P b.

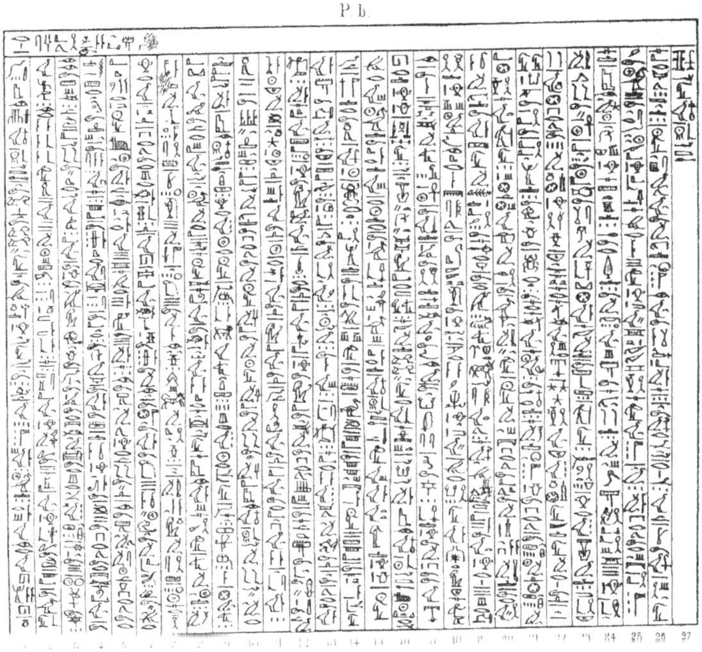

Kapitel 170.

P. b.

Kapitel 171.

C. c.

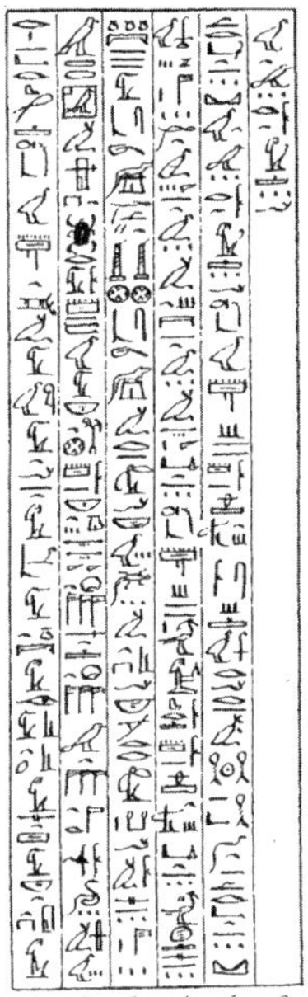

1 2 3 4 5 6

Kapitel 172.

A. a.

Kapitel 172.

A. a.

Kapitel 173.

A. a.

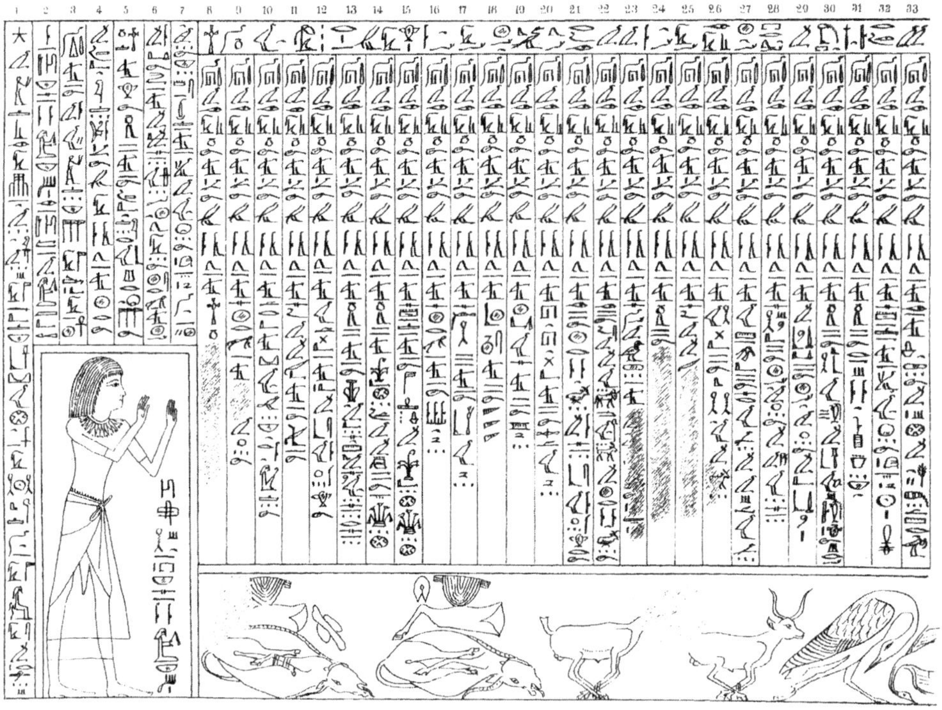

Kapitel 173.

A. a.

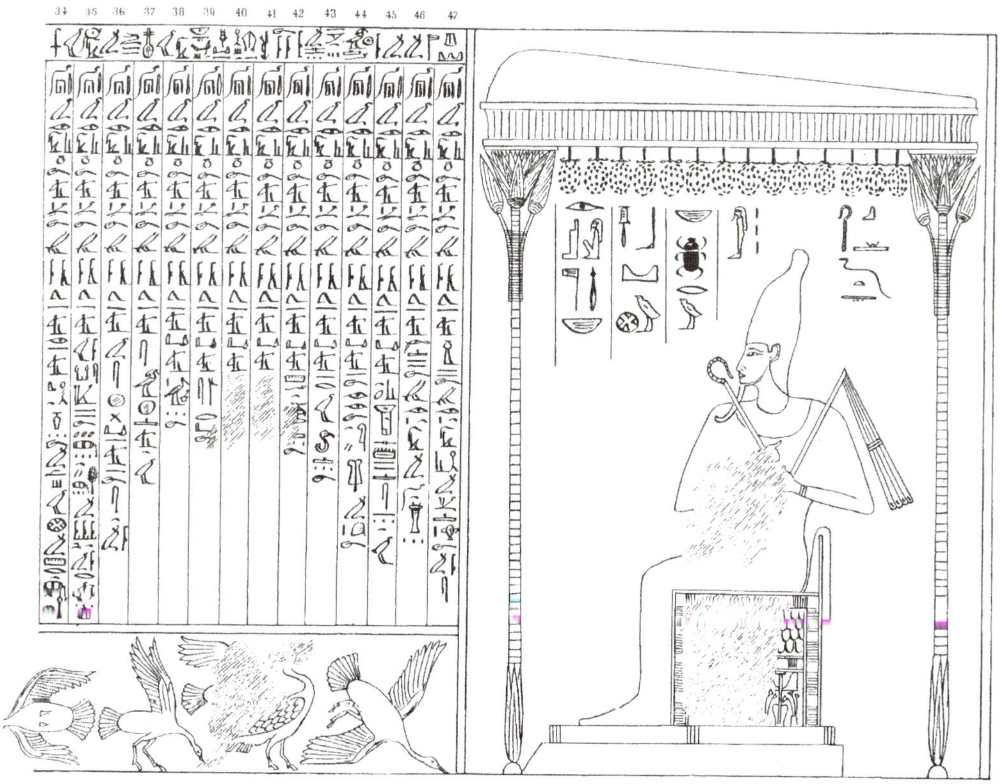

Kapitel 174

A. f.

Kapitel 175.

L. b.

Kapitel 175.

L. b.

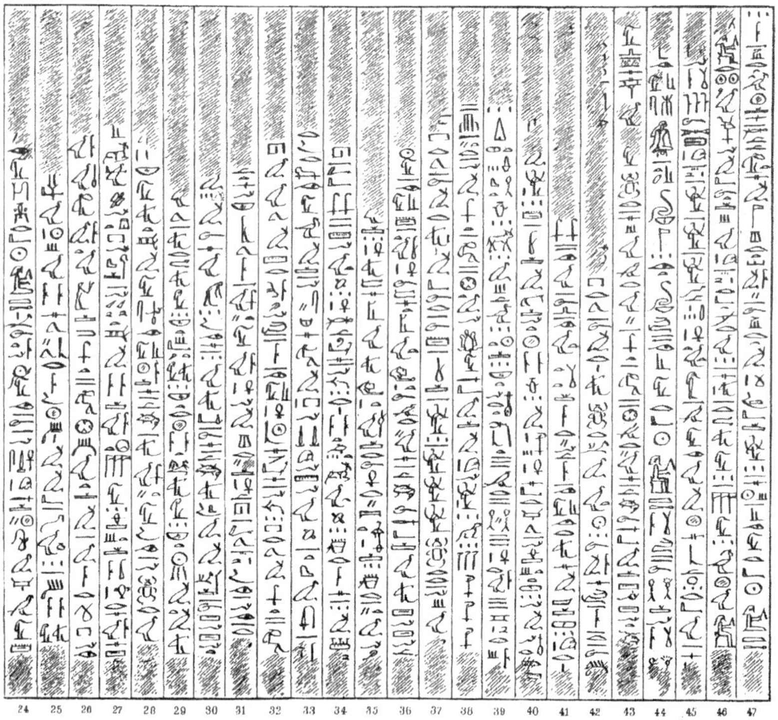

Kapitel 176.

C. a.

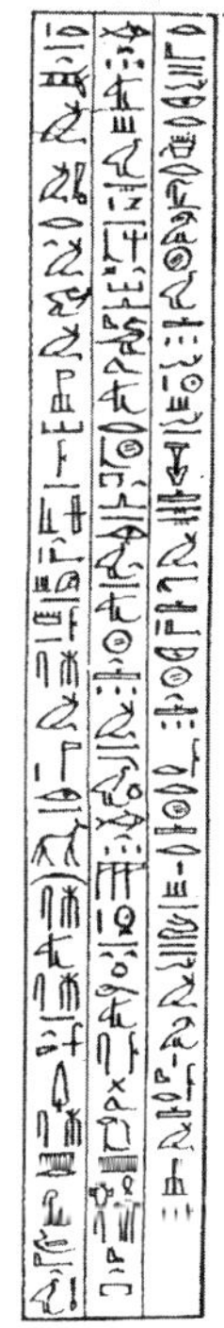

1 2 3

Kapitel 177.

A. a.

Kapitel 178.

A a.

Kapitel 179.

A. a.

Kapitel 180

P. a

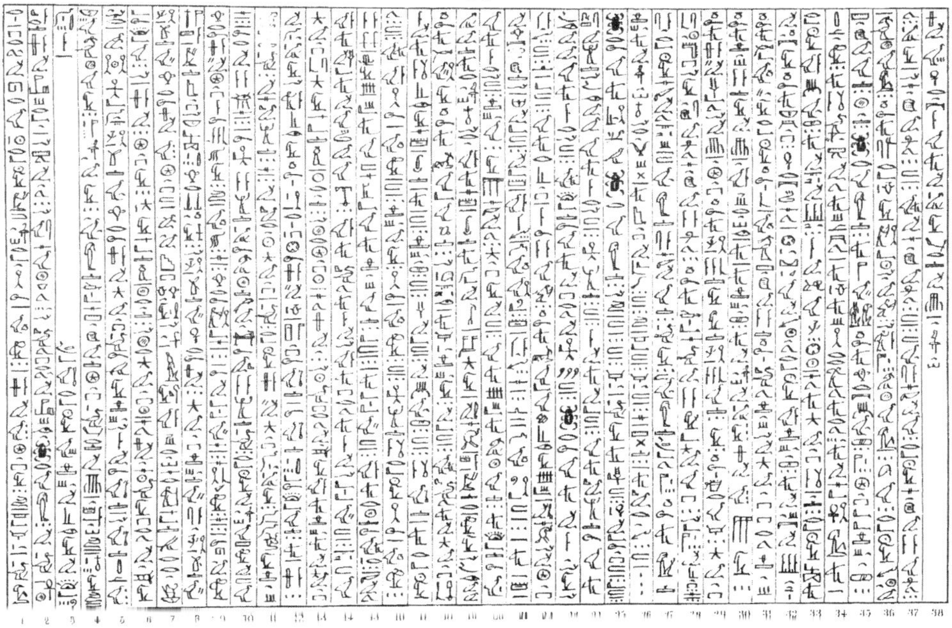

L. a

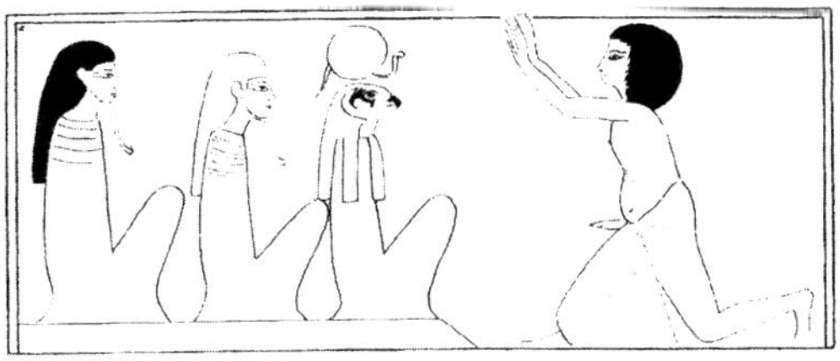

Kapitel 181.

L a.

Kapitel 181.

I a.

Kapitel 182.

A. f.

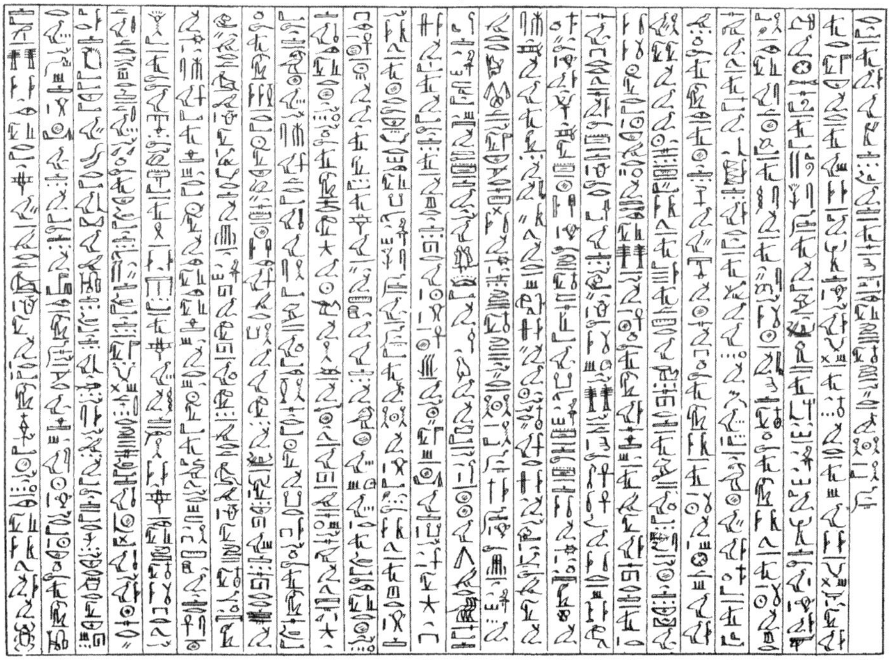

1 2 3 4 5 6 7 8 9 10 11 12 13 14 15 16 17 18 19 20 21 22 23 24 25 26

Kapitel 182.

A. f.

Kapitel 183

A. ġ.

Kapitel 184.

P. p.

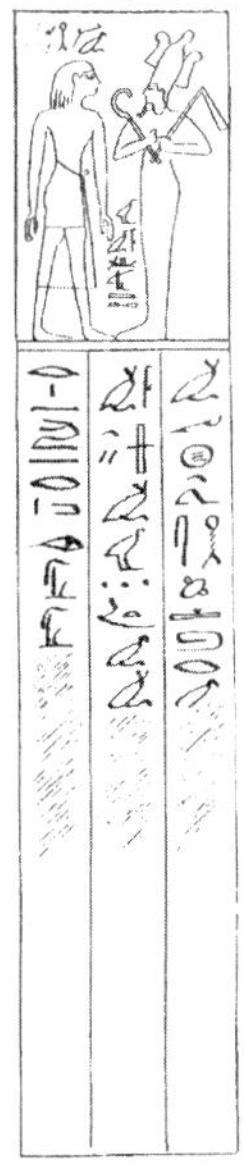

1 2 3

Kapitel 185.

(Anbetung des Osiris.)

P. d.

L. a.

Kapitel 186

L. a.

L. b.

A. p.

D. a

T. I-CCXII. M.N.-P. del.

索引